基于间接边界积分方程法的弹性波传播与散射模拟

刘中宪　梁建文　著

科学出版社

北　京

内 容 简 介

固体中弹性波动问题广泛存在于土木、机械、地球物理、航空航天等领域。本书以弹性波在不均匀地层中的传播与散射为背景，将间接边界积分方程法（IBIEM）拓展到各类复杂波动问题求解。首先针对实际岩土层的不均匀性（包含大量的空隙、夹杂体及起伏地形、层状介质等），分别结合全空间、半空间格林函数和层状介质中动力格林函数，采用 IBIEM 对复杂岩土介质中二维、三维弹性波散射问题进行了方法探索和研究分析；针对滨海、河谷等地带的饱和岩土特性，发展两相介质 IBIEM，针对典型算例进行详细的参数分析，揭示饱和介质中弹性波散射问题的本质规律，探究其中关键因素的影响机理。本书所提出的 IBIEM 可直接拓展应用于环境振动、爆炸应力波传播等其他固体中的波动分析；同时，对于波动法无损检测、地下工程施工不良地质问题超前预报等研究具有参考价值。

本书可供地震工程、工程波动、边界元领域的研究人员及高等院校相关专业的教师、研究生参考。

图书在版编目（CIP）数据

基于间接边界积分方程法的弹性波传播与散射模拟/刘中宪，梁建文著.
—北京：科学出版社，2019.7
ISBN 978-7-03-056624-9

Ⅰ. ①基… Ⅱ. ①刘… ②梁… Ⅲ. ①弹性波–传播 ②弹性波–散射
Ⅳ. ①O347.4

中国版本图书馆 CIP 数据核字（2018）第 039496 号

责任编辑：王 钰 杨 昕 / 责任校对：赵丽杰
责任印制：吕春珉 / 封面设计：东方人华平面设计部

科学出版社 出版
北京东黄城根北街 16 号
邮政编码：100717
http://www.sciencep.com
北京中科印刷有限公司 印刷
科学出版社发行 各地新华书店经销
*
2019 年 7 月第 一 版 开本：B5（720×1000）
2019 年 7 月第一次印刷 印张：14 插页：8
字数：282 000

定价：98.00 元

（如有印装质量问题，我社负责调换〈中科〉）
销售部电话 010-62136230 编辑部电话 010-62135120-2005

序

弹性波在传播过程中遇到不连续界面或异质体会发生散射。作为最普遍的物理现象之一，弹性波散射研究具有重要的科学意义和广泛的工程应用价值。对弹性波散射物理本质和响应特征的透彻理解和定量分析有利于提高工程结构抗动载设计的科学性和可靠度，如工程结构抗震、抗冲击、抗爆炸设计等。

边界积分方程法（BIEM）具有坚实完善的数学理论基础，它在弹性波散射求解中的应用可上溯到20世纪50年代。因在提高计算精度、降低求解维度、自动满足无限远辐射条件等方面的独特优势，BIEM被迅速应用于地震学、地球物理、土木工程等领域的弹性波动分析。目前边界型方法及其他降维方法在计算力学领域仍然是国内外的研究热点。

本书的两位作者通过十余年的持续工作和潜心研究，将间接边界积分方程法（IBIEM）拓展到三维层状介质及饱和两相介质的弹性波散射求解，对典型复杂介质中（沉积河谷、盆地、凸起或凹陷地形等）地震波散射给出了高精度数值解答和深入的散射机理分析，同时在层状介质格林函数求解方法和散射波场构造技术上表现出明显的创新性。本书所取得的研究成果对于地震危险性分析、地震区划、地下结构抗震及抗爆分析等具有直接的参考价值；所发展的IBIEM可进一步拓展应用于单相及饱和两相复杂地基减、隔振分析，波动法地质超前预报，超声波无损检测等。

所谓天下无完美之物，各类方法各有优劣。对于实际大规模弹性波动问题求解，本书提出的IBIEM方法还有待进一步发展完善，如虚拟源面位置不确定性处理、层状介质格林函数波数域积分方法优化、高自由度问题稠密矩阵快速求解技术等。另外，对于各向异性介质波动问题也有进一步拓展方法的必要。

程宏達 Alex Cheng

2019年1月于美国密西西比大学

前　　言

波动是自然界广泛存在的客观物理现象之一，反映了各类物理状态的即时动态变化和在不同媒介中的传播过程。自 18 世纪至 19 世纪麦克斯韦、拉普拉斯、亥姆霍兹等巨匠建立经典波动方程，迄今 200 余年，固体中弹性波动领域研究迅猛发展，国内外研究成果可谓洋洋大观。另外，弹性波动分析在实际生产生活中也具有广阔的应用空间，如人类通过地震波反分析洞察了地球内部大致构造，利用地层地震动模拟进行工程场地地震动参数确定，基于波动反演进行结构无损探伤，通过行车荷载激发的弹性波分析进行振动噪声控制，借助波动分析进行机场道面抗冲击设计，根据爆炸应力波分析设置安全距离等，不一而足。至于波动学在电磁波、声波、水波等相关领域的重要应用更是不胜枚举。

本书第一作者于 2003 年师从天津大学梁建文教授，在梁教授悉心指导下对工程波动学从初入门径到略窥堂奥，十余年孜孜以求，经历过对科学原理的苦思冥想、对计算程序的废寝忘食。虽偶有所得，更觉自然真理深邃莫辨、波动现象复杂难解。对于实际工程问题，唯有执其要旨对物理模型加以合理简化，方可有效地进行计算分析，以掌握其宏观规律。今暂将近些年在弹性波动边界积分方程法模拟方面的有关成果，小结成书于此，以求抛砖引玉。

弹性波动问题计算分析可采用解析法、有限元法、有限差分法、边界元法/边界积分方程法等。各类方法可谓各有千秋，均有相应独特优势同时亦有其自身局限性。相比有限元等域离散型方法，边界积分方程法具有降低问题求解维数，自动满足无限远辐射条件、应力和位移同阶高精度等优点，因此特别适合无限域中弹性波动问题求解，以及含断裂、孔隙、夹杂体、孔洞等引起的波衍射及动应力集中问题分析。长期以来，边界元/边界积分方程法作为主流分析方法有限元法的一类重要补充，在学术界和工程界已获得广泛肯定。目前面向多场耦合、多尺度、强非线性等复杂问题求解的边界型方法也在快速发展之中。

由于作者主要从事地震工程领域研究，因此本书内容主要围绕复杂地层中地震波或其他工况引起的应力波的传播与散射分析展开阐述。第 1 章为绪论，介绍弹性波动及间接边界积分方法的应用；第 2 章介绍固体中弹性波动理论；第 3 章详细给出不同类型弹性波动问题间接边界积分方程法（IBIEM）实施中所采用的各类格林函数；第 4 章详细给出弹性半空间中衬砌隧道和凸起地形对平面 P 波、SV 波和 Rayleigh 波散射 IBIEM 求解步骤；第 5 章提出饱和两相介质弹性波散射 IBIEM 求解方法，求解饱和半空间中凹陷地形、沉积河谷对地震波的散射；第 6

章给出三维弹性波散射问题 IBIEM 求解思路。首先求解全空间中三维夹杂体对弹性波的散射，进而将 IBIEM 拓展到层状半空间三维沉积盆地对弹性波的散射问题求解，另外给出饱和介质三维弹性波散射求解过程。

衷心感谢国家自然科学基金对作者近些年研究的大力支持，针对本书内容的基金项目主要包括“基于快速多极子间接边界元法三维大尺度复杂场地地震动模拟及其应用研究”（项目编号：51278327）、“流体饱和层状场地中三维沉积盆地对地震动的影响”（项目编号：51008210）。另外，也十分感谢黄磊、王治坤、张雪、徐颖、于琴、张征、陈岫等研究生在本书撰写中付出的辛苦工作。

鉴于作者阅历、水平有限，书中理论推导和计算分析难免有所疏漏，恳请各位专家学者和相关科技人员不吝指正。另外，本书涉及的基础知识、方法阐述部分，相关论文、著作十分丰富，限于个人眼界和篇幅，未能一一引列，还请海内外业界同行多多海涵。

作　者

2018 年 5 月

目 录

第1章　绪　　论

1.1　弹性波动问题范畴

波动是自然界较普遍的物理现象之一，如光波、水波、声波、电磁波、地震波等。波动也是生活中较常见的现象，如当向水塘里投掷一石块时，水面瞬间被扰动，然后以石块着水处为中心，会有一圈圈的波纹向外扩展，且振荡幅度随传播距离逐渐衰减。这个波列是水波附近的水的颗粒运动造成的。若仔细观察可以发现，水并没有朝着水波传播的方向流动，即如果在水面放置一个软木塞，它将上下跳动，但并不会从原来的位置移走（假设无其他扰动）。这个扰动由水的颗粒的简单前后运动连续地传下去，从一个颗粒把运动能量传给更前面的颗粒。当水波到达岸边，还容易观察到岸壁的反射波和初始波的相互叠加产生相干效应：部分区域会有较大的浪花（波峰），在部分区域几乎不再有波纹（波节）。世界上每天都在发生的或大或小的地震现象与此也相当类似。人们感受到的地面震动就是由地壳深处断层破裂激发的地震波在地层深处或地表层传播产生的岩土层震动。而同声波、水波等相比，固体中的弹性波更为复杂，涉及两类波，即纵波和横波，且传播和散射过程中两者往往是相互耦合的。

固体中弹性波动问题广泛存在于土木、机械、地球物理、航空航天等领域。在土木工程领域，主要涉及地震波及人类生产建设活动、列车高速行驶等激发的弹性波的传播及散射分析。

地震波是由地震震源发出的在地球介质中传播的弹性波，包括天然地震波及人工地震波。作为地球上最为常见的一种自然灾害，自古以来，在世界范围内有记录的地震多达数千次。地震的发生，尤其是强烈地震的发生给人类带来了深重的灾难，造成了巨大的人员伤亡和经济损失。例如，2008 年 5 月 12 日发生的四川汶川大地震，震级高达 8.0 级，造成了人员死亡近 8 万人，经济损失上千亿元。这次震撼了大半个亚洲的地震又一次警醒世人，防震减灾工作任重道远。如何有效地提高人类抵御地震的能力以最大限度地减轻地震损失成为全社会特别是地震学、地震工程学领域专家所关注的问题。对工程结构物进行更科学合理的抗震设计无疑是防震减灾的核心任务，而科学设计的前提在于对地震动输入的准确确定，地震波分析正是解决该问题的关键所在。

地震动的影响因素主要包括震源特性、传播途径和局部场地，如图 1.1 所示。由于地震的特殊性，人类对震源特性和传播途径的认识主要通过地震波反演获得。

局部场地包括地表附近的特殊地形（峡谷、盆地、山包和阶梯地形等）及土体介质的不均匀性（地下孔洞、夹杂体等）。通过近些年地震观测，尤其是一些典型实例，如 1976 年的唐山地震、1985 年的墨西哥大地震，人们普遍认识到局部场地条件对近场地震动会有很大的影响，即其对地震波有很强的放大或缩小作用，可以导致震害分布区域化。为了揭示场地反应的基本规律，以便更科学地解释所观测到的地震动局部放大效应及空间变化，以及更准确地预测未来地震动特征，为地震小区划等工作提供理论依据，自 20 世纪 70 年代，大批学者对地震波传播与散射问题进行了研究分析，开创了很多有效的计算方法，给出了一些有价值的研究成果，带动了本领域研究的迅速发展。通过地震观测与理论研究之间的相互印证，人类对地震波传播本质规律逐渐有了深入了解。

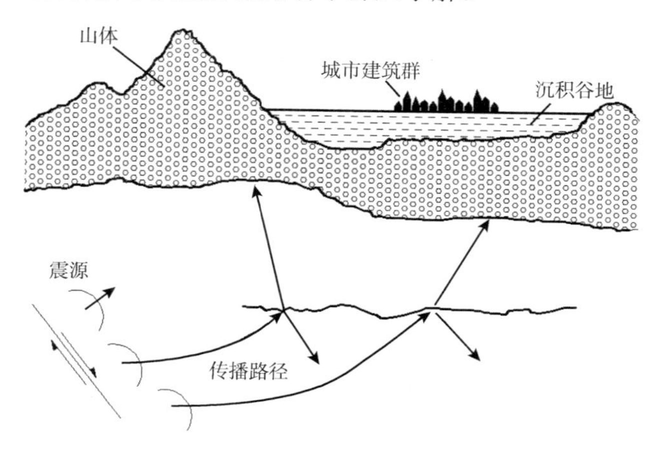

图 1.1　影响地震动的 3 个主要因素——震源特性、传播途径和局部场地

Sánchez-Sesma（2002）

另外，高铁及地铁列车行驶、动力机械振动、桩基锤击法施工等同样也会激起弹性波在地层中传播并引起地表不同幅度的振动，如图 1.2 所示。这时需要考虑这些振动对周围人居环境及人民群众生产、生活的影响，进而采取减隔振措施以降低振动幅度，即环境振动的评估和控制问题。减隔振设计的关键是需要对振源激发波在附近地层中的传播规律进行科学揭示，对不同距离处的振动幅度和频谱特征给予定量评估。现实当中地层在竖向和横向上均存在着较大的不均匀性，弹性波在传播过程中可能会发生复杂的反射、折射及衍射等波动现象，从而对波动分析方法提出了很大挑战。另外，随着国内交通基础建设的快速发展，大量的公路、铁路隧道、城市地铁隧道等亟待建设。岩石隧道建设经常使用爆破施工，通过研究爆炸应力波在地层中的传播规律，可为爆炸能量的控制及炸药药包群的合理设计提供重要依据。

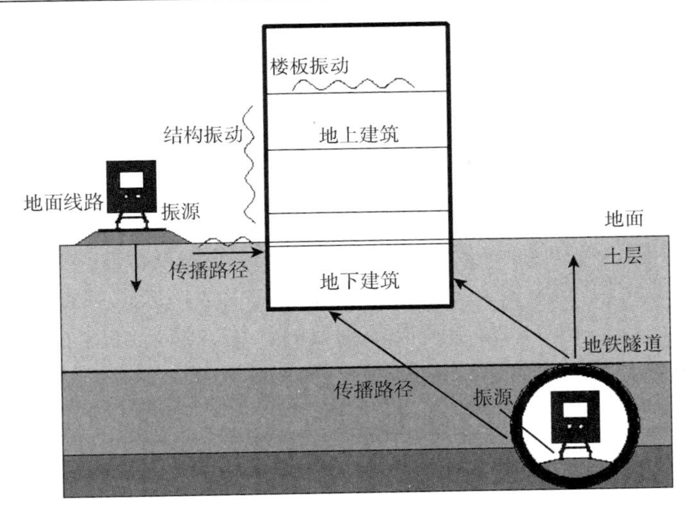

图 1.2 列车振动激发地基中的波

本书的重点内容是以弹性波在不均匀地层中的传播与散射为应用背景，将间接边界积分方程方法拓展到各类复杂波动问题求解。该方法对环境振动、爆炸应力波传播等其他固体中波动分析同样适用。

1.2 弹性波动问题各类方法述评

考虑地球表面的起伏不平和地层结构的不均匀性，研究弹性波传播与散射显然具有关键作用。研究方法包括现场观测、计算分析和模型试验。由于实验的昂贵和地层特征复杂、模型尺度庞大，众多研究人员更倾向于借助当前先进的计算资源，通过建立力学模型，选择适当的计算方法对问题进行高效分析。

弹性波动模拟方法总体上可以分为解析方法和数值方法。解析方法是针对一些简单的场地模型和理想的地震输入，建立模型进行精确的数学求解。同数值方法相比，解析方法能够更好地把握问题的物理本质并给出精确可靠的结果，故解析方法一般可作为特定条件下的经典算例校验数值方法的精度和稳定性。而数值方法对于复杂的几何、材料特征更为适合，特别是近些年随着计算机技术的高速发展，数值计算越来越成为工程领域生产研究的重要手段。

1.2.1 解析方法

解析方法目前还主要局限于波函数展开法。该方法针对均匀弹性空间内简单的几何模型，对波动方程进行变量分离，利用能满足控制方程的波函数构造散射波场，由边界条件解得所展开的波函数系数，问题即得到求解。Mow 和 Pao（1971）首先利用波函数展开法研究了全空间中圆形孔洞或加塞物对波的散射问题；

Trifunac（1971，1973）利用波函数展开方法开创性地给出了 SH（横向偏振横）波入射下，半圆形沉积河谷和半圆形凹陷地形出平面场地反应问题的解析解；Wong 和 Trifunac（1974）给出了二维半椭圆形沉积河谷和半椭圆形凹陷对 SH 波的散射解析解；Lee 和 Trifunac（1979）结合镜像方法得到了半空间中地下洞室在 SH 波入射下出平面二维散射解析解；Sánchez-Sesma 等（1985）研究了 SH 波在楔形地形中的衍射，利用镜像法给出了 SH 波入射下楔形自由场中波函数表达式；Lee 和 Sherif（1996）在 Sánchez-Sesma 等（1985）给出的楔形空间自由场的基础上，研究了 SH 波在顶点处有圆弧形凹陷或者沉积介质的楔形地形中的衍射，并得出了这两种情况下的地表位移的解析解；Yuan 和 Men（1992）对波函数采用一种新的展开技术给出了半空间中半圆凸起地形对 SH 波的散射解析解；Yuan 和 Liao（1995）通过引入辅助函数和推广的 Graf 外域公式，将求解区域划分为两个独立区域，然后进行契合，求得了半空间中任意圆弧形凸起地形对 SH 波的散射解析闭合解；Yuan 和 Liao（1996）又进一步给出了任意浅圆弧沉积河谷在 SH 波入射下的散射解答；袁晓铭（1996）利用内域型 Graf 加法公式给出了地下圆形加塞区对 SH 波的散射解析解；林宏和刘殿魁（2002）、刘殿魁和林宏（2003）利用复变函数和多极坐标构造方法研究地下洞室在 SH 波入射时的散射解答。近些年，史文谱和魏娟（2014）、杨在林等（2013）对复变函数法进行了广泛的拓展，求解了几类典型散射体对 SH 波的散射问题。

上述研究均为 SH 波散射问题求解，而当 P（纵）波、SV（纵向偏振横）波入射时，由于存在波型转换问题，求解要相对复杂得多，特别是对半空间问题，难以给出精确满足地表零应力条件的波函数。Lee 和 Cao（1989）采用其提出的“大圆弧”技术，结合波函数展开方法求得了半空间中任意浅圆弧凹陷地形在 P 波、SV 波入射下的二维散射解析解；Lee 和 Karl（1992，1993）又利用相同方法得到了地下洞室对 P 波、SV 波散射问题解析解；Lee（1984）采用波函数展开方法求解了半空间中半球形沉积盆地对 P 波、SV 波和 SH 波的散射问题解析解，但只给出了低频解答；梁建文等（2001）利用波函数展开方法给出了圆弧形凹陷地形表面覆盖层对入射 SV 波的散射解析解；Liang 等（2003）、梁建文等（2004）又给出地下洞室群对弹性波散射问题的级数解答；Liang 等（2006a）研究了饱和半空间中凹陷地形对 SV 波的散射解析解，并计算了地表及凹陷表面的孔隙水压；梁建文等（2007）又给出饱和半空间中地下洞室在 P 波和 SV 波入射下散射解析解；李伟华（2004）也采用波函数展开方法和“大圆弧”方法给出了饱和半空间中凹陷地形和沉积河谷对 P 波、SV 波的散射解析解，并进行了详细的参数分析；董俊和赵成刚（2005）利用 Fourier-Bessel（傅里叶-贝塞尔）级数展开法，在频域内给出了饱和半空间中半球形凹陷地形在 P 波、SV 波入射下三维散射问题解析解；赵成刚和韩铮（2007）进而又给出了饱和半空间中半球形沉积盆地在 Rayleigh（瑞利）波入射下三维散射问题解析解。

以上是利用解析方法求解弹性波散射问题的研究概况。可以看出，解析方法一般只能处理弹性均质空间内简单形状的散射体，而对于存在波型转换的半空间平面应变或者三维散射问题至今缺乏完全精确的宽频解析解。如何构造能精确满足自由地表边界条件的波函数成为问题求解的关键。

1.2.2 数值方法

数值方法在求解三维复杂弹性波散射问题时有着解析方法无法比拟的独特优势，理论上可以适用于任何复杂弹性波散射问题的求解，而且求解简单，易于实现。随着信号测量技术的不断进步、计算机硬件的快速发展，以及现场及试验室测试资料的持续积累，也为数值模拟、理论分析及观测对比等手段研究弹性波的传播与散射规律提供了便利条件。弹性波动数值计算方法整体可分为域方法、边界方法及其他方法。下面具体分析这几种方法。

1. 域方法

域方法主要包括有限差分法（finite difference method，FDM）、有限单元法和谱元法（spectral element method，SEM）等。由于方法本身需要对整个计算域进行离散，因而需要较大的计算内存，前后处理也比较繁杂，近 30 多年来一些大型商业软件的成功开发促进了域离散方法在工程中的广泛应用。但对于地层弹性波动计算，由于场地本身是无限域的，域内离散法必须借助合理的人工边界来减小离散范围，同时要较准确地模拟无限域的辐射阻尼效应，因而极大地增加了问题求解的困难。

有限差分法是计算机数值模拟最早采用的方法，至今仍被广泛运用。该方法将求解域划分为差分网格，用有限个网格节点代替连续的求解域进行求解。有限差分法借助泰勒级数展开等方法，把控制方程中的导数用网格节点上的函数值的差商代替进行离散，从而建立以网格节点上的值为未知数的代数方程组。有限差分法的缺点是一般仅适用于规则的网格划分，较难用于模拟具有不规则形状的边界条件，因而它的适应性和灵活性均较有限元法差。Alterman 和 Karal（1968）最早采用有限差分法求解弹性介质中的波传播问题；Boore（1972）首先利用该方法分析了 SH 波入射时，二维局部不规则地形对地震动的影响，提出了通过设定 Lame（拉梅）常数和密度为零来满足地表零应力的方法。此后，随着计算技术的逐步提高，很多学者采用该方法对弹性波动问题进行计算分析（Boore，1972，1973；Boore et al，1981；Virieux，1984，1986；Ohtsuki and Harumi，1983；Hill and Levander，1984；Fäh，1992；Yamanaka et al，1989；Frankel and Vidale，1992；Yomogida and Etgen，1993；Frankel，1993；Moczo et al，1996；刘洪兵，2000；Wang et al，2001；Hayashi et al，2001；王秀明和张海澜，2004），并且给出了一些好的模拟结果。例如，Frankel（1993）和 Olsen 等（1995，1997）分别对圣贝纳迪诺（San Bernardino）沉积河谷和洛杉矶（Los Angele）盆地进行了有限差分法模拟，他们的计算结果和实测数据的对比表明该方法对大范围复杂场地具有很好的适应性。

有限单元法的基本思路是将计算对象看成由有限个离散单元组成的整体，以单元节点的位移或节点力作为基本未知量进行求解，具有数学逻辑严谨、物理概念清晰、易于理解和掌握、能够灵活地处理和求解各种复杂问题，以及便于运用计算机编程运算等很多优点，但是有限元法在处理含无限域波动问题时也有着计算量大和不能自动满足辐射条件的缺点。随着计算机技术的进步和合理人工边界引入，有限元法在处理无限域弹性波动问题方面有了很大的发展。

Smith（1975）采用有限元方法计算了体波垂直入射时，山体地形和沉积河谷对地震波的放大效应；Toshinawa 和 Ohmachi（1992）利用有限元方法研究了三维沉积盆地在 Love（勒夫）波入射时的动力响应问题；Rial 和 Ling（1992）采用有限元法研究了二维沉积盆地对弹性波的散射问题；廖振鹏（1984，2002）提出一种物理概念清楚、使用方便的集中质量有限元模型，并系统地讨论了局部横向非均匀介质中近场波源问题和散射问题的求解方法；刘晶波（1989）在其博士论文中，将集中质量有限元法与透射人工边界相结合研究了局部地形对地震波的散射问题，分析了相似相邻地形、大体积相邻地形及大尺度缓变地形上的小范围地形的剧烈变化等局部不规则场地对地震动的影响；李小军（1993）建立了一种显式有限元-有限差分方法以分析黏弹性场地中局部地形的地震动响应。金丹丹等（2012）采用有限元方法模拟了福州盆地的非线性地震反应。陈少林等（2014）采用集中质量显式有限元方法结合透射人工边界求解了半无限域中 SH 波散射问题。以上是利用有限元方法研究复杂地层中地震波传播与散射的一些研究成果。

此外，作为有限单元法的自然延伸，谱元法近些年也逐渐引起研究人员的重视。该方法又被称为高阶有限元方法，其原理是基于弹性力学方程的弱形式，在有限单元上进行谱展开，从而使该方法具备了有限元法处理波动问题的灵活性和伪谱法的精度，为弹性波传播模拟计算提供了一种新方法。Komatitsch 等（1998）采用该法对二维及三维地震波动问题进行了求解。Paolucci 等（1999）应用谱单元法对 250m 高的山体进行了地震反应模拟；在国内，王秀明等（2007）及王童奎等（2007）对该方法在弹性波数值模拟的应用进行了较为深入的研究。戴志军等（2015）将谱元法与透射边界结合研究地震波动问题。研究表明，相比传统域方法，由于谱元法在主单元上使用正交 Legendre（勒让德）和 Chebyshev（切比雪夫）多项式作为基函数，因而能有效地减少域内离散单元数，提高计算效率，若再结合吸收边界对场地反应问题能给出良好的结果。但在处理大尺度模型上，谱元法仍然受计算机内存和计算速度的限制，难以摆脱域内离散本身的弱点。近期，薄景山、李鸿晶等团队结合谱元法也开展了地震动模拟研究。

以上是几类最常用的域方法在弹性波动计算中的应用情况。可以看出，研究人员在对实际复杂弹性波动进行模拟时多采用域方法，以便更灵活地处理多变的地形状态和复杂的地质构造。但对于大尺度问题分析，域方法须在保证精度的基础上，合理地减少离散单元数和离散区域，以最大限度地节省计算消耗，因而域内高阶单元的精巧构造及人工边界的研究开发成为域方法推广应用的关键。

2. *边界方法*

边界方法利用满足波动方程的基本解进行波场构造和方程建立，一般仅需要在边界上进行离散求解，具有降维和无限域辐射条件自动满足的优点。在过去的30多年间，边界方法在弹性波动领域取得了广泛应用，其中最有影响力的几类方法包括边界元法、波源方法和离散波数法。

边界元法是继有限元法之后发展起来的一种数值方法，与有限元法在连续体域内划分单元的思想不同，边界元法只在定义的边界上划分单元，具有减少计算维数的优点。同时边界元法利用微分算子的解析基本解作为边界积分方程的核函数，使得无穷远辐射条件能够自动满足，因此边界元法通常具有良好的数值精度。边界元方法源于Cruse（1969）和Brebbia等（1984）的研究，分为直接边界元法（direct boundary element method，DBEM）和间接边界元法（indirect boundary element method，IBEM）。前者通过互易原理建立方程，直接解得边界上的位移和应力；后者由分布在边界或边界附近的虚拟源构造散射波场，由边界条件先求解源密度，进而求得总的反应。

1）DBEM方面，Wong等（1995）首先求解了半空间内凹陷或者凸起地形对弹性波的散射问题；邱仑和徐植信（1987，1988）在时域内分析了二维地下结构对P波、SV波和SH波的散射问题；Zhang和Chopra（1991）计算了均匀弹性半空间中无限长河谷对斜入射弹性波的三维响应；杜修力和熊建国（1988）、熊建国等（1991）利用其建立的级数边界元方法研究了局部场地对地震波的散射问题；赵成刚（1990）在其博士论文中用半解析边界元法分析了三维凹陷地形、凸起山包及沉积盆地对地震动的影响。Stamps和Beskos（1996）分析了均匀弹性半空间中无限长地下洞室在弹性波斜入射下的动力响应问题；Fishman和Ahmad（1995）求解了二维层状弹性半空间中半椭圆沉积河谷对弹性波的散射问题。

2）IBEM方面，Vogt等（1988）由其建立的层状弹性半空间中斜线荷载动力格林函数，研究了层状弹性半空间中任意形状河谷对弹性波的散射问题；Bravo

等（1988）研究了二维均匀弹性半空间中沉积河谷对 SH 波的散射问题，且沉积河谷本身是可以成层的；Sánchez-Sesma 等（1982）、Sánchez-Sesma（1985）给出了均匀弹性半空间中二维地形对 SH 波的散射解答；Sánchez-Sesma 等（1993）分析了二维均匀弹性半空间中任意形状沉积河谷对 P 波、SV 波和 Rayleigh 波的散射问题；Pedersen 等（1994）结合全空间中移动荷载动力格林函数研究了均匀弹性半空间中二维地形对斜入射弹性波的三维散射问题；Sánchez-Sesma 和 Luzon（1995）采用斜面圆盘荷载动力函数，研究了均匀弹性半空间中三维沉积盆地对弹性波的散射问题。现实中，实际地层自身就比较复杂，天然土体由于沉积年代不同，总以分层形式存在，具有很强的层理性，为了更精确地进行地震波动分析，需要用层状介质模型来反映沿深度方向上的不均匀性。Wolf（1985）建立了弹性土层和半空间的精确动力刚度矩阵，形成了解决水平层状覆盖土层中波的传播及土与结构动力相互作用等问题比较完整的理论，并在工程中广泛应用。近些年来，梁建文和尤红兵（2005）、梁建文和巴振宁（2007a，2007b，2007c，2008）、梁建文等（2006a，2006b，2007a，2007b，2007c，2008）对该理论进行了深入的拓展应用，形成了求解层状弹性半空间、层状饱和半空间内弹性波传播、散射问题的完整思路和求解方法。通过对层状半空间中弹性波散射问题的研究表明，土层自身的动力特性对弹性波传播、散射具有决定性的影响，不仅影响地震动的幅值，还决定了地震动的频谱特性，层状场地波动分析必须考虑土层刚度、厚度等因素的影响。另外，近几年，巴振宁等（2014）采用 IBEM 研究了层状地基中高速移动荷载引起的弹性波传播与地基振动模拟。

3. *其他分析方法*

除以上介绍的分析方法外，国内外学者还采用了其他一些方法对弹性波散射进行了研究，如离散波数法、混合方法、Treffetz 方法、射线方法、R/T 矩阵法和 C-Completeness 方法等。

离散波数法又称 Aki-Larner 方法，是 Aki 和 Larner（1970）为计算不规则地质构造对地震动的影响而提出来的，并成功地应用于波动散射和绕射问题的研究中。离散波数法对散射波场采用平面波（或非均匀波）波数积分来表示，其中平面波振幅为待求量。离散波数法适用于分析覆盖层较薄的沉积盆地或地表形状变化较缓的地形对地震波的散射问题，在处理狭长不规则区域时较其他方法（如有限元法、边界元法等）效率高，但此方法要求介质的交界面或地表面相当光滑，并且在一般情况下限于低频问题。离散波数法在弹性波散射分析中的应用源于 Aki 和 Larner（1970）对弹性半空间中松软盆地对 SH 波散射问题的研究。Bouchon（1973）把这一方法推广到研究不规则地形在 SH 波、SV 波和 P 波入射下的反应问题，并具体分析了圣费尔南多（San Fernando）地震时帕科依玛（Pacoima）大坝的地震反应；Bouchon 和 Aki（1977）又采用该方法分析了帕科依玛大坝的地震响应，并发现大坝记录到的高频相位是由 Rayleigh 波引起的；Bard 和 Bouchon（1980a，1980b）将这一方法拓展到时域中，研究了不规则地形对 SH 波、P 波和 SV 波的地震响应；Bard（1982）用这一方法在时域和频域中分析了二维阶梯地形对平面波的散射问题；Geli 等（1988）利用离散波数法分析了层状弹性半空间中多个不规则地形对 SH 波的散射；Horike 等（1990）和 Ohori 等（1992）利用该方法研究了三维沉积盆地对平面波的散射问题。更多的成果可参考 Bouchon（2003）的综述。

另外，Kawase（1988）将离散波数法与边界元法结合在时域和频域内分析了半圆形河谷在 SH 波、P 波、SV 波和 Rayleigh 波入射下的地震反应问题；Kim 和 Papageorgiou（1993）则采用离散波数法与边界元耦合方法研究了三维地形的地震响应问题；Papageorgiou 和 Pei（1998）给出了二维地形在弹性波斜入射时的散射解答；Khair 等（1989，1991）采用有限元与边界元耦合方法研究了无限长沉积河谷对斜入射地震波的三维散射问题；Sánchez-Sesma 等（1989）采用 C-Completeness 方法研究了三维局部地形对弹性波的散射问题；Kawano 等（1994）又采用该方法分析了点源作用下三维沉积盆地的动力响应问题；Sánchez-Sesma 等（1985）采用 Treffetz 方法研究了均匀弹性半空间中不规则地形对 P 波、SV 波和 Rayleigh 波的散射问题；Chen（1990，1996）采用 R/T 矩阵法研究了二维层状半空间中不规则地形对 SH 波、P 波和 SV 波的散射问题。刘中宪等（2017）发展了一种边界积分法和有限元耦合法实现了三维复杂场地波动分析。以上是利用一些其他方法研究不均匀地质条件对弹性波散射问题的一些成果。

1.3 间接边界积分方程法在弹性波动问题中的应用

本书采用的间接边界积分方程法（indirect boundary interyral equation method，IBIEM），也有学者称为虚拟波源法、虚边界元法、广义拟法等。除了具有一般边界元法所具有的优点外，IBIEM 还具有以下两个特点：①波源位置不是定义在不规则界面上，而是定义在离开不规则界面一定距离的位置上，观测点的位置与波源的位置不会重合，这样就可以避免一般边界元法中需要处理积分奇异性的问题。②用离散波源代替连续波源，对波源的求和运算代替积分运算，简化了计算方法，这是波源方法最主要的特点。另外该方法实施中无须对边界进行单元离散，仅需要配置一定数量的点位满足边界条件即可，因此具有无网格方法的特征，前后处理均十分方便。

IBIEM 最早源于 Kupradze（1964）和 Oshaki（1973）的工作。Sánchez-Sesma 和 Esquivel（1979）首先利用该方法求解了均匀弹性半空间中任意形状沉积河谷在 SH 波入射下的散射问题；Wong（1982）又利用此方法得到了均匀弹性半空间中任意形状河谷对 P 波、SV 波和 Rayleigh 波的散射问题解答；Dravinski（1982a，1982b）采用此方法给出了均匀弹性半空间中任意形状沉积河谷对 SH 波、P 波和 SV 波的散射解答；Dravinski 等（1983，1987）采用此方法还研究了均匀弹性半空间中任意形状多层沉积盆地对 SH 波、P 波和 SV 波的散射问题；Mossessian 和 Dravinski（1989）将此方法推广到三维均匀弹性半空间，得到了均匀弹性半空间中三维凹陷地形和沉积盆地对 SH 波、P 波和 SV 波的散射解答；Dravinski 和 Wilson（2001，2003）将此方法推广到各向异性情况，研究了沉积河谷对 SH 波、P 波和 SV 波的散射问题；Dravinski（2007）采用该方法研究了均匀弹性半空间中具有随机褶皱界面的沉积河谷对弹性波的散射问题；Luco 等（1990）、Luco 和 Barrors（1994）、Barrors 和 Luco（1993，1995）将波源方法推广到层状弹性半空间，研究了层状弹性半空间中无限长凹陷地形、无限长地下洞室和无限长沉积河谷对斜入射 SH 波、P 波和 SV 波的三维散射问题；Luco 和 Barrors（1994）还利用此方法给出了二维层状弹性半空间中地下洞室在弹性波入射下洞室位移和应力解答；杜修力等（1993）利用边界积分方程法研究了局部地形对 SH 波的散射问题。以上是利用波源方法研究弹性波散射的一些研究成果。

1.4　主要研究内容

从上面对复杂地层中弹性波散射问题的研究现状评述中可以看出，由于现实问题的复杂性，如考虑介质的层理性和饱和两相性、实际地层的大尺度特征及复杂的三维形态等因素，现有研究还远未能满足对实际复杂介质中弹性波传播、散射进行精确模拟的需要。解析方法能够给出高精度的结果和便于揭示问题的物理本质，但一般只能处理弹性均质空间内散射体形状简单的情况，而且三维散射问题至今缺乏完全精确的解析解。域方法则需要对整个计算域进行离散，因而需要较大的计算内存，前后处理也比较繁杂；对于复杂地层弹性波动反应来说，需要较准确地模拟无限域的辐射阻尼效应；若结合合理的人工边界，能在一定程度上减小单元离散范围；但对于三维波动问题求解，域方法一般还需借助大型计算机及现有的商业软件进行计算模拟。边界方法仅需要在边界上进行离散求解，具有降维和无限域辐射条件自动满足的优点，因而特别适合求解无限域或半无限域内的波动问题。从研究主题上看，弹性波散射领域需要重点发展的方向，即三维弹性波散射问题、两相介质波动问题及层状介质波散射问题。

从上述关于弹性波散射的研究现状容易看出，针对实际复杂不均匀介质弹性波动问题进行高效精确的数值方法研究具有重要的工程意义和理论价值。由于边界方法在处理无限域弹性波动问题方面的显著优势，在对弹性波散射基本问题的研究上应用广泛。本书针对实际岩土层的不均匀性（包含大量的空隙、夹杂体，以及起伏地形、层状介质等），分别结合全空间、半空间格林函数和层状介质中动力格林函数，采用 IBIEM 对复杂岩土介质中二维、三维弹性波散射问题进行方法拓展和波动规律分析；针对滨海、河谷等地带饱和岩土特性，发展两相介质 IBIEM，针对典型算例进行详细的参数分析，揭示饱和不均匀介质中弹性波散射问题的本质规律，探究其中关键因素影响机理。

本书以下各章节内容安排如下：

1）第 2 章主要介绍固体中弹性波动理论。涉及固体中的弹性波动方程、Helhmoz 矢量分解原理、IBIEM 基本理论、引导性算例等。

2）第 3 章详细给出不同类型弹性波动问题 IBIEM 实施中所采用的各类动力格林函数，包括全空间、半空间、层状半空间中单类波源或集中荷载动力函数，以及相应的两相介质动力格林函数。其中层状介质及饱和介质动力格林函数由本书的研究自主推导得到。

3）第 4 章详细给出弹性半空间中衬砌隧道对 P 波、SV 波和 Rayleigh 波的散射 IBIEM 求解步骤，并进行参数分析；进一步将 IBIEM 拓展到凸起地形对地震波的散射求解，给出不同高宽比、介质刚度比山体对平面波的散射结果。

4）第 5 章提出饱和两相介质弹性波散射 IBIEM 求解方法。在精度检验基础上，求解饱和半空间中凹陷地形、沉积河谷对地震波的散射。考虑地层的成层特性，研究饱和层状半空间二维沉积河谷对地震动的放大效应。本章对于滨海、河谷地带的地震区划、工程抗震、抗爆安全设计及其附近场地地震动确定均具有重要意义。

5）第 6 章给出三维弹性波散射问题 IBIEM 求解思路。首先求解全空间中三维夹杂体对弹性波的散射，进而将 IBIEM 拓展到层状半空间三维沉积盆地对弹性波的散射问题求解。针对基岩半空间上半球形多层沉积盆地这一典型算例，进行详细的参数分析，研究沉积盆地特殊地形和不均匀沉积层对地震动的综合放大作用，分析各自的影响机理及相互作用规律。本章对于大型盆地周围地震动的确定具有重要意义，有利于提高大坝、核电站、长大桥梁等大型工程抗震设计中地震动输入的科学性和可靠度。本章的研究方法对其他层状介质三维波动问题具有重要参考价值。

参 考 文 献

巴振宁，梁建文，金威，2014. 高速移动列车荷载作用下成层地基-轨道耦合系统的动力响应[J]. 土木工程学报（11）：108-119.

陈少林，张莉莉，李山有，2014. 半圆柱型沉积盆地对 SH 波散射的数值分析[J]. 工程力学，31（4）：218-224.

戴志军，李小军，侯春林，2015. 谱元法与透射边界的配合使用及其稳定性研究[J]. 工程力学（11）：40-50.

董俊，赵成刚，2005. 三维半球形凹陷饱和土场地对平面 P 波散射问题的解析解[J]. 地球物理学报，48（3）：680-688.

杜修力，熊建国，1988. 波动问题的级数解边界元法[J]. 地震工程与工程振动，8（1）：1-5.

杜修力，熊建国，关慧敏，1993. 平面 SH 波散射问题的边界积分方程分析法[J]. 地震学报，5（3）：311-338.

金丹丹，陈国兴，董菲蕃，2012. 软夹层土对福州盆地地表地震动特性的影响[J]. 武汉理工大学学报，34（12）：83-88.

李伟华，2004. 含饱和土的复杂局部场地波动散射问题的解析解和显式有限元数值模拟[D]. 北京：北京交通大学.

李小军，1993. 非线性场地地震反应分析方法研究[D]. 哈尔滨：中国地震局工程力学研究所.

李孝波，薄景山，齐文浩，等，2014. 地震动模拟中的谱元法[J]. 地球物理学进展，29（5）：2029-2039.

梁建文，巴振宁，2007a. 三维层状场地精确动力刚度矩阵及格林函数[J]. 地震工程与工程振动，27（5）：7-17.

梁建文，巴振宁，2007b. 三维层状场地中斜面均布荷载动力格林函数[J]. 地震工程与工程振动，27（5）：18-26.

梁建文，巴振宁，2007c. 弹性层状半空间中沉积谷地对入射平面 SH 波的放大作用[J]. 地震工程与工程振动，27（3）：1-9.

梁建文，巴振宁，2008. 弹性层状半空间中凸起地形对入射平面 SH 波的放大作用[J]. 地震工程与工程振动，28（1）：1-10.

梁建文，巴振宁，LEE V W，2006a. Diffraction of plane SV waves by a shallow circular-arc canyon in a saturated poroelastic half-space[J]. Soil dynamics and earthquake engineering，26（6-7）：582-610.

梁建文，巴振宁，LEE V W，2007a. 平面 P 波在饱和半空间洞室周围的散射（Ⅰ）：解析解[J]. 地震工程与工程振动，27（1）：1-6.

梁建文，巴振宁，LEE V W，2007b. 平面 P 波在饱和半空间洞室周围的散射（Ⅱ）：数值结果[J]. 地震工程与工程振动，27（2）：1-11.

梁建文，严林隽，LEE V W，2001. 圆弧形凹陷地形表面覆盖层对入射平面 SV 波的影响[J]. 地震学报，23（6）：622-636.

梁建文，尤红兵，2005. 层状半空间中洞室对入射平面 P 波的放大作用[J]. 地震工程与工程振动，25（2）：16-24.

梁建文，尤红兵，LEE V W，2006b. Scattering of SV Waves by a canyon in a fluid-saturated，oroelastic layered half-space，modeled using the indirect boundary element method[J]. Soil dynamics and earthquake engineering，26：611-625.

梁建文，张浩，LEE V W，2004. 地下洞室群对地面运动影响问题的级数解答：P 波入射[J]. 地震学报，26（3）：269-280.

廖振鹏，1984. 近场波动问题的有限元解法[J]. 地震工程与工程振动，4（2）：1-14.

廖振鹏，2002. 工程波动理论导论[M]. 北京：科学出版社.

林宏，刘殿魁，2002. 半无限空间中圆形洞室周围 SH 波的散射[J]. 地震工程与工程振动，2（2）：9-16.

刘殿魁，林宏，2003. 浅埋的圆柱形洞室对 SH 波的散射与地震动[J]. 爆炸与冲击，23（1）：8-12.

刘洪兵，2000. 大跨度桥梁考虑多点激励及地形效应的地震响应分析[D]. 北京：北京交通大学.

刘晶波，1989. 波动的有限元模拟及复杂场地对地震动的影响[D]. 哈尔滨：中国地震局工程力学研究所.

刘中宪，黄磊，梁建文，2017. 三维局部场地对地震波的散射 IBIEM-FEM 耦合模拟[J]. 岩土工程学报，39（2）：301-310.

邱仑，徐植信，1987. 下结构瞬态响应分析的积分方程方法（Ⅰ）：P 波和 SV 波传播[J]. 同济大学学报，4：6-24.

邱仑，徐植信，1988. 下结构瞬态响应分析的积分方程方法（Ⅱ）：多层结构及 SH 波计算[J]. 同济大学学报，1：60-69.

史文谱，魏娟，2014. 圆形区域多圆孔对 SH 波散射 Green 函数解[J]. 振动与冲击，33（20）：31-34.

王童奎，李瑞华，李小凡，2007. 谱元法数值模拟地震波传播[J]. 防灾减灾工程学报，27（4）：470-476.

王秀明，SERIANI G，林伟军，2007. 利用谱元法计算弹性波场的若干理论问题[J]. 中国科学（G 辑），37（1）：41-59.

王秀明，张海澜，2004. 用于具有不规则起伏自由表面的介质中弹性波模拟的有限差分算法[J]. 中国科学（G 辑），34（4）：481-492.

熊建国，关慧敏，杜修力，1991. 波动问题的级数解边界元法[J]. 地震工程与工程振动，1（2）：20-28.

杨在林，许华南，黑宝平，2013. 半空间椭圆夹杂与裂纹对 SH 波的散射[J]. 振动与冲击，32（11）：56-61.
袁晓铭，1996. 地表下圆形夹塞区出平面散射对地面运动的影响[J]. 地球物理学报，39（3）：373-381.
赵成刚，1990. 边界积分方程法及其在地震波动问题中的应用[D]. 哈尔滨：中国地震局工程力学研究所.
赵成刚，韩铮，2007. 半球形饱和土沉积谷场地对入射平面 Rayleigh 波的三维散射问题的解析解[J]. 地球物理学报，50（3）：905-914.
AKI K, LARNER K L, 1970. Surface motion of a layered medium having an irregular interfacedue to incident plane SH waves[J]. Journal of geophysical research, 75(5): 933-954.
ALTERMAN Z, KARAL JR F C, 1968. Propagation of elastic waves in layered media by finite difference methods[J]. Bulletin of the seismological society of America, 58(1): 367-398.
BARD P Y, 1982. Diffracted waves and displacement field over two-dimensional elevated topographies[J]. Geophysical journal international, 71(3): 731-760.
BARD P Y, BOUCHON M, 1980a. The seismic response of sediment filled valleys part Ⅰ: the case of incident SH waves[J]. Bulletin of the seismological society of America, 70(4): 1263-1286.
BARD P Y, BOUCHON M, 1980b. The seismic response of sediment filled valleys part Ⅱ: The case of incident P and SV waves[J]. Bulletin of the seismological society of America, 70(5): 1921-1941.
BARROS F C P D, LUCO J E, 1993. Diffraction of obliquely incident waves by a cylindrical cavity embedded in a layered viscoelastic halfspace[J]. Soil dynamics and earthquake engineering, 12(3): 159-171.
BARROS F C P D, LUCO J E, 1995. Amplication of obliquely incident waves by a cylindrical valley embedded in a layered half-space[J]. Soil dynamics and earthquake engineering, 14(3): 163-175.
BOORE D M, 1972. A note on the effect of simple topography on seismic SH waves[J]. Bulletin of the seismological society of America, 62(1): 275-284.
BOORE D M, 1973. The effect of simple topography on seismic waves: Implications for the accelerations recorded at Pacoima Dam, San Fernando Valley, California[J]. Bulletin of the seismological society of America, 63(5): 1603-1609.
BOORE D M, HARMSEN S C, HARDING S T, 1981. Wave scattering from a step change in surface topography[J]. Bulletin of the seismological society of America, 71(1): 117-125.
BOUCHON M, 1973. Effect of topography on surface motion[J]. Bulletin of the seismological society of America, 63(2): 615-632.
BOUCHON M, 2003. A review of the discrete wavenumber method[J]. Pure & applied geophysics, 160(3-4): 445-465.
BOUCHON M, AKI K, 1977. Discrete wave number representation of seismic wave fields[J]. Bulletin of the seismological society of America, 67(2): 259-277.
BRAVO M, SÁNCHEZ-SESMA F, CHÁVEZ-GARCÍA F, 1988. Ground motion on stratified alluvial deposits for incident SH waves[J]. Bulletin of the seismological society of America, 78(2): 436-450.
BREBBIA C A, TELLES J C F, WROBEL L C, et al, 1984. Boundary element techniques-theory and applications in engineering[J]. Journal of applied mechanics, 52(1): 241.
CHEN X F, 1990. Seismogram synthesis for multi-layered media with irregular interfaces by the global generalized reflection/transmission and matrices method part Ⅰ: theory of 2-D SH case[J]. Bulletin of the seismological society of America, 80(6A): 1696-1724.
CHEN X F, 1996. Seismogram synthesis for multi-layered media with irregular interfaces by the global generalized reflection/transmission matrices method-part Ⅲ: theory of 2D P-SV case[J]. Bulletin of the seismological society of America, 86(2): 389-405.
CRUSE T A, 1969. Numerical solutions in three-dimensional elastostatics[J]. International journal of solids and structures, 5(12): 1259-1274.
DRAVINSKI M, 1982a. Scattering of elastic waves by an alluvial valley[J]. Journal of the engineering mechanics division, 108(1): 19-31.
DRAVINSKI M, 1982b. Scattering of SH waves by subsurface topography[J]. Journal of the engineering mechanics division, 108(1): 1-17.

DRAVINSKI M, 1983a. Scattering of plane harmonic SH wave by dipping layers or arbitrary shape[J]. Bulletin of the seismological society of America, 73(5): 1303-1319.

DRAVINSKI M, 1983b. Ground motion amplification due to elastic inclusion in a half-space[J]. Earthquake engineering & structural dynamics, 11(3): 313-335.

DRAVINSKI M, 2007. Scattering of waves by a sedimentary basin with a corrugated interface[J]. Bulletin of the seismological society of America, 97(1): 256-264.

DRAVINSKI M, MOSSESSIAN T K, 1987. Scattering of plane harmonic P, SV, and Rayleigh waves by dipping layers of arbitrary shape[J]. Bulletin of the seismological society of America, 77(1): 212-235.

DRAVINSKI M, WILSON M S, 2001. Scattering of elastic waves by a general anisotropic basin. part 1: a 2D model[J]. Earthquake engineering & structural dynamics, 30(5): 675-689.

DRAVINSKI M, WILSON M S, 2003. Scattering of elastic waves by a general anisotropic basin. part 2: a 3D model[J]. Earthquake engineering & structural dynamics, 32: 673-670.

FÄH D, 1992. A hybrid technique for the estimation of strong ground motion in sedimentary basins[D]. ETH Zurich.

FISHMAN K L, AHMAD S, 1995. Seismic response for alluvial valleys subjected to SH, P, and SV waves[J]. Soil dynamics and earthquake engineering, 14(4): 249-258.

FRANKEL A, 1993. Three-dimensional simulations of ground motion in the San Bernardino Valley, California, for hypothetical earthquakes on the San Andreas fault[J]. Bulletin of the seismological society of America, 83(4): 1020-1041.

FRANKEL A, VIDALE J, 1992. A three-dimensional simulation of seismic waves in the Santa Clara Valley, California, from a Loma Prieta aftershock[J]. Bulletin of the seismological society of America, 82(54): 2045-2074.

GELI L, BARD P Y, BOUCHON M, 1988. The effect of topography on earthquake ground motion: a review and new results[J]. Bulletin of the seismological society of America, 78(1): 42-63.

HAYASHI K, BURNS D R, TOKSÖZ M N, 2001. Discontinuous-grid finite-difference seismic modeling including surface topography[J]. Bulletin of the seismological society of America, 91(6): 1750-1764.

HILL N R, LEVANDER A R, 1984. Resonances of low-velocity layers with lateral variations[J]. Bulletin of the seismological society of America, 74(2): 521-537.

HORIKE M, UEBAYASHI H, TAKEUCHI Y, 1990. Seismic response in three-dimensional sedimentary basin due to plan S wave incidence[J]. Journal of physics of the earth, 38(4): 261-284.

KAWANO M, MATSUDA S, TOYODA K, et al, 1994. Seismic response of three-dimensional alluvial deposit with irregularities for incident wave motion from a point source[J]. Bulletin of the seismological society of America, 84(6): 1801-1814.

KAWASE H, 1988. Time domain response of a semicircular canyon for incident SV, P, and Rayleigh waves calculated by the discrete wave number boundary element method[J]. Bulletin of the seismological society of America, 78(4): 1415-1437.

KHAIR K R, DATTA S K, SHAH A H, 1989. Amplification of obliquely incident seismic waves by cylindrical alluvial valleys of arbitrary cross-sectional shape Part Ⅰ: Incident P and SV waves[J]. Bulletin of the seismological society of America, 81(2): 610-630.

KHAIR K R, DATTA S K, SHAH A H, 1991. Amplification of obliquely incident seismic waves by cylindrical alluvial valleys of arbitrary cross-sectional shape Part Ⅱ: Incident SH and Rayleigh waves[J]. Bulletin of the seismological society of America, 81(2): 346-357.

KIM J, PAPAGEORGIOU A, 1993. Discrete wavenumber boundary-element method for 3D scattering problems[J]. Journal of engineering mechanics, 119: 603-624.

KOMATITSCH D, VILOTTE J P, 1998. The spectral element method: an efficient tool to simulate the seismic response of 2D and 3D geological structures[J]. Bulletin of the seismological society of America, 88(2): 368-392.

KUPRADZE V D, 1964. Dynamical problems in elasticityI[J]. Journal of applied mechanics, 31(4): 735-736.

LEE V W, 1984. Three-dimensional diffraction of plane P, SV & SH waves by a hemispherical alluvial valley[J].

International journal of soil dynamics & earthquake engineering, 3(3): 133-144.
LEE V W, CAO H, 1989. Diffraction of SV waves by circular canyons of various depths[J]. Journal of engineering mechanics, 115(9): 2035-2056.
LEE V W, KARL J, 1992. Diffraction of SV waves by underground circular cylindrical cavities[J]. Soil dynamics and earthquake engineering, 11(8): 445-456.
LEE V W, KARL J, 1993. On deformations of near a circular underground cavity subjected to incident plane P waves[J]. European journal of earthquake engineering, 1: 29-36.
LEE V W, SHERIF R I, 1996. Diffraction around circular canyon in elastic wedge space by plane SH-waves[J]. Journal of engineering mechanics, 122(6): 539-544.
LEE V W, TRIFUNAC M D, 1979. Response of tunnels to incident SH waves[J]. Journal of engineering mechanics, 105(4): 643-659.
LIANG J W, ZHANG H, Lee V W, 2003. A series solution for surface motion amplification due to underground twin tunnels: incident SV waves[J]. Earthquake engineering and engineering vibration, 2(2): 289-298.
LUCO J E, BARROS F C P D, 1994. Dynamic displacements and stresses in the vicinity of a cylindrical cavity embedded in a half-space[J]. Earthquake engineering & structural dynamics, 23(3): 321-340.
LUCO J E, WONG H L, De BAEEOS F C P, 1990. Three dimensional response of a cylindrical canyon in a layered halfspace[J]. Earthquake engineering & structural dynamics, 19: 799-817.
MOCZO P, LABÁK P, KRISTEK J, et al, 1996. Amplification and differential motion due to an antiplane 2D resonance in the sediment valleys embedded in a layer over the half-space[J]. Bulletin of the seismological society of America, 86(5): 1434-1446.
MOSSESSIAN T K, DRAVINSKI M, 1989. Scattering of elastic waves by a three-dimensional surface topographies[J]. Wave motion, 11: 579-592.
MOSSESSIAN T K, DRAVINSKI M, 1990. Amplification of elastic waves by a three dimensional valley. part 1: steady state response[J]. Earthquake engineering & structural dynamics, 19(5): 667-680.
MOSSESSIAN T K, DRAVINSKI M, 1990. Amplification of elastic waves by a three dimensional valley. part 2: transient response[J]. Earthquake engineering & structural dynamics, 19(5): 681-691.
OHORI M, KOKETSU K, MINAMI T, 1992. Seismic responses of three-dimensional sediment filled valleys due to incident plane waves[J]. Earth planets & space, 40: 209-222.
OHTSUKI A, HARUMI K, 1983. Effect of topography and subsurface inhomogeneities on seismic SV waves[J]. Earthquake engineering & structural dynamics, 11(4): 441-462.
OLSEN K B, ARCHULETA R J, MATARESE J R, 1995. Three-dimensional simulation of a magnitude 7.75 earthquake on the San Andreas fault[J]. Science, 270(5242): 1628-1632.
OLSEN K B, MADARIAGA R, ARCHULETA R J, 1997. Three-dimensional dynamic simulation of the 1992 Landers earthquake[J]. Science, 278(5339): 834-838.
OSHAKI Y, 1973. On movements of a rigid body in semiinfinite elastic medium[C]. Proceedings of the royal society of London, 248(1048): 245-252.
PAO Y H, MOW C C, 1973. Diffraction of elastic waves and dynamic stress concentrations[J]. Journal of Applied Mechanics,40(4):872.
PAOLUCCI R, FACCIOLI E, MAGGIO F, 1999. 3D response analysis of an instrumented hill at Matsuzaki, Japan, by a spectral method[J]. Journal of seismology, 3(2): 191-209.
PAPAGEORGIOU A, PEI D, 1998. A discrete wave number boundary element method for study of 3-D response of 2-D scatterers[J]. Earthquake engineering & structural dynamics, 27(6): 619-638.
PEDERSEN H, SÁNCHEZ-SESMA F J, CAMPILLO M, 1994. Three-dimensional scattering by two-dimensional topographies[J]. Bulletin of the seismological society of America, 84(3): 1169-1183.
RIAL J A, LING H, 1992. Theoretical estimation of the eigenfrequencies of 2-D resonant sedimentary basins: numerical computations and analytic approximations to the elastic problem[J]. Bulletin of the seismological society of America,

82(6): 2350-2367.

SÁNCHEZ-SESMA F J, 1985. Diffraction of elastic SH waves by wedges[J]. Bulletin of the seismological society of America, 75(5): 1435-1446.

SÁNCHEZ-SESMA F J, BRAVO M A, HERRERA I, 1985. Surface motion of topographical irregularities for incident P, SV, and Rayleigh waves[J]. Bulletin of the seismological society of America, 75(1): 263-269.

SÁNCHEZ-SESMA F J, CAMPILLO M, 1991. Diffraction of P, SV, and Rayleigh waves by topographic features: a boundary integral formulation[J]. Bulletin of the seismological society of America, 81(6): 2234-2253.

SÁNCHEZ-SESMA F J, ESQUIVEL J A, 1979. Ground motion on alluvial valleys under incident plane SH waves[J]. Bulletin of the seismological society of America, 33(2): 1107-1120.

SÁNCHEZ-SESMA F J, HERRERA I, AVFLES J, 1982. A boundary method for elastic wave diffraction, application to scattering of SH waves by surface irregularities[J]. Bulletin of the seismological society of America, 72(2): 473-479.

SÁNCHEZ-SESMA F J, LUZON F, 1995. Seismic response of three-dimensional alluvial valleys for incident P, S and Rayleigh waves[J]. Bulletin of the seismological society of America, 85(1): 269-284.

SÁNCHEZ-SESMA F J, PALENCIA V J, LUZON F, 2002. Estimation of local site effects during earthquakes: an overview[J]. Journal of earthquake technology, 39(3): 167-193.

SÁNCHEZ-SESMA F J, PEREZ-ROCHA L E, CHAVEZ-PEREZ S, 1989. Diffraction of elastic waves by three-dimensional surface irregularities part Ⅱ[J]. Bulletin of the seismological society of America, 79(1): 101-112.

SÁNCHEZ-SESMA F J, RAMOS-MARTINEZ J, CAMPILLO M, 1993. An indirect boundary element method applied to simulate the seismic response of alluvial valleys for incident P, S and Rayleigh waves[J]. Earthquake engineering & structural dynamics, 22(4): 279-295.

SMITH W D, 1975. The application of finite element method analysis to body wave propagation problems[J]. Geophysical journal international, 42(2): 747-768.

STAMPS A A, BESKOS D E, 1996. 3-D seismic response analysis of long lined tunnels in half-space[J]. Soil dynamics & earthquake engineering, 15(2): 111-118.

TOSHINAWA T, OHMACHI T, 1992. Love wave propagation in a three-dimensionai sedimentary basin[J]. Bulletin of the seismological society of America, 82(4): 1661-1667.

TRIFUNAC M D, 1971. Surface motion of a semi-cylindrical alluvial valley for incident plane SH waves[J]. Bulletin of the seismological society of America, 61: 1755-1770.

TRIFUNAC M D, 1973. Scattering of plane SH wave by a semi-cylindrical canyon[J]. Earthquake engineering & structural dynamics, 1(3): 267-281.

VIRIEUX J, 1984. SH-wave propagation in heterogeneous media: velocity-stress finite-difference method[J]. Geophysics, 49(11): 1933-1942.

VIRIEUX J, 1986. P-SV wave propagation in heterogeneous media: velocity-stress finite-difference method[J]. Geophysics, 51(4): 889-901.

VOGT R F, WOLF J P, BACHMANN H, 1988. Wave scattering by a canyon of arbitrary shape in a layered half space[J]. Earthquake engineering & structural dynamics, 16(6): 803-812.

WANG Y, XU J, SCHUSTER G T, 2001. Viscoelastic wave simulation in basins by a variable-grid finite-difference method[J]. Bulletin of the seismological society of America, 91(6): 1741-1749.

WOLF J P, 1985. Dynamic soil-structure interaction[M]. Englewood Cliffs: Prentice-Hall.

WONG H L, 1982. Effect of surface topography on the diffraction of P, SV and Rayleigh waves[J]. Bulletin of the seismological society of America, 72(4): 1167-1183.

WONG H L，TRIFUNAC M D，1974. Surface motion of a semi-elliptical alluvial valley for incident plane SH waves[J]. Bulletin of the Seismological Society of America，64 (5): 1389-1408.

YAMANAKA S, WATANABE K, KITAMURA N, et al, 1989. The structure and mechanical properties of sheets prepared from bacterial cellulose[J]. Journal of materials science, 24(9): 3141-3145.

YOMOGIDA K, ETGEN J T, 1993. 3-D wave propagation in the Los Angeles Basin for the Whittier-Narrows earthquake[J]. Bulletin of the seismological society of America, 83(5): 1325-1344.

YUAN X M, LIAO Z P, 1995. Scattering of plane SH waves by a cylindrical alluvial valley of ircular-arc cross-section[J]. Earthquake engineering & structural dynamics, 24(10): 1303-1313.

YUAN X M, LIAO Z P, 1996. Surface motion of a cylindrical hill of circular-arc cross-section for incident plane SH waves[J]. Soil dynamics and earthquake engineering, 15: 189-199.

YUAN X M, MEN F L, 1992. Scattering of plane SH waves by a semicylindrical hill[J]. Earthquake engineering & structural dynamics, 21: 1091-1098.

ZHANG L, CHOPRA A K, 1991. Three-dimensional analysis of spatially varying ground motions round a uniform canyon in a homogeneous half-space[J]. Earthquake engineering & structural dynamics, 20(10): 911-926.

第 2 章　弹性波动及 IBIEM 基本理论

2.1　弹性波动方程

假定弹性介质为均质各向同性，弹性波动方程包括动力平衡方程、几何方程和物理方程。

在角频率为 ω 的简谐波激励下，在直角坐标系中三维动力平衡方程可表达为（Wolf，1985）

$$\frac{\partial \sigma_{xx}}{\partial x}+\frac{\partial \tau_{xy}}{\partial y}+\frac{\partial \tau_{xz}}{\partial z}=-\rho\omega^2 u \tag{2.1a}$$

$$\frac{\partial \tau_{yx}}{\partial x}+\frac{\partial \sigma_{yy}}{\partial y}+\frac{\partial \tau_{yz}}{\partial z}=-\rho\omega^2 v \tag{2.1b}$$

$$\frac{\partial \tau_{yx}}{\partial x}+\frac{\partial \sigma_{yy}}{\partial y}+\frac{\partial \tau_{yz}}{\partial z}=-\rho\omega^2 w \tag{2.1c}$$

式中：σ 和 τ 分别表示正应力和剪应力，按习惯，第 1 个下标代表该应力分量作用面的法线方向，第 2 个下标代表该应力分量的方向；u、v 和 w 为位移矢量的 3 个分量；ρ 为质量密度。式中忽略了体力。

直角坐标系下，几何方程（应变-位移方程）可表达为

$$\begin{cases} \varepsilon_x=\dfrac{\partial u}{\partial x} \\ \varepsilon_y=\dfrac{\partial v}{\partial y} \\ \varepsilon_z=\dfrac{\partial w}{\partial z} \end{cases} \tag{2.2a}$$

$$\begin{cases} \gamma_{xy}=\dfrac{\partial u}{\partial y}+\dfrac{\partial v}{\partial x} \\ \gamma_{xz}=\dfrac{\partial u}{\partial z}+\dfrac{\partial w}{\partial x} \\ \gamma_{yz}=\dfrac{\partial v}{\partial z}+\dfrac{\partial w}{\partial y} \end{cases} \tag{2.2b}$$

式中：ε 和 γ 分别表示正应变和剪应变。

根据胡克定律，弹性本构方程可表达如下：

$$\varepsilon_x=\frac{1}{E}(\sigma_x-\nu\sigma_y-\nu\sigma_z) \tag{2.3a}$$

$$\varepsilon_y = \frac{1}{E}(-\nu\sigma_x + \sigma_y - \nu\sigma_z) \tag{2.3b}$$

$$\varepsilon_z = \frac{1}{E}(-\nu\sigma_x - \nu\sigma_y + \sigma_z) \tag{2.3c}$$

$$\begin{cases} \gamma_{xy} = \dfrac{\tau_{xy}}{G} \\ \gamma_{xz} = \dfrac{\tau_{xz}}{G} \\ \gamma_{yz} = \dfrac{\tau_{yz}}{G} \end{cases} \tag{2.3d}$$

式中：G 为介质剪切模量，可用弹性模量 E 和泊松比 ν 来表达，即

$$G = \frac{E}{2(1+\nu)} \tag{2.4}$$

在总坐标系中，微元面上牵引力向量的分量分别记为 t_x、t_y 和 t_z，而作用微面的单位法线矢量分量记为 n_x、n_y 和 n_z，则有

$$t_x = n_x\sigma_x + n_y\tau_{xy} + n_z\tau_{xz} \tag{2.5a}$$

$$t_y = n_x\tau_{yx} + n_y\sigma_y + n_z\tau_{yz} \tag{2.5b}$$

$$t_z = n_x\tau_{zx} + n_y\tau_{zy} + n_z\sigma_z \tag{2.5c}$$

式（2.1）～式（2.3）建立了位移向量和（对称）应力与应变张量中 15 个分量的相互联系，根据边界条件即可予以求解。边界条件应满足设定位移及地面牵引力关系式（2.5）。从式（2.2）和式（2.3）中消去应变，将其结果代入式（2.1）便可得到以位移及其导数（最高为二阶）表示的 3 个运动方程。所有边界条件也可以方便地写成位移及其导数的函数。在运动方程中，3 个位移分量相互耦合，为避免解高阶微分方程，同时又能识别波的类型，这里引入几个新的变量，即幅值为 e 的体积应变和幅值分量为 Ω_x、Ω_y、Ω_z 的旋转应变张量 $\boldsymbol{\Omega}$ 。它们分别定义如下：

$$e = \frac{\partial u}{\partial x} + \frac{\partial v}{\partial y} + \frac{\partial w}{\partial z} \tag{2.6a}$$

$$\Omega_x = \frac{1}{2}\left(\frac{\partial w}{\partial y} - \frac{\partial v}{\partial z}\right) \tag{2.6b}$$

$$\Omega_y = \frac{1}{2}\left(\frac{\partial u}{\partial z} - \frac{\partial w}{\partial x}\right) \tag{2.6c}$$

$$\Omega_z = \frac{1}{2}\left(\frac{\partial v}{\partial x} - \frac{\partial u}{\partial y}\right) \tag{2.6d}$$

由于

$$\frac{\partial \Omega_x}{\partial x}+\frac{\partial \Omega_y}{\partial y}+\frac{\partial \Omega_z}{\partial z}=0 \tag{2.7}$$

4 个未知量$(e,\Omega_x,\Omega_y,\Omega_z)$对应有式（2.1a）～式（2.1c）和式（2.7）。

采用新变量后，可将运动方程（2.1）改写成：

$$(\lambda+2G)\frac{\partial e}{\partial x}+2G\left(\frac{\partial \Omega_y}{\partial z}-\frac{\partial \Omega_z}{\partial y}\right)=-\rho\omega^2 u \tag{2.8a}$$

$$(\lambda+2G)\frac{\partial e}{\partial y}+2G\left(\frac{\partial \Omega_z}{\partial x}-\frac{\partial \Omega_x}{\partial z}\right)=-\rho\omega^2 v \tag{2.8b}$$

$$(\lambda+2G)\frac{\partial e}{\partial z}+2G\left(\frac{\partial \Omega_x}{\partial z}-\frac{\partial \Omega_y}{\partial x}\right)=-\rho\omega^2 w \tag{2.8c}$$

式中：λ 为 Lame 常数，则有

$$\lambda=\frac{\nu E}{(1+\nu)(1-2\nu)} \tag{2.9}$$

分别对式（2.8a）～式（2.8c）关于 x、y 和 z 求导，再将它们相加，容易推得

$$(\lambda+2G)\left(\frac{\partial^2 e}{\partial x^2}+\frac{\partial^2 e}{\partial y^2}+\frac{\partial^2 e}{\partial z^2}\right)=-\rho\omega^2 e \tag{2.10}$$

式（2.10）可改写成

$$\nabla^2 e=-\frac{\omega^2}{c_{\mathrm{p}}^2}e \tag{2.11}$$

式中：$\nabla^2 a=\left(\frac{\partial^2 a}{\partial x^2}+\frac{\partial^2 a}{\partial y^2}+\frac{\partial^2 a}{\partial z^2}\right)$表示对标量 a 施行拉普拉斯算子。变量 c_{p}（即压缩波速度）的计算公式如下：

$$c_{\mathrm{p}}^2=\frac{\lambda+2G}{\rho} \tag{2.12}$$

分别对式（2.8c）和式（2.8b）关于 y 和 x 求导后，将两式相减即可消去体积应变，并注意到对式（2.7）关于 x 求导后相减仍然为零，容易推得

$$G\left(\frac{\partial^2 \Omega_x}{\partial x^2}+\frac{\partial^2 \Omega_x}{\partial y^2}+\frac{\partial^2 \Omega_x}{\partial z^2}\right)=-\rho\omega^2 \Omega_x \tag{2.13a}$$

类似地，

$$G\left(\frac{\partial^2 \Omega_y}{\partial x^2}+\frac{\partial^2 \Omega_y}{\partial y^2}+\frac{\partial^2 \Omega_y}{\partial z^2}\right)=-\rho\omega^2 \Omega_y \tag{2.13b}$$

$$G\left(\frac{\partial^2 \Omega_z}{\partial x^2}+\frac{\partial^2 \Omega_z}{\partial y^2}+\frac{\partial^2 \Omega_z}{\partial z^2}\right)=-\rho\omega^2 \Omega_z \tag{2.13c}$$

引入c_{s}（即剪切波速度），即

$$c_{\mathrm{s}}^2=\frac{G}{\rho} \tag{2.14}$$

式（2.14）可改写成

$$\nabla^2\boldsymbol{\Omega}=-\frac{\omega^2}{c_{\mathrm{s}}^2}\boldsymbol{\Omega} \tag{2.15}$$

以未知体积应变幅值e表示的式（2.11）和以旋转应变张量$\boldsymbol{\Omega}$表示的式（2.15）即是简谐振动下的运动方程式，其中$\{\Omega\}$的分量必须满足式（2.7）。这些波动方程均是二阶的线性偏微分方程。

由Helmholtz（亥姆霍兹）定理可知，任何一个矢量场可表示为一个标量场的梯度和一个矢量场的旋度之和，所以有

$$U=\nabla\varphi+\nabla\times\psi \tag{2.16}$$

式中：∇为拉普拉斯算子。

直角坐标系下：

$$u=\frac{\partial\varphi}{\partial x}+\frac{\partial\psi_z}{\partial y}-\frac{\partial\psi_y}{\partial z} \tag{2.17a}$$

$$v=\frac{\partial\varphi}{\partial y}+\frac{\partial\psi_x}{\partial z}-\frac{\partial\psi_z}{\partial x} \tag{2.17b}$$

$$w=\frac{\partial\varphi}{\partial z}+\frac{\partial\psi_y}{\partial x}-\frac{\partial\psi_x}{\partial y} \tag{2.17c}$$

式中：φ、ψ_i分别代表压缩P波、剪切S波波势函数。

对以速度c_{p}传播的稳态P波，可设势函数为

$$e=-\frac{\mathrm{i}\omega}{c_{\mathrm{p}}}A_{\mathrm{p}}\,\mathrm{e}^{\frac{\mathrm{i}\omega}{c_{\mathrm{p}}}(-l_x x-l_y y-l_z z)}\,\mathrm{e}^{\mathrm{i}\omega t} \tag{2.18}$$

式中：l_x、l_y和l_z表示P波传播方向同x、y、z轴的夹角余弦。设矢量$\boldsymbol{S}$为（l_x，l_y，l_z），在垂直于s方向的面上所有点的运动特征一致。对该复数形式的势函数，可方便地进行速度、加速度的推导。关于复数形式频域分析的实际物理意义，可从实部（cos）项、虚部（sin）项分别作用的角度考虑（大崎顺彦，2008），即输入信号的实部、虚部项分别对应输出信号的实部、虚部项。

与式（2.16）相应的位移幅值为

$$u_{\mathrm{p}}=l_x A_{\mathrm{p}}\,\mathrm{e}^{\frac{\mathrm{i}\omega}{c_{\mathrm{p}}}(-l_x x-l_y y-l_z z)} \tag{2.19a}$$

$$v_{\mathrm{p}} = l_y A_{\mathrm{p}}\, \mathrm{e}^{\frac{\mathrm{i}\omega}{c_{\mathrm{p}}}(-l_x x - l_y y - l_z z)} \tag{2.19b}$$

$$w_{\mathrm{p}} = l_z A_{\mathrm{p}}\, \mathrm{e}^{\frac{\mathrm{i}\omega}{c_{\mathrm{p}}}(-l_x x - l_y y - l_z z)} \tag{2.19c}$$

对 S 波，设势函数为

$$\{\Omega\} = -\frac{\mathrm{i}\omega}{2c_{\mathrm{s}}}\{C\}\,\mathrm{e}^{\frac{\mathrm{i}\omega}{c_{\mathrm{s}}}(-m_x - m_y - m_z)} \tag{2.20}$$

而

$$m_x^2 + m_y^2 + m_z^2 = 1 \tag{2.21}$$

$$m_x C_x + m_y C_y + m_z C_z = 0 \tag{2.22}$$

波传播方向由方向余弦 m_x、m_y 和 m_z（图 2.1）加以确定。由于这一点积为零，张量 $\boldsymbol{C}$ 与波传播方向垂直，从而张量 $\boldsymbol{\Omega}$ 与波传播方向也是垂直的，即表示波的质点运动处于一个与传播方向垂直的平面之内。

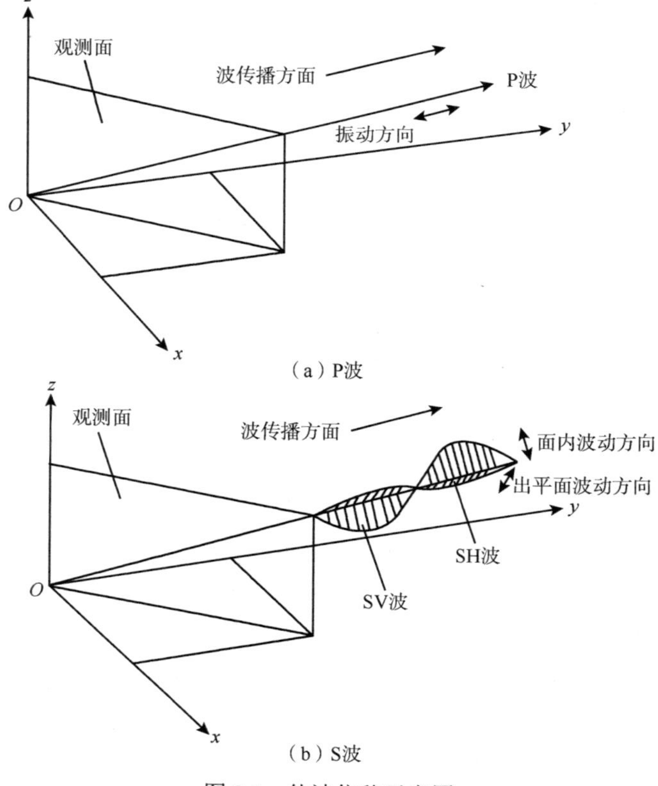

图 2.1　体波位移示意图

相应的位移幅值为

$$u_{\mathrm{s}}=(m_zC_y-m_yC_z)\mathrm{e}^{\frac{\mathrm{i}\omega}{c_{\mathrm{s}}}(-m_xx-m_yy-m_zz)} \tag{2.23a}$$

$$v_{\mathrm{s}}=(m_xC_z-m_zC_x)\mathrm{e}^{\frac{\mathrm{i}\omega}{c_{\mathrm{s}}}(-m_xx-m_yy-m_zz)} \tag{2.23b}$$

$$w_{\mathrm{s}}=(m_yC_x-m_xC_y)\mathrm{e}^{\frac{\mathrm{i}\omega}{c_{\mathrm{s}}}(-m_xx-m_yy-m_zz)} \tag{2.23c}$$

需要注意的是，对 e 和 $\{\Omega\}$ 所选用的势函数并不是波动方程的唯一解，它们只是平面波在直角坐标系中的解答[如柱面波的 Hankel（汉开尔）函数形式 $\mathbf{H}_n^{(2)}(kr)$ 和球面波的指数函数形式 $\mathrm{e}^{\mathrm{i}kr/r}$]。

通常为了便于分析，S 波的位移向量可进一步分解成幅值为 A_{SH} 的水平分量，以及在由整体坐标轴 z 与波传播方向所决定的平面内、幅值为 A_{SV} 的另一分量，如图 2.1（b）所示。

2.2　固体弹性半空间中的平面波

均匀无限固体中平面波会以自身波形独自传播，但遇到自由界面或不同介质交界面时，同其他波一样，将会发生反射、折射及衍射等现象。本节基于均匀弹性各向同性介质，讨论二维自由界面情况下，平面波在界面上的反射满足的应力和位移边界条件，进而求解反射波函数系数。

2.2.1　P 波入射和 SV 波小于临界角入射

在自由界面空气一侧介质为 I，固体介质一侧为 II，如图 2.2 所示。它们的弹性参数分别包括固体弹性介质中纵、横波速度 V_α，V_β，密度 ρ，Lame 常数 λ 和 μ。相比固体，这里空气介质密度近似为零，即对固体中波传播无影响。设 P 波的入射角和反射角为 α，SV 波的入射角和反射角为 β，定义 $k=\dfrac{\omega}{V_\beta}$ 与 $h=\dfrac{\omega}{V_\alpha}$ 分别为 P 波和 SV 波的波数，ω 为入射波频率。定义 xOy 坐标系，取 y 轴向下为正方向，x 轴为自由界面，在 xOy 坐标系内考察 P 波、SV 波和 Rayleigh 波。

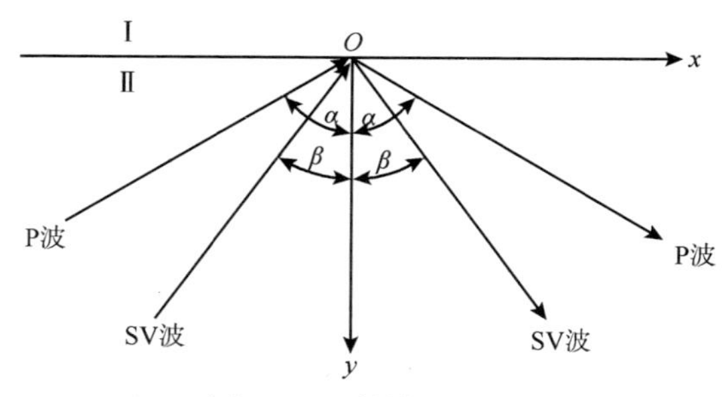

图 2.2　计算模型

纵波和横波的位移势函数需满足波动方程：

$$\begin{cases}\dfrac{\partial^2\phi}{\partial x^2}+\dfrac{\partial^2\phi}{\partial y^2}=\dfrac{1}{V_\alpha^2}\dfrac{\partial^2\phi}{\partial t^2}\\[2ex]\dfrac{\partial^2\psi}{\partial x^2}+\dfrac{\partial^2\psi}{\partial y^2}=\dfrac{1}{V_\beta^2}\dfrac{\partial^2\psi}{\partial t^2}\end{cases}\tag{2.24}$$

式中：ϕ 和 ψ 均为（x,y,t）的函数。自由界面位移边界条件不再适用，只有应力边界条件满足，空气一侧的应力为零，即

$$\begin{cases}\sigma_{yy}=0\\ \sigma_{xy}=0\end{cases}\tag{2.25}$$

在 xOy 面内 x 和 y 向的位移为

$$\begin{cases}u_x=\dfrac{\partial\phi}{\partial x}+\dfrac{\partial\psi}{\partial y}\\[2ex]u_y=\dfrac{\partial\phi}{\partial y}-\dfrac{\partial\psi}{\partial x}\end{cases}\tag{2.26}$$

根据胡克定律，位移与应力的关系为

$$\sigma_{ij}=\lambda\frac{\partial u_k}{\partial k}\frac{\partial\delta_i}{\partial j}+\mu\left(\frac{\partial u_i}{\partial j}+\frac{\partial u_j}{\partial i}\right)\tag{2.27}$$

由式（2.27）可以推出应力为

$$\begin{cases}\sigma_{yy}=\lambda\left(\dfrac{\partial^2\phi}{\partial x^2}+\dfrac{\partial^2\phi}{\partial y^2}\right)+2\mu\left(\dfrac{\partial^2\phi}{\partial x^2}+\dfrac{\partial^2\psi}{\partial x\partial y}\right)\\[2ex]\sigma_{xy}=\mu\left(2\dfrac{\partial^2\phi}{\partial x\partial y}+\dfrac{\partial^2\psi}{\partial y^2}-\dfrac{\partial^2\psi}{\partial x^2}\right)\end{cases}\tag{2.28}$$

将式（2.28）代入式（2.25），得到边界条件的具体形式为

$$\begin{cases} \sigma_{yy} = \lambda\left(\dfrac{\partial^2\phi}{\partial x^2} + \dfrac{\partial^2\phi}{\partial y^2}\right) + 2\mu\left(\dfrac{\partial^2\phi}{\partial x^2} + \dfrac{\partial^2\psi}{\partial x\partial y}\right) = 0 \\ \sigma_{xy} = \mu\left(2\dfrac{\partial^2\phi}{\partial x\partial y} + \dfrac{\partial^2\psi}{\partial y^2} - \dfrac{\partial^2\psi}{\partial x^2}\right) = 0 \end{cases} \tag{2.29}$$

波动方程式（2.24）的解（已忽略时间因子 $\mathrm{e}^{\mathrm{i}\omega t}$ ）为

$$\begin{cases} \phi(x, y) = A_1\phi_1 + A_2\phi_2 \\ \psi(x, y) = B_1\psi_1 + B_2\psi_2 \end{cases} \tag{2.30}$$

式中：ϕ_1 和 ϕ_2 表示入射 P 波和反射 P 波的势函数；ψ_1 和 ψ_2 表示入射 SV 波和反射 SV 波的势函数，则有

$$\begin{cases} \phi_1 = \mathrm{e}^{-\mathrm{i}k'(x-p_1y)} \\ \psi_1 = \mathrm{e}^{-\mathrm{i}k'(x-p_2y)} \end{cases} \tag{2.31a}$$

$$\begin{cases} \phi_2 = \mathrm{e}^{-\mathrm{i}k'(x+p_1y)} \\ \psi_2 = \mathrm{e}^{-\mathrm{i}k'(x+p_2y)} \end{cases} \tag{2.31b}$$

$$\begin{cases} p_1 = \left(\dfrac{V_x{}^2}{V_\alpha{}^2} - 1\right)^{1/2} \\ p_2 = \left(\dfrac{V_x{}^2}{V_\beta{}^2} - 1\right)^{1/2} \end{cases} \tag{2.32}$$

其中，

$$k' = \frac{\omega}{V_x} = k\sin\beta = h\sin\alpha \tag{2.33}$$

式中：V_x 为波沿自由界面 x 轴传播的视速度；k' 为水平方向的视波数。

如果 SV 波入射，反射 P 波的反射角为 $\pi/2$ ，称此时 SV 波的入射角为临界角，根据斯奈尔定律，临界角 $\beta_{\mathrm{cr}} = \arcsin\gamma$ ，其中 γ 的计算公式如下：

$$\gamma = \left(\frac{1-2\mu}{2(1-\mu)}\right)^{1/2} \tag{2.34}$$

对于 P 波入射和 SV 波小于临界角入射，有速度关系 $V_x > V_\alpha > V_\beta$ ，此时 p_1 和 p_2 为实数，根据斯奈尔定律和视速度定理，则有

$$\begin{cases} p_1 = \cot\alpha \\ p_2 = \cot\beta \end{cases} \tag{2.35}$$

1）当单独 P 波入射时，没有入射的 SV 波，因此 $B_1 = 0$ 。于是式（2.30）变为

$$\begin{cases}\phi(x,y)=A_1\phi_1+A_2\phi_2\\ \psi(x,y)=B_2\psi_2\end{cases} \tag{2.36}$$

将式（2.36）代入边界条件式（2.29），求得 P 波入射下的 P 波和 SV 波的反射系数（用入射角和反射角表示）为

$$\frac{A_2}{A_1}=\frac{h^2\sin(2\alpha)\sin(2\beta)-k^2\cos^2(2\beta)}{h^2\sin(2\alpha)\sin(2\beta)+k^2\cos^2(2\beta)} \tag{2.37a}$$

$$\frac{B_2}{A_1}=\frac{2h^2\sin(2\alpha)\cos(2\beta)}{h^2\sin(2\alpha)\sin(2\beta)+k^2\cos^2(2\beta)} \tag{2.37b}$$

相应的位移函数为

$$\begin{cases}u_x=-\mathrm{i}h\sin\alpha(A_1\phi_1+A_2\phi_2)-\mathrm{i}k\cos\beta B_2\psi_2\\ u_y=\mathrm{i}h\cos\alpha(A_1\phi_1-A_2\phi_2)+\mathrm{i}k\sin\beta B_2\psi_2\end{cases} \tag{2.38}$$

当 P 波垂直入射，容易求得 $A_2=-A_1$，$B_2=0$，即反射 P 波和入射 P 波反相（拉压特性相反），且无 SV 波反射产生。

2）当单独 SV 波入射角小于临界角时，没有入射的 P 波，因此 $A_1=0$。于是式（2.30）变为

$$\begin{cases}\phi(x,y)=A_2\phi_2\\ \psi(x,y)=B_1\psi_1+B_2\psi_2\end{cases} \tag{2.39}$$

将式（2.39）代入边界条件式（2.29），求得 SV 波小于临界角入射下的反射系数（用入射角和反射角表示）为

$$\frac{B_2}{B_1}=\frac{h^2\sin(2\alpha)\sin(2\beta)-k^2\cos^2(2\beta)}{h^2\sin(2\alpha)\sin(2\beta)+k^2\cos^2(2\beta)} \tag{2.40a}$$

$$\frac{A_2}{B_1}=\frac{-k^2\sin(4\beta)}{h^2\sin(2\alpha)\sin(2\beta)+k^2\cos^2(2\beta)} \tag{2.40b}$$

相应的位移函数为

$$\begin{cases}u_x=-\mathrm{i}h\sin\alpha A_2\phi_2+\mathrm{i}k\cos\beta(B_1\psi_1-B_2\psi_2)\\ u_y=-\mathrm{i}h\cos\alpha A_2\phi_2+\mathrm{i}k\cos\beta(B_1\psi_1+B_2\psi_2)\end{cases} \tag{2.41}$$

2.2.2 SV 波大于临界角入射

当 SV 波的入射角大于临界角时，即 $\beta_{cr}<\beta<\pi/2$，这时的速度关系是 $V_\alpha>V_x>V_\beta$，因此式（2.32）中的 p_1 为虚数，则有

$$
\begin{cases}
p_1 = \mathrm{i}v_1 = \mathrm{i}\sqrt{1-\dfrac{V_x^2}{V_\alpha^2}} \\
p_2 = \sqrt{\dfrac{V_x^2}{V_\beta^2}-1}
\end{cases} \tag{2.42}
$$

当SV波大于临界角入射时，其波势函数为

$$
\begin{cases}
\phi(x,y) = A_2\phi_2 \\
\psi(x,y) = B_1\psi_1 + B_2\psi_2
\end{cases} \tag{2.43}
$$

式中：

$$
\begin{cases}
\phi_2 = \mathrm{e}^{-\mathrm{i}k'(x-p_1 y)} \\
\psi_1 = \mathrm{e}^{-\mathrm{i}k'(x-p_2 y)} \\
\psi_2 = \mathrm{e}^{-\mathrm{i}k'(x+p_2 y)}
\end{cases} \tag{2.44}
$$

将式（2.43）代入边界条件式（2.29），求得SV波大于临界角入射时的反射系数为

$$
\frac{A_2}{B_1} = \frac{4p_2(p_2^2-1)}{4p_1p_2-(p_2^2-1)^2} \tag{2.45a}
$$

$$
\frac{B_2}{B_1} = \frac{4p_1p_2+(p_2^2-1)^2}{4p_1p_2-(p_2^2-1)^2} \tag{2.45b}
$$

相应的位移函数为

$$
\begin{cases}
u_x = -\mathrm{i}k'A_2\phi_2 + \mathrm{i}k'p_2(B_1\psi_1 - B_2\psi_2) \\
u_y = \mathrm{i}k'p_1A_2\phi_2 + \mathrm{i}k'(B_1\psi_1 + B_2\psi_2)
\end{cases} \tag{2.46}
$$

2.2.3　Rayleigh 波入射

对于远场地震，由于面波周期较长，地面运动能量以面波作用为主。地表层面波主要包括Rayleigh波和Love（勒夫）波。其中，前者使得地层像波浪一样上下翻滚，后者使得地层产生“蛇行”运动。

当Rayleigh波入射时，速度关系为$V_x > V_\alpha > V_\beta$，并且有$V_x = V_\mathrm{R}$，V_R为Rayleigh波的波速，此时式（2.33）可表示为

$$
k' = \frac{\omega}{V_x} = \frac{\omega}{V_\mathrm{R}} = h\frac{V_\alpha}{V_\mathrm{R}} = k\frac{V_\beta}{V_\mathrm{R}} \tag{2.47}
$$

式中：$\dfrac{V_\beta}{V_\mathrm{R}}$和$\dfrac{V_\alpha}{V_\mathrm{R}}$是下列方程的解，即

$$\left(2-\frac{V_{\mathrm{R}}^2}{V_\beta^2}\right)^2-4\left(1-\frac{V_{\mathrm{R}}^2}{V_\alpha^2}\right)^{1/2}\left(1-\frac{V_{\mathrm{R}}^2}{V_\beta^2}\right)^{1/2}=0 \tag{2.48}$$

此时，式（2.32）中 p_1 和 p_2 均为虚数，设为

$$\begin{cases} p_1=\mathrm{i}v_1=\mathrm{i}\sqrt{1-\dfrac{V_x^2}{V_\alpha^2}} \\ p_2=\mathrm{i}v_2=\mathrm{i}\sqrt{1-\dfrac{V_x^2}{V_\beta^2}} \end{cases} \tag{2.49}$$

将式（2.49）代入式（2.30）和式（2.31），得到 Rayleigh 波的势函数为

$$\begin{cases} \phi(x,y)=A_1\,\mathrm{e}^{-k'v_1y}\,\mathrm{e}^{-\mathrm{i}k'x}+A_2\,\mathrm{e}^{k'v_1y}\,\mathrm{e}^{-\mathrm{i}k'x} \\ \psi(x,y)=B_1\,\mathrm{e}^{-k'v_2y}\,\mathrm{e}^{-\mathrm{i}k'x}+B_2\,\mathrm{e}^{k'v_2y}\,\mathrm{e}^{-\mathrm{i}k'x} \end{cases} \tag{2.50}$$

根据实际情况可知，当 $y\to\infty$ 时，振幅为零，因此 $A_2=B_2=0$，于是 Rayleigh 波的势函数变为

$$\begin{cases} \phi(x,y)=A\,\mathrm{e}^{-k'v_1y}\,\mathrm{e}^{-\mathrm{i}k'x} \\ \psi(x,y)=B\,\mathrm{e}^{-k'v_2y}\,\mathrm{e}^{-\mathrm{i}k'x} \end{cases} \tag{2.51}$$

将式（2.51）代入边界条件式（2.29），求得 Rayleigh 波入射的反射系数为

$$\frac{B}{A}=-\frac{2\mathrm{i}v_1}{1+v_2^2} \tag{2.52}$$

相应的位移函数为

$$\begin{cases} u_x=-\mathrm{i}k'\phi-k'v_2\psi \\ u_y=-\mathrm{i}k'v_1\phi+\mathrm{i}k'\psi \end{cases} \tag{2.53}$$

2.3 材 料 阻 尼

材料阻尼将介质振动能量通过内部机制不可逆地转变为其他形式的能量（如热能），因此对振动幅值尤其是共振段响应有很大影响。对 P 波和 S 波，这种影响可能有所差别。本书主要基于黏弹性介质模型，应用对应原理，将复合材料特性常数引入式（2.13）和式（2.15），从而考虑材料阻尼的影响（Wolf，1985）：

$$\lambda^*+2G^*=(\lambda+2G)(1+2\xi_{\mathrm{p}}\mathrm{i}) \tag{2.54a}$$

$$G^*=G(1+2\xi_{\mathrm{s}}\mathrm{i}) \tag{2.54b}$$

式中：*表示复模量。P 波和 S 波的滞后阻尼分别用 ξ_{p} 和 ξ_{s} 表示。当 $\xi_{\mathrm{p}}\neq\xi_{\mathrm{s}}$ 时，

泊松比ν也是复数，这可由式（2.4）和式（2.9）导出。由式（2.12）和式（2.14）可知，复数波速为

$$c_{\mathrm{p}}^{*}=c_{\mathrm{p}}\sqrt{1+2\xi_{\mathrm{p}}\mathrm{i}} \tag{2.55a}$$

$$c_{\mathrm{s}}^{*}=c_{\mathrm{s}}\sqrt{1+2\xi_{\mathrm{s}}\mathrm{i}} \tag{2.55b}$$

如果$\xi_{\mathrm{p}}=\xi_{\mathrm{s}}$，则不用下标区分而统一写成$\xi$。

2.4　IBIEM 基本原理

由单层位势理论，三维空间域内的位移场可以表达为某连续面S上的积分如下（Sánchez-Sesma，1995）：

$$u_i(x)=\int_S g_{ij}(x,\xi)\phi_j(\xi)\mathrm{d}s_{\xi} \quad (i,j=x,y,z) \tag{2.56}$$

式中：$g_{ij}(x,\xi)$ 表示作用在ξ处的j方向上的单位力在x处引起的i向位移反应，即位移格林函数；$\phi_j(\xi)$表示S面上ξ处荷载密度。

相应的，空间域中的应力场同样可由应力格林函数构造，即

$$t_i(x)=\int_S T_{i,ij}(x,\xi)\phi_j(\xi)\mathrm{d}s_{\xi} \quad (i,j=x,y,z) \tag{2.57}$$

2.4.1　弹性波动问题间接边界积分方程建立

众所周知，弹性动力学问题的精确、唯一解必须同时满足控制方程（在本书中为波动方程）和边界条件。因此可考虑首先构造满足控制方程的基本解，然后再使其满足一定数量边界点上的边界条件。按照该思路，大崎顺彦（2008）提出了波动问题 IBIEM 解决方法：先设定满足控制方程的结果，然后把边界离散成许多点，并以此离散边界模拟真实的连续边界，采用最小二乘法，通过求解广义逆矩阵来获得严格满足边界条件的解答。这种方法的优点在于更多考虑足够多的边界点对边界条件的满足情况。本节以半空间凹陷地形、沉积河谷对 SH 波的散射和全空间圆形洞室对 P 波散射为例，阐述该方法的基本原理及实施步骤。

2.4.2　引导性算例

[算例 2.1]　半空间峡谷对 SH 波的散射（Wong，1979）。

如图 2.3 所示，均匀、各向同性和完全弹性的半空间介质中包含一无限长半圆柱面峡谷，其中半圆柱形峡谷的半径为a，截面形状沿z轴无变化。设半空间中μ为介质剪切模量，β为剪切波速度。假设 SH 波入射方向垂直于峡谷纵轴且

入射强度沿纵轴不变，即为出平面问题，仅产生 z 向的位移和剪切应力。对该出平面问题，仅需在 xOy 平面内进行求解分析（沿 z 轴各个截面反应均是一样的）。具体计算过程参考文献 Wong（1979）。

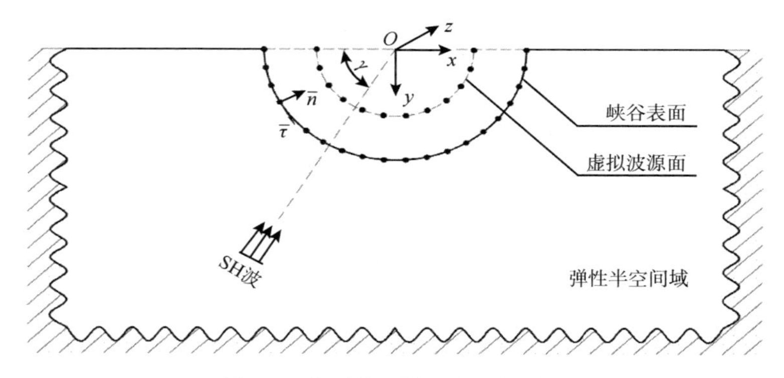

图 2.3　半圆柱面峡谷地形横截面

对于弹性波动问题，总波场可分解为自由场和散射场。根据单层位势理论，散射场可由峡谷附近虚拟波源面上施加的所有虚拟波源的共同作用产生。数值求解中需对峡谷表面和虚拟源面离散配点，注意本方法无须引入单元的概念，因此也是一种特殊的无网格方法。假设在峡谷横截面上均布有 N 个观测点，N 多少由峡谷周长与入射波波长比值确定，通常 1 个波长尺寸上需离散 10 个点以精确描述实际波动状态。设虚拟波源面离散数为 M，则半空间中任意一点的散射场由 M 个虚拟波源的作用叠加而成。通常取 $N>M$，数学上，多余的（$N-M$）个边界约束点表示对等维方程的进一步修正。

（1）自由场

自由场（无峡谷地形时）由入射平面波和反射平面波共同组成。其中，γ 为入射角和反射角。

入射波位移表达式为

$$w^{\mathrm{i}}=\mathrm{e}^{\mathrm{i}\omega t-k_1(x\cos\gamma-y\sin\gamma)} \tag{2.58a}$$

反射波位移表达式为

$$w^{\mathrm{r}}=\mathrm{e}^{\mathrm{i}\omega t-k_1(x\cos\gamma+y\sin\gamma)} \tag{2.58b}$$

总的自由波场为

$$w^{\mathrm{f}}=\mathrm{e}^{\mathrm{i}\omega t-k_1(x\cos\gamma-y\sin\gamma)}+\mathrm{e}^{\mathrm{i}\omega t-k_1(x\cos\gamma+y\sin\gamma)} \tag{2.59}$$

相应的自由场引起的剪应力可根据本构方程容易推得

$$\tau_{xz}=\mu\frac{\partial w}{\partial x}=-\mu k_1\cos(\gamma)(\mathrm{e}^{\mathrm{i}\omega t-k_1(x\cos\gamma-y\sin\gamma)}+\mathrm{e}^{\mathrm{i}\omega t-k_1(x\cos\gamma+y\sin\gamma)}) \tag{2.60a}$$

$$\tau_{yz}=\mu\frac{\partial w}{\partial y}=\mu k_1\sin(\gamma)(\mathrm{e}^{\mathrm{i}\omega t-k_1(x\cos\gamma-y\sin\gamma)}-\mathrm{e}^{\mathrm{i}\omega t-k_1(x\cos\gamma+y\sin\gamma)}) \tag{2.60b}$$

（2）散射场

当峡谷地形存在时，半空间 D_1 域内的散射波可由虚拟源面 S' 上的波源构造，由单层位势理论，散射波场引起的位移和应力可以表达为

$$w^{\mathrm{s}}=\int_{S'}c(Q)G(P,\ Q)\mathrm{d}s \qquad (P\in D,\ Q\in S') \tag{2.61}$$

式中：$c(Q)$ 表示虚拟源面 S' 上 Q 点位置处的源密度；$G(P,Q)$ 表示半空间位移格林函数，即 Q 点处作用 SH 波线源时在 P 点处引起的位移。物理上（图 2.3），半空间中一直线上分布有出平面均匀拉应力，在镜像位置分布同样强度的拉应力，这样在地表上可同时满足正应力和出平面剪应力 τ_{yz}=0。

由于该函数自动满足波动方程和地表的零牵引力边界条件，因而地表边界条件不需要再考虑。

半空间出平面线源位移动力格林函数可以分别表达为

$$G(P,Q)=\mathbf{H}_0(kr_{11})+\mathbf{H}_0(kr_{12}) \tag{2.62}$$

$$r_{11}=\sqrt{(x_1-x_1')^2+(y_1-y_1')^2} \tag{2.63a}$$

$$r_{12}=\sqrt{(x_1-x_1')^2+(y_1+y_1')^2} \tag{2.63b}$$

式中：$\mathbf{H}_0(\cdot)$ 表示零阶 Hankel 函数，物理上代表柱面波源函数；P 点、Q 点的坐标分别为 (x_1,y_1)、(x_1',y_1')；r_{11} 为两点间距；r_{12} 为 P_1 点和 Q_1 点以半空间为对称面的镜像点的间距。

该动力格林函数满足控制方程如下：

$$\frac{\partial^2\hat{u}_z}{\partial x^2}+\frac{\partial^2\hat{u}_z}{\partial y^2}+k^2\hat{u}_z=-\delta\sqrt{(x-x_{\mathrm{s}})^2+(y-y_{\mathrm{s}})^2} \tag{2.64}$$

需注意的是，该函数在荷载作用点处位移和应力无限大，因此需将虚拟点放置在所构造散射波场区域以外，以避免奇异性处理。

（3）边界积分方程建立

半空间里的总位移 u_z 需满足下列微分方程：

$$\frac{\partial^2 u}{\partial r^2}+\frac{1}{r}\frac{\partial u}{\partial r}+\frac{1}{r^2}\frac{\partial^2 u}{\partial\theta^2}=\frac{1}{\beta^2}\frac{\partial^2 u}{\partial l^2} \tag{2.65}$$

边界条件为

$$\sigma_{\theta z}=\frac{\mu}{r}\frac{\partial u_z}{\partial\theta}=0 \qquad \left(\theta=\pm\frac{\pi}{2}\right) \tag{2.66a}$$

$$\sigma_{rz}=\mu\frac{\partial u_z}{\partial r}=0 \qquad (r=a) \tag{2.66b}$$

半空间内的总体运动可以表示为（$u_z^{\mathrm{i}}+u_z^{\mathrm{r}}$）与$r=\alpha$处的凹陷面产生散射波$u_z^{\mathrm{R}}$的叠加。其中，散射波$u_z^{\mathrm{R}}$波要同时满足微分方程（2.65）及边界条件式（2.66a）和式（2.66b）。

采用半空间格林函数地表$\sigma_{\theta z}=0$已自动满足，只需满足凹陷面上

$$\sigma_{rz}=\sigma_{xz}n_x+\sigma_{yz}n_y=0 \tag{2.67}$$

式中：(n_x,n_y) 为边界点的法向量同x、y轴的夹角余弦。

IBIEM实施中，需要对凹陷面和虚拟源面进行配点，点数分别设为N和M。积分方程可以表达为

$$\sum_{m=1}^{M}c(Q_m)\left[\frac{\partial G(P_n,Q_m')}{\partial x_{P_n}}n_{x_{P_n}}+\frac{\partial G(P_n,Q_m')}{\partial y_{P_n}}n_{y_{P_n}}\right]$$

$$=-\left[\frac{\partial w^f(P_n)}{\partial x_{P_n}}n_{x_{P_n}}+\frac{\partial w^f(P_n)}{\partial y_{P_n}}n_{y_{P_n}}\right] \qquad (n=1,\cdots,N) \tag{2.68}$$

以上各式可以合写为$\boldsymbol{HA}=\boldsymbol{B}$。式中：$\boldsymbol{H}(N,M)$为格林影响矩阵；$\boldsymbol{A}(M,1)$为待求源密度矩阵；$\boldsymbol{B}(N,1)$为自由场的位移和应力向量。对于此超定方程组，其近似解的计算公式如下：

$$\boldsymbol{A}=[\boldsymbol{H}^*\boldsymbol{H}]^{-1}\boldsymbol{H}^*\boldsymbol{B} \tag{2.69}$$

式中：*表示共轭转置。定义残差为$\boldsymbol{E}^2=(\boldsymbol{HA}-\boldsymbol{B})^*(\boldsymbol{HA}-\boldsymbol{B})$，该解能够使残差最小。$S_1'$虚拟源密度向量确定后，各离散点上所有虚拟源的共同作用即构成散射场（如需求某场点散射场位移，可由各源点对该场点的位移格林函数乘以各源点的波源强度叠加而得），散射波场和自由场叠加可得到总波场。进而可以计算半空间任意点位的位移及应力，问题从而得到求解。

（4）方法验证

图2.4～图2.6给出了半空间中半圆形凹陷地形在入射SH波时的IBIEM结果与解析解文献（Trifunac，1973）的比较。半空间介质的阻尼比取0.001。图中位移幅值是指凹陷场地的地表位移放大系数，由总场位移除以入射波位移幅值标准化得到。x/a是指地面点位置坐标与凹陷半径a之间的比值。为节省篇幅，本书仅给出无量纲频率为$\eta=0.5$、$\eta=1.0$、$\eta=2.0$的图形。可以看出，IBIEM计算精度同解析解完全一致。

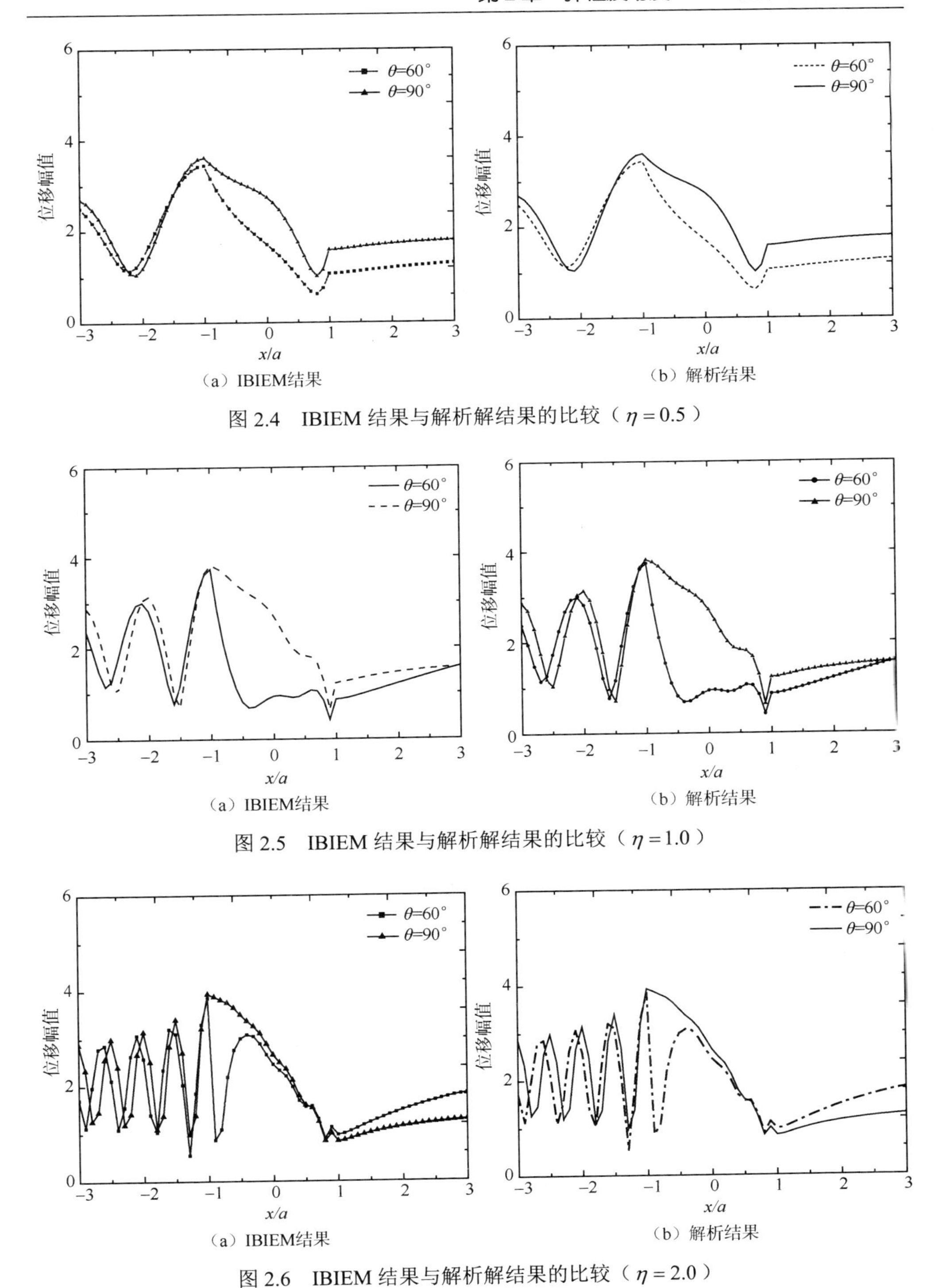

（a）IBIEM结果　（b）解析结果

图 2.4　IBIEM 结果与解析解结果的比较（$\eta = 0.5$）

（a）IBIEM结果　（b）解析结果

图 2.5　IBIEM 结果与解析解结果的比较（$\eta = 1.0$）

（a）IBIEM结果　（b）解析结果

图 2.6　IBIEM 结果与解析解结果的比较（$\eta = 2.0$）

[算例 2.2] 沉积河谷对平面 SH 波的散射。

假设均匀、各向同性弹性半空间中包含一半圆柱形沉积河谷，如图 2.7 所示。其中，半圆柱形谷地的半径为 a，假设沉积河谷介质与半空间之间完全紧密结合。河谷无限长且横截面不变。半空间和沉积介质剪切波模量分别为 μ_{R} 、 μ_{v} ，下角标 R、v 分别代表半空间和沉积介质。

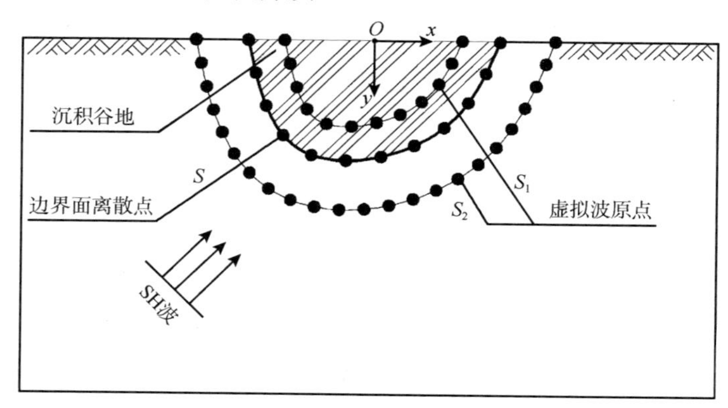

图 2.7　半空间中半圆柱面沉积河谷计算模型

（1）波场分析

半空间中总波场包括入射波、反射波和散射波；沉积河谷中只有散射波场。半空间中入射波位移表达式、反射波位移表达式、总的自由波场如式（2.58a）、式（2.58b）及式（2.59）所示。

当异质沉积河谷存在时，半空间和沉积河谷域内的散射波可分别由虚拟源面上的波源构造。为构造两个不同域中的散射波，需在交界面附近引入两个虚拟波源面，分别放在沉积河谷和半空间中（注意为避免奇异性，虚拟面需放置在所构造波场区域以外）。由单层位势理论，散射波场引起的位移和应力可以表达为

$$w_{\mathrm{R}}^{\mathrm{s}}=\int_{S_1} c(Q)G^{(\mathrm{R})}(P,Q)\mathrm{d}s \qquad (P\in D_{\mathrm{R}},Q\in S_1) \tag{2.70a}$$

$$w_{\mathrm{v}}^{\mathrm{s}}=\int_{S_2} d(Q)G^{(\mathrm{v})}(P,Q)\mathrm{d}s \qquad (P\in D_{\mathrm{v}},Q\in S_2) \tag{2.70b}$$

式中： $c(Q)$ 、 $d(Q)$ 为虚拟源面 S_1 、 S_2 上 Q 点位置处的源密度。 $G^{(\mathrm{R})}(P,Q)$ 、 $G^{(\mathrm{v})}(P,Q)$ 分别表示半空间介质和沉积介质中出平面线源动力位移格林函数，即 Q 点处作用 SH 波线源时在 P 点处引起的位移。由于该函数自动满足波动方程和地表的边界条件，因而地表边界条件不需要再考虑。

（2）解答问题

由于地表零应力边界条件已自动满足，仅需要考虑交界面上位移应力连续性边界条件：

$$u_z^{\mathrm{R}} = u_z^{\mathrm{v}} \quad (r = a) \tag{2.71a}$$

$$\mu_{\mathrm{R}} \frac{\partial u_z^{\mathrm{R}}}{\partial r} = \mu_{\mathrm{v}} \frac{\partial_{\mathrm{v}} u_z^{\mathrm{v}}}{\partial r} \quad (r = a) \tag{2.71b}$$

对积分方程进行数值求解，边界 S 离散点数为 N_1，虚拟波源面 S_1、S_2 离散点数均为 M，连续性条件的积分方程可以表达为

$$\sum_{m=1}^{M} c(Q_{1m}) G^{(\mathrm{R})}(P_n, Q_{1m}) + w^f(P_n) = \sum_{m=1}^{M} \mathrm{d}(Q_{2m}) G^{(\mathrm{v})}(P_n, Q_{2m}) \quad (n = 1, N) \tag{2.72a}$$

$$\sum_{m=1}^{M} c(Q_{1m}) \frac{\partial G^{(\mathrm{R})}(P_n, Q_{1m})}{\partial n_{P_n}} + \frac{\partial w^f(P_n)}{\partial n_{P_n}} = \sum_{m=1}^{M} \mathrm{d}(Q_{2m}) \frac{\partial G^{(\mathrm{v})}(P_n, Q_{2m})}{\partial n_{P_n}} \quad (n = 1, N) \tag{2.72b}$$

以上各式可以合写为 $\boldsymbol{HA} = \boldsymbol{B}$。$\boldsymbol{H}(N, M)$ 为位移、应力格林影响矩阵，$\boldsymbol{A}(M,1)$ 为待求源密度矩阵，$\boldsymbol{B}(N,1)$ 为自由场的位移和应力向量。对于此超定方程组，由式（2.69）给出最小二乘解。

虚拟源密度确定后，便确定了散射波场和总波场。进而可以计算半空间和沉积河谷中任意点位的位移及应力，问题从而得到求解。注意沉积河谷中只有散射波场。半空间中总场反应包括入射波、反射波和散射场叠加。半空间和沉积河谷中散射场计算需分别采用各自的格林影响函数。

[算例 2.3]　全空间孔洞对平面 P 波、SV 波的散射。

（1）计算模型

如图 2.8 所示，空间介质设为各向同性的弹性体，无限域中一无限长圆柱形孔洞，假设 P 波或 SV 波从左侧水平入射（$\alpha = 0°$），波面垂直于孔洞纵轴，待求问题为平面应变状态下的弹性波散射。基于单层位势原理，可在孔洞内部虚拟源面 S 上施加虚拟波源以构建散射波场。根据孔洞边界零应力条件构建方程以求解波源强度，进而计算散射场位移，将其和自由场位移叠加即得到总场位移。根据试算经验，图 2.8 中虚拟波源面 S 的最优半径低频时取 0.4～0.6 倍散射体半径，高频时则扩大至 0.7～0.9 倍。该方法对于半无限空间弹性波散射问题也是同样适用的，仅需在受散射波影响的半空间地表附近布置虚拟波源即可。计算过程参考文献 Wong（1979）。

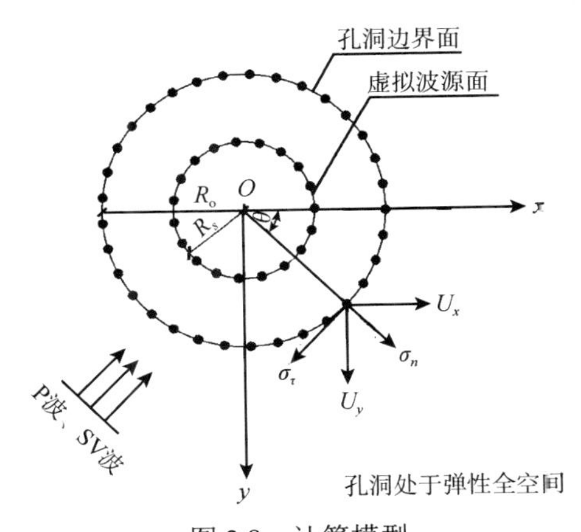

图 2.8　计算模型

O—孔洞圆心；R_o—孔洞半径；R_s—虚拟波源半径；σ_n—正应力；σ_τ—剪应力；U_x—x 方向位移；U_y—y 方向位移

（2）散射场构造

根据叠加原理，总位移场和应力场可分别表达为

$$u(x)=u^{\mathrm{f}}(x)+u^{\mathrm{s}}(x) \tag{2.73a}$$

$$\sigma(x)=\sigma^{\mathrm{f}}(x)+\sigma^{\mathrm{s}}(x) \tag{2.73b}$$

式中：u^{f}、σ^{f} 分别表示平面波入射下自由场位移和应力（无孔洞时）；u^{s}、σ^{s} 分别表示散射场位移和应力。

由亥姆霍兹矢量分解原理，二维平面应变下位移场可表达为

$$u=\nabla\phi+\nabla\times(0,0,\psi) \tag{2.74}$$

式中：ϕ 和 ψ 分别为 P 波、SV 波势函数，满足下列运动方程：

$$(\nabla^2+h^2)\phi=0 \tag{2.75a}$$

$$(\nabla^2+k^2)\psi=0 \tag{2.75b}$$

式中：∇^2 为二维拉普拉斯算子；h 和 k 分别为 P 波和 SV 波波数。由各向同性假设，应力可表达为

$$\sigma_{ij}=\lambda u_{k,k}\delta_{i,j}+\mu(u_{i,j}+u_{j,i}) \tag{2.76}$$

根据单层位势理论，散射场可由面 S 上分布的虚拟波源产生，相应位移和应力可表达为

$$u_i^{\mathrm{s}}(x)=\int_S[c(x_1)u_i^{\phi}(x,x_1)+d(x_1)u_i^{\psi}(x,x_1)]\mathrm{d}S \quad (x\in DE，\ x_1\in S) \tag{2.77a}$$

$$\sigma_{ij}^{\mathrm{s}}(x)=\int_S[c(x_1)\sigma_{ij}^{\phi}(x,x_1)+d(x_1)\sigma_{ij}^{\psi}(x,x_1)]\mathrm{d}S \quad (x\in DE，\ x_1\in S) \tag{2.77b}$$

式中：$c(x_1)$、$d(x_1)$ 分别对应虚拟波源面 S 上 x_1 位置处膨胀波和剪切波源的强度；$u_i^l(x,x_1)$、$\sigma_{ij}^l(x,x_1)$ 分别表示弹性半空间内位移、应力格林函数（角标 $l=\phi$、ψ 分别对应膨胀波源和剪切波源，i、j 代表 x、y 方向），该函数自动满足波动方程和无限远辐射条件，具体表达式见 3.2 节。

（3）边界条件及求解

根据孔洞边界上零应力条件：

$$\sigma_{nn}^{\mathrm{s}}(x,y)+\sigma_{nn}^{\mathrm{f}}(x,y)=0 \quad \left(\sqrt{x^2+y^2}=a\right) \tag{2.78a}$$

$$\sigma_{nt}^{\mathrm{s}}(x,y)+\sigma_{nt}^{\mathrm{f}}(x,y)=0 \quad \left(\sqrt{x^2+y^2}=a\right) \tag{2.78b}$$

圆形孔洞情况，边界法线方向余弦为 $(\cos\theta,\sin\theta)$，正向和切向应力可表达为

$$\sigma_{nn}=\sigma_{xx}\cos^2\theta+\sigma_{yy}\sin^2\theta+2\sigma_{xy}\sin\theta\cos\theta \tag{2.79a}$$

$$\sigma_{nt} = (-\sigma_{xx} + \sigma_{yy})\sin\theta\cos\theta + \sigma_{xy}(\cos^2\theta - \sin^2\theta) \tag{2.79b}$$

根据孔洞表面自由边界条件，式（2.79a）和式（2.79b）可表示为

$$\sum_{m=1}^{M} c_m T_{nn}^{(\varphi)}(x_n, x_m) + d_m T_{nn}^{(\psi)}(x_n, x_m) = -T_{nm}^{f}(x_n)$$
$$(x_n \in B, x_m \in S;\ n = 1, \cdots, N) \tag{2.80a}$$

$$\sum_{m=1}^{M} c_m T_{nt}^{(\varphi)}(x_n, x_m) + d_m T_{nt}^{(\psi)}(x_n, x_m) = -T_{nt}^{f}(x_n)$$
$$(x_n \in B, x_m \in S;\ n = 1, \cdots, N) \tag{2.80b}$$

式中：c_m 、d_m 表示第 m 个离散点处膨胀波和剪切波线源强度；T 表示应力。

以上两式可以合写为 $\boldsymbol{HA} = \boldsymbol{B}$ 。$\boldsymbol{H}(2N,2M)$ 为应力影响矩阵，$\boldsymbol{A}(2M,1)$ 为待求源密度矩阵，$\boldsymbol{B}(2N,1)$ 为自由场应力矩阵。对于此超定方程组，由式（2.69）给出其近似解。

S' 上虚拟源密度确定后，便确定了散射波场和总波场。可求出无限域中任意一点的位移和应力。

2.4.3　IBIEM 准确性及计算效率验证

分别利用 IBIEM 基本解方法和解析解即波函数展开法，计算全空间圆形孔洞对 P 波和 SV 波的散射。其孔洞直径取为 100m，入射波频率取为 10Hz，介质剪切波速取为 1000m/s，泊松比取为 0.25，换算无量纲频率 $\eta = 1$ ，图 2.9 为全空间孔洞表面位移幅值结果对比情况。边界配点数 $N = 40$，虚拟波源点取为 20，虚拟面半径 R_S=0.5（R_0 为孔洞半径）。容易看出，IBIEM 精度同解析解一致。

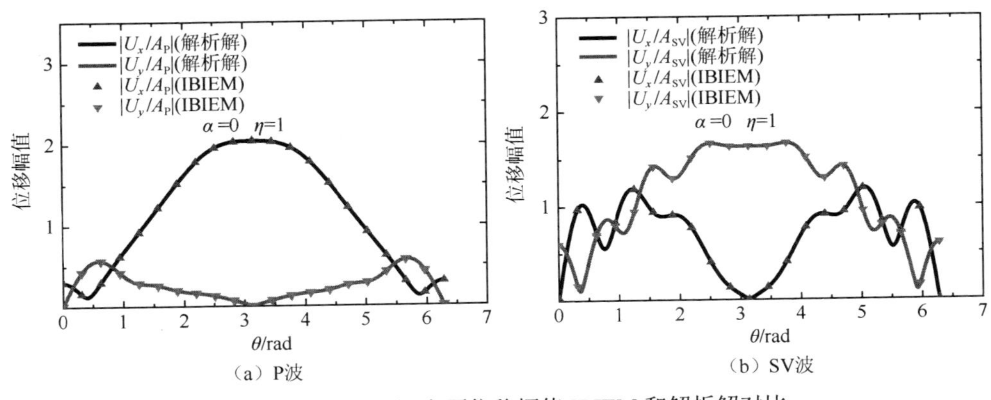

图 2.9　全空间孔洞表面位移幅值 IBIEM 和解析解对比

2.5 频域-时域傅里叶变换

上节算例均是基于频域求解，即假设输入为简谐信号，且施加时间无限长，求得结果为达到稳定状态后的响应幅值及相位。当考虑一瞬态输入时，可采用基于时域基本解的 IBIEM，通过卷积积分逐步求解，或采用基于稳态基本解的 IBIEM 方法首先进行频域求解，然后通过傅里叶逆变换得到时域响应。对于线弹性反应来说，两种方法能得到完全一致的结果。本书主要采用频域-时域傅里叶变换方法获取时域反应。下面根据文献（大崎顺彦，2008；胡聿贤，2006），介绍该方法的一些基础理论。

对结构动力反应问题，设时域中三个主要参数：系统的外部作用输入 $f(t)$，位移输出 $u(t)$，位移脉冲响应函数 $\zeta(t)$。其中，$\zeta(t)$ 表示受到单位脉冲作用时结构位移时程反应。例如，对单自由度振动体系，时域内满足运动方程：

$$m\ddot{u}+c\dot{u}+ku=f(t) \tag{2.81}$$

式中：m、c、k 分别为单自由度体系的质量、黏滞阻尼系数和刚度系数。由位移、速度、加速度表示的脉冲响应函数可分别表示为

$$\zeta(t)=-\frac{1}{\omega_d}\mathrm{e}^{-\xi\omega t}\sin(\omega_d t) \tag{2.82a}$$

$$\dot{\zeta}(t)=-\mathrm{e}^{-\xi\omega t}\left[\cos(\omega_d t)-\frac{\xi}{\sqrt{1-\xi^2}}\sin(\omega_d t)\right] \tag{2.82b}$$

$$\ddot{\zeta}(t)=\omega_d\mathrm{e}^{-\xi\omega t}\left[\left(1-\frac{\xi^2}{1-\xi^2}\right)\sin(\omega_d t)+\frac{2\xi}{\sqrt{1-\xi^2}}\cos(\omega_d t)\right] \tag{2.82c}$$

式中：$\xi=c/(2m\omega_n)$；$\omega_d=\omega_n(1-\xi^2)$，其中 $\omega_n=\sqrt{k/m}$。

位移反应和位移脉冲响应函数之间的关系为

$$u(t)=\int_{-\infty}^{\infty}f(\tau)\zeta(t-\tau)\mathrm{d}\tau \tag{2.83}$$

同样，欲求速度、加速度则仅需对上式中 $\zeta(t-\tau)$ 求导，分别替换为 $\dot{\zeta}(t-\tau)$ 和 $\ddot{\zeta}(t-\tau)$。

对时间历程 $f(t)$、$u(t)$ 和脉冲函数 $\zeta(t)$ 进行傅里叶变换，得到频域中对应参数，即 $F(\omega)$、$U(\omega)$ 和 $H(\omega)$ 为

$$F(\omega)=\int_{-\infty}^{\infty}f(t)\,\mathrm{e}^{-\mathrm{i}\omega t}\mathrm{d}t \tag{2.84a}$$

$$U(\omega)=\int_{-\infty}^{\infty}u(t)\,\mathrm{e}^{-\mathrm{i}\omega t}\mathrm{d}t \tag{2.84b}$$

$$H(\omega)=\int_{-\infty}^{\infty}\zeta(t)\,\mathrm{e}^{-\mathrm{i}\omega t}\,\mathrm{d}t \tag{2.84c}$$

对单自由度振动体系，可由式（2.84a）～式（2.84c）推得

$$H(\omega)=1/(m\omega^2+\mathrm{i}\omega c+k) \tag{2.85}$$

另外，也可由单自由度体系频域内动力平衡方程：

$$m\omega^2U(\omega)+\mathrm{i}\omega cU(\omega)+kU(\omega)=F(\omega) \tag{2.86}$$

推得$U(\omega)=F(\omega)/(m\omega^2+\mathrm{i}\omega c+k)$，即与式（2.85）一致。

$H(\omega)$为频率反应函数，又称传递函数，表示频域内输入到输出之间的传递关系，即

$$U(\omega)=F(\omega)H(\omega) \tag{2.87}$$

由频域参数到时域参数之间的反变换关系如下：

$$f(t)=\frac{1}{2\pi}\int_{-\infty}^{\infty}F(\omega)\,\mathrm{e}^{\mathrm{i}\omega t}\,\mathrm{d}\omega \tag{2.88a}$$

$$u(t)=\frac{1}{2\pi}\int_{-\infty}^{\infty}U(\omega)\,\mathrm{e}^{\mathrm{i}\omega t}\mathrm{d}\omega \tag{2.88b}$$

2.6 本章小结

本章根据经典弹性动力学及边界积分方程法的基本文献，阐述了 IBIEM 求解弹性动力问题涉及的基本理论，包括弹性动力学方程、波动方程、半空间波的入射及反射求解、频域时域联合分析方法等。针对 IBIEM 求解波动问题，给出了三个引导性算例：半空间凹陷地形对 SH 波的散射、沉积河谷对 SH 波的散射、全空间空洞对 P 波的散射。对本章内容的透彻理解，将为后续更复杂问题求解奠定理论和方法基础。

参考文献

阿肯巴赫，1992. 弹性固体中波的传播[M]. 徐植信，洪锦如，译. 上海：同济大学出版社.

鲍亦兴，毛昭宙，1993. 弹性波的衍射与动应力集中[M]. 刘殿魁，苏兴越，译. 北京：科学出版社.

大崎顺彦，2008. 地震动的谱分析入门[M]. 2 版. 田琪，译. 北京：地震出版社.

何樵登，2005. 地震波理论[M]. 长春：吉林大学出版社.

胡聿贤，2006. 地震工程学[M]. 2 版. 北京：地震出版社.

黎在良，刘殿魁，1995. 固体中的波[M]. 北京：科学出版社.

钟伟芳，聂国华，1997. 弹性波的散射理论[M]. 武汉：华中理工大学出版社.

SÁNCHEZ-SESMA F J, LUZON F, 1995. Seismic response of three-dimensional alluvial valleys for incident P, S and Rayleigh waves[J]. Bulletin of the seismological society of America, 85(1): 269-284.

TRIFUNAC M D, 1971. Surface motion of a semi-cylindrical alluvial valley for incident plane SH waves[J]. Bulletin of the seismological society of America, 61(6): 1755-1770.

TRIFUNAC M D, 1973. Scattering of plane SH wave by a semi-cylindrical canyon[J]. Earthquake engineering & structural dynamics, 1(3): 267-281.

WOLF J P, 1985. Dynamic soil-structure interaction[M]. Englewood Cliffs: Prentice-Hall.

WONG H L, 1979. Diffraction of plane P, SV and Rayleigh waves by surface topography[R]. Report No. CE-79-05, University of Southern Californi.

第 3 章　二维及三维集中荷载（波源）动力格林函数

3.1　引　言

在边界积分方程法及边界元法中，无论是采用直接法或者间接法建立积分方程，均需首先计算格林函数（基本解）。动力格林函数是指背景介质中某集中荷载作用下在任意一点引起的动力反应，如经典的 Lamb 问题。当然根据处理背景介质复杂度不同，格林函数分为全空间、半空间、层状半空间等不同的基本解，其计算复杂度差异巨大。对层状介质问题，同样可采用全空间基本解，但这样需离散各层交界面。对半空间或层数较少介质，如果散射区域不大，建议优先采用全空间动力格林函数；对于梯度介质或者层数较多的介质，建议采用层状介质格林函数。这里存在一个离散单元数增多的计算量和层状介质格林函数积分运算量之间的平衡考量。另外，对于流体饱和两相介质波动问题求解，需基于饱和介质动力格林函数。本章从计算维度和所处理的介质角度，分别按照二维弹性、三维弹性、二维饱和和三维饱和的顺序进行阐述。

3.2　弹性全空间平面内二维线源动力格林函数

二维平面应变状态下全空间中膨胀线源 $\hat{\phi}$ 和剪切线源 $\hat{\psi}$ 的势函数可表达为（Lamb，1904）

$$\hat{\phi} = \mathbf{H}_0^{(2)}(k_{\mathrm{p}}R), \qquad R = |x - y|, x \in B, y \in S \tag{3.1a}$$

$$\hat{\psi} = \mathbf{H}_0^{(2)}(k_{\mathrm{s}}R), \qquad R = |x - y|, x \in B, y \in S \tag{3.1b}$$

式中：$\mathbf{H}_0^{(2)}(k_{\mathrm{p}}R)$ 表示 0 阶第二类 Hankel 函数，k_{p}、k_{s} 分别为 P 波和 SV 波波数，$k_{\mathrm{p}} = \omega / c_{\mathrm{p}}$，$k_{\mathrm{s}} = \omega / c_{\mathrm{s}}$，$c_{\mathrm{p}}$、$c_{\mathrm{s}}$ 分别为 P 波和 SV 波波速。这里省略了简谐波时间因子 $\mathrm{e}^{\mathrm{i}\omega t}$。容易证明该函数自动满足弹性固体中的波动方程（波源作用点除外）及无限远辐射边界条件。相应的位移、应力动力格林函数可表达如下：

膨胀波线源为

$$u_x = -k_{\mathrm{p}} x \mathbf{H}_1^{(2)}(k_{\mathrm{p}}R) / R \tag{3.2a}$$

$$u_y = -k_{\mathrm{p}} y \mathbf{H}_1^{(2)}(k_{\mathrm{p}}R) / R \tag{3.2b}$$

$$\sigma_{xx} / \mu = 2k_{\mathrm{p}}(2x^2 / R^3 - 1/R)\mathbf{H}_1^{(2)}(k_{\mathrm{p}}R) + [-2k_{\mathrm{p}}{}^2 x^2 / R^2 + k_{\mathrm{p}}{}^2(2 - 1/\gamma^2)]\mathbf{H}_0^{(2)}(k_{\mathrm{p}}R) \quad \gamma = k_{\mathrm{s}} / k_{\mathrm{p}} \tag{3.2c}$$

$$\sigma_{yy} / \mu = 2k_{\mathrm{p}}(2y^2 / R^3 - 1/R)\mathbf{H}_1^{(2)}(k_{\mathrm{p}}R) + [-2k_{\mathrm{p}}{}^2 y^2 / R^2 + k_{\mathrm{p}}{}^2(2 - 1/\gamma^2)]\mathbf{H}_0^{(2)}(k_{\mathrm{p}}R) \quad \gamma = k_{\mathrm{s}} / k_{\mathrm{p}} \tag{3.2d}$$

$$\sigma_{xy} / \mu = 2xy[(2k_{\mathrm{p}} / R^3)\mathbf{H}_1^{(2)}(k_{\mathrm{p}}R) - (k_{\mathrm{p}}{}^2 / R^2)\mathbf{H}_0^{(2)}(k_{\mathrm{p}}R)] \tag{3.2e}$$

式中：γ 为剪切波与膨胀波波数比。

剪切波线源为

$$u_x = -k_{\mathrm{s}} y \mathbf{H}_1^{(2)}(k_{\mathrm{s}}R) / R \tag{3.3a}$$

$$u_y = k_{\mathrm{s}} x \mathbf{H}_1^{(2)}(k_{\mathrm{s}}R) / R \tag{3.3b}$$

$$\sigma_{xx} / \mu = 2xy[(2k_{\mathrm{s}} / R^3)\mathbf{H}_1^{(2)}(k_{\mathrm{s}}R) - (k_{\mathrm{s}}{}^2 / R^2)\mathbf{H}_0^{(2)}(k_{\mathrm{s}}R)] \tag{3.3c}$$

$$\sigma_{yy} / \mu = 2xy[(2k_{\mathrm{s}} / R^3)\mathbf{H}_1^{(2)}(k_{\mathrm{s}}R) - (k_{\mathrm{s}}{}^2 / R^2)\mathbf{H}_0^{(2)}(k_{\mathrm{s}}R)] \tag{3.3d}$$

$$\sigma_{xy} / \mu = (y^2 - x^2)[(2k_{\mathrm{s}} / R^3)\mathbf{H}_1^{(2)}(k_{\mathrm{s}}R) - (k_{\mathrm{s}}{}^2 / R^2)\mathbf{H}_0^{(2)}(k_{\mathrm{s}}R)] \tag{3.3e}$$

3.3　弹性半空间平面内二维线源动力格林函数

已知全空间中膨胀线源和剪切线源波势函数可分别由第二类 Hankel 函数表示为$\phi_i(x,y) = \mathbf{H}_0^{(2)}(k_{\mathrm{p}}r_2)$，$\psi_i(x,y) = \mathbf{H}_0^{(2)}(k_{\mathrm{s}}r_2)$（Wong，1979）。其中，$r_2$ 表示波源和观测点的距离。时间因子 $\mathrm{e}^{\mathrm{i}\omega t}$ 被省略，后文中同。

由半空间自由表面边界条件结合波数域内傅里叶变换，可推得半空间中膨胀线源作用下总波场波势函数，进而求得位移应力。

对于膨胀线源情况，考虑半空间$|x| < \infty, y \geqslant 0$，在点$(x_{\mathrm{s}}, y_{\mathrm{s}})$处有一膨胀源，其波势函数为

$$\begin{cases} \phi^{\mathrm{s}} = \mathbf{H}_0^{(2)}(k_{\mathrm{p}}r) \\ \psi^{\mathrm{s}} = 0 \\ r = \sqrt{(x - x_{\mathrm{s}})^2 + (y - y_{\mathrm{s}})^2} \end{cases} \tag{3.4}$$

式中：$\mathbf{H}_0^{(2)}$ 表示零阶第二类 Hankel 函数，在半空间表面应力边界条件为

$$\sigma_{yy}(x, 0) = 0 \tag{3.5a}$$

$$\sigma_{xy}(x, 0) = 0 \tag{3.5b}$$

为了求解半空间模型，叠加一个与点源$(x_{\mathrm{s}}, y_{\mathrm{s}})$对称的波源$(x_{\mathrm{s}}, -y_{\mathrm{s}})$，波势函

数变为

$$\begin{cases}\phi^{\mathrm{s}}=\mathbf{H}_0^{(2)}(k_{\mathrm{p}}r)+\mathbf{H}_0^{(2)}(k_{\mathrm{p}}r')\\ \psi^{\mathrm{s}}=0\\ r'=\sqrt{(x-x_{\mathrm{s}})^2+(y+y_{\mathrm{s}})^2}\end{cases}\tag{3.6}$$

容易看出，由式（3.6）确定的波势函数满足边界条件式（3.5b），但是不满足式（3.5a）。为了方便问题求解，变化式（3.6）的形式为

$$\begin{cases}\phi^{\mathrm{s}}=\dfrac{4\mathrm{i}}{\pi}\displaystyle\int_0^{\infty}\dfrac{\mathrm{e}^{-\alpha y_{\mathrm{s}}}}{\alpha}\cosh(\alpha y)\cos(kx)\mathrm{d}k\\ \psi^{\mathrm{s}}=0\\ \alpha^2=k^2-k_{\mathrm{p}}{}^2\end{cases}\tag{3.7}$$

式中：k 为波数。

为了满足式（3.5a）的边界条件，在式（3.7）中叠加 ϕ^{R} 和 ψ^{R} 变为

$$\phi(x,y)=\phi^{\mathrm{s}}(x,y)+\phi^{\mathrm{R}}(x,y)\tag{3.8}$$

$$\psi(x,y)=\psi^{\mathrm{R}}(x,y)\tag{3.9}$$

式中：

$$\phi^{\mathrm{R}}=\frac{4\mathrm{i}}{\pi}\int_0^{\infty}[A\cos(kx)+B\sin(kx)]\mathrm{e}^{-\alpha y}\mathrm{d}k\tag{3.10}$$

$$\psi^{\mathrm{R}}=\frac{4\mathrm{i}}{\pi}\int_0^{\infty}[C\cos(kx)+D\sin(kx)]\mathrm{e}^{-\beta y}\mathrm{d}k\tag{3.11}$$

$$\beta^2=k^2-k_{\mathrm{s}}{}^2$$

由边界条件式（3.5a）和式（3.5b）可得

$$\begin{cases}B=C=0 & (3.12\mathrm{a})\\ A=-\dfrac{(2k^2-k_{\mathrm{s}}{}^2)^2\mathrm{e}^{-\alpha y_{\mathrm{s}}}}{\alpha F(k)} & (3.12\mathrm{b})\\ D=-\dfrac{2k(2k^2-k_{\mathrm{s}}{}^2)^2\mathrm{e}^{-\alpha y_{\mathrm{s}}}}{\alpha F(k)} & (3.12\mathrm{c})\\ F(k)=(2k^2-k_{\mathrm{s}}{}^2)^2-4k^2\alpha\beta & (3.12\mathrm{d})\end{cases}$$

将式（3.7）代入式（3.8）和式（3.9），得到半空间精确满足边界条件的膨胀源势函数为

$$\phi(x,y)=\mathbf{H}_0^{(2)}(k_\mathrm{p}r)+\mathbf{H}_0^{(2)}(k_\mathrm{p}r')-\frac{4\mathrm{i}}{\pi}\int_0^\infty\frac{(2k^2-k_\mathrm{s}{}^2)^2}{\alpha F(k)}\mathrm{e}^{-\alpha(y+y_\mathrm{s})}\cos(kx)\mathrm{d}k$$

$$=\frac{4\mathrm{i}}{\pi}\left[\int_0^\infty\frac{\mathrm{e}^{-\alpha y_\mathrm{s}}}{\alpha}\cos(k_\mathrm{p}\alpha y)\cos(kx)\mathrm{d}k-\int_0^\infty\frac{(2k^2-k_\mathrm{s}{}^2)^2}{\alpha F(k)}\mathrm{e}^{-\alpha(y+y_\mathrm{s})}\cos(kx)\mathrm{d}k\right]$$

$$=\mathbf{H}_0^{(2)}(k_\mathrm{p}r)-\mathbf{H}_0^{(2)}(k_\mathrm{p}r')-\frac{16\mathrm{i}}{\pi}\int_0^\infty\frac{k^2\beta}{F(k)}\mathrm{e}^{-\alpha(y+y_\mathrm{s})}\cos(kx)\mathrm{d}k$$

$$=\frac{4\mathrm{i}}{\pi}\left[\int_0^\infty\frac{\mathrm{e}^{-\alpha y_\mathrm{s}}}{\alpha}\sin(k_\mathrm{p}\alpha y)\cos(kx)\mathrm{d}k-4\int_0^\infty\frac{k^2\beta}{F(k)}\mathrm{e}^{-\alpha(y+y_\mathrm{s})}\cos(kx)\mathrm{d}k\right] \quad (3.13)$$

$$\psi(x,y)=\frac{8\mathrm{i}}{\pi}\int_0^\infty\frac{k(2k^2-k_\mathrm{s}{}^2)}{F(k)}\mathrm{e}^{-\alpha y_\mathrm{s}-\beta y}\sin(kx)\,\mathrm{d}k \quad (3.14)$$

膨胀源的位移和应力动力格林函数计算如下：

$$\hat{u}_x^\phi=-k_\mathrm{p}x\left[\frac{\mathbf{H}_1^{(2)}(k_\mathrm{p}r)}{r}-\frac{\mathbf{H}_1^{(2)}(k_\mathrm{p}r')}{r'}\right]+\frac{16\mathrm{i}}{\pi}\int_0^\infty\frac{k^3\beta}{F(k)}\mathrm{e}^{-\alpha(y+y_\mathrm{s})}\sin(kx)\mathrm{d}k-\frac{8\mathrm{i}}{\pi}\int_0^\infty\frac{\beta k(2k^2-k_\mathrm{s}{}^2)}{F(k)}\mathrm{e}^{-\alpha y_\mathrm{s}-\beta y}\sin(kx)\mathrm{d}k \quad (3.15)$$

$$\hat{u}_y^\phi=-k_\mathrm{p}\left[\frac{y-y_\mathrm{s}}{r}\mathbf{H}_1^{(2)}(k_\mathrm{p}r)+\frac{y+y_\mathrm{s}}{r'}\mathbf{H}_1^{(2)}(k_\mathrm{p}r')\right]+\frac{4\mathrm{i}}{\pi}\int_0^\infty\frac{(2k^2-k_\mathrm{s}{}^2)^2}{F(k)}\mathrm{e}^{-\alpha(y+y_\mathrm{s})}\cos(kx)\mathrm{d}k-\frac{8\mathrm{i}}{\pi}\int_0^\infty\frac{k^2(2k^2-k_\mathrm{s}{}^2)}{F(k)}\mathrm{e}^{-\alpha y_\mathrm{s}-\beta y}\cos(kx)\mathrm{d}k \quad (3.16)$$

$$\frac{\hat{\sigma}_{xx}^\phi}{\mu}=2k_\mathrm{p}\left[\frac{1}{r}-2\frac{(y-y_\mathrm{s})^2}{r^3}\right]\mathbf{H}_1^{(2)}(k_\mathrm{p}r)+\left[2k_\mathrm{p}{}^2\frac{(y-y_\mathrm{s})^2}{r^2}-k_\mathrm{s}{}^2\right]\mathbf{H}_0^{(2)}(k_\mathrm{p}r)$$
$$-2k_\mathrm{p}\left[\frac{1}{r'}-2\frac{(y+y_\mathrm{s})^2}{r'^3}\right]\mathbf{H}_1^{(2)}(k_\mathrm{p}r')-\left[2k_\mathrm{p}{}^2\frac{(y+y_\mathrm{s})^2}{r'^2}-k_\mathrm{s}{}^2\right]\mathbf{H}_0^{(2)}(k_\mathrm{p}r')$$
$$+\frac{16\mathrm{i}}{\pi}\int_0^\infty\frac{k^2\beta}{F(k)}\left[(2k^2+2\alpha^2)\mathrm{e}^{-\alpha(y+y_\mathrm{s})}-(2k^2-k_\mathrm{s}{}^2)\mathrm{e}^{-\alpha y_\mathrm{s}-\beta y}\right]\cos(kx)\mathrm{d}k \quad (3.17)$$

$$\frac{\hat{\sigma}_{xy}^{\phi}}{\mu}=\frac{4k_{\mathrm{p}}x(y-y_{\mathrm{s}})}{r^{3}}\mathbf{H}_{1}^{(2)}(k_{\mathrm{p}}r)-\frac{2k_{\mathrm{p}}{}^{2}x(y-y_{\mathrm{s}})}{r^{2}}\mathbf{H}_{0}^{(2)}(k_{\mathrm{p}}r)$$
$$+\frac{4k_{\mathrm{p}}x(y+y_{\mathrm{s}})}{r'^{3}}\mathbf{H}_{1}^{(2)}(k_{\mathrm{p}}r)-\frac{2k_{\mathrm{p}}{}^{2}x(y+y_{\mathrm{s}})}{r'^{2}}\mathbf{H}_{0}^{(2)}(k_{\mathrm{p}}r')$$
$$-\frac{8\mathrm{i}}{\pi}\int_{0}^{\infty}\frac{k}{F(k)}(2k^{2}-k_{\mathrm{s}}{}^{2})^{2}[\mathrm{e}^{-\alpha(y+y_{\mathrm{s}})}-\mathrm{e}^{-\alpha y_{\mathrm{s}}-\beta y}]\sin(kx)\mathrm{d}k \tag{3.18}$$

$$\frac{\hat{\sigma}_{yy}^{\phi}}{\mu}=2k_{\mathrm{p}}\left(\frac{1}{r}-\frac{2x^{2}}{r^{3}}\right)\mathbf{H}_{1}^{(2)}(k_{\mathrm{p}}r)+\left(\frac{2k_{\mathrm{p}}{}^{2}x^{2}}{r^{2}}-k_{\mathrm{s}}{}^{2}\right)\mathbf{H}_{0}^{(2)}(k_{\mathrm{p}}r)$$
$$-2k_{\mathrm{p}}\left(\frac{1}{r'}-\frac{2x^{2}}{r'^{3}}\right)\mathbf{H}_{1}^{(2)}(k_{\mathrm{p}}r')-\left(\frac{2k_{\mathrm{p}}{}^{2}x^{2}}{r'^{2}}-k_{\mathrm{s}}{}^{2}\right)\mathbf{H}_{0}^{(2)}(k_{\mathrm{p}}r')$$
$$-\frac{16\mathrm{i}}{\pi}\int_{0}^{\infty}\frac{k^{2}\beta(2k^{2}-k_{\mathrm{s}}{}^{2})^{2}}{F(k)}\left[\mathrm{e}^{-\alpha(y+y_{\mathrm{s}})}-\mathrm{e}^{-\alpha y_{\mathrm{s}}-\beta y)}\right]\cos(kx)\mathrm{d}k \tag{3.19}$$

对于剪切源情况，对半空间$|x|<\infty, y\geqslant 0$，在点$(x_{\mathrm{s}}, y_{\mathrm{s}})$处有一剪切源，剪切源波势函数的求解过程与膨胀源一样，不再赘述。下面直接给出剪切源的波势函数和其位移及应力格林函数为

$$\psi(x,y)=\mathbf{H}_{0}^{(2)}(k_{\mathrm{p}}r)+\mathbf{H}_{0}^{(2)}(k_{\mathrm{p}}r')-\frac{4\mathrm{i}}{\pi}\int_{0}^{\infty}\frac{(2k^{2}-k_{\mathrm{s}}{}^{2})^{2}}{\beta F(k)}\mathrm{e}^{-\beta(y+y_{\mathrm{s}})}\cos(kx)\mathrm{d}k$$
$$=\mathbf{H}_{0}^{(2)}(k_{\mathrm{p}}r)-\mathbf{H}_{0}^{(2)}(k_{\mathrm{p}}r')-\frac{16\mathrm{i}}{\pi}\int_{0}^{\infty}\frac{k^{2}\alpha}{F(k)}\mathrm{e}^{-\beta(y+y_{\mathrm{s}})}\cos(kx)\mathrm{d}k \tag{3.20}$$

$$\phi(x,y)=\frac{-8\mathrm{i}}{\pi}\int_{0}^{\infty}\frac{k(2k^{2}-k_{\mathrm{s}}{}^{2})}{F(k)}\mathrm{e}^{-\alpha y_{\mathrm{s}}-\beta y}\sin(kx)\mathrm{d}k \tag{3.21}$$

剪切源的位移和应力格林函数计算如下：

$$\hat{u}_{x}^{\psi}=-k_{\mathrm{s}}\left[\frac{y-y_{s}}{r}\mathbf{H}_{1}^{(2)}(k_{\mathrm{p}}r)+\frac{y+y_{\mathrm{s}}}{r'}\mathbf{H}_{1}^{(2)}(k_{\mathrm{p}}r')\right]$$
$$-\frac{4\mathrm{i}}{\pi}\int_{0}^{\infty}\left[\frac{2k^{2}(2k^{2}-k_{\mathrm{s}}{}^{2})}{F(k)}\mathrm{e}^{-\alpha y-\beta y_{\mathrm{s}}}-\frac{(2k^{2}-k_{\mathrm{s}}{}^{2})^{2}}{F(k)}\mathrm{e}^{-\beta y_{\mathrm{s}}-\beta y}\right]\cos(kx)\mathrm{d}k \tag{3.22}$$

$$\hat{u}_{y}^{\psi}=k_{\mathrm{s}}x\left[\frac{\mathbf{H}_{1}^{(2)}(k_{\mathrm{p}}r)}{r}-\frac{\mathbf{H}_{1}^{(2)}(k_{\mathrm{p}}r')}{r'}\right]+\frac{8\mathrm{i}}{\pi}\int_{0}^{\infty}\frac{\alpha k(2k^{2}-k_{\mathrm{s}}{}^{2})}{F(k)}\mathrm{e}^{-\alpha y-\beta y_{\mathrm{s}}}\sin(kx)\mathrm{d}k$$
$$-\frac{16\mathrm{i}}{\pi}\int_{0}^{\infty}\frac{\alpha k^{3}}{F(k)}\mathrm{e}^{-\beta y_{\mathrm{s}}-\beta y}\sin(kx)\mathrm{d}k \tag{3.23}$$

$$\begin{aligned}\frac{\hat{\sigma}_{xx}^{\psi}}{\mu} &= \frac{4k_{\mathrm{s}}x(y-y_{\mathrm{s}})}{r^3}\mathbf{H}_1^{(2)}(k_{\mathrm{s}}r) - \frac{2k_{\mathrm{s}}^2x(y-y_{\mathrm{s}})}{r^2}\mathbf{H}_0^{(2)}(k_{\mathrm{s}}r) \\ &+ \frac{4k_{\mathrm{s}}x(y+y_{\mathrm{s}})}{r'^3}\mathbf{H}_1^{(2)}(k_{\mathrm{s}}r') - \frac{2k_{\mathrm{s}}^2x(y+y_{\mathrm{s}})}{r'^2}\mathbf{H}_0^{(2)}(k_{\mathrm{s}}r') \\ &+ \frac{8\mathrm{i}}{\pi}\int_0^{\infty}\frac{k(2k^2-k_{\mathrm{s}}^2)}{F(k)}\left[(k_{\mathrm{s}}^2+2\alpha^2)\mathrm{e}^{-\alpha y-\beta y_{\mathrm{s}}} - (2k^2-k_{\mathrm{s}}^2)\mathrm{e}^{-\beta y_{\mathrm{s}}-\beta y}\right]\sin(kx)\mathrm{d}k \end{aligned} \tag{3.24}$$

$$\begin{aligned}\frac{\hat{\sigma}_{xy}^{\psi}}{\mu} &= \left(1-\frac{2x^2}{r^2}\right)\left[\frac{2k_{\mathrm{s}}}{r}\mathbf{H}_1^{(2)}(k_{\mathrm{s}}r) - k_{\mathrm{s}}^2\mathbf{H}_0^{(2)}(k_{\mathrm{s}}r)\right] \\ &- \left(1-\frac{2x^2}{r'^2}\right)\left[\frac{2k_{\mathrm{s}}}{r'}\mathbf{H}_1^{(2)}(k_{\mathrm{s}}r') - k_{\mathrm{s}}^2\mathbf{H}_0^{(2)}(k_{\mathrm{s}}r')\right] \\ &+ \frac{16\mathrm{i}}{\pi}\int_0^{\infty}\frac{\alpha k^2(2k^2-k_{\mathrm{s}}^2)}{F(k)}(\mathrm{e}^{-\alpha y-\beta y_{\mathrm{s}}} - \mathrm{e}^{-\beta y_{\mathrm{s}}-\beta y})\cos(kx)\mathrm{d}k \end{aligned} \tag{3.25}$$

$$\begin{aligned}\frac{\hat{\sigma}_{yy}^{\psi}}{\mu} &= -\frac{4k_{\mathrm{s}}x(y-y_{\mathrm{s}})}{r^3}\mathbf{H}_1^{(2)}(k_{\mathrm{s}}r) + \frac{2k_{\mathrm{s}}^2x(y-y_{\mathrm{s}})}{r^2}\mathbf{H}_0^{(2)}(k_{\mathrm{s}}r) \\ &- \frac{4k_{\mathrm{s}}x(y+y_{\mathrm{s}})}{r'^3}\mathbf{H}_1^{(2)}(k_{\mathrm{s}}r') + \frac{2k_{\mathrm{s}}^2x(y+y_{\mathrm{s}})}{r'^2}\mathbf{H}_0^{(2)}(k_{\mathrm{s}}r') \\ &- \frac{8\mathrm{i}}{\pi}\int_0^{\infty}\frac{k(2k^2-k_{\mathrm{s}}^2)^2}{F(k)}\left(\mathrm{e}^{-\alpha y-\beta y_{\mathrm{s}}} - \mathrm{e}^{-\beta y_{\mathrm{s}}-\beta y}\right)\sin(kx)\mathrm{d}k \end{aligned} \tag{3.26}$$

3.4　弹性层状半空间二维线源动力格林函数

简谐膨胀波和剪切波线源格林函数直接刚度法求解过程如图 3.1 所示。线波源位于任意一层状半空间中（波源强度沿平面外方向不变）[图 3.1（a）]，借助波数域内傅里叶变换，首先计算各土层动力刚度矩阵，然后集整得到整体刚度矩阵，进而固定波源所在土层的上下表面[图 3.1（b）]，由全空间中波源解析表达式得到“固定端”反力 R，再放松该“固端面”[固端反力反向施加，图 3.1（c）]，采用直接刚度法即得到各层位移。波源作用层内的反应还需叠加该固定土层内的解。

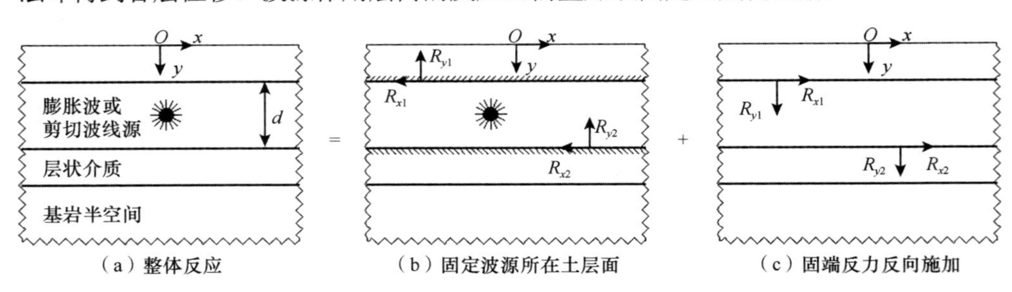

图 3.1　简谐膨胀波和剪切波线源格林函数直接刚度法求解

无限域中稳态膨胀波和剪切波势函数可表示为$\mathbf{H}_0^{(1)}(k_{\mathrm{p}}r)$和$\mathbf{H}_0^{(1)}(k_{\mathrm{s}}r)$。计算层状半空间动力反应，波数域内推导需利用Hankel函数的展开式为

$$\mathbf{H}_0^{(2)}(k_{\mathrm{p}}r)=\frac{\mathrm{i}}{\pi}\int_{-\infty}^{\infty}\frac{\mathrm{e}^{-\gamma_1|(y-f)|}\mathrm{e}^{-\mathrm{i}kx}\,\mathrm{d}k}{\gamma_1} \tag{3.27a}$$

$$\mathbf{H}_0^{(2)}(k_{\mathrm{s}}r)=\frac{\mathrm{i}}{\pi}\int_{-\infty}^{\infty}\frac{\mathrm{e}^{-\gamma_2|(y-f)|}\mathrm{e}^{-\mathrm{i}kx}\,\mathrm{d}k}{\gamma_2} \tag{3.27b}$$

式中：$\gamma_1=\sqrt{k^2-k_{\mathrm{p}}{}^2}$，$\gamma_2=\sqrt{k^2-k_{\mathrm{s}}{}^2}$，且$\gamma_1$、$\gamma_2$实部为正数。

固定土层面上反力由特解和齐解叠加而得。在波数域内，利用位移和波势函数间的求导关系，位移、应力的特解容易由式（3.27）推导得到（略去e^{-ikx}）。

1）P波线源情况为

$$\begin{cases}U_x(k,y)=\dfrac{k}{\pi}\dfrac{\mathrm{e}^{-\gamma_1|(y-f)|}}{\gamma_1}\\[2ex] U_y(k,y)=-\kappa\dfrac{\mathrm{i}}{\pi}\mathrm{e}^{-\gamma_1|(y-f)|}\end{cases} \tag{3.28a}$$

$$\begin{cases}\sigma_{yy}(k,y)=\dfrac{-\mathrm{i}M(\lambda k^2-\lambda\gamma_1^2-2G\gamma_1^2)\mathrm{e}^{-\gamma_1|(y-f)|}}{\pi\gamma_1}\\[2ex] \sigma_{yx}(k,y)=\dfrac{-2\kappa Gk\mathrm{e}^{-\gamma_1|(y-f)|}}{\pi}\end{cases} \tag{3.28b}$$

2）SV波线源情况为

$$\begin{cases}U_x(k,y)=\dfrac{-\kappa\mathrm{i}k\mathrm{e}^{-\gamma_2|(y-f)|}}{\pi}\\[2ex] U_y(k,y)=\dfrac{-\mathrm{i}k\mathrm{e}^{-\gamma_2|(y-f)|}}{\pi\gamma_2}\end{cases} \tag{3.29a}$$

$$\begin{cases}\sigma_{yx}(k,y)=\dfrac{\mathrm{i}G(\gamma_2^2+k^2)\mathrm{e}^{-\gamma_2|(y-f)|}}{\pi\gamma_2}\\[2ex] \sigma_{yy}(k,y)=\dfrac{2\kappa Gk\mathrm{e}^{-\gamma_2|(y-f)|}}{\pi}\end{cases} \tag{3.29b}$$

式中：当$y<f$时，系数$\kappa=-1$；当$y>f$时，系数$\kappa=1$。

在土层上下面上，特解对应的外荷载向量为

$$\boldsymbol{F}_{\mathrm{p}}(k)=[-\sigma_{yx}(k,0),-\sigma_{yy}(k,0),\sigma_{yx}(k,d),\ \sigma_{yy}(k,d)]^{\mathrm{T}} \tag{3.30}$$

假设该层土的刚度矩阵为$\boldsymbol{K}^e$，为满足固端条件，上下面上反向施加特解位移，该过程需施加的外荷载向量即为齐解：

$$\boldsymbol{F}_{\mathrm{h}}(k) = -[U_x(k,0), U_y(k,0), U_x(k,d), U_y(k,d)]^{\mathrm{T}} \boldsymbol{K}^e \tag{3.31}$$

则固定土层面上总的固端反力为 $\boldsymbol{F}_t(k) = -[\boldsymbol{F}_{\mathrm{p}}(k) + \boldsymbol{F}_{\mathrm{h}}(k)]$。式中，负号表示固端放松后的反向作用力，为满足刚度矩阵度对称性，需对上面竖向位移和应力表达式另乘以虚数单位 i。

设整体刚度矩阵为 $\boldsymbol{K}_{\mathrm{P-SV}}$，各土层面上位移向量为 $\boldsymbol{U}$，外荷载向量为 $\boldsymbol{Q}$，场地运动的动力平衡方程为

$$[\boldsymbol{K}_{\mathrm{P-SV}}]\{\boldsymbol{U}\} = \{\boldsymbol{Q}\} \tag{3.32}$$

将式（3.31）中的总外荷载代入荷载幅值向量 $\boldsymbol{Q}$，求解式（3.27）可得位移向量 $\boldsymbol{U}$。上述计算均在波数 k 域内进行，空间域上位移格林影响函数由傅里叶逆变换而得

$$\{\boldsymbol{U}(x)\} = \int_{-\infty}^{+\infty} \{\boldsymbol{U}(k)\} \mathrm{e}^{-\mathrm{i}kx} \, \mathrm{d}k \tag{3.33}$$

求得位移值向量 $\boldsymbol{U}(k)$ 后，利用土层的单元动力刚度矩阵，可求得波数 k 域内的应力值。再进行同样的逆变换，即可得空间域上的应力结果，从而得到位移和应力的格林影响函数。

3.5 弹性全空间三维集中荷载动力格林函数

集中力作用下位移格林函数为（Sánchez-Sesma et al，1995）

$$G_{ij}(x,\xi) = [f_2\delta_{ij} + (f_1 - f_2)\gamma_i\gamma_j] / (4\pi\mu r) \tag{3.34}$$

式中：$\gamma_j = (x_j - \xi_j)/r$，$r$ 表示波源点 (ξ_1,ξ_2,ξ_3) 与接收点 (x_1,x_2,x_3) 之间的距离，即 $r^2 = (x_1-\xi_1)^2 + (x_2-\xi_2)^2 + (x_3-\xi_3)^2$；$\delta_{ij}$ 表示 Kronecker（克罗内克）增量；μ 表示常数；$k_{\mathrm{s}} = \omega/\beta$，$k_{\mathrm{p}} = \omega/\alpha$ 分别表示 S 波、P 波的波数；β、α 表示其各自对应波速。定义 f_1 和 f_2 为

$$f_1 = A_1(\beta^2/\alpha^2)[1 - 2\mathrm{i}/(k_{\mathrm{p}}r) - 2/(k_{\mathrm{p}}r)^2]\mathrm{e}^{-\mathrm{i}k_{\mathrm{p}}r} + A_3[2\mathrm{i}/(k_{\mathrm{s}}r) + 2/(k_{\mathrm{s}}r)^2]\mathrm{e}^{-\mathrm{i}k_{\mathrm{s}}r} \tag{3.35a}$$

$$f_2 = A_1(\beta^2/\alpha^2)[\mathrm{i}/(k_{\mathrm{p}}r) + 1/(k_{\mathrm{p}}r)^2]\mathrm{e}^{-\mathrm{i}k_{\mathrm{p}}r} + A_3[1 - \mathrm{i}/(k_{\mathrm{s}}r) - 1/(k_{\mathrm{s}}r)^2]\mathrm{e}^{-\mathrm{i}k_{\mathrm{s}}r} \tag{3.35b}$$

式中：系数 $A_1 = (\chi_2 - \chi_3)/(\chi_2 - \chi_1)$；$A_3 = 1$。

应力格林函数为

$$T_{ij} = [(g_1 - g_2 - 2g_3)r_i r_j r_k n_k + g_3 r_i n_j + g_2 r_j n_i + g_3 r_k n_k \delta_{ij}] / (4\pi r^2) \tag{3.36}$$

式中：g_j 可表示为

$$g_j = [k_s r A_{1j} + B_{1j} + C_{1j} / (k_s r) + D_{1j} / (k_s r)^2] \mathrm{e}^{-\mathrm{i}kr} + [k_s r A_{2j} + B_{2j} + C_{2j} / (k_s r) + D_{2j} / (k_s r)^2] \mathrm{e}^{-\mathrm{i}k_p r} \quad (j = 1,2,3) \tag{3.37}$$

式中参数定义见表 3.1。

表 3.1　参数列表

参数	j=1	j=2	j=3
A_{1j}	0	0	$-\mathrm{i}$
A_{2j}	$-\mathrm{i}\beta/\alpha$	$\mathrm{i}(2\beta^3/\alpha^3-\beta/\alpha)$	0
B_{1j}	4	-2	-3
B_{2j}	$-4\beta^2/\alpha^2-1$	$4\beta^2/\alpha^2-1$	$2\beta^2/\alpha^2$
C_{1j}	$-\mathrm{i}/2$	i6	i6
C_{2j}	$\mathrm{i}12\beta/\alpha$	$-\mathrm{i}6\beta/\alpha$	$-\mathrm{i}6\beta/\alpha$
D_{1j}	-12	6	6
D_{2j}	12	-6	-6

3.6　弹性层状半空间三维集中荷载动力格林函数

3.6.1　问题描述

图 3.2 所示为任意黏弹性层状半空间埋置简谐集中荷载计算模型。假设各层内部为均匀各向同性的黏弹性介质，各层动力特性可由层内介质的剪切模量、泊松比、密度及黏滞阻尼比 4 个参数确定，分别设为μ_i、υ_i、ρ_i和ζ_i（i 为层号）。假设一集中荷载作用在层状半空间任意位置，荷载作用频率为ω。基于复阻尼理论，在频域中应用对应的原理定义复弹性常数为$\mu^* = \mu[1+2\mathrm{i}\zeta_\beta(\omega)]$，$\lambda^* + 2\mu^* = (\lambda+2\mu)[1+2\mathrm{i}\zeta_\beta(\omega)]$，相应的波速分别定义为$c_\mathrm{p} = \sqrt{(\lambda+2\mu)[1+2\mathrm{i}\zeta_\alpha(\omega)]/\rho}$，$c_\mathrm{s} = \sqrt{\mu_i[1+2\mathrm{i}\zeta_\beta(\omega)]/\rho}$，其中$\zeta_\alpha$、$\zeta_\beta$为介质中压缩波和剪切波传

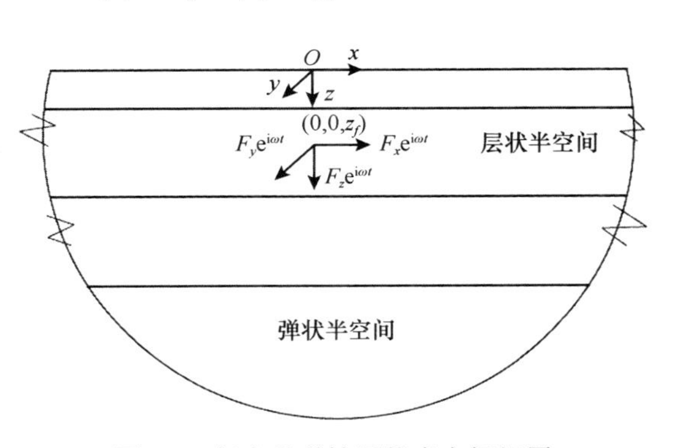

图 3.2　任意黏弹性层状半空间埋置简谐集中荷载计算模型

播的黏滞阻尼比（与波的频率相关）。不失一般性，本节给出了竖向力F_z和两个水平力F_x、F_y作用下的求解过程及频域表达式。任意方向荷载可由这 3 个基本解叠加而得，时域反应则可由频域结果通过傅里叶逆变换得到。

3.6.2 求解方法

1. 位势理论

在柱坐标系下，设u、v、w分别为径向、周向和竖向位移，稳态运动下的动力平衡方程可表达为

$$\sigma_{r,r}+\frac{1}{r}\tau_{r\theta,\theta}+\tau_{rz,z}+\frac{\sigma_r-\sigma_\theta}{r}=-\rho\omega^2 u \tag{3.38}$$

$$\tau_{\theta r,r}+\frac{1}{r}\sigma_{\theta,\theta}+\tau_{\theta z,z}+\frac{2}{r}\tau_{\theta r}=-\rho\omega^2 v \tag{3.39}$$

$$\tau_{zr,r}+\frac{1}{r}\tau_{z\theta,\theta}+\sigma_{zz,z}+\frac{\tau_{zr}}{r}=-\rho\omega^2 w \tag{3.40}$$

根据亥姆霍兹矢量分解理论，为使控制方程解耦，引入一个压缩波势函数和两个剪切波势函数，其幅值分别为φ、ψ和χ，各位移分量可由其表达为

$$\begin{cases} u=\varphi_{,r}+\psi_{,rz}+\dfrac{1}{r}\chi_{,\theta} \\ v=\dfrac{1}{r}\varphi_{,\theta}+\dfrac{1}{r}\psi_{,\theta z}-\chi_{,r} \\ w=\varphi_{,z}-\psi_{,rr}-\dfrac{1}{r}\psi_{,r}-\dfrac{1}{r^2}\psi_{,\theta\theta} \end{cases} \tag{3.41}$$

根据本构方程和几何方程，式（3.38）～式（3.40）很容易转化为由势函数表示的解耦方程：

$$\begin{cases} \nabla^2\varphi=-k_{\mathrm{p}}^2\varphi \\ \nabla^2\psi=-k_{\mathrm{s}}^2\psi \\ \nabla^2\chi=-k_{\mathrm{s}}^2\chi \end{cases} \tag{3.42}$$

式中：柱坐标下$\nabla^2 a=a_{,rr}+a_{,r}/r+a_{,\theta\theta}/r^2+a_{,zz}$；$k_{\mathrm{p}}=\omega/c_{\mathrm{p}}$和$k_{\mathrm{s}}=\omega/c_{\mathrm{s}}$分别表示压缩波和剪切波波数。

2. 修正刚度矩阵法

如图 3.2 所示，当集中荷载埋置于层状介质中任意一层内部时，按照常规的刚度矩阵求解方法，需在荷载作用面上引入虚拟面，将荷载所在层分为两个子层（薄层法则需要分更多的子层），进而利用各层刚度矩阵求解。而当采用边界积分

方程法求解实际问题时，涉及大量不同位置源点的格林函数计算，这样处理起来比较烦琐，且荷载和接收点的竖向坐标比较接近时，积分不易收敛。为此，下面提出一种修正刚度矩阵方法。

整体求解思路如图 3.3 所示。首先，借助波数域内径向 Hankel 变换和周向傅里叶变换，计算各层动力刚度矩阵，然后集整得到整体刚度矩阵（类似有限单元法中的总刚集成，不同的是这里所采用的层刚度矩阵由波势函数解析推得，是完全精确的。然后，固定荷载所在土层的上下表面，在波数域内求解固定端反力 R[图 3.3(b)]。该反力可通过特解和齐解的叠加得到。这里特解表示全空间中荷载作用土层面上的反力（不考虑边界条件），齐解表示为满足土层“固定”条件在土层面上反向施加特解位移所需要的外力。接着，放松该固端面（固端反力反向施加），采用刚度矩阵法即得到各层表面上的位移[图 3.3（c）]。最后，由各层表面位移，通过转换矩阵，容易得到层内各点的动力响应；荷载作用层内的反应则需叠加上固定层内的解。

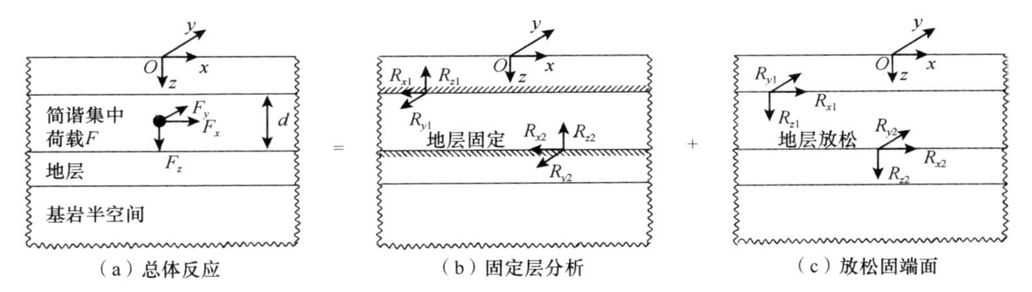

（a）总体反应　（b）固定层分析　（c）放松固端面

图 3.3　层状半空间集中荷载动力函数刚度矩阵法求解

首先考虑稳态竖向集中力作用 $F_z e^{i\omega t}$，由径向 Hankel 变换和周向傅里叶变换可得：

$$F_z=\int_0^{\infty} F_z(\xi)e^{-\alpha z}J_0(\xi r)d\xi \quad \left(F_z(\xi)=\frac{F_z\xi}{2\pi}\right) \tag{3.43}$$

考虑特解部分。在无限域中该竖向力所激发的膨胀波和剪切波势函数可表示如下（以荷载作用位置为坐标原点）：

$$\begin{cases}\varphi=\int_0^{\infty} A_p e^{\alpha z}J_0(\xi r)d\xi \\ \psi=\int_0^{\infty} A_{sv} e^{\beta z}J_0(\xi r)d\xi\end{cases} \quad (z\leqslant 0) \tag{3.44a}$$

$$\begin{cases}\varphi=\int_0^{\infty} B_p e^{-\alpha z}J_0(\xi r)d\xi \\ \psi=\int_0^{\infty} B_{sv} e^{-\beta z}J_0(\xi r)d\xi\end{cases} \quad (z>0) \tag{3.44b}$$

式中：$\alpha=\sqrt{\xi^2-k_p{}^2}$；$\beta=\sqrt{\xi^2-k_s{}^2}$。

在该轴对称情况下，式（3.44）中系数 A_p、B_p、A_{sv} 和 B_{sv} 可通过荷载作用面

上的位移应力连续条件推得（Lamb，1904）

$$\begin{cases}[\sigma_{zz}]_{z=+0}-[\sigma_{zz}]_{z=-0}=-F_z(\xi)\\ [\sigma_{zr}]_{z=+0}=[\sigma_{zr}]_{z=-0}\\ u_{z=+0}=u_{z=-0},\ w_{z=+0}=w_{z=-0}\end{cases} \tag{3.45}$$

由此推得

$$\begin{cases}(2\xi^2-k^2)(A_{\mathrm{p}}-B_{\mathrm{p}})-2\xi^2\beta(A_{\mathrm{sv}}+B_{\mathrm{sv}})=F_z(\xi)/\mu^*\\ 2\alpha(A_{\mathrm{p}}+B_{\mathrm{p}})-(2\xi^2-k^2)(A_{\mathrm{sv}}-B_{\mathrm{sv}})=0\\ A_{\mathrm{p}}-B_{\mathrm{p}}-\beta(A_{\mathrm{sv}}+B_{\mathrm{sv}})=0\\ \alpha(A_{\mathrm{p}}+B_{\mathrm{p}})-\xi^2(A_{\mathrm{sv}}-B_{\mathrm{sv}})=0\end{cases} \tag{3.46}$$

求解方程组得到

$$\begin{cases}A_{\mathrm{p}}=-B_{\mathrm{p}}=\dfrac{F_z(\xi)}{2k^2\mu^*}\\ A_{\mathrm{sv}}=B_{\mathrm{sv}}=\dfrac{F_z(\xi)}{2k^2\mu^*\beta}\end{cases} \tag{3.47}$$

对于水平力作用，可参考 Lamb 求解竖向力思路（Lamb，1904）进行推导。无限域中水平力所激发波的势函数可表达如下：

$$\begin{cases}\varphi=\int_0^\infty A_{\mathrm{p}}\mathrm{e}^{\alpha z}J_1(\xi r)\mathrm{d}\xi\\ \psi=\int_0^\infty A_{\mathrm{sv}}\mathrm{e}^{\beta z}J_1(\xi r)\mathrm{d}\xi \quad (z\leqslant 0)\\ \chi=\int_0^\infty A_{\mathrm{sh}}\mathrm{e}^{\beta z}J_1(\xi r)\mathrm{d}\xi\end{cases} \tag{3.48a}$$

$$\begin{cases}\varphi=\int_0^\infty B_{\mathrm{p}}\mathrm{e}^{-\alpha z}J_1(\xi r)\mathrm{d}\xi\\ \psi=\int_0^\infty B_{\mathrm{sv}}\mathrm{e}^{-\beta z}J_1(\xi r)\xi\mathrm{d}\xi \quad (z>0)\\ \chi=\int_0^\infty B_{\mathrm{sh}}\mathrm{e}^{-\beta z}J_1(\xi r)\mathrm{d}\xi\end{cases} \tag{3.48b}$$

通过荷载作用面上应力、位移连续条件推得

$$\begin{cases}[\sigma_{zr}]_{z=+0}-[\sigma_{zr}]_{z=-0}=F_x(\xi)\\ [\sigma_{z\theta}]_{z=+0}-[\sigma_{z\theta}]_{z=-0}=F_x(\xi)\\ [\sigma_{zz}]_{z=+0}=[\sigma_{zz}]_{z=-0}\end{cases} \tag{3.49a}$$

$$\begin{cases}u_{z=+0}=u_{z=-0}\\ v_{z=+0}=v_{z=-0}\\ w_{z=+0}=w_{z=-0}\end{cases} \tag{3.49b}$$

由此推得

$$\begin{cases} \mu[2\mathrm{i}\xi l_x s(A_\mathrm{p}+B_\mathrm{p})+\mathrm{i}\xi m_x(1-t^2)(A_\mathrm{sv}-B_\mathrm{sv})]=\dfrac{F_x(\xi)}{\mu^*} \\ \mu\mathrm{i}\xi t(A_\mathrm{sh}+B_\mathrm{sh})=\dfrac{F_x(\xi)}{\mu^*} \\ \mu[\mathrm{i}\xi l_x(1-t^2)(B_\mathrm{p}-A_\mathrm{p})+2\mathrm{i}\xi m_x t(A_\mathrm{sv}+B_\mathrm{sv})=0 \\ l_x(A_\mathrm{p}+B_\mathrm{p})-m_x t(A_\mathrm{sv}-B_\mathrm{sv})=0 \\ A_\mathrm{sh}-B_\mathrm{sh}=0 \\ -l_x s(A_\mathrm{p}+B_\mathrm{p})-m_x(A_\mathrm{sv}-B_\mathrm{sv})=0 \end{cases} \tag{3.50}$$

解得

$$\begin{cases} A_\mathrm{p}=B_\mathrm{p}=\dfrac{-m_x A_\mathrm{sv}}{l_x s} \\ A_\mathrm{sv}=-B_\mathrm{sv}=\dfrac{F_x(\xi)\mathrm{i}}{2(1+t^2)m_x\mu^*} \\ A_\mathrm{sh}=B_\mathrm{sh}=\dfrac{-F_x(\xi)\mathrm{i}}{2t\mu^*} \end{cases} \tag{3.51}$$

式中：$m_x=\xi/k_\mathrm{s}$；$l_x=\xi/k_\mathrm{p}$；$s=\sqrt{k_\mathrm{p}^2/\xi^2-1}$；$t=\sqrt{k_\mathrm{s}^2/\xi^2-1}$。

由式（3.48）和式（3.51）容易得到竖向集中力和水平集中力作用层内任意一点的特解反应。设荷载位置至所在层顶面和底面的竖向高差分别为 z_1 和 z_2（绝对值），则荷载所在层上下面位移、应力反应如下（波数域内）：

$$\begin{cases} u(\xi,1)=l_x A_\mathrm{p}\,\mathrm{e}^{-\mathrm{i}\xi s z_1}-m_x t A_\mathrm{sv}\,\mathrm{e}^{-\mathrm{i}\xi t z_1} \\ w(\xi,1)=-l_x s A_\mathrm{p}\,\mathrm{e}^{-\mathrm{i}\xi s z_1}-m_x A_\mathrm{sv}\,\mathrm{e}^{-\mathrm{i}\xi t z_1} \\ u(\xi,2)=l_x B_\mathrm{p}\,\mathrm{e}^{-\mathrm{i}\xi s z_2}+m_x t B_\mathrm{sv}\,\mathrm{e}^{-\mathrm{i}\xi t z_2} \\ w(\xi,2)=l_x s B_\mathrm{p}\,\mathrm{e}^{-\mathrm{i}\xi s z_2}-m_x B_\mathrm{sv}\,\mathrm{e}^{-\mathrm{i}\xi t z_2} \\ v(\xi,1)=A_\mathrm{sh}\,\mathrm{e}^{-\mathrm{i}\xi t z_1} \\ v(\xi,2)=B_\mathrm{sh}\,\mathrm{e}^{-\mathrm{i}\xi t z_2} \end{cases} \tag{3.52}$$

和

$$\begin{cases} \sigma_{zr}(\xi,1)=\mathrm{i}\xi\mu[2l_x s U_1+m_x(1-t^2)W_1] \\ \sigma_{zz}(\xi,1)=\mathrm{i}\xi\mu[l_x(1-t^2)U_1-2m_x t W_1] \\ \sigma_{zr}(\xi,2)=-\mathrm{i}\xi\mu[2l_x s U_2-m_x(1-t^2)W_2] \\ \sigma_{zz}(\xi,2)=\mathrm{i}\xi\mu[l_x(1-t^2)U_2+2m_x t W_2] \\ \sigma_{z\theta}(\xi,1)=\mathrm{i}\xi t\mu V_1 \\ \sigma_{z\theta}(\xi,2)=-\mathrm{i}\xi t\mu V_2 \end{cases} \tag{3.53}$$

式中：$U_1 = A_{\mathrm{p}} \mathrm{e}^{-\mathrm{i}\xi s z_1}$；$U_2 = B_{\mathrm{p}} \mathrm{e}^{-\mathrm{i}\xi s z_2}$；$W_1 = A_{\mathrm{sv}} \mathrm{e}^{-\mathrm{i}\xi t z_1}$；$W_2 = B_{\mathrm{sv}} \mathrm{e}^{-\mathrm{i}\xi t z_2}$；$V_1 = A_{\mathrm{sh}} \mathrm{e}^{-\mathrm{i}\xi t z_1}$；$V_2 = B_{\mathrm{sh}} \mathrm{e}^{-\mathrm{i}\xi t z_2}$。

在土层上下面上，特解引起的外荷载向量为

$$\boldsymbol{F}_{\mathrm{p}}(\xi)=[-\sigma_{zr}(\xi,1),-\mathrm{i}\sigma_{zz}(\xi,1),\sigma_{zr}(\xi,2),\mathrm{i}\sigma_{zz}(\xi,2),-\sigma_{z\theta}(\xi,1),\sigma_{z\theta}(\xi,2)]^{\mathrm{T}} \tag{3.54}$$

假设该层土的刚度矩阵为$\boldsymbol{k}_l$，为使土层固定，在上下面上还需反向施加特解位移，所施加的外力即为齐解

$$\boldsymbol{F}_{\mathrm{h}}(k)=-[u(\xi,1),\mathrm{i}w(\xi,1),u(\xi,2),\mathrm{i}w(\xi,2),v(\xi,1),v(\xi,2)]^{\mathrm{T}}\boldsymbol{k}_l \tag{3.55}$$

荷载所在土层刚度矩阵$\boldsymbol{k}_l=\begin{bmatrix}[S^l_{\mathrm{p-sv}}] & 0\\ 0 & [S^l_{\mathrm{sh}}]\end{bmatrix}$，$[S^l_{\mathrm{p-sv}}]$和$[S^l_{\mathrm{sh}}]$分别对应平面内运动刚度矩阵和平面外运动刚度矩阵（同直角坐标系下表达式一样），在 Hankel 变换域内两者是解耦的，具体表达式见参考文献 Wolf（1989）。为满足刚度矩阵对称性，上面各式中竖向位移和应力表达式均另乘以虚数单位 i。

土层固定面上总的固端反力为

$$\boldsymbol{F}_t(\xi)=-[\boldsymbol{F}_{\mathrm{p}}(\xi)+\boldsymbol{F}_{\mathrm{h}}(\xi)] \tag{3.56}$$

式中：负号表示固端放松后的反向作用力。设层状半空间整体刚度矩阵为$\boldsymbol{K}$，各土层面上位移向量为$\boldsymbol{U}$，外荷载向量为$\boldsymbol{Q}$，层状半空间整体运动平衡方程为

$$[\boldsymbol{K}]\{\boldsymbol{U}\}=\{\boldsymbol{Q}\} \tag{3.57}$$

将式（3.56）中的总外荷载代入荷载幅值向量$\boldsymbol{Q}$，求解式（3.57）可得位移向量$\boldsymbol{U}$，即为各土层面上的位移。各层任意点的位移则可由下列向量相乘得

$$\boldsymbol{u}(\xi,z)=[l_x \mathrm{e}^{\mathrm{i}\xi sz},l_x \mathrm{e}^{-\mathrm{i}\xi sz},-m_x t\,\mathrm{e}^{\mathrm{i}\xi tz},m_x t\,\mathrm{e}^{-\mathrm{i}\xi tz}][A_{\mathrm{p}},B_{\mathrm{p}},A_{\mathrm{sv}},B_{\mathrm{sv}}]^{\mathrm{T}} \tag{3.58a}$$

$$\boldsymbol{w}(\xi,z)=[-l_x s\,\mathrm{e}^{\mathrm{i}\xi sz},l_x s\,\mathrm{e}^{-\mathrm{i}\xi sz},-m_x \mathrm{e}^{\mathrm{i}\xi tz},-m_x \mathrm{e}^{-\mathrm{i}\xi tz}][A_{\mathrm{p}},B_{\mathrm{p}},A_{\mathrm{sv}},B_{\mathrm{sv}}]^{\mathrm{T}} \tag{3.58b}$$

$$\boldsymbol{v}(\xi,z)=[\mathrm{e}^{\mathrm{i}\xi tz},\mathrm{e}^{-\mathrm{i}\xi tz}][A_{\mathrm{sh}},B_{\mathrm{sh}}]^{\mathrm{T}} \tag{3.58c}$$

式中：$[A_{\mathrm{p}},B_{\mathrm{p}},A_{\mathrm{sv}},B_{\mathrm{sv}}]^{\mathrm{T}}$、$[A_{\mathrm{sh}},B_{\mathrm{sh}}]^{\mathrm{T}}$分别为土层中上行波和下行波系数向量，利用式（3.58），该系数向量很容易由土层上、下面的位移求得。

上述计算均在空间波数（ξ）域内进行，空间域上位移格林影响函数由 Hankel 逆变换而得

$$\begin{cases}u=\int_0^{\infty}[J_n(\xi r)_{,r}u(\xi)+\dfrac{n}{r}J_n(\xi r)v(\xi)]\cos(n\theta)\mathrm{d}\xi\\ v=\int_0^{\infty}[J_n(\xi r)_{,r}u(\xi)+\dfrac{n}{r}J_n(\xi r)v(\xi)][-\sin(n\theta)]\mathrm{d}\xi\\ w=\int_0^{\infty}-J_n(\xi r)w(\xi)\cos(n\theta)\mathrm{d}\xi\end{cases} \tag{3.59}$$

式中：对于垂直荷载，$n=0$；对于水平 x 方向荷载，$n=1$；对于水平 y 方向荷载，$n=1$，$\cos(n\theta)$ 和 $-\sin(n\theta)$ 分别替换为 $\sin(n\theta)$ 和 $\cos(n\theta)$。各点的应力可由柱坐标系下的物理方程和几何方程推得，在此不再赘述。

对于荷载作用层内反应，还需由上述固端反力解叠加特解和齐解。其中，齐解反应由荷载作用层面上反向施加的特解位移产生。对特解部分，若采用积分求解，则从式（3.42）即可看出，当 $z\to 0$ 时，即波源和观察点接近同一水平面时，需要很高的积分上限，而贝塞尔函数在大宗量条件下收敛很慢，通常需利用其渐进展开公式进行积分求解，这样处理起来比较烦琐。从推导过程可以发现，该部分积分解正是集中荷载作用下的全空间解。因此，将特解积分部分由全空间解析解代替，即避免了通常求解中的积分收敛性问题。从物理意义上看来，该特解正是动力荷载作用下产生的直达波，一般情况下占据了大部分波动能量。

在积分求解过程中，考虑到积分函数的振荡特性，采用自适应高斯-克朗罗德（Gauss-Kronrod）积分方法进行格林函数求解。为提高整体积分效率，在纵横波数附近可划分若干积分子段，对于远场点，由于 $J_n(\xi r)$ 项振荡更为剧烈，需提高积分细度。

3.6.3　计算效率

以弹性半空间上单一覆盖层为例进行计算（图 3.4），覆盖层材料密度、剪切波速和泊松比、材料阻尼系数分别为 ρ_{L}、$c_{\mathrm{s}}^{\mathrm{L}}$、$\nu_{\mathrm{L}}$ 和 ζ_{L}（假设与纵波和横波相关的黏滞阻尼系数相等，$\zeta_\alpha=\zeta_\beta=\zeta_{\mathrm{L}}$），其中，L 代表覆盖层，R 代表基岩（或弹性半空间），下部弹性半空间材料则相应由 ρ_{R}、$c_{\mathrm{s}}^{\mathrm{R}}$、$\nu_{\mathrm{R}}$ 和 ζ_{R} 确定。设覆盖层厚度为 H，以荷载正上方地表点位为坐标原点，荷载作用位置为 $(0,0,z_{\mathrm{f}})$，其中 z_{f} 表示荷载作用位置。在后面的计算中，半空间和覆盖层的密度和泊松比相同，泊松比均取 0.25，所有位移结果均已无量纲化，即 $|u_x^*|=u_xH\mu^*/F$，$|u_z^*|=u_zH\mu^*/F$。

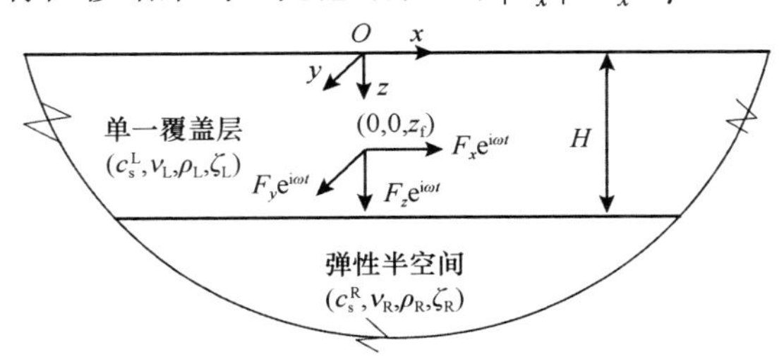

图 3.4　弹性半空间上单一覆盖层模型

为比较本节方法和常规方法的计算效率，分别采用常规刚度矩阵法（在荷载作用位置引入虚拟层面，直接进行刚度矩阵求逆得到各层面位移）和修正刚度矩阵法进行计算。考虑波数域积分上限变化，图 3.5 给出了荷载埋深 $z_{\mathrm{f}}/H=0.5$ 情况下，$z/H=0.499$ 深度剖面上位移幅值，参数取值：$c_{\mathrm{s}}^{\mathrm{R}}/c_{\mathrm{s}}^{\mathrm{L}}=5.0$，$\zeta_{\mathrm{L}}=0.05$，$\zeta_{\mathrm{R}}=0.02$。采用常规方法时，积分上限分别取 $\xi_{\max}=50$、100、200 和 400。容易看出，即便取很低的积分上限 $\xi_{\max}=10$。本节方法对于荷载作用平面附近反应即能够精确高效地予以求解，对于常规方法则需很高的积分上限（$\xi_{\max}=400$），才能达到相当的计算精度。为考察其原因，图 3.6 给出了本节解

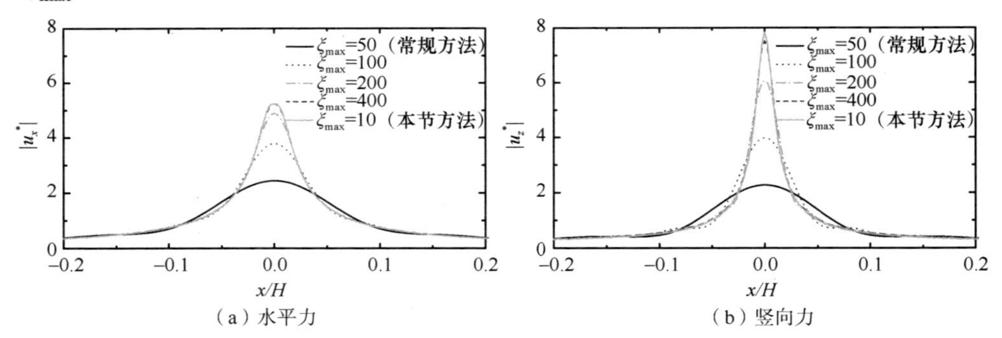

（a）水平力　　（b）竖向力

图 3.5　半空间上单层土中埋置动力集中荷载作用下 $z/H=0.499$ 深度位移幅值

$z_{\mathrm{f}}/H=0.5$，$\eta=1.0$，$z/H=0.499$ 不同积分上限，本节方法与常规方法结果对比

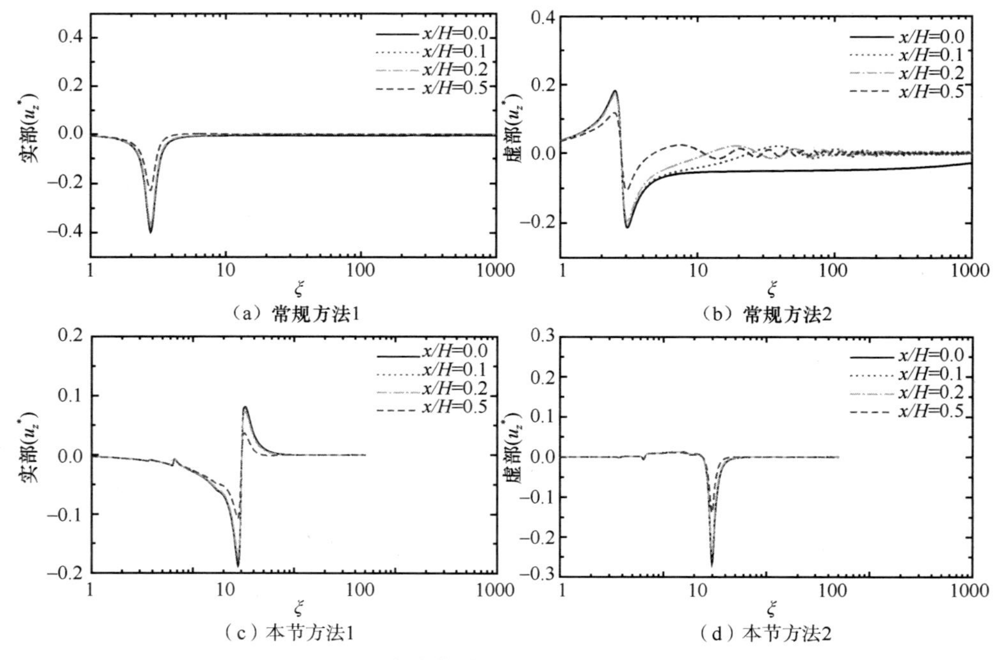

（a）常规方法1　　（b）常规方法2

（c）本节方法1　　（d）本节方法2

图 3.6　在波数域内的积分函数收敛性

$z_{\mathrm{f}}/H=0.5$，$z/H=0.499$，$\eta=1.0$，竖向力，本节方法与一般方法结果对比

法和常规方法在波数域内的积分函数收敛性对比，4 个接受点位于 x-z 面内，竖向坐标 $z/H=0.499$（基本同源点位于同一水平面），水平坐标 x/H=0、0.1、0.2 和 0.5。可以看出，对于常规方法，竖向位移实部能够较快收敛，但虚部积分函数具有高阶振荡性，且随着接受点和力源点距离的靠近，收敛上限不断提高。对于荷载作用水平面上（$z/H=0.5$）的位移计算，积分则更难收敛，需对贝塞尔函数进行渐进展开以提高计算速度。相比之下按照本节方法，则不需对其进行特殊处理，积分上限取 $\xi_{\max}=10$ 即可达到较高的计算精度。由于层状格林函数计算时间主要耗费在对每个积分点的刚度矩阵运算上，积分上限的大幅降低将有效提高计算效率，并且使得计算精度容易控制。需要指出的是，尽管本节方法对荷载作用层的分析略显烦琐，但由于该部分仅针对单层计算，且特解、齐解均可直接给出积分表达式，由此需额外增加的计算时间对整体计算效率影响不大。

3.7　饱和全空间二维线源动力格林函数

流体饱和两相介质全空间中二维线源动力格林函数引起的位移和应力可表达如下：

P_{I}、P_{II} 波线源入射（i=1、2 分别代表 P_{I}、P_{II} 波）：

$$u_x=-k_{\alpha i}x\mathbf{H}_1^{(2)}(k_{\alpha i}r)/r \tag{3.60a}$$

$$u_y=-k_{\alpha i}y\mathbf{H}_1^{(2)}(k_{\alpha i}r)/r \tag{3.60b}$$

$$P=(\alpha+\chi_i)Mk_{\alpha i}{}^2 \tag{3.60c}$$

$$\begin{aligned}\sigma_{xx}&=2k_{\alpha i}(1/r-2y^2/r^3)\mathbf{H}_1^{(2)}(k_{\alpha i}r)\mu\\&\quad+[2k_{\alpha i}{}^2y^2/(r^2\mu)-k_{\alpha i}{}^2(\lambda+2\mu)]\mathbf{H}_0^{(2)}(k_{\alpha i}r)-\alpha P\end{aligned} \tag{3.60d}$$

$$\begin{aligned}\sigma_{yy}&=2k_{\alpha i}(1/r-2x^2/r^3)\mathbf{H}_1^{(2)}(k_{\alpha i}r)\mu\\&\quad+[2k_{\alpha i}{}^2x^2/(r^2\mu)-k_{\alpha i}{}^2(\lambda+2\mu)]\mathbf{H}_0^{(2)}(k_{\alpha i}r)-\alpha P\end{aligned} \tag{3.60e}$$

$$\sigma_{xy}=2xy[(2k_{\alpha i}/r^3)\mathbf{H}_1^{(2)}(k_{\alpha i}r)-(k_{\alpha i}{}^2/r^2)\mathbf{H}_0^{(2)}(k_{\alpha i}r)]\mu \tag{3.60f}$$

式中：$k_{\alpha 1}$、$k_{\alpha 2}$ 分别表示介质中 P_{I} 波、P_{II} 波波数；P、σ_{ij} 分别为孔隙水压和土体的总应力分量；μ 和 λ 为土骨架的两个常数；α 和 M 为表征土颗粒和孔隙流体压缩性的参数（$0\leqslant\alpha\leqslant 1$，$0\leqslant M<\infty$）。其他符号参考 3.2 节内容。

SV 波线源入射：

$$u_x=-k_{\beta}y\mathbf{H}_1^{(2)}(k_{\beta}r)/r \tag{3.61a}$$

$$u_y=k_{\beta}x\mathbf{H}_1^{(2)}(k_{\beta}r)/r \tag{3.61b}$$

$$p=0 \tag{3.61c}$$

$$\sigma_{xx} = 2xy\frac{(2k_\beta / r^3)\mathbf{H}_1^{(2)}(k_\beta r) - k_\beta{}^2}{r^2 H_0^{(2)}(k_\beta r)}\mu \tag{3.61d}$$

$$\sigma_{yy} = -2xy\frac{(2k_\beta / r^3)\mathbf{H}_1^{(2)}(k_\beta r) - k_\beta{}^2}{r^2 H_0^{(2)}(k_\beta r)}\mu \tag{3.61e}$$

$$\sigma_{xy} = (y^2 - x^2)\frac{(2k_\beta / r^3)\mathbf{H}_1^{(2)}(k_\beta r) - k_\beta{}^2}{r^2 H_0^{(2)}(k_\beta r)}\mu \tag{3.61f}$$

式中：k_β 表示饱和介质中 S 波波数。

3.8 饱和两相半空间二维线源动力格林函数

笔者参考经典 Lamb 问题的解决方法（Lamb，1904），结合比奥（Biot）饱和土模型，推导了饱和半空间内膨胀波源与剪切波源作用时的稳态解。由满足控制方程的全空间解对称叠加，继而消去地表附加应力，得到满足饱和半空间自由地表条件的半空间解。

地表面边界条件为

$$\sigma_{yy} = 0、\ \sigma_{yx} = 0、\ P = 0 \text{（透水情况地表孔压为零）} \tag{3.62}$$

$$\sigma_{yy} = 0、\ \sigma_{yx} = 0、\ w_y = 0 \text{（不透水情况地表流体与固体的相对位移为零）} \tag{3.63}$$

饱和半空间内 $\mathrm{P_I}$ 波源作用时，膨胀波和剪切波的波势函数分别设定如下：

$$\phi_1(x,y) = \mathbf{H}_0^{(2)}(k_{\alpha 1}r) + \mathbf{H}_0^{(2)}(k_{\alpha 1}r') + \frac{2\mathrm{i}}{\pi}\int_{-\infty}^{\infty} A\mathrm{e}^{-\gamma_1 y}\,\mathrm{e}^{\mathrm{i}\xi x}\,\mathrm{d}\xi \tag{3.64}$$

$$\phi_2(x,y) = \frac{2\mathrm{i}}{\pi}\int_{-\infty}^{\infty} B\mathrm{e}^{-\gamma_2 y}\,\mathrm{e}^{\mathrm{i}\xi x}\,\mathrm{d}\xi \tag{3.65}$$

$$\psi(x,y) = \frac{2\mathrm{i}}{\pi}\int_{-\infty}^{\infty} C\mathrm{e}^{-\gamma_3 y}\,\mathrm{e}^{\mathrm{i}\xi x}\,\mathrm{d}\xi \tag{3.66}$$

式中：$\mathbf{H}_0^{(2)}(k_{\alpha 1}r)$ 为0阶第二类Hankel函数；$r = \sqrt{x^2 + (y-f)^2}$，$r' = \sqrt{x^2 + (y+f)^2}$；$\gamma_i = \sqrt{\xi^2 - k_{\alpha i}{}^2}\ (i = 1,2)$，$\gamma_3 = \sqrt{\xi^2 - k_\beta{}^2}$；$(0, f)$ 为波源位置坐标。容易推得，势函数 $\phi_1(x,y)$、$\phi_2(x,y)$ 和 $\psi(x,y)$ 分别满足波动方程。

另外，波数域内推导需利用关系式：

$$\mathbf{H}_0^{(1)}(k_{\alpha 1}r) = \frac{\mathrm{i}}{\pi}\int_{-\infty}^{\infty}\frac{\mathrm{e}^{\gamma_1(y-f)}\,\mathrm{e}^{\mathrm{i}\xi x}\,\mathrm{d}\xi}{\gamma_1},\ \mathbf{H}_0^{(1)}(k_{\alpha 1}r') = \frac{\mathrm{i}}{\pi}\int_{-\infty}^{\infty}\frac{\mathrm{e}^{-\gamma_1(y+f)}\,\mathrm{e}^{\mathrm{i}\xi x}\,\mathrm{d}\xi}{\gamma_1} \tag{3.67}$$

为便于公式推导，无量纲参数 λ^*、M^*、ρ^*、m^* 和 b^* 定义如下：

$$\begin{cases}\lambda^*=\dfrac{\lambda}{\mu}\\ M^*=\dfrac{M}{\mu}\\ \rho^*=\dfrac{\rho_{\mathrm{f}}}{\rho}\\ m^*=\dfrac{m}{\rho}\\ b^*=\dfrac{ab}{\sqrt{\rho\mu}}\end{cases}\tag{3.68}$$

式中：$\rho=(1-n)\rho_{\mathrm{s}}+n\rho_{\mathrm{f}}$为土体总密度，$\rho_{\mathrm{s}}$和$\rho_{\mathrm{f}}$分别表示土颗粒和流体的质量密度，$n$为孔隙率；$b$为反映黏性耦合的系数，如果忽略内部摩擦则$b=0$；$m$为类似质量的参数，由流体密度、孔隙率和孔隙几何特征决定。

由位移、应力同波势函数的关系及边界条件推得在地表透水条件如下：

$$[2{\gamma_1}^2-\lambda^*k_{\alpha1}^2-\alpha(\alpha+\chi_1)M^*k_{\alpha1}](A+1)$$

$$+[2{\gamma_2}^2-\lambda^*k_{\alpha2}^2-\alpha(\alpha+\chi_2)M^*k_{\alpha2}]B+2\mathrm{i}\xi\gamma_3C=0\tag{3.69a}$$

$$2\mathrm{i}\xi\gamma_1A+2\mathrm{i}\xi\gamma_2B-(2\xi^2-S^2)C=0\tag{3.69b}$$

$$(\alpha+\chi_1)M^*L_1(A+1)+(\alpha+\chi_2)M^*L_2B=0\tag{3.69c}$$

由上述三式联立求解可得A、B和C表达式，进而求得半空间各点的位移和应力。

对于地表不透水情况，则只须将式（3.69c）替换为

$$\chi_1\gamma_1A+\chi_2\gamma_2B+\mathrm{i}\xi\chi_3C=0\tag{3.70}$$

同理，可以求得$\mathrm{P_{II}}$波源和SV波源在不透水条件下的格林函数。

三类波源作用下位移、应力的具体表达式如下：

$\mathrm{P_I}$波柱面波源为

$$\begin{cases}\phi_1=\mathbf{H}_0^{(2)}(k_{\alpha1}r)+\mathbf{H}_0^{(2)}(k_{\alpha1}r')+\dfrac{2\mathrm{i}}{\pi}\displaystyle\int_{-\infty}^{\infty}A\mathrm{e}^{-\gamma_1y}\,\mathrm{e}^{\mathrm{i}\xi x}\,\mathrm{d}\xi\\ \phi_2=\dfrac{2\mathrm{i}}{\pi}\displaystyle\int_{-\infty}^{\infty}B\mathrm{e}^{-\gamma_2y}\,\mathrm{e}^{\mathrm{i}\xi x}\,\mathrm{d}\xi\\ \psi=\dfrac{2\mathrm{i}}{\pi}\displaystyle\int_{-\infty}^{\infty}C\mathrm{e}^{-\gamma_3y}\,\mathrm{e}^{\mathrm{i}\xi x}\,\mathrm{d}\xi\end{cases}\tag{3.71}$$

式中：地表不排水时，$A=-\dfrac{\mathrm{e}^{-\gamma_1f}}{R\gamma_1}b_1(b_3d_2+c_2d_3)$；$B=\dfrac{\mathrm{e}^{-\gamma_1f}}{R\gamma_1}b_1(b_3d_1+c_1d_3)$；

$C=-\dfrac{\mathrm{e}^{-\gamma_1 f}}{R\gamma_1}b_1(c_1d_2-c_2d_1)$。地表排水时，$A=\dfrac{\mathrm{e}^{-\gamma_1 f}}{R\gamma_1}(a_1c_2c_3+a_1b_2b_3-a_2b_1b_3)$；$B=-\dfrac{\mathrm{e}^{-\gamma_1 f}}{R\gamma_1}a_1c_1c_3$；$C=\dfrac{\mathrm{e}^{-\gamma_1 f}}{R\gamma_1}c_1(a_1b_2-a_2b_1)$。

$\mathrm{P_{II}}$ 波柱面波源为

$$\begin{cases}\phi_1=\dfrac{2\mathrm{i}}{\pi}\displaystyle\int_{-\infty}^{\infty}A\mathrm{e}^{-\gamma_1 y}\,\mathrm{e}^{\mathrm{i}\xi x}\,\mathrm{d}\xi\\ \phi_2=\mathbf{H}_0^{(2)}(k_{\alpha 2}r)+\mathbf{H}_0^{(2)}(k_{\alpha 2}r')+\dfrac{2\mathrm{i}}{\pi}\displaystyle\int_{-\infty}^{\infty}B\mathrm{e}^{-\gamma_2 y}\,\mathrm{e}^{\mathrm{i}\xi x}\,\mathrm{d}\xi\\ \psi=\dfrac{2\mathrm{i}}{\pi}\displaystyle\int_{-\infty}^{\infty}C\mathrm{e}^{-\gamma_3 y}\,\mathrm{e}^{\mathrm{i}\xi x}\,\mathrm{d}\xi\end{cases}\tag{3.72}$$

式中：地表不排水时，$A=-\dfrac{\mathrm{e}^{-\gamma_2 f}}{R\gamma_2}b_2(b_3d_2+c_2d_3)$；$B=\dfrac{\mathrm{e}^{-\gamma_2 f}}{R\gamma_2}b_2(b_3d_1+c_1d_3)$；$C=-\dfrac{\mathrm{e}^{-\gamma_2 f}}{R\gamma_2}b_2(c_1d_2-c_2d_1)$。地表排水时，$A=-\dfrac{\mathrm{e}^{-\gamma_2 f}}{R\gamma_2}a_2c_2c_3$；$B=\dfrac{\mathrm{e}^{-\gamma_2 f}}{R\gamma_2}(a_1b_2b_3-a_2c_1c_3-a_2b_1b_3)$；$C=\dfrac{\mathrm{e}^{-\gamma_2 f}}{R\gamma_2}c_2(a_1b_2-a_2b_1)$。

$\mathrm{P_I}$ 波柱面波源（j=1）和 $\mathrm{P_{II}}$ 波柱面波源（j=2）作用时位移与应力可表达为

$$\begin{aligned}u^{\phi_j}=&-k_{\alpha j}\left[(\mathbf{H}_1^{(2)}(k_{\alpha j}r)\frac{x}{r}+\mathbf{H}_1^{(2)}(k_{\alpha j}r')\frac{x}{r'}\right]\\&-\frac{4}{\pi}\int_0^{\infty}[\mathrm{i}\xi(A\mathrm{e}^{-\gamma_1 y}+B\mathrm{e}^{-\gamma_2 y})-\gamma_3C\mathrm{e}^{-\gamma_3 y}]\sin(\xi x)\mathrm{d}\xi\end{aligned}\tag{3.73a}$$

$$\begin{aligned}v^{\phi_j}=&-k_{\alpha j}\left[(\mathbf{H}_1^{(2)}(k_{\alpha j}r)\frac{y-f}{r}+\mathbf{H}_1^{(2)}(k_{\alpha j}r')\frac{y+f}{r'}\right]\\&-\frac{4\mathrm{i}}{\pi}\int_0^{\infty}[(\gamma_1A\mathrm{e}^{-\gamma_1 y}+\gamma_2B\mathrm{e}^{-\gamma_2 y})+\mathrm{i}\xi C\mathrm{e}^{-\gamma_3 y}]\cos(\xi x)\mathrm{d}\xi\end{aligned}\tag{3.73b}$$

$$\begin{aligned}p^{\phi_j}=&a_j[\mathbf{H}_0^{(2)}(k_{\alpha j}r)+\mathbf{H}_0^{(2)}(k_{\alpha j}r')]\\&+\frac{4\mathrm{i}}{\pi}\int_0^{\infty}[a_1A\mathrm{e}^{-\gamma_1 y}+a_2B\mathrm{e}^{-\gamma_2 y}]\cos(\xi x)\mathrm{d}\xi\end{aligned}\tag{3.73c}$$

$$\begin{aligned}\sigma_{xx}^{\phi_j}=&2k_{\alpha j}\left[\frac{1}{r}-\frac{2(y-f)^2}{r^3}\right]\mathbf{H}_1^{(2)}(k_{\alpha j}r)\\&+\left[\frac{2k_{\alpha j}^2(y-f)^2}{r^2}-k_{\alpha j}{}^2(\lambda^*+2)\right]\mathbf{H}_0^{(2)}(k_{\alpha j}r)\\&-\alpha a_j[\mathbf{H}_0^{(2)}(k_{\alpha j}r)+\mathbf{H}_0^{(2)}(k_{\alpha j}r')]+2k_{\alpha j}\left[\frac{1}{r'}-\frac{2(y+f)^2}{r'^3}\right]\mathbf{H}_1^{(2)}(k_{\alpha j}r')\end{aligned}$$

$$+\left[\frac{2k_{\alpha j}^2(y+f)^2}{r'^2}-k_{\alpha j}{}^2(\lambda^*+2)\right]\mathbf{H}_0^{(2)}(k_{\alpha j}r')$$

$$+\frac{4\mathrm{i}}{\pi}\int_0^{\infty}[e_1A\mathrm{e}^{-\gamma_1 y}+e_2B\mathrm{e}^{-\gamma_2 y}-c_3C\mathrm{e}^{-\gamma_3 y}]\cos(\xi x)\mathrm{d}\xi \tag{3.74a}$$

$$\sigma_{yy}^{\phi_j}=2k_{\alpha j}\left[\frac{1}{r}-\frac{2x^2}{r^3}\right]\mathbf{H}_1^{(2)}(k_{\alpha j}r)$$

$$+\left[\frac{2k_{\alpha j}^2x^2}{r^2}-k_{\alpha j}{}^2(\lambda^*+2)\right]\mathbf{H}_0^{(2)}(k_{\alpha j}r)-\alpha a_j[\mathbf{H}_0^{(2)}(k_{\alpha j}r)+\mathbf{H}_0^{(2)}(k_{\alpha j}r')]$$

$$+2k_{\alpha j}\left[\frac{1}{r'}-\frac{2x^2}{r'^3}\right]\mathbf{H}_1^{(2)}(k_{\alpha j}r')+\left[\frac{2k_{\alpha j}^2x^2}{r'^2}-k_{\alpha j}^2(\lambda^*+2)\right]\mathbf{H}_0^{(2)}(k_{\alpha j}r')$$

$$+\frac{4\mathrm{i}}{\pi}\int_0^{\infty}[b_1A\mathrm{e}^{-\gamma_1 y}+b_2B\mathrm{e}^{-\gamma_2 y}+c_3C\mathrm{e}^{-\gamma_3 y}]\cos(\xi x)\mathrm{d}\xi \tag{3.74b}$$

$$\sigma_{xy}^{\phi_j}=\frac{2k_{\alpha j}x(y-f)}{r^2}\left[\frac{2\mathbf{H}_1^{(2)}(k_{\alpha j}r)}{r}-k_{\alpha j}\mathbf{H}_0^{(2)}(k_{\alpha j}r)\right]$$

$$+\frac{2k_{\alpha j}x(y+f)}{r'^2}\left[\frac{\mathbf{H}_1^{(2)}(k_{\alpha j}r')}{r'}-k_{\alpha j}\mathbf{H}_0^{(2)}(k_{\alpha j}r')\right]$$

$$-\frac{4}{\pi}\int_0^{\infty}[-c_1A\mathrm{e}^{-\gamma_1 y}-c_2B\mathrm{e}^{-\gamma_2 y}+b_3C\mathrm{e}^{-\gamma_3 y}]\sin(\xi x)\mathrm{d}\xi \tag{3.74c}$$

剪切柱面波源作用下：

$$\begin{cases}\phi_1=\dfrac{2\mathrm{i}}{\pi}\displaystyle\int_{-\infty}^{\infty}A\mathrm{e}^{-\gamma_1 y}\mathrm{e}^{\mathrm{i}\xi x}\mathrm{d}\xi\\ \phi_2=\dfrac{2\mathrm{i}}{\pi}\displaystyle\int_{-\infty}^{\infty}B\mathrm{e}^{-\gamma_2 y}\,\mathrm{e}^{\mathrm{i}\xi x}\,\mathrm{d}\xi\\ \psi=\mathbf{H}_0^{(2)}(k_\beta r)+\mathbf{H}_0^{(2)}(k_\beta r')+\dfrac{2\mathrm{i}}{\pi}\displaystyle\int_{-\infty}^{\infty}C\mathrm{e}^{-\gamma_3 y}\,\mathrm{e}^{\mathrm{i}\xi x}\,\mathrm{d}\xi\end{cases} \tag{3.75}$$

式中：地表不排水时，$A=\dfrac{\mathrm{e}^{-\gamma_3 f}}{R\gamma_3}c_3(b_3d_2+c_2d_3)$；$B=-\dfrac{\mathrm{e}^{-\gamma_3 f}}{R\gamma_3}c_3(b_3d_1+c_1d_3)$；$C=\dfrac{\mathrm{e}^{-\gamma_3 f}}{R\gamma_3}(b_2b_3d_1-b_1b_3d_2+b_2c_1d_3-b_1c_2d_3)$。地表排水时，$A=\dfrac{\mathrm{e}^{-\gamma_3 f}}{R\gamma_3}a_2b_3c_3$；$B=-\dfrac{\mathrm{e}^{-\gamma_3 f}}{R\gamma_3}a_1b_3c_3$；$C=\dfrac{\mathrm{e}^{-\gamma_3 f}}{R\gamma_3}(a_1b_2-a_2b_1)$。

SV 波柱面波源作用下位移与应力可表达为

$$u^{\psi} = -k_{\beta}\left[\mathbf{H}_1^{(2)}(k_{\beta}r)\frac{y-f}{r} + \mathbf{H}_1^{(2)}(k_{\beta}r')\frac{y+f}{r'}\right]$$
$$+\frac{4\mathrm{i}}{\pi}\int_0^{\infty}\left[\mathrm{i}\xi(A\mathrm{e}^{-\gamma_1 y} + B\mathrm{e}^{-\gamma_2 y}) - \gamma_3 C\mathrm{e}^{-\gamma_3 y}\right]\cos(\xi x)\mathrm{d}\xi \tag{3.76a}$$

$$v^{\psi} = k_{\beta}\left[\mathbf{H}_1^{(2)}(k_{\beta}r)\frac{x}{r} + \mathbf{H}_1^{(2)}(k_{\beta}r')\frac{x}{r'}\right]$$
$$+\frac{4}{\pi}\int_0^{\infty}[(\gamma_1 A\mathrm{e}^{-\gamma_1 y} + \gamma_2 B\mathrm{e}^{-\gamma_2 y}) + \mathrm{i}\xi C\mathrm{e}^{-\gamma_3 y}]\sin(\xi x)\mathrm{d}\xi \tag{3.76b}$$

$$p^{\psi} = -\frac{4}{\pi}\int_0^{\infty}[a_1 A\mathrm{e}^{-\gamma_1 y} + a_2 B\mathrm{e}^{-\gamma_2 y}]\sin(\xi x)\mathrm{d}\xi \tag{3.76c}$$

$$\sigma_{xx}^{\psi} = 2k_{\beta}x(y-f)\left[\frac{2\mathbf{H}_1^{(2)}(k_{\beta}r)}{r^3} - \frac{\mathbf{H}_0^{(2)}(k_{\beta}r)k_{\beta}}{r^2}\right]$$
$$+2k_{\beta}x(y+f)\left[\frac{2\mathbf{H}_1^{(2)}(k_{\beta}r')}{r'^3} - \frac{\mathbf{H}_0^{(2)}(k_{\beta}r')k_{\beta}}{r'^2}\right]$$
$$-\frac{4}{\pi}\int_0^{\infty}[e_1 A\mathrm{e}^{-\gamma_1 y} + e_2 B\mathrm{e}^{-\gamma_2 y} - c_3 C\mathrm{e}^{-\gamma_3 y}]\sin(\xi x)\mathrm{d}\xi \tag{3.77a}$$

$$\sigma_{yy}^{\psi} = 2k_{\beta}x(y-f)\left[-\frac{2\mathbf{H}_1^{(2)}(k_{\beta}r)}{r^3} + \frac{\mathbf{H}_0^{(2)}(k_{\beta}r)k_{\beta}}{r^2}\right]$$
$$+2k_{\beta}x(y+f)\left[-\frac{2\mathbf{H}_1^{(2)}(k_{\beta}r')}{r'^3} + \frac{\mathbf{H}_0^{(2)}(k_{\beta}r')k_{\beta}}{r'^2}\right]$$
$$-\frac{4}{\pi}\int_0^{\infty}[b_1 A\mathrm{e}^{-\gamma_1 y} + b_2 B\mathrm{e}^{-\gamma_2 y} + c_3 C\mathrm{e}^{-\gamma_3 y}]\sin(\xi x)\mathrm{d}\xi \tag{3.77b}$$

$$\sigma_{xy}^{\psi} = k_{\beta}\left(1-\frac{2x^2}{r^2}\right)\left[\frac{2\mathbf{H}_1^{(2)}(k_{\beta}r)}{r} - \mathbf{H}_0^{(2)}(k_{\beta}r')k_{\beta}\right]$$
$$+k_{\beta}\left(1-\frac{2x^2}{r'^2}\right)\left[\frac{2\mathbf{H}_1^{(2)}(k_{\beta}r')}{r'} - \mathbf{H}_0^{(2)}(k_{\beta}r')k_{\beta}\right]$$
$$+\frac{4\mathrm{i}}{\pi}\int_0^{\infty}[-c_1 A\mathrm{e}^{-\gamma_1 y} - c_2 B\mathrm{e}^{-\gamma_2 y} + b_3 C\mathrm{e}^{-\gamma_3 y}]\cos(\xi x)\mathrm{d}\xi \tag{3.77c}$$

式中：$a_j = (\alpha + \chi_j)M^* k_{\alpha j}$；$b_j = 2{\gamma_j}^2 - \lambda^* {k_{\alpha j}}^2 - \alpha a_j$；$b_3 = 2\xi^2 - {k_\beta}^2$；$c_l = 2\mathrm{i}\xi\gamma_l$；$d_j = \chi_j\gamma_j$；$d_3 = \mathrm{i}\xi\chi_3$；$e_j = -2\xi^2 - \lambda^* {k_{\alpha j}}^2 - \alpha a_j$；其中，$j = 1, 2$，$l = 1, 2, 3$。地表不排水时，$R = b_1 b_3 d_2 + b_1 c_2 d_3 - b_2 b_3 d_1 - b_2 c_1 d_3 - c_2 c_3 d_1 + c_1 c_3 d_1$；地表排水时，$R = -a_1 b_2 b_3 - a_1 c_2 c_3 + a_2 b_1 b_3 + a_2 c_1 c_3$。

需要注意的是，以上各式中应力均为无量纲形式，真实应力应乘以剪切模量。

3.9　饱和两相层状半空间柱面波源动力格林函数

对层状半空间中波动问题IBIEM或其他积分方程法求解，若采用全域格林函数，则需要对各土层交界面和地表面进行离散，当土层较多时前处理较为烦琐且数值精度不易控制。为此，本节在文献（Liang and You，2004）饱和土层动力刚度矩阵基础上，采用积分变换结合直接刚度法推导饱和层状半空间中膨胀线源和剪切线源动力格林函数。

如图3.7所示，线波源位于任意一饱和层状半空间中（波源强度沿平面外方向不变），借助波数域内傅里叶变换，首先计算各土层动力刚度矩阵，然后集整得到整体刚度矩阵（类似有限单元法中的总刚集成，不同的是这里所采用的饱和土层刚度矩阵由解析推得，因而是完全精确的）。进而固定波源所在土层的上下表面[图3.7（b）]，由全空间中波源解析表达式得到固定端反力，再放松该固端面[固端反力反向施加，图3.7（c）]，采用直接刚度法即得到各层位移。波源作用层内的反应还需叠加上该固定土层内的解。

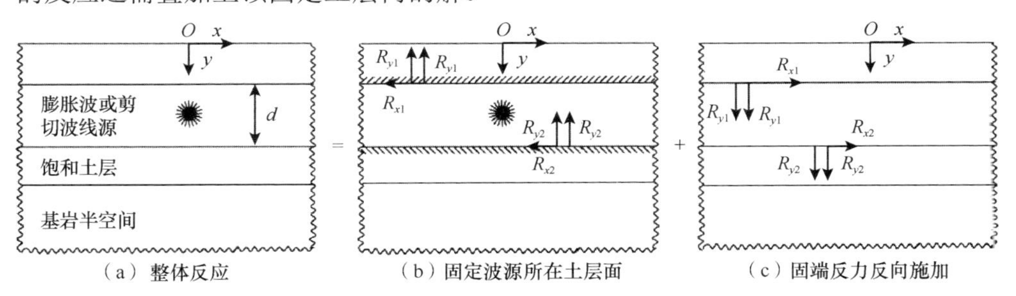

图3.7　简谐膨胀波和剪切波线源格林函数直接刚度法求解

无限域中稳态膨胀波和剪切波势函数可表示为$\mathbf{H}_0^{(1)}(k_{\alpha1}r)$、$\mathbf{H}_0^{(1)}(k_{\alpha2}r)$和$\mathbf{H}_0^{(1)}(k_\beta r)$（$k_{\alpha1}$、$k_{\alpha2}$和$k_\beta$分别为$\mathrm{P_I}$波、$\mathrm{P_{II}}$波和SV波的波数）。计算层状半空间动力反应，波数域内推导需利用Hankel函数的展开式：

$$\mathbf{H}_0^{(2)}(k_{\alpha2}r)=\frac{\mathrm{i}}{\pi}\int_{-\infty}^{\infty}\frac{\mathrm{e}^{-\gamma_2|(y-f)|}\mathrm{e}^{-\mathrm{i}kx}\mathrm{d}k}{\gamma_2}\tag{3.78a}$$

$$\mathbf{H}_0^{(2)}(k_{\alpha1}r)=\frac{\mathrm{i}}{\pi}\int_{-\infty}^{\infty}\frac{\mathrm{e}^{-\gamma_1|(y-f)|}\mathrm{e}^{-\mathrm{i}kx}\mathrm{d}k}{\gamma_1}\tag{3.78b}$$

$$\mathbf{H}_0^{(2)}(k_\beta r)=\frac{\mathrm{i}}{\pi}\int_{-\infty}^{\infty}\frac{\mathrm{e}^{-\gamma_3|(y-f)|}\mathrm{e}^{-\mathrm{i}kx}\mathrm{d}k}{\gamma_3}\tag{3.78c}$$

式中：$\gamma_1=\sqrt{k^2-k_{\alpha1}{}^2}$；$\gamma_2=\sqrt{k^2-k_{\alpha2}{}^2}$；$\gamma_3=\sqrt{k^2-k_\beta{}^2}$。其中，$\gamma_1$、$\gamma_2$、$\gamma_3$实

部为正数。

固定土层面上的反力由特解和齐解叠加而得。在波数域内，利用位移和波势函数间的求导关系，位移、应力和孔压的特解容易由式（3.79）推导得到（略去 e^{-ikx}）：

1）P_{I} 波线源情况表示为

$$\begin{cases} U_x(k,y) = \dfrac{k}{\pi}\dfrac{e^{-\gamma_1|(y-f)|}}{\gamma_1} \\ U_y(k,y) = -\kappa\dfrac{i}{\pi}e^{-\gamma_1|(y-f)|} \\ w_{x(y)}(k,y) = \chi_1 U_{x(y)}(k,y) \end{cases} \tag{3.79a}$$

$$\begin{cases} \sigma_{yy}(k,y) = \dfrac{-iM(\lambda k^2 - \lambda\gamma_1^2 - 2G\gamma_1^2)e^{-\gamma_1|(y-f)|}}{\pi\gamma_1 - \alpha P(k,y)} \\ \sigma_{yx}(k,y) = \dfrac{-2\kappa Gke^{-\gamma_1|(y-f)|}}{\pi} \end{cases} \tag{3.79b}$$

$$P(k,y) = \frac{-iM(k^2 - \gamma_1^2)(\alpha + \chi_1)e^{-\gamma_1|(y-f)|}}{\pi\gamma_1} \tag{3.79c}$$

2）P_{II} 波线源情况，将式（3.79a）～式（3.79c）中 γ_1、χ_1 分别替换为 γ_2、χ_2 即可。

3）SV 波线源情况表示为

$$\begin{cases} U_x(k,y) = \dfrac{-\kappa ike^{-\gamma_3|(y-f)|}}{\pi} \\ U_y(k,y) = \dfrac{-ike^{-\gamma_3|(y-f)|}}{\pi\gamma_3} \\ w_{x(y)}(k,y) = \chi_3 U_{x(y)}(k,y) \end{cases} \tag{3.80a}$$

$$\begin{cases} \sigma_{yx}(k,y) = \dfrac{iG(\gamma_3^2 + k^2)e^{-\gamma_3|(y-f)|}}{\pi\gamma_3} \\ \sigma_{yy}(k,y) = \dfrac{2\kappa Gke^{-\gamma_3|(y-f)|}}{\pi} \end{cases} \tag{3.80b}$$

$$P(k,y) = 0 \tag{3.80c}$$

式中：当 $y < f$，$\kappa = -1$；$y > f$，$\kappa = 1$。饱和介质参数 χ_1、χ_2 和 χ_3 定义如下：

$$\begin{cases} \chi_i = \dfrac{\lambda_c + 2\mu - \rho c_{\alpha i}^2}{\rho_{\mathrm{f}} c_{\alpha i}^2 - \alpha M} \quad (i = 1,2) \\ \chi_3 = \dfrac{\rho_{\mathrm{f}}\omega^2}{ib\omega - m\omega^2} \end{cases} \tag{3.81}$$

式中：$\lambda_c = \lambda + \alpha^2 M$；$c_{\alpha 1}$、$c_{\alpha 2}$ 分别为 P_{I} 波、P_{II} 波波速。

在土层上下面上，特解对应的外荷载向量为

$$\boldsymbol{F}_{\mathrm{p}}(k)=[-\sigma_{yx}(k,0),-\sigma_{yy}(k,0),-P(k,0),\sigma_{yx}(k,d),\ \sigma_{yy}(k,d),P(k,d)]^{\mathrm{T}} \tag{3.82}$$

假设该层土的刚度矩阵为$\boldsymbol{K}^{e}$，为满足固端条件，上下面上反向施加特解位移，该过程需施加的外荷载向量即为齐解：

$$\boldsymbol{F}_{\mathrm{h}}(k)=-[U_x(k,0),U_y(k,0),w_y(k,0),U_x(k,d),\ U_y(k,d),w_y(k,d)]^{\mathrm{T}}\boldsymbol{K}^{e} \tag{3.83}$$

则固定土层面上总的固端反力为$\boldsymbol{F}_{\mathrm{t}}(k)=-(\boldsymbol{F}_{\mathrm{p}}(k)+\boldsymbol{F}_{\mathrm{h}}(k))$。该式中负号表示固端放松后的反向作用力，为满足刚度矩阵度对称性，需对上面竖向位移和应力表达式另乘以虚数单位 i。

设整体刚度矩阵为$\boldsymbol{K}_{\mathrm{P_I-P_{II}-SV}}$、各土层面上位移向量为$\boldsymbol{U}$、外荷载向量为$\boldsymbol{Q}$，场地运动的动力平衡方程为

$$\left[\boldsymbol{K}_{\mathrm{P_I-P_{II}-SV}}\right]\{\boldsymbol{U}\}=\{\boldsymbol{Q}\} \tag{3.84}$$

将式（3.83）中的总外荷载代入荷载幅值向量$\boldsymbol{Q}$，求解式（3.78a）～式（3.78c）可得位移向量$\boldsymbol{U}$。上述计算均在波数k域内进行，空间域上位移格林影响函数由傅里叶逆变换而得

$$\{\boldsymbol{U}(x)\}=\int_{-\infty}^{+\infty}\{\boldsymbol{U}(k)\}\mathrm{e}^{-\mathrm{i}kx}\,\mathrm{d}k \tag{3.85}$$

求得位移值向量$\boldsymbol{U}(k)$后，利用土层的单元动力刚度矩阵，可求得波数k域内的应力值，再进行同样的逆变换，即可得空间域上的应力结果，从而得到位移和应力的格林影响函数。

在上面的求解中，若特解部分采用积分求解，则从式（3.78a）～式（3.78c）即可看出，当$y\to f$即波源和观察点接近同一水平面时，该部分积分是不收敛的。但从推导过程可以发现，该部分解正是膨胀线源和剪切线源的全空间解。因此，将特解部分由全空间解析解代替，即可避免通常求解中的积分收敛性问题（该思路对层状半空间三维力源问题同样适用）。由于 IBIEM 或其他边界元方法涉及大量点位的相互作用运算，该处理技术对 IBIEM 精确实现至关重要。

全空间 $\mathrm{P_I}$ 波、$\mathrm{P_{II}}$ 波线波源作用在原点时的位移、孔隙水压和应力场见 3.7 节。

3.10　饱和全空间三维集中荷载动力格林函数

首先对全空间中竖向力$F_z\mathrm{e}^{\mathrm{i}\omega t}$在波数域中进行径向 Hankel 变换：

$$F_z=\int_0^{\infty}F_z(\xi)\mathrm{e}^{-\alpha z}J_0(\xi r)\mathrm{d}\xi\quad [F_z(\xi)=F_z\xi/2\pi] \tag{3.86}$$

在全空间中，设竖向集中力作用下产生的两种膨胀波和一种剪切波势函数表达式为

$$\begin{cases}\phi_1 = \int_0^\infty A_1 e^{i\xi s_1 z} J_0(\xi r) d\xi \\ \phi_2 = \int_0^\infty A_2 e^{i\xi s_2 z} J_0(\xi r) d\xi \quad (z \leqslant 0) \\ \psi = \int_0^\infty A_3 e^{i\xi s_3 z} J_0(\xi r) d\xi \end{cases} \tag{3.87a}$$

$$\begin{cases}\phi_1 = \int_0^\infty B_1 e^{-i\xi s_1 z} J_0(\xi r) d\xi \\ \phi_2 = \int_0^\infty B_2 e^{-i\xi s_2 z} J_0(\xi r) d\xi \quad (z > 0) \\ \psi = \int_0^\infty B_3 e^{-i\xi s_3 z} J_0(\xi r) d\xi \end{cases} \tag{3.87b}$$

在轴对称情况下，系数 A_1、A_2、A_3、B_1、B_2 和 B_3 可以通过集中力作用面上（$z=0$）的边界条件推导而得

$$\begin{cases}[\sigma_{zr}]_{z=+0} = [\sigma_{zr}]_{z=-0} \\ [\sigma_{zz}]_{z=+0} - [\sigma_{zz}]_{z=-0} = -F_z(\xi) \\ p_{z=+0} = p_{z=-0} \end{cases} \tag{3.88a}$$

$$\begin{cases}u_{z=+0} = u_{z=-0} \\ w_{z=+0} = w_{z=-0} \\ [w_f]_{z=+0} = [w_f]_{z=-0} \end{cases} \tag{3.88b}$$

为了便于推导，引入系数关系如下：

$$\begin{cases}A_1 = A_{p1} l_{x1} / \xi \\ A_2 = A_{p2} l_{x2} / \xi \\ A_3 = A_{sv} i m_x / \xi^2 \end{cases} \tag{3.89a}$$

$$\begin{cases}B_1 = B_{p1} l_{x1} / \xi \\ B_2 = B_{p2} l_{x2} / \xi \\ B_3 = B_{sv} i m_x / \xi^2 \end{cases} \tag{3.89b}$$

由上述边界条件可得

$$\begin{cases}\mu[2i\xi l_{x1} s_1 (A_{p1} + B_{p1}) + 2i\xi l_{x2} s_2 (A_{p2} + B_{p2}) + i\xi m_x (1-t^2)(A_{sv} - B_{sv})] = 0 \\ \mu[i\xi l_{x1}(2 - k_1^2/\xi^2)(A_{p1} - B_{p1}) + i\xi l_{x2}(2 - k_2^2/\xi^2)(A_{p2} - B_{p2}) - 2i\xi m_x t(A_{sv} + B_{sv})] \\ \qquad -\alpha[M(\chi_1 + \alpha)k_{\alpha1}^2 (A_{p1} - B_{p1}) l_{x1}/\xi + M(\chi_2 + \alpha) k_{\alpha2}^2 (A_{p2} - B_{p2}) l_{x2}/\xi] = -F_z \\ M(\chi_1 + \alpha) k_{\alpha1}^2 (A_{p1} - B_{p1}) l_{x1}/\xi + M(\chi_2 + \alpha) k_{\alpha2}^2 (A_{p2} - B_{p2}) l_{x2}/\xi = 0 \end{cases} \tag{3.90}$$

$$\begin{cases} l_{x1}(A_{p1}-B_{p1})+l_{x2}(A_{p2}-B_{p2})-m_x t(A_{sv}+B_{sv})=0 \\ -l_{x1}s_1(A_{p1}+B_{p1})-l_{x2}s_2(A_{p2}+B_{p2})-m_x(A_{sv}-B_{sv})=0 \\ -l_{x1}s_1(A_{p1}+B_{p1})\chi_1-l_{x2}s_2(A_{p2}+B_{p2})\chi_2-m_x(A_{sv}-B_{sv})\chi_3=0 \end{cases}$$

式中：$l_{x1}=\xi/k_{\alpha1}$；$l_{x2}=\xi/k_{\alpha2}$；$m_x=\xi/k_\beta$；$s_1=\sqrt{k_{\alpha1}^2/\xi^2-1}$；$s_2=\sqrt{k_{\alpha2}^2/\xi^2-1}$；$t=\sqrt{k_\beta^2/\xi^2-1}$；$k_1=k_{\alpha1}\sqrt{\lambda^*+2}$；$k_2=k_{\alpha2}\sqrt{\lambda^*+2}$。

解得

$$\begin{cases} A_{p1}=-B_{p1}=F_z c_2\xi/[2\mu l_{x1}(c_1k_2^2-c_2k_1^2)] \\ A_{p2}=-B_{p2}=-F_z c_1\xi/[2\mu l_{x2}(c_1k_2^2-c_2k_1^2)] \\ A_{sv}=B_{sv}=-F_z(c_1-c_2)\mathrm{i}\xi^2/[2\mu m_x\beta(c_1k_2^2-c_2k_1^2)] \end{cases} \tag{3.91}$$

式中：$c_1=(\alpha+\chi_1)k_{\alpha1}^2$；$c_2=(\alpha+\chi_2)k_{\alpha2}^2$。

全空间中水平方向集中力 F_x 作用下，设其产生的两种膨胀波和剪切波势函数表达式为

$$\begin{cases} \phi_1=\int_0^\infty A_1\mathrm{e}^{\mathrm{i}\xi s_1 z}J_1(\xi r)\mathrm{d}\xi \quad \phi_2=\int_0^\infty A_2\mathrm{e}^{\mathrm{i}\xi s_2 z}J_1(\xi r)\mathrm{d}\xi \\ \psi=\int_0^\infty A_3\mathrm{e}^{\mathrm{i}\xi s_3 z}J_1(\xi r)\mathrm{d}\xi \quad \chi=\int_0^\infty A_4\mathrm{e}^{\mathrm{i}\xi s_3 z}J_1(\xi r)\mathrm{d}\xi \end{cases} \quad (z\leqslant 0) \tag{3.92a}$$

$$\begin{cases} \phi_1=\int_0^\infty B_1\mathrm{e}^{-\mathrm{i}\xi s_1 z}J_1(\xi r)\mathrm{d}\xi \quad \phi_2=\int_0^\infty B_2\mathrm{e}^{-\mathrm{i}\xi s_2 z}J_1(\xi r)\mathrm{d}\xi \\ \psi=\int_0^\infty B_3\mathrm{e}^{-\mathrm{i}\xi s_3 z}J_1(\xi r)\mathrm{d}\xi \quad \chi=\int_0^\infty B_4\mathrm{e}^{-\mathrm{i}\xi s_3 z}J_1(\xi r)\mathrm{d}\xi \end{cases} \quad (z>0) \tag{3.92b}$$

同样地，在水平力 F_x 作用平面上（$z=0$）的边界条件为

$$\begin{cases} [\sigma_{zr}]_{z=+0}-[\sigma_{zr}]_{z=-0}=-F_x(\xi) \\ [\sigma_{z\theta}]_{z=+0}-[\sigma_{z\theta}]_{z=-0}=-F_x(\xi) \\ [\sigma_{zz}]_{z=+0}=[\sigma_{zz}]_{z=-0} \end{cases} \tag{3.93a}$$

$$\begin{cases} u_{z=+0}=u_{z=-0} \\ v_{z=+0}=v_{z=-0} \\ w_{z=+0}=w_{z=-0} \end{cases} \tag{3.93b}$$

$$\begin{cases} p_{z=+0}=p_{z=-0} \\ [w_f]_{z=+0}=[w_f]_{z=-0} \end{cases} \tag{3.93c}$$

另外，定义 $A_4=-A_{\rm sh}/\xi$； $B_4=-B_{\rm sh}/\xi$。

由式（3.93）列方程组有

$$\begin{cases}\mu[2{\rm i}\xi l_{x1}s_1(A_{p1}+B_{p1})+2{\rm i}\xi l_{x2}s_2(A_{p2}+B_{p2})+{\rm i}\xi m_x(1-t^2)(A_{\rm sv}-B_{\rm sv})]=-F_x\\ \mu{\rm i}\xi t(A_{\rm sh}+B_{\rm sh})=-F_x\\ \mu[{\rm i}\xi l_{x1}(2-k_1^2/\xi^2)(A_{p1}-B_{p1})+{\rm i}\xi l_{x2}(2-k_2^2/\xi^2)(A_{p2}-B_{p2})+2{\rm i}\xi m_x t(A_{\rm sv}+B_{\rm sv})\\ \quad -\alpha[M(\chi_1+\alpha)k_{\alpha1}^2(A_{p1}-B_{p1})+M(\chi_2+\alpha)k_{\alpha2}^2(A_{p2}-B_{p2})]=0\\ M(\chi_1+\alpha)k_{\alpha1}^2(A_{p1}-B_{p1})+M(\chi_2+\alpha)k_{\alpha2}^2(A_{p2}-B_{p2})=0\\ l_{x1}(A_{p1}-B_{p1})+l_{x2}(A_{p2}-B_{p2})-m_x t(A_{\rm sv}+B_{\rm sv})=0\\ A_{\rm sh}-B_{\rm sh}=0\\ -l_{x1}s_1(A_{p1}+B_{p1})-l_{x2}s_2(A_{p2}+B_{p2})-m_x(A_{\rm sv}-B_{\rm sv})=0\\ -l_{x1}s_1(A_{p1}+B_{p1})\chi_1-l_{x2}s_2(A_{p2}+B_{p2})\chi_2-m_x(A_{\rm sv}-B_{\rm sv})\chi_3=0\end{cases}\tag{3.94}$$

解得

$$\begin{cases}A_{p1}=B_{p1}=F_x{\rm i}(\chi_2-\chi_3)/[2l_{x1}s_1(1+t^2)(\chi_1-\chi_2)\mu]\\ A_{p2}=B_{p2}=-F_x{\rm i}(\chi_1-\chi_3)/[2l_{x2}s_2(1+t^2)(\chi_1-\chi_2)\mu]\\ A_{\rm sv}=-B_{\rm sv}=F_x{\rm i}/[2m_x(1+t^2)\mu]\\ A_{\rm sh}=B_{\rm sh}=F_x{\rm i}/(2t\mu)\end{cases}\tag{3.95}$$

另外，波数域内推导可以利用下列关系式：

$$\frac{{\rm e}^{-{\rm i}hr}}{r}=\int_0^\infty\frac{{\rm e}^{-\alpha z}J_0(\xi\omega)\xi{\rm d}\xi}{\alpha}\quad\left(r=\sqrt{\omega^2+z^2}=\sqrt{x^2+y^2+z^2}\right)\tag{3.96}$$

由势函数和位移关系式即可用上述已求势函数结果推得集中力作用下饱和场位移格林函数为

$$G_{ij}(x,\xi)=[f_2\delta_{ij}+(f_1-f_2)\gamma_i\gamma_j]/(4\pi\mu r)\tag{3.97}$$

式中：$\gamma_j=(x_j-\xi_j)/r$，r 表示波源点 (ξ_1,ξ_2,ξ_3) 与接收点 (x_1,x_2,x_3) 之间的距离，即 $r^2=(x_1-\xi_1)^2+(x_2-\xi_2)^2+(x_3-\xi_3)^2$。定义 f_1 和 f_2 为

$$\begin{aligned}f_1=&A_1(\beta^2/\alpha_1{}^2)[1-2{\rm i}/(k_{\alpha1}r)-2/(k_{\alpha1}r)^2]{\rm e}^{-{\rm i}k_{\alpha1}r}\\&+A_2(\beta^2/\alpha_2{}^2)[1-2{\rm i}/(k_{\alpha2}r)-2/(k_{\alpha2}r)^2]{\rm e}^{-{\rm i}k_{\alpha2}r}\\&+A_3[2{\rm i}/(k_{\rm sv}r)+2/(k_{\rm sv}r)^2]{\rm e}^{-{\rm i}k_{\rm sv}r}\end{aligned}\tag{3.98a}$$

$$\begin{aligned}f_2=&A_1(\beta^2/\alpha_1{}^2)[{\rm i}/(k_{\alpha1}r)+1/(k_{\alpha1}r)^2]{\rm e}^{-{\rm i}k_{\alpha1}r}\\&+A_2(\beta^2/\alpha_2{}^2)[{\rm i}/(k_{\alpha2}r)+1/(k_{\alpha2}r)^2]{\rm e}^{-{\rm i}k_{\alpha2}r}\\&+A_3[1-{\rm i}/(k_{\rm sv}r)-1/(k_{\rm sv}r)^2]{\rm e}^{-{\rm i}k_{\rm sv}r}\end{aligned}\tag{3.98b}$$

式中：$A_1=(\chi_2-\chi_3)/(\chi_2-\chi_1)$； $A_2=(\chi_1-\chi_3)/(\chi_1-\chi_2)$； $A_3=1$； $k_{\rm sv}=\omega/\beta$，

$k_{\alpha 1}=\omega/\alpha_1$，$k_{\alpha 2}=\omega/\alpha_2$ 分别表示 S、P_{I}（快波）、P_{II}（慢波）波数；β、α_1、α_2 表示其各自对应波速。

应力格林函数 T_{ij} 由本构关系式及几何方程 $\varepsilon_{ij}=(u_{i,j}+u_{j,i})/2$ 可以得出，具体公式本节在此处省略。

类似地，本节另给出其他格林函数表达式，即流体相对位移 W_{ij}、孔隙水压力 P_j 及流量源作用下的位移 G_{iF}、流体相对位移 W_{iF}、孔隙水压力 P_F 的表达式如下：

1）流体相对位移 W_{ij} 为

$$W_{ij}(x,\xi)=[f_2^{\mathrm{w}}\delta_{ij}+(f_1^{\mathrm{w}}-f_2^{\mathrm{w}})\gamma_i\gamma_j]/(4\pi\mu r) \tag{3.99}$$

定义 f_1^{w} 和 f_2^{w} 为

$$\begin{aligned} f_1^{\mathrm{w}} &= \chi_1 A_1(\beta^2/\alpha_1{}^2)[1-2\mathrm{i}/(k_{\alpha 1}r)-2/(k_{\alpha 1}r)^2]\mathrm{e}^{-\mathrm{i}k_{\alpha 1}r} \\ &+\chi_2 A_2(\beta^2/\alpha_2{}^2)[1-2\mathrm{i}/(k_{\alpha 2}r)-2/(k_{\alpha 2}r)^2]\mathrm{e}^{-\mathrm{i}k_{\alpha 2}r} \\ &+\chi_3 A_3[2\mathrm{i}/(k_{\mathrm{sv}}r)+2/(k_{\mathrm{sv}}r)^2]\mathrm{e}^{-\mathrm{i}k_{\mathrm{sv}}r} \end{aligned} \tag{3.100a}$$

$$\begin{aligned} f_2^{\mathrm{w}} &= \chi_1 A_1(\beta^2/\alpha_1{}^2)[\mathrm{i}/(k_{\alpha 1}r)+1/(k_{\alpha 1}r)^2]\mathrm{e}^{-\mathrm{i}k_{\alpha 1}r} \\ &+\chi_2 A_2(\beta^2/\alpha_2{}^2)[\mathrm{i}/(k_{\alpha 2}r)+1/(k_{\alpha 2}r)^2]\mathrm{e}^{-\mathrm{i}k_{\alpha 2}r} \\ &+\chi_3 A_3[1-\mathrm{i}/(k_{\mathrm{sv}}r)-1/(k_{\mathrm{sv}}r)^2]\mathrm{e}^{-\mathrm{i}k_{\mathrm{sv}}r} \end{aligned} \tag{3.100b}$$

2）孔隙水压力 P_j 为

$$\begin{aligned} P_j(x,\xi) &= M\gamma_j[k_{\alpha 1}^2(\alpha+\chi_1)A_1\,\mathrm{e}^{-\mathrm{i}k_{\alpha 1}r}(\mathrm{i}k_{\alpha 1}r+1)/r \\ &+k_{\alpha 2}^2(\alpha+\chi_2)A_2\,\mathrm{e}^{-\mathrm{i}k_{\alpha 2}r}(\mathrm{i}k_{\alpha 2}r+1)/r]/(4\pi\mu r k_{\mathrm{sv}}{}^2) \end{aligned} \tag{3.101}$$

3）流量源作用下的位移 G_{iF} 为

$$G_{iF}(x,\xi)=-iB\gamma_i[\mathrm{e}^{-\mathrm{i}k_{\alpha 1}r}(\mathrm{i}k_{\alpha 1}r+1)/r-\mathrm{e}^{-\mathrm{i}k_{\alpha 2}r}(\mathrm{i}k_{\alpha 2}r+1)/r]/(4\pi\omega r) \tag{3.102}$$

式中：$B=1/(\chi_1-\chi_2)$（下同）。

4）流体相对位移 W_{iF} 为

$$W_{iF}(x,\xi)=-\mathrm{i}B\gamma_i[\chi_1\,\mathrm{e}^{-\mathrm{i}k_{\alpha 1}r}(\mathrm{i}k_{\alpha 1}r+1)/r-\chi_2\,\mathrm{e}^{-\mathrm{i}k_{\alpha 2}r}(\mathrm{i}k_{\alpha 2}r+1)/r]/(4\pi\omega r) \tag{3.103}$$

5）孔隙水压力 P_F 为

$$P_F(x,\xi)=MB\mathrm{i}[k_{\alpha 1}^2(\alpha+\chi_1)\mathrm{e}^{-\mathrm{i}k_{\alpha 1}r}/r-k_{\alpha 2}^2(\alpha+\chi_2)A_2\,\mathrm{e}^{-\mathrm{i}k_{\alpha 2}r}/r]/(4\pi\omega) \tag{3.104}$$

式中：$\chi_i=\dfrac{(\lambda_c+2)k_{\alpha i}^2-\delta^2}{\rho^*\delta^2-\alpha M^* k_{\alpha i}^2}$，$i=1,2$；$\chi_3=\dfrac{\rho^*\delta^2}{\mathrm{i}b^*\delta-m^*\delta^2}$；$\lambda_c=\lambda^*+\alpha^2M^*$；$\delta=\omega a\sqrt{\rho/\mu}$。

3.11 饱和层状半空间三维集中荷载动力格林函数

3.11.1 基于修正刚度矩阵方法的格林函数计算

考虑特解部分，竖向力与水平力作用下的格林函数推导参见 3.10 节，在此不再赘述。

由式（3.95）和式（3.96）容易得到，竖向集中力和水平集中力作用层内任意一点的特解反应。设荷载位置至所在层顶面和底面的竖向高差分别为 z_1 和 z_2，则荷载所在层上下面位移、应力反应如下：

$$\begin{cases} u(\xi,1)=l_{x1}U_1+l_{x2}T_1-m_x tW_1 \\ u(\xi,2)=l_{x1}U_2+l_{x2}T_2+m_x tW_2 \\ w(\xi,1)=-l_{x1}s_1U_1-l_{x2}s_2T_1-m_xW_1 \\ w(\xi,2)=l_{x1}s_1U_2+l_{x2}s_2T_2-m_xW_2 \\ w_f(\xi,1)=-l_{x1}s_1U_1\chi_1-l_{x2}s_2T_1\chi_1-m_xW_1\chi_1 \\ w_f(\xi,2)=l_{x1}s_1U_2\chi_1+l_{x2}s_2T_2\chi_2-m_xW_2\chi_3 \\ v(\xi,1)=V_1 \\ v(\xi,2)=V_2 \end{cases} \tag{3.105}$$

$$\begin{cases} \sigma_{zr}(\xi,1)=\mathrm{i}\,\xi\mu[2l_{x1}s_1U_1+2l_{x2}s_2T_1+m_x(1-t^2)W_1] \\ \sigma_{zr}(\xi,2)=-\mathrm{i}\xi\mu[2l_{x1}s_1U_2+2l_{x2}s_2T_2-m_x(1-t^2)W_2] \\ \sigma_{zz}(\xi,1)=\mathrm{i}\xi\mu[l_{x1}(2-k_1^2/\xi^2)U_1+l_{x2}(2-k_2^2/\xi^2)T_1-2m_xtW_1]-\alpha P(\xi,1) \\ \sigma_{zz}(\xi,2)=\mathrm{i}\xi\mu[l_{x1}(2-k_1^2/\xi^2)U_2+l_{x2}(2-k_2^2/\xi^2)T_2+2m_xtW_2]-\alpha P(\xi,2) \\ \sigma_{z\theta}(\xi,1)=\mathrm{i}\xi t\mu V_1 \\ \sigma_{z\theta}(\xi,2)=-\mathrm{i}\xi t\mu V_2 \\ P(\xi,1)=M\mathrm{i}[(\chi_1+\alpha)k_{\alpha1}^2l_{x1}U_1/\xi+(\chi_2+\alpha)k_{\alpha2}^2l_{x2}T_1/\xi] \\ P(\xi,2)=M\mathrm{i}[(\chi_1+\alpha)k_{\alpha1}^2l_{x1}U_2/\xi+(\chi_2+\alpha)k_{\alpha2}^2l_{x2}T_2/\xi] \end{cases} \tag{3.106}$$

式中：$U_1=A_{p1}\mathrm{e}^{-\mathrm{i}\xi s_1z_1}$；$T_1=A_{p2}\mathrm{e}^{-\mathrm{i}\xi s_2z_1}$；$U_2=B_{p1}\mathrm{e}^{-\mathrm{i}\xi s_1z_2}$；$T_2=B_{p2}\mathrm{e}^{-\mathrm{i}\xi s_2z_2}$；$W_1=A_{\mathrm{sv}}\mathrm{e}^{-\mathrm{i}\xi tz_1}$；$W_2=B_{\mathrm{sv}}\mathrm{e}^{-\mathrm{i}\xi tz_2}$；$V_1=A_{\mathrm{sh}}\mathrm{e}^{-\mathrm{i}\xi tz_1}$；$V_2=B_{\mathrm{sh}}\mathrm{e}^{-\mathrm{i}\xi tz_2}$。

在土层上下面上，特解引起的外荷载向量为

$$\boldsymbol{F}_{\mathrm{p}}(\boldsymbol{\xi})=[-\mathrm{i}\sigma_{zr}(\xi,1),-\sigma_{zz}(\xi,1),P(\xi,1),\mathrm{i}\sigma_{zr}(\xi,2),\sigma_{zz}(\xi,2),P(\xi,2),-\sigma_{z\theta}(\xi,1),\sigma_{z\theta}(\xi,2)]^{\mathrm{T}} \tag{3.107}$$

假设该层土的刚度矩阵为 $\boldsymbol{k}_l$，为使土层固定，在上下面上还需反向施加特解

位移，所施加的外力即为齐解，则有

$$\boldsymbol{F}_{\mathbf{h}}(\xi)=-[\mathrm{i}u(\xi,1),w(\xi,1),w_f(\xi,1),\mathrm{i}u(\xi,2),w(\xi,2),w_f(\xi,1),v(\xi,1),v(\xi,2)]^{\mathrm{T}}\boldsymbol{k}_{\boldsymbol{l}} \tag{3.108}$$

荷载所在层刚度矩阵 $\boldsymbol{k}_l=\begin{bmatrix}[S^l_{\text{p-sv}}] & 0\\ 0 & [S^l_{\text{sh}}]\end{bmatrix}$，$[S^l_{\text{p-sv}}]$ 和 $[S^l_{\text{sh}}]$ 分别对应平面内运动刚度矩阵和平面外运动刚度矩阵，在 Hankel 变换域内两者是解耦的。具体表达式见参考文献（Wolf，1989）。为满足刚度矩阵对称性，上面各式中竖向位移和应力表达式均另乘以虚数单位 i。

$$\boldsymbol{F}_{\mathbf{t}}(\xi)=-[\boldsymbol{F}_{\mathbf{p}}(\xi)+\boldsymbol{F}_{\mathbf{h}}(\xi)] \tag{3.109}$$

式中：负号表示固端放松后的反向作用力。设层状半空间整体刚度矩阵为 $\boldsymbol{K}$，各地层面上位移向量为 $\boldsymbol{U}$，外荷载向量为 $\boldsymbol{Q}$，层状半空间整体运动平衡方程为

$$[\boldsymbol{K}]\{\boldsymbol{U}\}=\{\boldsymbol{Q}\} \tag{3.110}$$

将式（3.120）中的总外荷载带入荷载幅值向量 $\boldsymbol{Q}$，求解式（3.117）可得，位移向量 $\boldsymbol{U}$，即为各地层面上的位移。继而可得到不同类型波在每一土层上的系数 $[A^l_{p1},B^l_{p1},A^l_{p2},B^l_{p2},A^l_{\text{sv}},B^l_{\text{sv}}]^{\mathrm{T}}$，$[A^l_{\text{sh}},B^l_{\text{sh}}]^{\mathrm{T}}$，其中 l 表示土层。各层任意点的位移则可由下列向量相乘得

$$\begin{aligned}\boldsymbol{u}(\xi,z)=[&l_{x1}\mathrm{e}^{\mathrm{i}\xi s_1 z},l_{x1}\mathrm{e}^{-\mathrm{i}\xi s_1 z},l_{x2}\mathrm{e}^{\mathrm{i}\xi s_2 z},l_{x2}\mathrm{e}^{-\mathrm{i}\xi s_2 z},\\ &-m_x t\,\mathrm{e}^{\mathrm{i}\xi tz},m_x t\,\mathrm{e}^{-i\xi tz})(A^l_{p1},B^l_{p1},A^l_{p2},B^l_{p2},A^l_{\text{sv}},B^l_{\text{sv}}]^{\mathrm{T}}\end{aligned} \tag{3.111a}$$

$$\begin{aligned}\boldsymbol{w}(\xi,z)=[&-l_{x1}s_1\mathrm{e}^{\mathrm{i}\xi s_1 z},l_{x1}s_1\mathrm{e}^{-\mathrm{i}\xi s_1 z},-l_{x2}s_2\mathrm{e}^{\mathrm{i}\xi s_2 z},\\ &l_{x2}s_2\mathrm{e}^{-\mathrm{i}\xi s_2 z},-m_x\mathrm{e}^{\mathrm{i}\xi tz}][A^l_{p1},B^l_{p1},A^l_{p2},B^l_{p2},A^l_{\text{sv}},B^l_{\text{sv}}]^{\mathrm{T}}\end{aligned} \tag{3.111b}$$

$$v(\xi,z)=[\mathrm{e}^{\mathrm{i}\xi tz},\mathrm{e}^{-\mathrm{i}\xi tz}][A^l_{\text{sh}},B^l_{\text{sh}}]^{\mathrm{T}} \tag{3.111c}$$

上述计算均在空间波数（ξ）域内进行，空间域上位移格林影响函数由 Hankel 逆变换而得

$$\begin{cases}u=\int_0^{\infty}[J_n(\xi r)_{,r}u(\xi)+\dfrac{n}{r}J_n(\xi r)v(\xi)]\cos(n\theta)\mathrm{d}\xi\\ v=\int_0^{\infty}[J_n(\xi r)_{,r}u(\xi)+\dfrac{n}{r}J_n(\xi r)v(\xi)][-\sin(n\theta)]\mathrm{d}\xi\\ w=\int_0^{\infty}-J_n(\xi r)w(\xi)\cos(n\theta)\mathrm{d}\xi\end{cases} \tag{3.112}$$

式中：对于垂直荷载，$n=0$；对于水平 x 方向荷载，$n=1$；对于水平 y 方向荷载，$n=1$。式中 $\cos(n\theta)$ 和 $-\sin(n\theta)$ 分别替换为 $\sin(n\theta)$ 和 $\cos(n\theta)$。各点的应力可由柱坐标系下的物理方程和几何方程推得，在此不再赘述。

对于荷载作用层内反应，还需由上述固端反力解叠加上特解和齐解。其中齐

解反应由荷载作用层面上反向施加的特解位移产生。对特解部分，若采用积分求解，当 $z \to 0$，即波源和观察点接近同一水平面时，需要很高的积分上限，而贝塞尔函数在大宗量条件下收敛很慢，通常需利用其渐进展开公式进行积分求解，这样处理起来比较烦琐。从推导过程可以发现，该部分积分解正是集中荷载作用下的全空间解。因此，将特解积分部分由全空间解析解代替，即避免了通常求解中的积分收敛性问题。

为了完整表达，下面给出全空间中任意点位 3 个方向位移和牵引力反应表达式：

$$G_{ij} = [f_2\delta_{ij} + (f_1 - f_2)\gamma_i\gamma_j] / (4\pi\mu r) \tag{3.113a}$$

$$T_{ij} = [(g_1 - g_2 - 2g_3)\gamma_i\gamma_j\gamma_k n_k + g_3\gamma_i n_j + g_2\gamma_j n_i + g_3\gamma_k n_k\delta_{ij}] / (4\pi r^2) - \alpha P n_i \tag{3.113b}$$

式中：下标 i、j 表示 j 方向力引起的 i 方向反应（i、j=1，2，3，分别对应 x、y 和 z 3 个方向），n_j 表示所取牵引力计算截面法向余弦，r 为接收点至荷载作用点距离。各符号定义如下：

$$\begin{cases} \gamma_j = (x_j - y_j)/r, \kappa = c_S / c_P\ r^2 = (x_1 - y_1)^2 + (x_2 - y_2)^2 + (x_3 - y_3)^2 \\ r^2 = (x_1 - y_1)^2 + (x_2 - y_2)^2 + (x_3 - y_3)^2 \end{cases} \tag{3.114a}$$

$$\begin{cases} A_{p1} = -F_z c_2 / [(c_1 k_2^2 - c_2 k_1^2)] A_{p2} = F_z c_1 / [(c_1 k_2^2 - c_2 k_1^2)] \\ A_{\mathrm{sv}} = F_z (c_1 - c_2) / [(c_1 k_2^2 - c_2 k_1^2)] \end{cases} \tag{3.114b}$$

$$\begin{aligned} g_j = {} & A_{\mathrm{sv}} k_{\mathrm{sv}}^2 [k_{\mathrm{sv}} r A_{1j} + B_{1j} + C_{1j} / (k_{\mathrm{sv}} r)^2] \mathrm{e}^{-\mathrm{i}k_{\mathrm{sv}} r} \\ & + A_{p1} k_{\mathrm{sv}}^2 [k_{\mathrm{sv}} r A_{2j} + B_{2j} + C_{2j} / k_{\mathrm{sv}} r + D_{2j} / (k_{\mathrm{sv}} r)^2] \mathrm{e}^{-\mathrm{i}k_{\alpha 1} r} \\ & + A_{p2} k_{\mathrm{sv}}^2 [k_{\mathrm{sv}} r A_{3j} + B_{3j} + C_{3j} / k_{\mathrm{sv}} r + D_{2j} / (k_{\mathrm{sv}} r)^2] \mathrm{e}^{-\mathrm{i}k_{\alpha 2} r} \end{aligned} \tag{3.114c}$$

$$\begin{aligned} f_1 = {} & \kappa_1^2 A_{p1} k_{\mathrm{sv}}^2 [1 - 2\mathrm{i} / (k_{\alpha 1} r) - 2 / (k_{\alpha 1} r)^2] \mathrm{e}^{-\mathrm{i}k_{\alpha 1} r} \\ & + \kappa_2^2 A_{p2} k_{\mathrm{sv}}^2 [1 - 2\mathrm{i} / (k_{\alpha 2} r) - 2 / (k_{\alpha 2} r)^2] \mathrm{e}^{-\mathrm{i}k_{\alpha 2} r} \\ & + [2\mathrm{i} / (k_{\mathrm{sv}} r) + 2 / (k_{\mathrm{sv}} r)^2] \mathrm{e}^{-\mathrm{i}k_{\mathrm{sv}} r} A_{\mathrm{sv}} k_{\mathrm{sv}}^2 \end{aligned} \tag{3.114d}$$

$$\begin{aligned} f_2 = {} & \kappa_1^2 A_{p1} k_{\mathrm{sv}}^2 [\mathrm{i} / (k_{p1} r) + 1 / (k_{\alpha 1} r)^2] \mathrm{e}^{-\mathrm{i}k_{\alpha 1} r} \\ & + \kappa_2^2 A_{p2} k_{\mathrm{sv}}^2 [\mathrm{i} / (k_{\alpha 2} r) + 1 / (k_{\alpha 2} r)^2] \mathrm{e}^{-\mathrm{i}k_{\alpha 2} r} \\ & + A_{\mathrm{sv}} k_{\mathrm{sv}}^2 [1 - \mathrm{i} / (k_{\mathrm{sv}} r) - 1 / (k_{\mathrm{sv}} r)^2] \mathrm{e}^{-\mathrm{i}k_{\mathrm{sv}} r} \end{aligned} \tag{3.114e}$$

式中：$A_{11} = 0, A_{12} = 0, A_{13} = -\mathrm{i}$; $A_{21} = -\mathrm{i}\kappa_1, A_{22} = \mathrm{i}(2\kappa_1^3 - \kappa_1), A_{23} = 0$; $A_{31} = -\mathrm{i}\kappa_2$, $A_{32} = \mathrm{i}(2\kappa_2^3 - \kappa_2), A_{33} = 0$; $\kappa_1 = c_\beta / c_{\alpha 1}$，$\kappa_2 = c_\beta / c_{\alpha 2}$；$B_{11} = 4, B_{12} = -2, B_{13} = -3$, $B_{21} = -4\kappa_1^2 - 1, B_{22} = 4\kappa_1^2 - 1, B_{23} = 2\kappa_1^2$; $B_{31} = -4\kappa_2^2 - 1, B_{32} = 4\kappa_2^2 - 1, B_{33} = 2\kappa_2^2$; $C_{11} = -12\mathrm{i}$, $C_{12} = 6\mathrm{i}, C_{13} = 6\mathrm{i}, C_{21} = 12\kappa_1\mathrm{i}, C_{22} = -6\kappa_1\mathrm{i}, C_{23} = -6\kappa_1\mathrm{i}$; $C_{31} = 12\kappa_2\mathrm{i}, C_{32} = -6\kappa_2\mathrm{i}, C_{33} = -6\kappa_2\mathrm{i}$; $D_{11} = -12, D_{12} = 6, D_{13} = 6, D_{21} = 12, D_{22} = -6, D_{23} = -6$; $\varphi_1 = A_{p1}[x_1(j) - x_2(j)]$

$e^{-ik_{\alpha1}r}(1+ik_{\alpha1}r)/r^3/(4\pi)$；$\varphi_2 = A_{p2}[x_1(j)-x_2(j)]e^{-ik_{\alpha2}r}(1+ik_{\alpha2}r)/r^3/(4\pi)$；$P(\xi,1) = M/\mu[(\chi_1+\alpha)k_{\alpha1}^2\varphi_1+(\chi_2+\alpha)k_{\alpha2}^2\varphi_2]$。

在积分求解过程中，考虑到积分函数的振荡特性，采用自适应高斯-克朗罗德（Gauss-Kronrod）积分方法进行格林函数求解。为提高整体积分效率，在纵横波数附近可划分若干积分子段。由于$J_n(\xi r)$项振荡更为剧烈，远场点同样需提高积分细度。

3.11.2　计算效率与精度验证

1. 本节方法退化静态结果与Pan结果对比

双层覆盖层计算模型如图3.8所示，弹性半空间上覆盖有两层介质，层厚分别为$H_1=1.5$，$H_2=1.0$，材料泊松比均取为0.3，荷载作用在第二层介质中，$z_f=2.0$。弹性模量$E_1/E_2/E_3$=1/1/1、1/2/4、1/5/25。图3.9所示为层状半空间内作用集中荷载情况退化静力结果（取$\eta=0.001$）同文献（Pan，1997）结果的对比。容易看出，不同弹性模量比值（E_i）情况下，本节结果和文献解均吻合良好，从而验证了本节修正刚度矩阵法的精度。

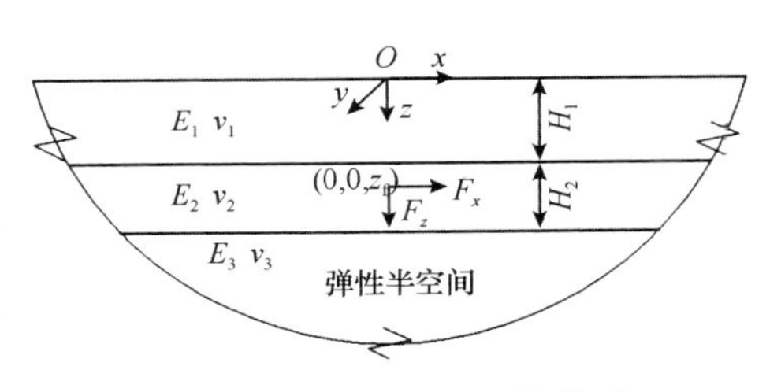

图3.8　双层覆盖层计算模型

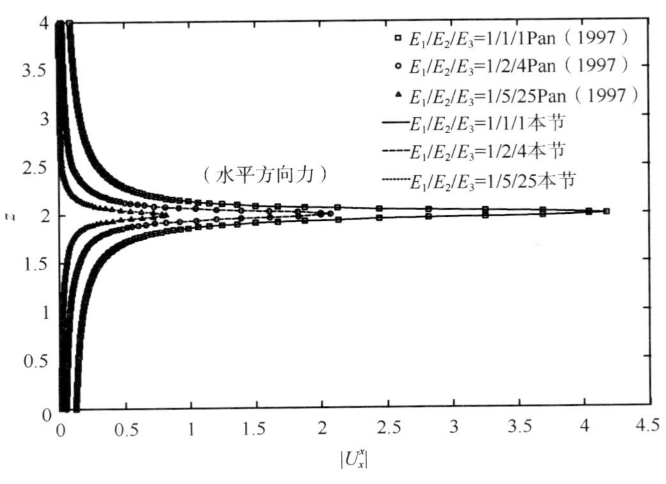

（a）水平方向力作用下荷载

图3.9　层状半空间内作用集中荷载情况退化为集中荷载本节与Pan（1997）结果对比

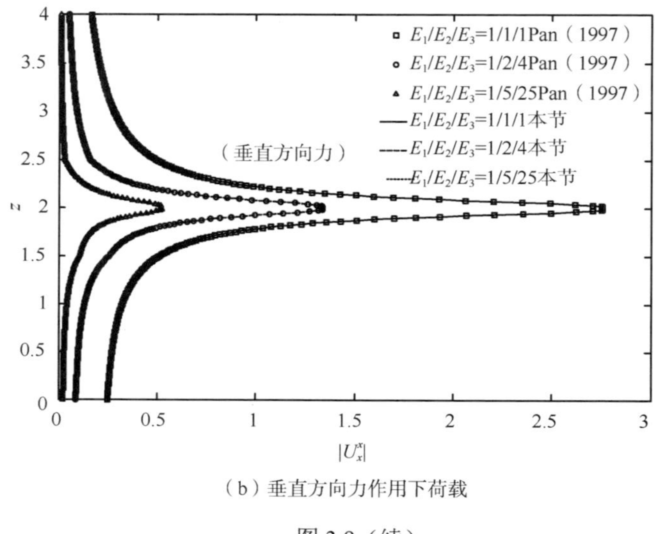

（b）垂直方向力作用下荷载

图 3.9（续）

2. 多孔弹性半空间中动态集中力结果验证

图 3.10 给出了弹性多孔半空间内不同荷载作用深度情况下，本节方法与文献（Zheng et al，2013）结果的对比。假设每层材料参数相同，多层多孔弹性半空间可以退化为单层多孔弹性半空间。材料参数取值如下：土体骨架拉梅常数分别为 $\lambda = 1.29 \times 10^8$ Pa，$\mu = 9.79 \times 10^7$ Pa，孔隙流体压缩性参数 $M = 2.50 \times 10^9$ Pa，土体总密度 $\rho = 1.884\times10^3$ kg/m³，流体介质密度 $\rho_f = 1.0\times10^3$ kg/m³，类似质量参数 $m = 3.646\times10^3$ kg/m³，土颗粒压缩性参数 $\alpha = 0.981$，黏性耦合参数 $b = 1.185\times10^8$ Ns/m⁴；阻尼比 $\zeta = 5\%$；水平和竖向集中力大小为 $F_x = F_z = 2\pi \times 10^6$ N。从图 3.10 中可以看出本节结果与文献结果吻合良好，然而文献方法仅适用于单层多孔弹性半空间。

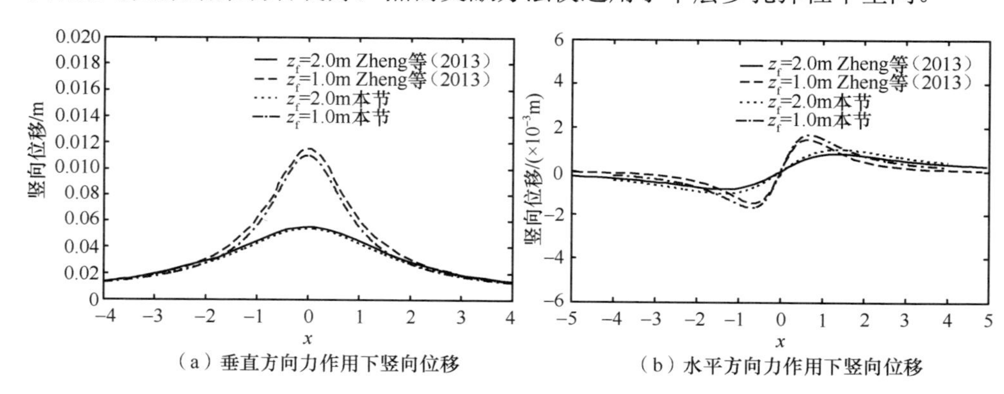

（a）垂直方向力作用下竖向位移　　（b）水平方向力作用下竖向位移

图 3.10　弹性多孔半空间中不同埋深

本节与 Zheng 等（2013）结果对比（$w = 2\pi$）

3. 弹性饱和多孔半空间中动态集中荷载作用下时域解验证

为了验证本节方法在时域内的准确性，图 3.11 给出了本节结果与文献（Lu and Hanyga，2005）结果的对比。计算模型见图 3.8，假设半空间上覆盖两层多孔弹性介质且无量纲厚度相同，即 H=5.0。介质参数取值如下：土体骨架拉梅常数分别为$\lambda_1=\lambda_2=2.0$, $\lambda_3=1.0$，$\mu_1=\mu_2=1.0$，$\mu_3=0.5$，土颗粒压缩性参数 $\alpha_1=\alpha_2=\alpha_3=0.97$，孔隙流体压缩性参数$M_1=M_2=M_3=10.0$，类似质量参数 $m_1=m_2=m_3=6.67$，孔隙率 $n_1=n_2=n_3=0.3$，土颗粒质量密度$\rho_{s1}=\rho_{s2}=\rho_{s3}=2.0$，流体质量密度$\rho_{f1}=\rho_{f2}=\rho_{f3}=1.0$，黏性耦合系数 $b_1=b_2=b_3=10$（其中下标 1、2、3 分别代表第一层、第二层与下部半空间）。动态竖向集中力作用在第一层土层 $z_{\mathrm{f}}/H=2.0$，$x_f=0.0$处，时间函数为 Ricker（里克）脉冲 $R(t)=[\omega_0(t-t_s)^2/2-1]\mathrm{e}^{\omega_0(t-t_s)^2}/4$，特征频率取 $\omega_0=10.0$，时长 $t_s=2.0$。图 3.11 中给出了本节 $z_1=7.5$、$x_1=1.0$ 处的竖向位移和孔隙压力的计算结果，可以看出本节结果与文献结果吻合良好。

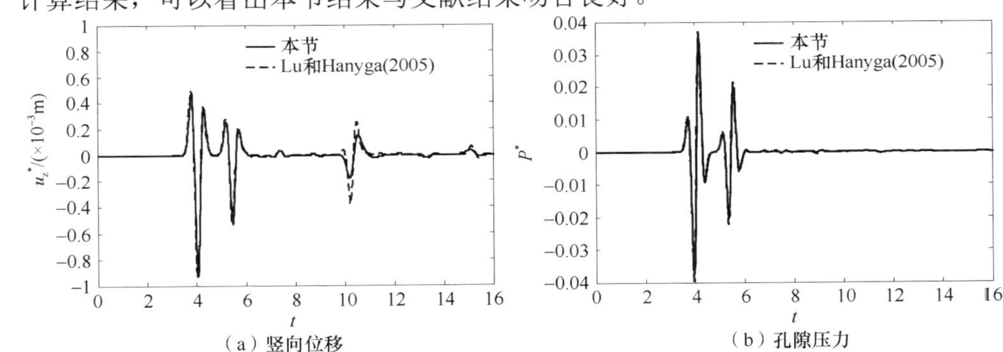

图 3.11　层状多孔弹性半空间中竖向集中力作用下的 Ricker 时程曲线（w_0=10）
本节与 Lu 和 Hanyga（2005）结果对比

4. 当前方法计算效率与传统刚度矩阵方法对比

如图 3.12 所示，半空间上覆盖一单层饱和多孔隙弹性土体，为了对比本节方法与传统方法的计算效率，图 3.13 给出了 $z/H=0.249$ 处的位移幅值（荷载作用深度 $z_{\mathrm{f}}/H=0.25$，$x=y$），上部覆盖层与底部半空间的参数取值在表 3.2 中列出。阻尼比 $\zeta_l=\zeta_r=0.01$，入射无量纲频率 $\eta=\omega a/c_\beta=0.5$，无量纲位移定义为$|u_x^*|=$

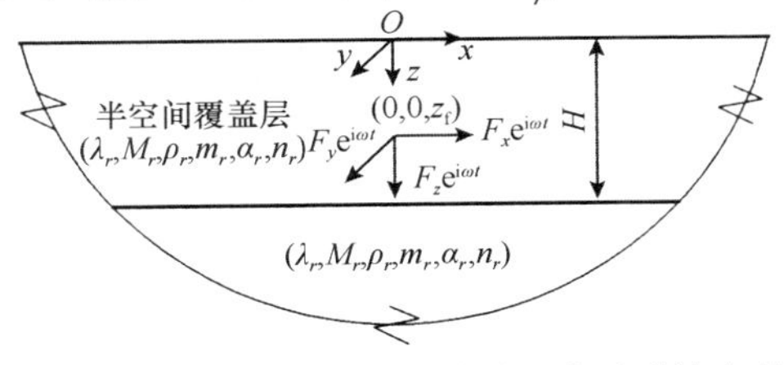

图 3.12　饱和弹性半空间上覆盖单层多孔弹性土体模型

$u_x H\mu^* / F$，$|u_z^*| = u_z H\mu^* / F$。其中，u^*为无量纲位移；u_x、u_y分别为 x 向与 y 向位移；H 为覆盖层深度；F 为作用在土层内的集中力。

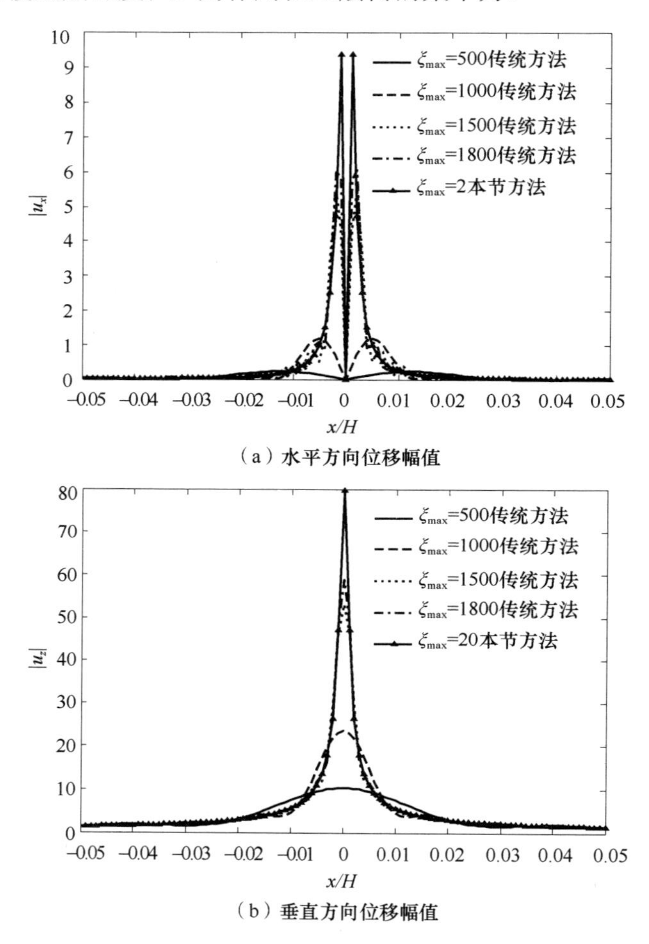

（a）水平方向位移幅值

（b）垂直方向位移幅值

图 3.13　半空间中动态荷载作用在上部单层土中深度为 z/H=0.25 处的位移幅值

z_f/H=0.25，η=0.5，z/H=0.249，$\xi_{max}=20$ 为本节方法积分上限，其余为传统方法积分上限

表 3.2　不同孔隙率对应的饱和多孔弹性介质参数取值及 P_{I}、P_{II}和 SV 波波速

n	λ^*	M^*	ρ^*	m^*	α	K_{dry}/MPa	$c_{\alpha1}$/（m/s）	$c_{\alpha2}$/（m/s）	c_β/（m/s）
0.10	1.00	1.17	0.20	22.13	0.28	26055	4417.3	568.1	2517.4
0.30	1.00	1.64	0.46	3.35	0.83	6167	2670.4	805.6	1354.6
0.34	1.00	4.08	0.48	2.77	0.94	2589	2041.4	675.3	827.8

考虑积分上限（$\xi_{max}=500$，1000，1500，1800）的变化，由图 3.13 中可以看出，运用本文方法，积分上限取 $\xi_{max}=20$ 时即可得出准确结果，然而使用传统方

法，积分上限需至少为$\xi_{max}=1800$。这是因为在波数域内当源点和接收点位于相近或相同水平面上时积分收敛很慢。

3.12　本章小结

鉴于格林函数（基本解）对于边界积分方程法和边界元方法实施的重要性，本章详细给出了二维及三维各类集中荷载或波源动力格林函数；考虑饱和介质的流固动力耦合效应，给出了饱和两相介质集中荷载或波源动力格林函数。本章的主要创新性工作在于：

1）基于修正刚度矩阵方法，推导了二维、三维层状半空间集中荷载动力格林函数，提高了传统方法的计算效率及处理实际复杂层状介质的灵活性。

2）基于处理单相介质半空间问题思路，推导了饱和半空间二维膨胀线源和剪切线源动力格林函数，全面给出了位移、应力、孔压、流量解答。

3）基于修正刚度矩阵方法，推导了饱和层状介质二维及三维集中荷载动力格林函数，可高效求解饱和层状介质二维及三维弹性波动问题。

参考文献

刘中宪，梁建文，2013. 三维粘弹性层状半空间埋置集中荷载动力格林函数求解—修正刚度矩阵法[J]. 固体力学学报，34（6）：579-589.

WOLF J P, 1989. 土结构物动力相互作用[M]. 吴世明，等，译. 北京：地震出版社.

DERESIEWICZ H, 1963. On uniqueness in dynamic poroelasticity[J]. Bulletin of the seismological society of America, 53(4): 595-626.

LAMB H, 1904. On the propagation of tremors over the surface of an elastic solid[J]. Philosophical transactions of the royal society of London, Sries A, 203(359-371): 1-42.

LIANG J W, YOU H B, 2004. Dynamic stiffness matrix of a poroelastic multi-layered site and its Green's functions [J]. Earthquake engineering and engineering vibration, 3(2): 273-282.

LIANG J, LIU Z, 2009. Diffraction of plane SV waves by a cavity in poroelastic half-space[J]. Earthquake engineering and engineering vibration, 8(1):29-46.

LIU Z, LIANG J, WU C, 2015. Dynamic Green’s function for a three-dimensional concentrated load in the interior of a poroelastic layered half-space using a modified stiffness matrix method[J]. Engineering analysis with boundary elements, 60(2):51-66.

LU J F, HANYGA A, 2005. Fundamental solution for a layered porous half space subject to a vertical point force or a point fluid source[J]. Computational mechanics, 35(5): 376-391.

PAN E, 1997. Static Green’s functions in multilayered half spaces[J]. Applied mathematic modelling, 21(8): 509-521.

SÁNCHEZ-SESMA F J, LUZON F, 1995.Seismic response of three-dimensional alluvial valleys for incident P, S and Rayleigh waves[J]. Bulletin of the seismological society of America, 85(1): 269-284.

WONG H L, 1979. Diffraction of plane P, SV and Rayleigh waves by surface topograghy[R]. Report No. CE-79-05, University of Southern California.

ZHENG P, ZHAO S X, DING D, 2013. Dynamic Green’s functions for a poroelastic half-space[J]. Acta mechanica, 224(1): 17-39.

第4章 弹性半空间二维弹性波散射问题 IBIEM 模拟

4.1 引　言

本章主要以地震波散射为背景进行 IBIEM 介绍。国内外震害经验及理论研究表明，局部场地（峡谷、山体、河谷等）是决定地震动特性的关键因素之一。地震波在传播过程中，局部场地作为不均匀散射体，会使地震波发生复杂的散射（衍射）、波型转换及相干作用，最终使地震动产生局部放大或缩幅效应。以往研究对凹陷地形、沉积河谷、地下空洞对地震波的散射已给出 IBIEM 解答（Wong，1982；Dravinski and Mossessian，1987；Luco and Barros，1994），本章进一步将 IBIEM 拓展到半空间衬砌隧道、凸起地形等对弹性波的多域散射问题求解。在算法精度和稳定性检验基础上，结合典型算例进行深入的参数分析。本章方法对地球物理学、海洋工程、声学工程等学科中的弹性波动问题求解同样具有参考意义。

4.2 二维衬砌隧道对弹性波的散射

地下洞室对弹性波的散射研究是地震工程和防护工程等多个学科中的重要课题。问题的求解整体上可以分为解析法和数值法。解析法主要是波函数展开法（Lee，1979；Moore 和 Guan，2015；梁建文等，2005；Gao et al，2016；Liu and Wang，2012），数值法主要包括有限元法（Hwang 和 Lysmer，1981）、边界元法（Esmaeili et al，2005；Stamos and Beskos，1996）、混合方法（Datta et al，1984）。Esmaeili 等人针对全空间中的散射求解，难以准确反映一般浅埋洞室情况下波的散射规律。Stamos 和 Beskos、Datta 等人采用了半空间模型求解，但前者仅给出了利用 DBEM 求解的思路，并没有给出具体的计算结果；后者则针对小口径的地下管线，且方法仅限于低频解答。Höllinger 和 Ziegler（1979）以一大圆弧面近似模拟地表面，对圆形隧洞（无衬砌）周围 Rayleigh 波的散射进行了解析求解；Datta 等人针对小口径的地下管线，给出了 Rayleigh 波作用下管线动力反应的部分结果，但方法仅限于低频解答。梁建文和纪晓东（2006）利用大圆弧假定和波函数展开法，给出了半空间中圆形衬砌隧道对 Rayleigh 波散射问题的一个近似解析解，并研究了洞室对地表位移的放大效应；Luco 和 Barros（1994）采用该方法求解了无衬砌洞室对平面波的散射。

在此基础上，本节结合半空间中柱面膨胀波源和剪切波源格林函数，采用该方法求解弹性半空间中衬砌洞室对 P 波、SV 波和 Rayleigh 波的散射问题。通过边界条件验算、退化解答与现有结果比较，验证方法的精度和数值稳定性。

4.2.1　计算模型

如图 4.1 所示，弹性半空间中包含一无限长衬砌洞室，这里考虑两类常见隧道形状，即圆形和直墙拱形。假设衬砌和半空间中均为各向同性均匀弹性介质。半空间介质剪切模量、泊松比和密度分别为 μ_1、ν_1 和 ρ_1，衬砌材料特性相应为 μ_2、ν_2 和 ρ_2。$c_{\alpha 1}$、$c_{\beta 1}$ 为半空间中纵波和横波波速，$c_{\alpha 2}$、$c_{\beta 2}$ 为衬砌介质中纵波和横波波速。设洞室埋深为 d，衬砌内外半径为 a_1 和 a_2。衬砌内外表面分别记为 S_0 和 S，为构造半空间中散射场，引入虚拟波源面为 S_1；同样为构造衬砌中波场，引入波源面 S_2 和 S_3。假设 P 波或 SV 波从半空间中入射，待求问题即为半空间中衬砌洞室对平面波的二维散射。

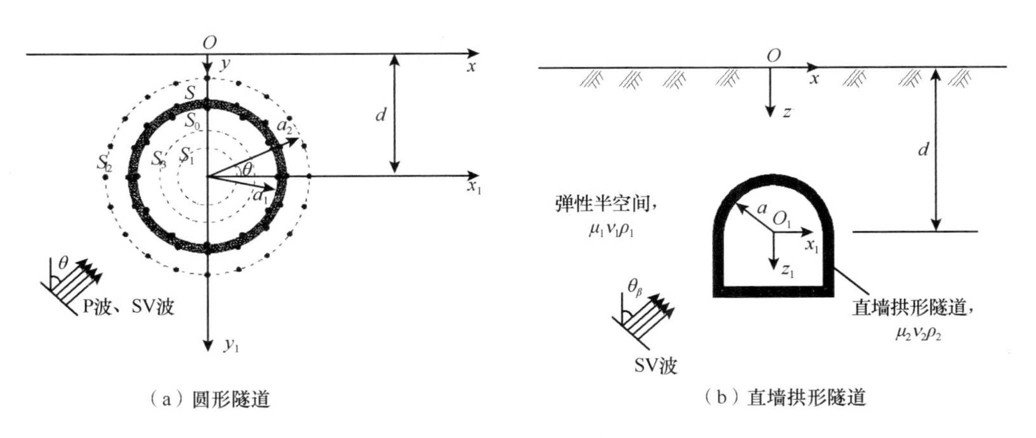

（a）圆形隧道　　（b）直墙拱形隧道

图 4.1　计算模型

4.2.2　计算方法及过程

本节以半空间中柱面膨胀波源和剪切波源为基本解，采用 IBIEM 法求解衬砌洞室对平面波的散射问题。

1. 基本解

半空间中膨胀波和剪切波势函数分别记为 ϕ、ψ（平面应变状态），由半空间自由表面边界条件，结合波数域内傅里叶变换可推得。

膨胀波源作用下半空间波场波势函数为

$$\phi(x,y)=\mathbf{H}_0^{(2)}k_\alpha\sqrt{(x-x_s)^2+(y-y_s)^2}+\mathbf{H}_0^{(2)}k_\alpha\sqrt{(x-x_s)^2+(y+y_s)^2}$$
$$-\frac{4\mathrm{i}}{\pi}\int_0^\infty\frac{(2\xi^2-k_\beta^2)^2}{\alpha F(\xi)}\mathrm{e}^{-\alpha(y+y_s)}\cos(\xi x)\mathrm{d}\xi \tag{4.1a}$$

$$\psi(x,y)=\frac{8\mathrm{i}}{\pi}\int_0^\infty\frac{\xi(2\xi^2-k_\beta{}^2)^2}{F(\xi)}\mathrm{e}^{-\alpha y_s-\beta y}\sin(\xi x)\mathrm{d}\xi \tag{4.1b}$$

剪切波源作用下半空间中波场波势函数为

$$\psi(x,y)=\mathbf{H}_0^{(2)}k_\beta\sqrt{(x-x_s)^2+(y-y_s)^2}+\mathbf{H}_0^{(2)}k_\beta\sqrt{(x-x_s)^2+(y+y_s)^2}$$
$$-\frac{4\mathrm{i}}{\pi}\int_0^\infty\frac{(2\xi^2-k_\beta^2)^2}{\beta F(\xi)}\mathrm{e}^{-\beta(y+y_s)}\cos(\xi x)\mathrm{d}\xi \tag{4.2a}$$

$$\phi(x,y)=\frac{-8\mathrm{i}}{\pi}\int_0^\infty\frac{\xi(2\xi^2-k_\beta^2)}{F(\xi)}\mathrm{e}^{-\beta y_s-\alpha y}\sin(\xi x)\mathrm{d}\xi \tag{4.2b}$$

式中：$\alpha=\sqrt{\xi^2-k_p^2}$；$\beta=\sqrt{\xi^2-k_s^2}$；$F(\xi)=(2\xi^2-k_s^2)^2-4\xi^2\alpha\beta$；$(x_s,y_s)$为波源位置坐标；$\mathbf{H}_0^{(2)}(\cdot)$表示 0 阶第二类 Hankel 函数。进而可由位移、应力同势函数的关系，求得各观察点(x,y)的反应。

2. *波场分析*

半空间总波场可看成半空间自由场（无衬砌洞室时）和散射场的叠加。首先进行自由场分析。半空间中频率为ω的 P 波和 SV 波分别以角度θ_α和θ_β入射，在直角坐标系中波势函数可以表示为

$$\phi^{(i)}(x,y)=\mathrm{e}^{-\mathrm{i}k_{\alpha1}(x\sin\theta_\alpha-y\cos\theta_\alpha)} \tag{4.3}$$

$$\psi^{(i)}(x,y)=\mathrm{e}^{-\mathrm{i}k_{\beta1}(x\sin\theta_\beta-y\cos\theta_\beta)} \tag{4.4}$$

为简化书写，时间因子$\mathrm{e}^{\mathrm{i}\omega t}$已略去，下同。入射 P 波和 SV 波在半空间表面将产生反射 P 波和 SV 波，各自的具体表达式参考 Luco（1994）。

半空间中频率为ω的平面 Rayleigh 波入射，在图 4.1 中 xOy 直角坐标系面波中纵波和横波的势函数可分别表示为

$$\phi^{(i)}(x,y)=a\,\mathrm{e}^{-\mathrm{i}k_R x+\sqrt{k_R{}^2-k_{\alpha1}^2}\,y} \tag{4.5}$$

$$\psi^{(i)}(x,y)=b\,\mathrm{e}^{-\mathrm{i}k_R x+\sqrt{k_R{}^2-k_{\beta1}^2}\,y} \tag{4.6}$$

式中：k_R为 Rayleigh 波数；$a/b=2\mathrm{i}k_R\sqrt{k_R{}^2-k_{\beta1}^2}/(2k_R{}^2-k_{\beta1}^2)$。为简化书写，时间因子$\mathrm{e}^{\mathrm{i}\omega t}$已略去，下同。位移、应力与势函数的具体表达式参考 Datta 等（1984）。

当存在衬砌洞室时，在半空间和衬砌内部将会产生散射场。半空间和衬砌内

的散射场可分别由衬砌内外虚拟波源面上所有膨胀波源和剪切波源的叠加而得。假设半空间中散射场由虚拟波源面 S_1 产生，半空间中位移和应力可以表达为

$$u_i(x)=\int_b[b(x_1)G_{i,1}^{(s)}(x,x_1)+c(x_1)G_{i,2}^{(s)}(x,x_1)]\mathrm{d}S_1 \tag{4.7}$$

$$\sigma_{ij}(x)=\int_b[b(x_1)T_{ij,1}^{(s)}(x,x_1)+c(x_1)T_{ij,2}^{(s)}(x,x_1)]\mathrm{d}S_1 \tag{4.8}$$

式中：$x\in D_1$，$x_1\in S_1$；$b(x_1)$、$c(x_1)$ 分别对应虚拟波源面 S_1 上 x_1 位置处 P 波、SV 波波源的密度；$G_{i,l}^{(s)}(x,x_1)$、$T_{ij,l}^{(s)}(x,x_1)$ 分别表示弹性半空间内位移、应力格林函数（角标 l =1、2 分别对应 P 波和 SV 波波源），该函数自动满足波动方程和地表的边界条件。

衬砌内部散射场则由虚拟波源面 S_2、S_3 上所有膨胀波源和剪切波源的作用叠加而得

$$\begin{aligned}u_i(x)=&\int_b[d(x_2)G_{i,1}^{(t)}(x,x_2)+e(x_2)G_{i,2}^{(t)}(x,x_2)]\mathrm{d}S_2\\&+\int_b[f(x_3)G_{i,1}^{(t)}(x,x_3)+g(x_3)G_{i,2}^{(t)}(x,x_3)]\mathrm{d}S_3\end{aligned} \tag{4.9}$$

$$\begin{aligned}\sigma_{ij}(x)=&\int_b[d(x_2)T_{ij,1}^{(t)}(x,x_2)+e(x_2)T_{ij,2}^{(t)}(x,x_2)]\mathrm{d}S_2\\&+\int_b[f(x_3)T_{ij,1}^{(t)}(x,x_3)+g(x_3)T_{ij,2}^{(t)}(x,x_3)]\mathrm{d}S_3\end{aligned} \tag{4.10}$$

式中：$x\in D_2$，$x_2\in S_2$，$x_3\in S_3$；$d(x_2)$、$e(x_2)$ 分别对应虚拟波源面 S_2 上 x_2 位置处 P 波、SV 波波源的密度；$f(x_3)$、$g(x_3)$ 分别对应虚拟波源面 S_3 上 x_3 位置处 P 波、SV 波波源的密度；$G_{i,l}^{(t)}$、$T_{ij,l}^{(t)}$ 分别表示衬砌中位移、应力格林函数。

半空间中总的位移场和应力场由自由场和半空间中的散射场叠加而得，衬砌内部反应则全部由衬砌内的散射场产生。

3. 边界条件及求解

由于采用弹性半空间动力格林函数，自由地表边界条件自动满足。故只需考虑交界面上的连续性条件和衬砌内表面的零应力条件，分别如下式所示：

$$\begin{cases}u_x^{\mathrm{s}}=u_x^{\mathrm{t}}\\u_y^{\mathrm{s}}=u_y^{\mathrm{t}}\end{cases}\quad(r=a_2) \tag{4.11a}$$

$$\begin{cases}\sigma_{nn}^{\mathrm{s}}=\sigma_{nn}^{\mathrm{t}}\\\sigma_{nt}^{\mathrm{s}}=\sigma_{nt}^{\mathrm{t}}\end{cases}\quad(r=a_2) \tag{4.11b}$$

$$\begin{cases}\sigma_{nn}^{\mathrm{t}}=0\\\sigma_{nt}^{\mathrm{t}}=0\end{cases}\quad(r=a_1) \tag{4.11c}$$

式中：上标 s、t 分别对应半空间和衬砌。为便于问题数值求解，首先分别对衬砌

内外表面和虚拟波源面 S_1、S_2、S_3 进行离散。衬砌表面和虚拟波源面的离散情况如图 4.1 所示。设衬砌内外表面离散点数为 N，虚拟波源面 S_1、S_2 和 S_3 离散点数均为 N_1。半空间中散射位移场和应力场可分别表示为

$$u_i(x_n) = b_{n1}G_{i,1}^{(s)}(x_n, x_{n1}) + c_{n1}G_{i,2}^{(s)}(x_n, x_{n1}) \tag{4.12}$$

$$\sigma_{ij}(x_n) = b_{n1}T_{ij,1}^{(s)}(x_n, x_{n1}) + c_{n1}T_{ij,2}^{(s)}(x_n, x_{n1}) \tag{4.13}$$

式中：$x_n \in S$，$x_{n1} \in S_1$，$n = 1, \cdots, N$，$n1 = 1, \cdots, N_1$；b_{n1}、c_{n1} 分别为虚拟源面 S_1 上第 $n1$ 个离散点处 P 波、SV 波波源的源密度。同理，衬砌内部的散射场可由 S_2、S_3 上离散波源构造。

$$u_i(x_n) = d_{n2}G_{i,1}^{(t)}(x_n, x_{n2}) + e_{n2}G_{i,2}^{(t)}(x_n, x_{n2}) + f_{n3}G_{i,1}^{(t)}(x_n, x_{n3}) + g_{n3}G_{i,2}^{(t)}(x_n, x_{n3}) \tag{4.14}$$

$$\sigma_{ij}(x_n) = d_{n2}T_{ij,1}^{(t)}(x_n, x_{n2}) + e_{n2}T_{ij,2}^{(t)}(x_n, x_{n2}) + f_{n3}T_{ij,1}^{(t)}(x_n, x_{n3}) + g_{n3}T_{ij,2}^{(t)}(x_n, x_{n3}) \tag{4.15}$$

式中：$x_n \in S$，$x_{n2} \in S_2$，$x_{n3} \in S_3$；$n = 1, \cdots, N$，$n2 = 1, \cdots, N_1$，$n3 = 1, \cdots, N_1$。

综合以上各式，可以得到线性方程组为

$$\boldsymbol{H}_1\boldsymbol{Y}_1 + \boldsymbol{F} = \boldsymbol{H}_2\boldsymbol{Y}_2 + \boldsymbol{H}_3\boldsymbol{Y}_3 \tag{4.16}$$

$$\boldsymbol{T}_2\boldsymbol{Y}_2 + \boldsymbol{T}_3\boldsymbol{Y}_3 = 0 \tag{4.17}$$

式中：$\boldsymbol{H}_1$ 为 S_1 上离散波源点对衬砌外表面离散点的格林影响矩阵（位移、应力）；$\boldsymbol{H}_2$、$\boldsymbol{H}_3$ 分别为 S_2、S_3 上波源点对衬砌外表面离散点的格林影响矩阵（位移、应力）；$\boldsymbol{T}_2$、$\boldsymbol{T}_3$ 相应为 S_2、S_3 上波源点对衬砌内表面离散点的格林影响矩阵（应力）；$\boldsymbol{Y}_1$、$\boldsymbol{Y}_2$ 和 $\boldsymbol{Y}_3$ 分别为 S_1、S_2 和 S_3 上的虚拟波源密度向量（待求）；$\boldsymbol{F}$ 为自由场向量。方程组（4.16）可以采用最小二乘法求解。求得虚拟波源密度，便得到散射场。由散射场和自由场叠加可得到总波场，进而可以计算半空间和衬砌中任意点的位移、应力，问题从而得到求解。

需指出的是，随着边界离散点数增多，本方法可完全收敛于精确解。且方法适用于任意厚度的隧道衬砌情况，避免了采用梁单元模拟衬砌结构的力学假定。

4. 数值实现

本节以柱面膨胀波源和柱面剪切波源动力格林函数为基本解，建立边界积分方程并离散求解。这在物理概念上更为直观，数值实现上也更为简便。另外，该方法引入虚拟波源面，由此避免了通常边界积分方程法求解中的奇异性问题。研究表明，一般情况下，虚拟波源面 S_1 半径可取为 $0.4R_0 \sim 0.6R_0$（R_0 为洞室半径），虚拟波源点数取为交界面离散点数的一半左右，即可保证很高的计算精度。对于高频入射（$\eta > 2$）情况，则应适当减小虚拟波源面和交界面之间的距离，S_1 半径的取值范围为 $0.7R_0 \sim 0.9R_0$。虚拟波源面 S_2 面在衬砌外部附近，S_1 与 S_2 同 S 的距

离可取为一致。另外，虚拟波源面只是交界面 S 的几何“延拓”，形状完全保持不变，这样会使离散比较简便。

本节方法的一个优势在于采用半空间的格林函数，地表边界条件自动满足，边界离散仅限于衬砌内外表面，若边界离散的点数足够多，则结果能够收敛于精确解。但需要指出的是，半空间格林函数在波数域内积分时存在奇异点，而当考虑土体介质的阻尼特性时，奇异点在整个实轴上可以消除。为方便计算，现应用对应原理，引入复弹性常数，即 $\overline{\mu}=\mu(1+2\zeta\mathrm{i})$ 和 $\overline{\lambda}=\lambda(1+2\zeta\mathrm{i})$，其中 ζ 为材料滞后阻尼比。这样，计算采用高斯积分，取较小的积分上限即可以得到满意的结果。

4.2.3　方法验证

半空间中衬砌洞室对 P 波和 SV 波的散射问题至今还没有完全精确的解析解，只能通过边界条件验算、退化情况对比及数值稳定性检验来考察计算精度。

首先定义无量纲频率：$\eta=\omega a_1/(\pi c_{\beta 1})$，$c_{\beta 1}$ 为半空间介质剪切波速。计算表明，随着边界离散点数增加，边界残值逐渐减小。离散点数取 $N=80$、$N_1=60$，对入射频率 $\eta=2.0$ 情况，残值能达到 10^{-4} 水平。

考虑退化情况。取衬砌内外介质参数相同，滞后阻尼比 $\zeta=0.001$，无量纲频率 $\eta=1.0$，材料泊松比 $\nu=1/3$，P 波、SV 波均为垂直入射，洞室埋深 d=1.5a、5a。图 4.2 给出本节结果同 Luco 和 Barros（1994）中相应无衬砌洞室情况位移结果比较，可以看出两个结果吻合很好，从一个方面验证了本节方法的正确性。

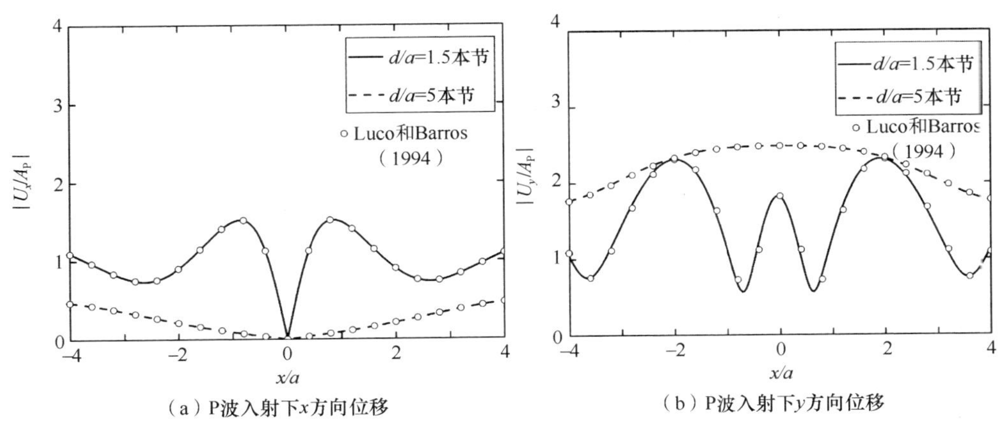

（a）P波入射下x方向位移　　（b）P波入射下y方向位移

图 4.2　相应无衬砌洞室情况位移

本节与 Luco 和 Barros（1994）结果对比

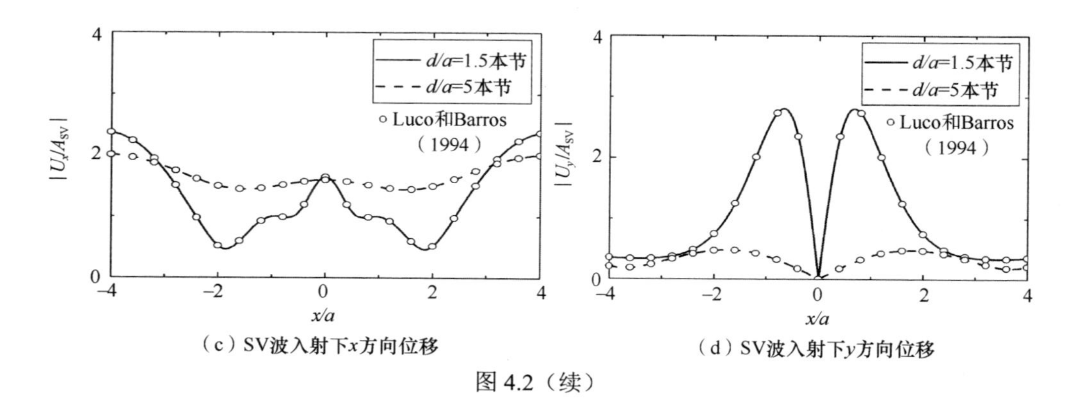

（c）SV波入射下x方向位移　　（d）SV波入射下y方向位移

图 4.2（续）

表 4.1～表 4.3 所示为 P 波、SV 波入射下，随离散点位增加衬砌洞室上方地表位移和衬砌内表面环向应力幅值的收敛情况（动应力已由半空间入射波应力幅值 $\mu k_{\beta 1}^2$ 标准化），计算参数取值：$d/a=2$，$\zeta=0.001$，$\eta=1.0$，$\nu=0.25$，衬砌内外介质密度比 $\rho_2/\rho_1=5/4$，剪切波速比 $c_{\beta 2}/c_{\beta 1}=5/1$（刚性衬砌）；衬砌内外表面离散点数 N 分别取 40、60 和 80，虚拟波源点数 N_1 相应取 30、40 和 60。从表 4.1 可以看出，随着离散点数的增加，位移、应力结果收敛良好，相对误差保持在 10^{-4} 水平，反映了该方法具有很好的数值稳定性。

表 4.1　平面 P 波入射下位移幅值数值稳定性检验（η =1.0）

x/a	$N=40,\ N_1=30$		$N=60,\ N_1=40$		$N=80,\ N_1=60$	
	$\|U_x\|/\|A_P\|$	$\|U_y\|/\|A_P\|$	$\|U_x\|/\|A_P\|$	$\|U_y\|/\|A_P\|$	$\|U_x\|/\|A_P\|$	$\|U_y\|/\|A_P\|$
4.0	0.6390	2.7223	0.6406	2.7175	0.6406	2.7174
3.5	0.5330	2.5056	0.5384	2.5052	0.5382	2.5052
3.0	0.6273	1.8269	0.6305	1.8339	0.6305	1.8339
2.5	0.891	1.8939	0.8899	1.8910	0.8899	1.8910
2.0	1.1026	2.3305	1.0995	2.3233	1.0995	2.3232
1.5	1.0695	2.0909	1.0657	2.0933	1.0657	2.0934
1.0	0.7286	1.2454	0.7247	1.2573	0.7247	1.2573
0.5	0.2988	0.4015	0.3010	0.4031	0.3010	0.4031
0.0	0.0000	0.0600	0.0000	0.0538	0.0000	0.0538

表 4.2　平面 SV 波入射下位移幅值数值稳定性检验（η =1.0）

x/a	$N=40,\ N_1=30$		$N=60,\ N_1=40$		$N=80,\ N_1=60$	
	$\lvert U_x\rvert/\lvert A_{SV}\rvert$	$\lvert U_y\rvert/\lvert A_{SV}\rvert$	$\lvert U_x\rvert/\lvert A_{SV}\rvert$	$\lvert U_y\rvert/\lvert A_{SV}\rvert$	$\lvert U_x\rvert/\lvert A_{SV}\rvert$	$\lvert U_y\rvert/\lvert A_{SV}\rvert$
4.0	1.6521	0.2313	1.6412	0.2149	1.6412	0.2147
3.5	2.2056	0.2638	2.2028	0.2514	2.2028	0.2515
3.0	2.3804	0.1881	2.3947	0.1837	2.3947	0.1836
2.5	2.1820	0.2149	2.2001	0.2133	2.2001	0.2133
2.0	2.0097	0.5797	2.0193	0.5691	2.0193	0.5691
1.5	1.7077	0.9666	1.7214	0.9590	1.7214	0.9590
1.0	0.882	1.1685	0.9049	1.1829	0.9049	1.1829
0.5	0.6112	0.9252	0.6201	0.9509	0.6201	0.9509
0.0	1.1581	0.0000	1.1695	0.0000	1.1695	0.0000

表 4.3　平面 P 波、SV 波入射下环向应力幅值数值稳定性检验（η =1.0）

θ	$N=40,\ N_1=30$		$N=60,\ N_1=40$		$N=80,\ N_1=60$	
	$\lvert\sigma_{\theta\theta,P}\rvert^*$	$\lvert\sigma_{\theta\theta,SV}\rvert^*$	$\lvert\sigma_{\theta\theta,P}\rvert^*$	$\lvert\sigma_{\theta\theta,SV}\rvert^*$	$\lvert\sigma_{\theta\theta,P}\rvert^*$	$\lvert\sigma_{\theta\theta,SV}\rvert^*$
90°	2.7390	0.0000	2.0371	0.0000	2.0386	0.0000
75°	3.0306	6.808	2.9003	7.1196	2.8991	7.1190
60°	4.1514	6.3150	3.7904	5.3373	3.7906	5.3350
45°	6.9478	25.3328	6.9975	25.6640	6.9980	25.6668
30°	11.511	22.1214	12.1821	23.9335	12.1822	23.9302
15°	8.7554	10.1956	9.2346	10.3278	9.2343	10.3246
0°	3.5846	29.4467	4.2060	31.9372	4.2056	31.9402
−15°	15.7586	18.4158	16.2689	18.0127	16.2692	18.0109
−30°	19.7153	9.6355	19.6449	11.4582	19.6447	11.4578
−45°	14.5871	20.5662	14.2457	20.1716	14.2459	20.1709
−60°	5.6941	11.6541	5.6557	10.6764	5.6556	10.6775
−75°	3.0437	1.2498	3.0418	1.6887	3.0418	1.6879
−90°	5.7668	0.0000	5.5018	0.0000	5.5018	0.0000

4.2.4　圆形隧道数值结果分析

以弹性半空间中一圆形隧道为例进行计算分析。洞室埋深 d/a_1=2.0，衬砌内外半径比值 a_1/a_2=0.9。材料特性取值：半空间和衬砌材料泊松比均取为 ν=0.25，材料滞后阻尼比取 0.001。考虑衬砌材料刚度和密度的变化，分别按柔性衬砌、同性衬砌和刚性衬砌进行参数取值。柔性衬砌情况，取半空间和衬砌材料的密度比

ρ_1 / ρ_2=1.25，剪切波速比 $c_{\beta 1} / c_{\beta 2}$=3.0；同性衬砌情况，假设半空间和衬砌材料完全一致；刚性衬砌情况，密度比取 ρ_1 / ρ_2=0.8，剪切波速比 $c_{\beta 1} / c_{\beta 2}$=0.2。

1. 地表位移反应

定义无量纲入射频率：$\eta = 2a_1/\lambda_1 = \omega a_1 / \pi c_{\beta 1}$，表示洞室内径和半空间剪切波长的比值。图 4.3～图 4.6 分别给出了 P 波入射下，柔性衬砌、同性衬砌和刚性衬砌情况的地表位移幅值。无量纲入射频率取值：$\eta = 0.25$、0.5、1.0 和 2.0，入射角度 θ_α =0°、30°、60°和 85°。图中的地表位移幅值已由入射波的位移幅值正规化，下同。从图 4.3～图 4.6 中可以看出，衬砌特性变化对地表位移幅值和空间分布特征具有显著的影响：柔性和同性衬砌情况，洞室上方的位移放大效应十分显著，如 η =0.25 时，位移幅值约为无洞室情况的 1.80 倍；刚性衬砌情况，位移空间振荡则比较平缓，位移放大效应相对较弱，但高频波入射下，水平位移放大较为明显，如 η =2.0、θ_α =60° 时，洞室上方附近水平位移幅值达到 3.05，约为无洞室情况的 1.78 倍。随着入射角度变化，位移空间分布特征也会发生很大差异，竖向位移峰值一般出现在 P 波垂直入射情况，水平位移峰值一般在 P 波 60° 倾斜入射时较大。随着入射波频率的增大，地表位移空间振荡逐渐加剧，空间分布更为复杂。

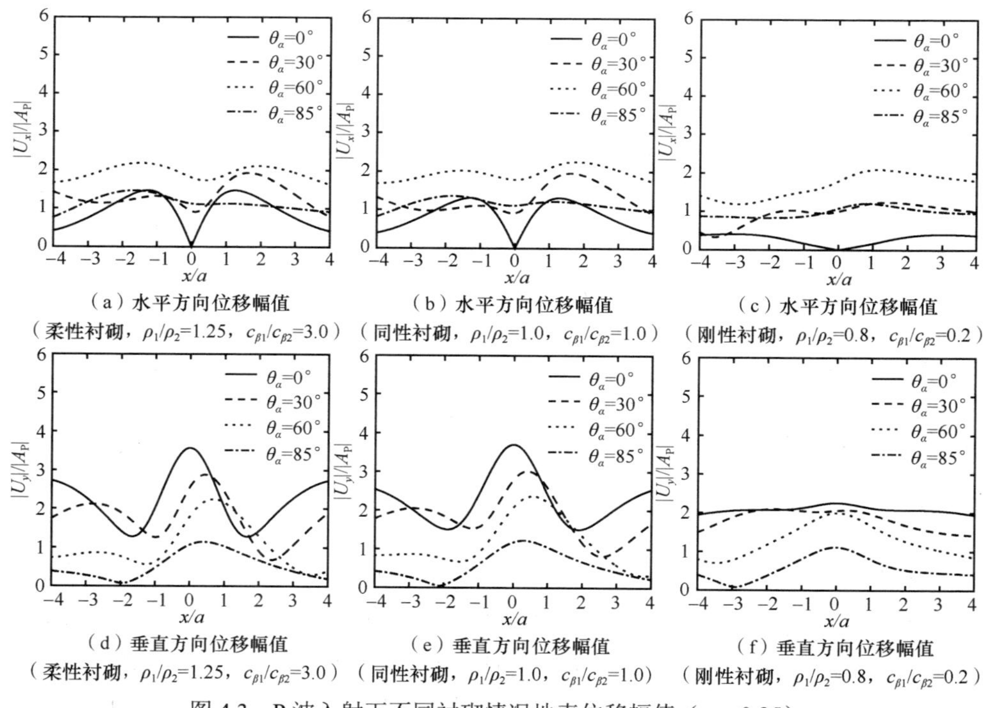

（a）水平方向位移幅值（柔性衬砌，ρ_1/ρ_2=1.25，$c_{\beta 1}/c_{\beta 2}$=3.0）

（b）水平方向位移幅值（同性衬砌，ρ_1/ρ_2=1.0，$c_{\beta 1}/c_{\beta 2}$=1.0）

（c）水平方向位移幅值（刚性衬砌，ρ_1/ρ_2=0.8，$c_{\beta 1}/c_{\beta 2}$=0.2）

（d）垂直方向位移幅值（柔性衬砌，ρ_1/ρ_2=1.25，$c_{\beta 1}/c_{\beta 2}$=3.0）

（e）垂直方向位移幅值（同性衬砌，ρ_1/ρ_2=1.0，$c_{\beta 1}/c_{\beta 2}$=1.0）

（f）垂直方向位移幅值（刚性衬砌，ρ_1/ρ_2=0.8，$c_{\beta 1}/c_{\beta 2}$=0.2）

图 4.3　P 波入射下不同衬砌情况地表位移幅值（$\eta = 0.25$）

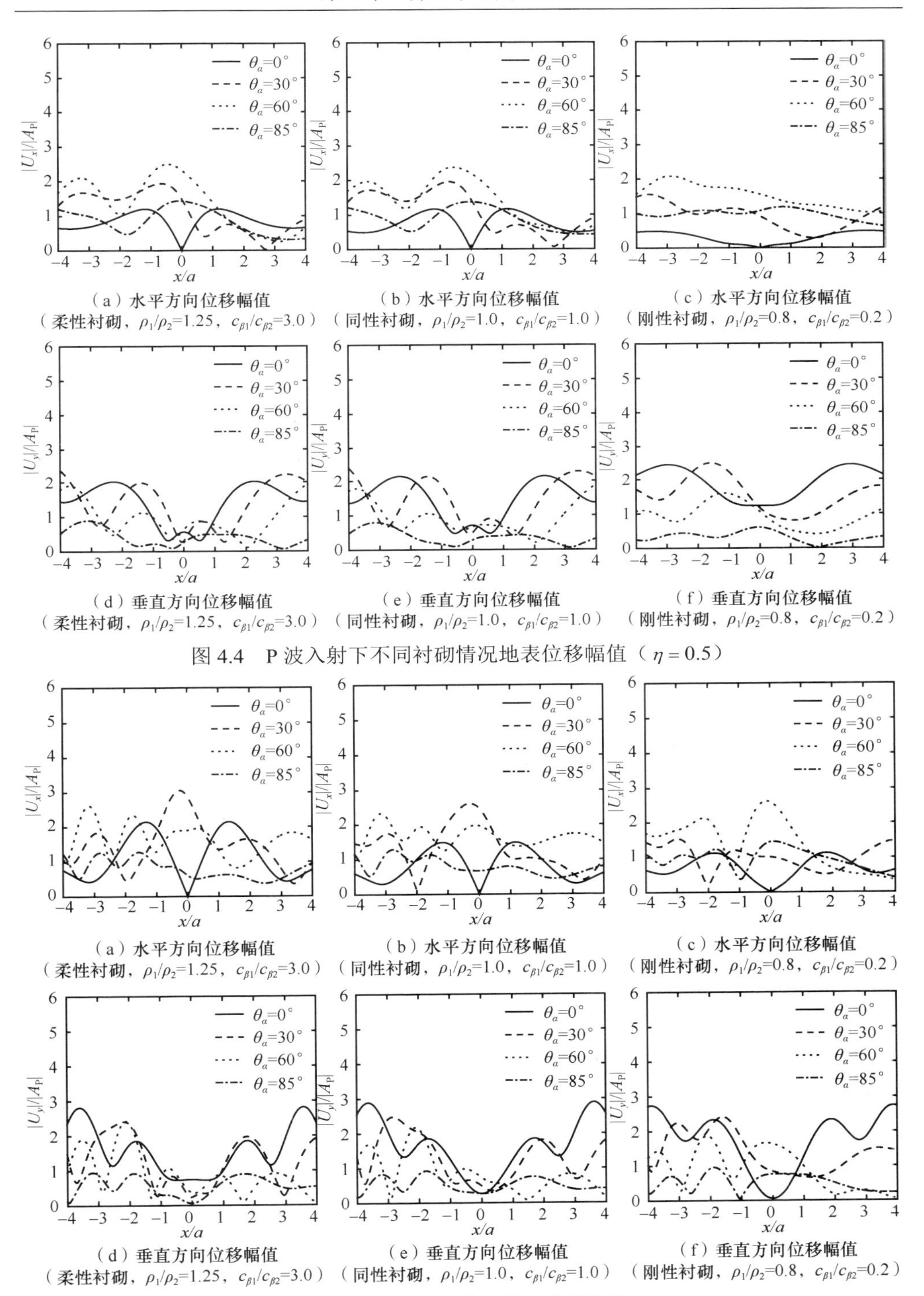

（a）水平方向位移幅值（柔性衬砌，ρ_1/ρ_2=1.25，$c_{\beta1}/c_{\beta2}$=3.0）

（b）水平方向位移幅值（同性衬砌，ρ_1/ρ_2=1.0，$c_{\beta1}/c_{\beta2}$=1.0）

（c）水平方向位移幅值（刚性衬砌，ρ_1/ρ_2=0.8，$c_{\beta1}/c_{\beta2}$=0.2）

（d）垂直方向位移幅值（柔性衬砌，ρ_1/ρ_2=1.25，$c_{\beta1}/c_{\beta2}$=3.0）

（e）垂直方向位移幅值（同性衬砌，ρ_1/ρ_2=1.0，$c_{\beta1}/c_{\beta2}$=1.0）

（f）垂直方向位移幅值（刚性衬砌，ρ_1/ρ_2=0.8，$c_{\beta1}/c_{\beta2}$=0.2）

图 4.4　P 波入射下不同衬砌情况地表位移幅值（$\eta=0.5$）

（a）水平方向位移幅值（柔性衬砌，ρ_1/ρ_2=1.25，$c_{\beta1}/c_{\beta2}$=3.0）

（b）水平方向位移幅值（同性衬砌，ρ_1/ρ_2=1.0，$c_{\beta1}/c_{\beta2}$=1.0）

（c）水平方向位移幅值（刚性衬砌，ρ_1/ρ_2=0.8，$c_{\beta1}/c_{\beta2}$=0.2）

（d）垂直方向位移幅值（柔性衬砌，ρ_1/ρ_2=1.25，$c_{\beta1}/c_{\beta2}$=3.0）

（e）垂直方向位移幅值（同性衬砌，ρ_1/ρ_2=1.0，$c_{\beta1}/c_{\beta2}$=1.0）

（f）垂直方向位移幅值（刚性衬砌，ρ_1/ρ_2=0.8，$c_{\beta1}/c_{\beta2}$=0.2）

图 4.5　P 波入射下不同衬砌情况地表位移幅值（$\eta=1.0$）

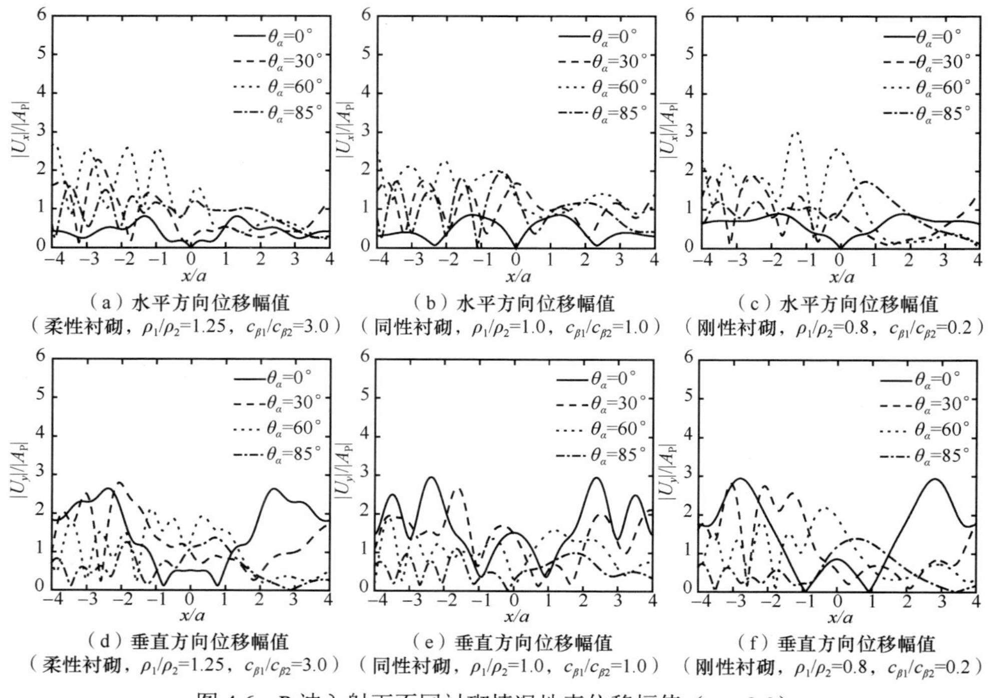

（a）水平方向位移幅值（柔性衬砌，ρ_1/ρ_2=1.25，$c_{\beta1}/c_{\beta2}$=3.0）
（b）水平方向位移幅值（同性衬砌，ρ_1/ρ_2=1.0，$c_{\beta1}/c_{\beta2}$=1.0）
（c）水平方向位移幅值（刚性衬砌，ρ_1/ρ_2=0.8，$c_{\beta1}/c_{\beta2}$=0.2）
（d）垂直方向位移幅值（柔性衬砌，ρ_1/ρ_2=1.25，$c_{\beta1}/c_{\beta2}$=3.0）
（e）垂直方向位移幅值（同性衬砌，ρ_1/ρ_2=1.0，$c_{\beta1}/c_{\beta2}$=1.0）
（f）垂直方向位移幅值（刚性衬砌，ρ_1/ρ_2=0.8，$c_{\beta1}/c_{\beta2}$=0.2）

图 4.6　P 波入射下不同衬砌情况地表位移幅值（$\eta = 2.0$）

图 4.7～图 4.10 所示为 SV 波入射下，不同衬砌特性情况下地表位移幅值。计算参数与前相同。可以看出，同 P 波入射情况一致，衬砌特性变化对地表位移幅值和空间分布特征影响显著：柔性衬砌情况位移振荡最为剧烈，刚性衬砌情况位移振荡则较平缓；同性衬砌情况的位移反应介于柔性衬砌和刚性衬砌之间，低频波情况，同性衬砌和柔性衬砌地表位移反应特征比较接近。同 P 波入射相比，由于临界角（θ_β=35.3°）的原因，地表位移反应特征更为复杂，但位移放大效应不如 P 波情况显著。需注意的是，SV 波一般在临界角附近入射时，地表位移幅值较大，如 η=2.0、θ_β=30°时，水平位移峰值达到 3.15，约为无洞室情况水平位移的 1.82 倍；竖向位移峰值达到 2.25，约为无洞室情况竖向位移的 2.25 倍。

图 4.11 给出了 P 波垂直入射下，不同衬砌情况洞室附近地表位移幅值谱，地表点位取 x/a=0、0.5、1.0、2.0 和 4.0。容易看出，衬砌刚度对地表位移频谱特征具有重要影响：柔性衬砌情况，谱曲线振荡较为剧烈，在低频段竖向位移放大效应十分显著，最大幅值约为 5.2（η=0.19，洞室正上方位置）；刚性衬砌情况，洞室附近位移放大效应较弱，频谱曲线也相对简单。图 4.12 给出了 SV 波垂直入射下的位移幅值谱，柔性衬砌情况位移放大效应同样较为显著，水平位移幅值约为 3.3，出现在低频段 x/a=2 附近（$\eta = 0.14$）；而在低频段 η=0.38 处，洞室上方竖向位移幅值达到 2.3。

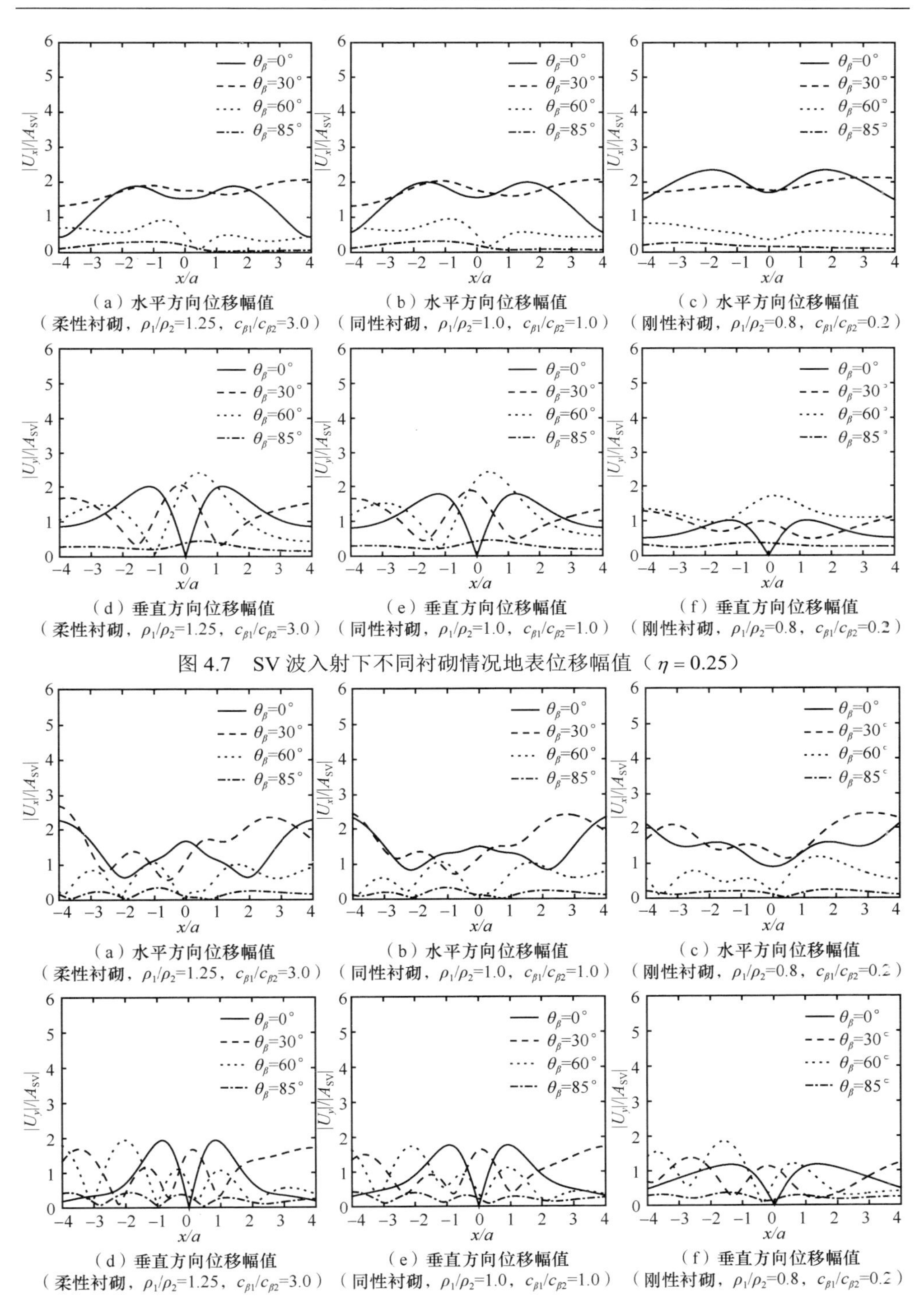

（a）水平方向位移幅值（柔性衬砌，ρ_1/ρ_2=1.25，$c_{\beta1}/c_{\beta2}$=3.0）

（b）水平方向位移幅值（同性衬砌，ρ_1/ρ_2=1.0，$c_{\beta1}/c_{\beta2}$=1.0）

（c）水平方向位移幅值（刚性衬砌，ρ_1/ρ_2=0.8，$c_{\beta1}/c_{\beta2}$=0.2）

（d）垂直方向位移幅值（柔性衬砌，ρ_1/ρ_2=1.25，$c_{\beta1}/c_{\beta2}$=3.0）

（e）垂直方向位移幅值（同性衬砌，ρ_1/ρ_2=1.0，$c_{\beta1}/c_{\beta2}$=1.0）

（f）垂直方向位移幅值（刚性衬砌，ρ_1/ρ_2=0.8，$c_{\beta1}/c_{\beta2}$=0.2）

图 4.7　SV 波入射下不同衬砌情况地表位移幅值（$\eta=0.25$）

（a）水平方向位移幅值（柔性衬砌，ρ_1/ρ_2=1.25，$c_{\beta1}/c_{\beta2}$=3.0）

（b）水平方向位移幅值（同性衬砌，ρ_1/ρ_2=1.0，$c_{\beta1}/c_{\beta2}$=1.0）

（c）水平方向位移幅值（刚性衬砌，ρ_1/ρ_2=0.8，$c_{\beta1}/c_{\beta2}$=0.2）

（d）垂直方向位移幅值（柔性衬砌，ρ_1/ρ_2=1.25，$c_{\beta1}/c_{\beta2}$=3.0）

（e）垂直方向位移幅值（同性衬砌，ρ_1/ρ_2=1.0，$c_{\beta1}/c_{\beta2}$=1.0）

（f）垂直方向位移幅值（刚性衬砌，ρ_1/ρ_2=0.8，$c_{\beta1}/c_{\beta2}$=0.2）

图 4.8　SV 波入射下不同衬砌情况地表位移幅值（$\eta=0.5$）

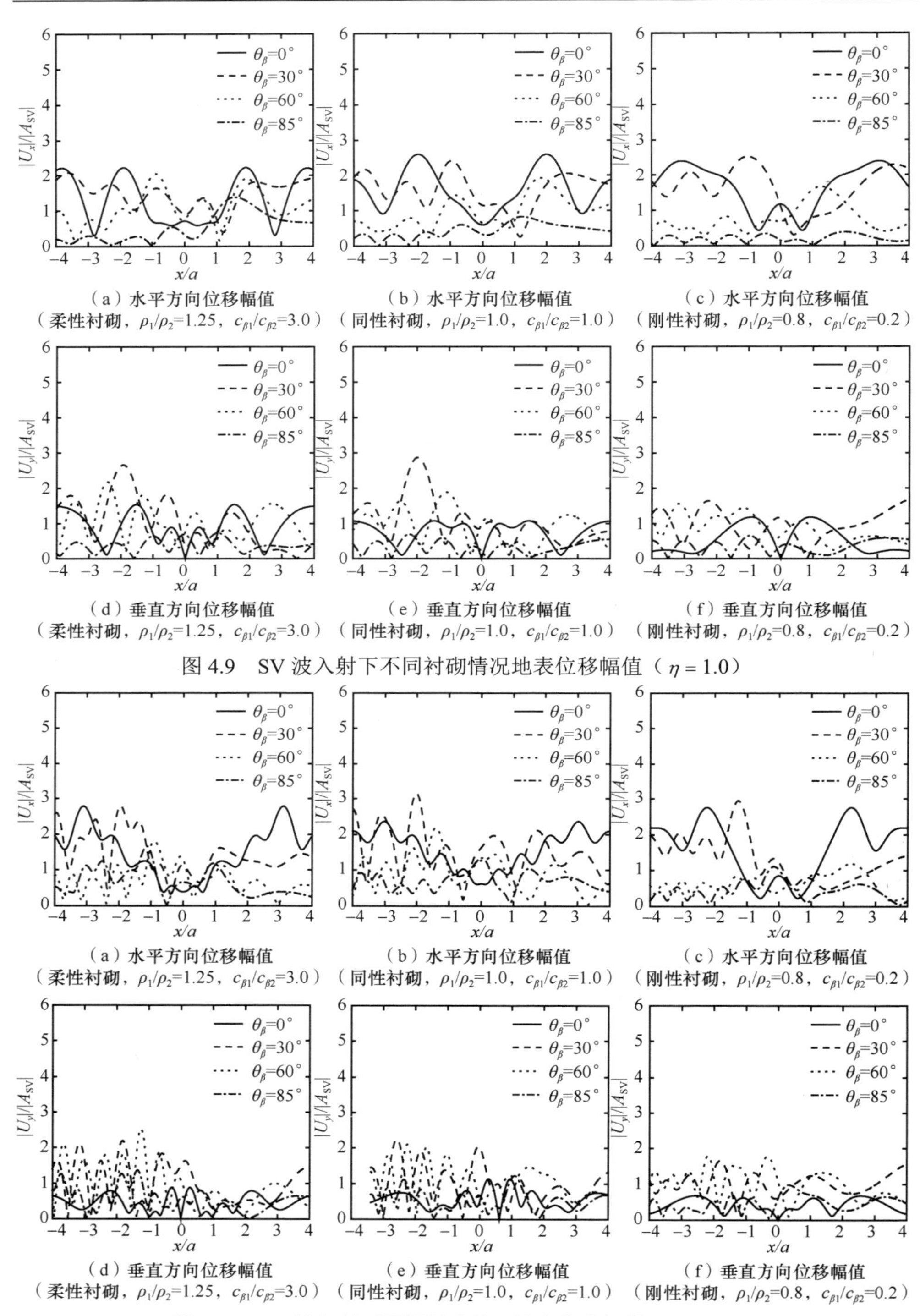

（a）水平方向位移幅值（柔性衬砌，ρ_1/ρ_2=1.25，$c_{\beta1}/c_{\beta2}$=3.0）

（b）水平方向位移幅值（同性衬砌，ρ_1/ρ_2=1.0，$c_{\beta1}/c_{\beta2}$=1.0）

（c）水平方向位移幅值（刚性衬砌，ρ_1/ρ_2=0.8，$c_{\beta1}/c_{\beta2}$=0.2）

（d）垂直方向位移幅值（柔性衬砌，ρ_1/ρ_2=1.25，$c_{\beta1}/c_{\beta2}$=3.0）

（e）垂直方向位移幅值（同性衬砌，ρ_1/ρ_2=1.0，$c_{\beta1}/c_{\beta2}$=1.0）

（f）垂直方向位移幅值（刚性衬砌，ρ_1/ρ_2=0.8，$c_{\beta1}/c_{\beta2}$=0.2）

图 4.9　SV 波入射下不同衬砌情况地表位移幅值（$\eta=1.0$）

（a）水平方向位移幅值（柔性衬砌，ρ_1/ρ_2=1.25，$c_{\beta1}/c_{\beta2}$=3.0）

（b）水平方向位移幅值（同性衬砌，ρ_1/ρ_2=1.0，$c_{\beta1}/c_{\beta2}$=1.0）

（c）水平方向位移幅值（刚性衬砌，ρ_1/ρ_2=0.8，$c_{\beta1}/c_{\beta2}$=0.2）

（d）垂直方向位移幅值（柔性衬砌，ρ_1/ρ_2=1.25，$c_{\beta1}/c_{\beta2}$=3.0）

（e）垂直方向位移幅值（同性衬砌，ρ_1/ρ_2=1.0，$c_{\beta1}/c_{\beta2}$=1.0）

（f）垂直方向位移幅值（刚性衬砌，ρ_1/ρ_2=0.8，$c_{\beta1}/c_{\beta2}$=0.2）

图 4.10　SV 波入射下不同衬砌情况地表位移幅值（$\eta=2.0$）

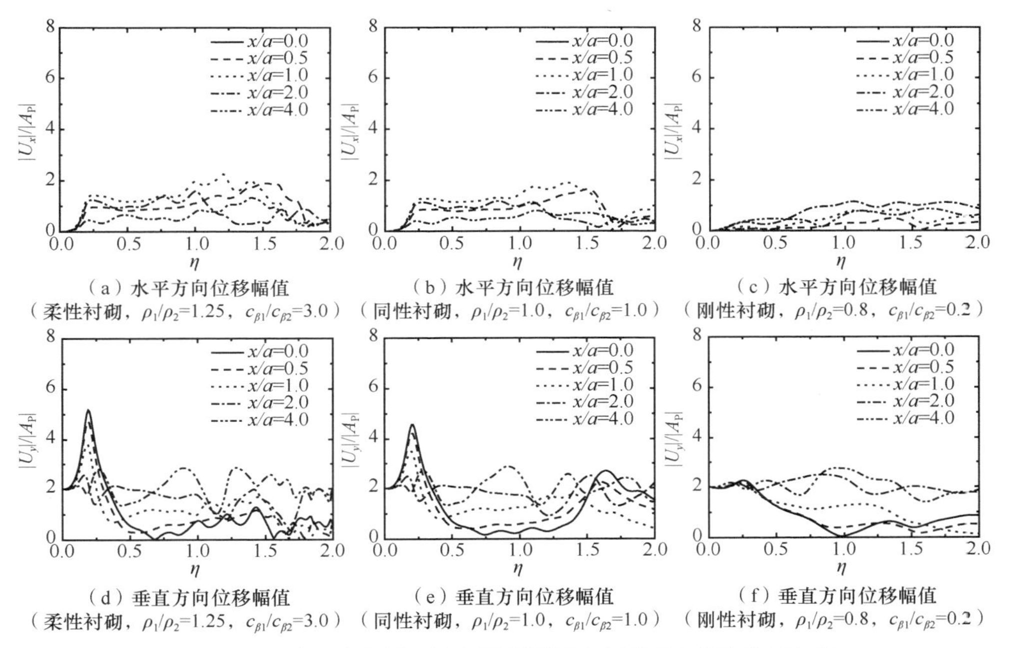

（a）水平方向位移幅值（柔性衬砌，$\rho_1/\rho_2=1.25$，$c_{\beta1}/c_{\beta2}=3.0$）
（b）水平方向位移幅值（同性衬砌，$\rho_1/\rho_2=1.0$，$c_{\beta1}/c_{\beta2}=1.0$）
（c）水平方向位移幅值（刚性衬砌，$\rho_1/\rho_2=0.8$，$c_{\beta1}/c_{\beta2}=0.2$）
（d）垂直方向位移幅值（柔性衬砌，$\rho_1/\rho_2=1.25$，$c_{\beta1}/c_{\beta2}=3.0$）
（e）垂直方向位移幅值（同性衬砌，$\rho_1/\rho_2=1.0$，$c_{\beta1}/c_{\beta2}=1.0$）
（f）垂直方向位移幅值（刚性衬砌，$\rho_1/\rho_2=0.8$，$c_{\beta1}/c_{\beta2}=0.2$）

图 4.11　P 波垂直入射下衬砌洞室附近地表不同点位位移幅值谱

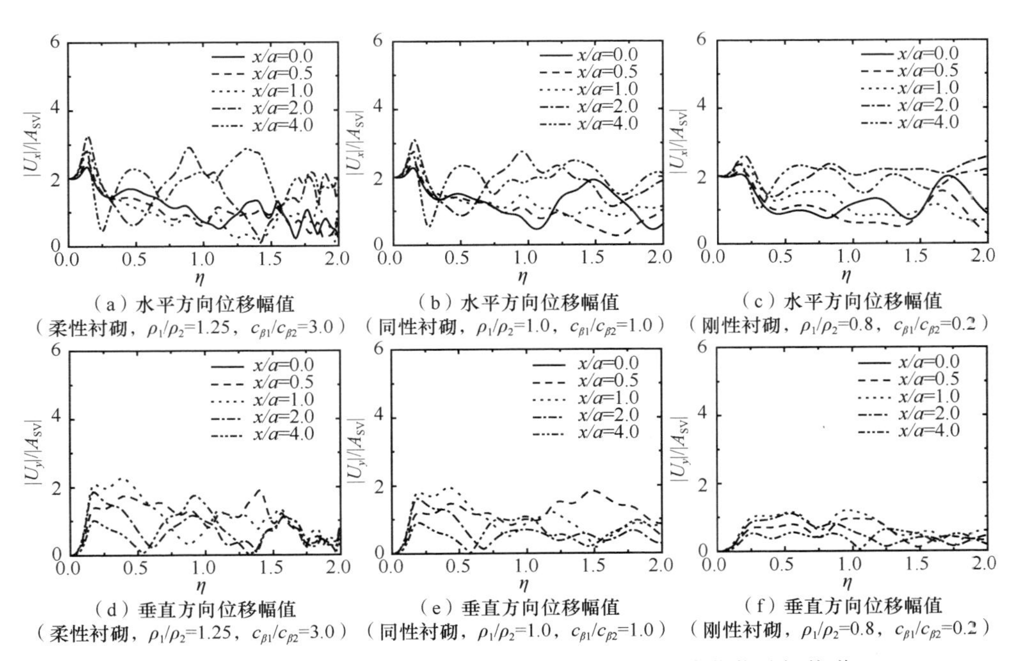

（a）水平方向位移幅值（柔性衬砌，$\rho_1/\rho_2=1.25$，$c_{\beta1}/c_{\beta2}=3.0$）
（b）水平方向位移幅值（同性衬砌，$\rho_1/\rho_2=1.0$，$c_{\beta1}/c_{\beta2}=1.0$）
（c）水平方向位移幅值（刚性衬砌，$\rho_1/\rho_2=0.8$，$c_{\beta1}/c_{\beta2}=0.2$）
（d）垂直方向位移幅值（柔性衬砌，$\rho_1/\rho_2=1.25$，$c_{\beta1}/c_{\beta2}=3.0$）
（e）垂直方向位移幅值（同性衬砌，$\rho_1/\rho_2=1.0$，$c_{\beta1}/c_{\beta2}=1.0$）
（f）垂直方向位移幅值（刚性衬砌，$\rho_1/\rho_2=0.8$，$c_{\beta1}/c_{\beta2}=0.2$）

图 4.12　SV 波垂直入射下衬砌洞室附近地表不同点位位移幅值谱

2. 衬砌内外表面动应力集中

首先定义无量纲动应力集中因子：$\sigma_{\theta\theta}^{*}=|\sigma_{\theta\theta}/\sigma_0|=|\sigma_{\theta\theta}/\mu k_{\beta1}^2|$，表示洞周环向应力同半空间中入射波应力幅值的比值（P 波为波传播方向正应力，SV 波为剪应力）。

图 4.13～图 4.16 所示为 P 波入射下，柔性衬砌、同性衬砌和刚性衬砌情况下衬砌内外表面的动应力幅值。无量纲入射频率：$\eta=0.25$、0.5、1.0 和 2.0，入射角度 θ_α=0°、30°、60°和 85°。从图中可以看出，内壁应力一般大于外壁，刚性衬砌情况应力最大，同性衬砌次之，而柔性衬砌最小。同性衬砌和柔性衬砌情况，衬砌内、外壁应力曲线特征相似。刚性衬砌情况，洞周应力曲线较平缓，且内、外壁应力曲线特征差异较大。需要注意的是，在低频波入射情况，应力集中更为显著，如 $\eta=0.25$，30°入射情况，幅值达到 32.3，这同全空间情况（Moore 和 Guan，2015）分析结论一致。另外还可以看出，对半空间情况，入射波角度对应力幅值和空间分布也具有重要影响。

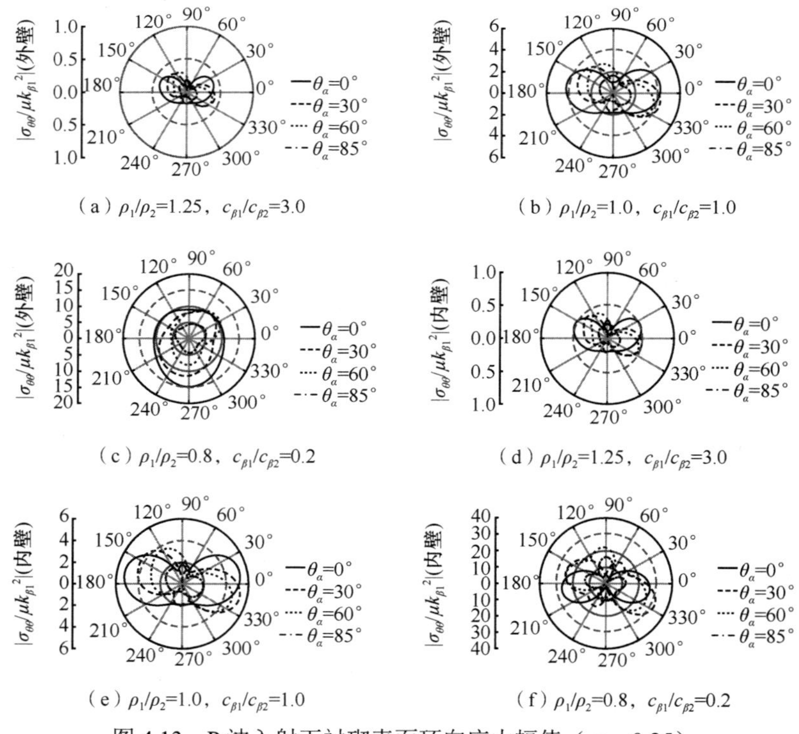

（a）ρ_1/ρ_2=1.25，$c_{\beta1}/c_{\beta2}$=3.0　（b）ρ_1/ρ_2=1.0，$c_{\beta1}/c_{\beta2}$=1.0

（c）ρ_1/ρ_2=0.8，$c_{\beta1}/c_{\beta2}$=0.2　（d）ρ_1/ρ_2=1.25，$c_{\beta1}/c_{\beta2}$=3.0

（e）ρ_1/ρ_2=1.0，$c_{\beta1}/c_{\beta2}$=1.0　（f）ρ_1/ρ_2=0.8，$c_{\beta1}/c_{\beta2}$=0.2

图 4.13　P 波入射下衬砌表面环向应力幅值（$\eta=0.25$）

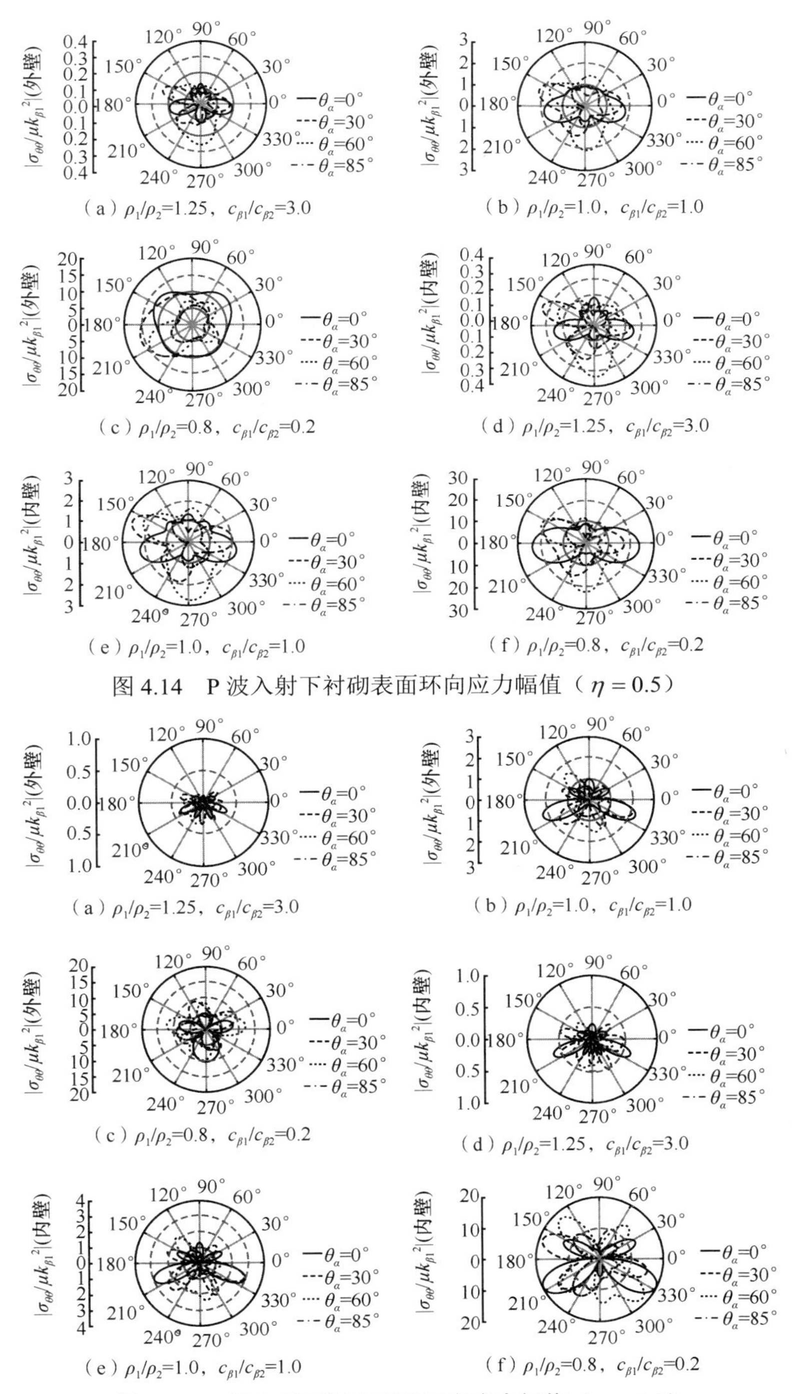

（a）ρ_1/ρ_2=1.25，$c_{\beta1}/c_{\beta2}$=3.0　（b）ρ_1/ρ_2=1.0，$c_{\beta1}/c_{\beta2}$=1.0

（c）ρ_1/ρ_2=0.8，$c_{\beta1}/c_{\beta2}$=0.2　（d）ρ_1/ρ_2=1.25，$c_{\beta1}/c_{\beta2}$=3.0

（e）ρ_1/ρ_2=1.0，$c_{\beta1}/c_{\beta2}$=1.0　（f）ρ_1/ρ_2=0.8，$c_{\beta1}/c_{\beta2}$=0.2

图 4.14　P 波入射下衬砌表面环向应力幅值（$\eta=0.5$）

（a）ρ_1/ρ_2=1.25，$c_{\beta1}/c_{\beta2}$=3.0　（b）ρ_1/ρ_2=1.0，$c_{\beta1}/c_{\beta2}$=1.0

（c）ρ_1/ρ_2=0.8，$c_{\beta1}/c_{\beta2}$=0.2　（d）ρ_1/ρ_2=1.25，$c_{\beta1}/c_{\beta2}$=3.0

（e）ρ_1/ρ_2=1.0，$c_{\beta1}/c_{\beta2}$=1.0　（f）ρ_1/ρ_2=0.8，$c_{\beta1}/c_{\beta2}$=0.2

图 4.15　P 波入射下衬砌表面环向应力幅值（$\eta=1.0$）

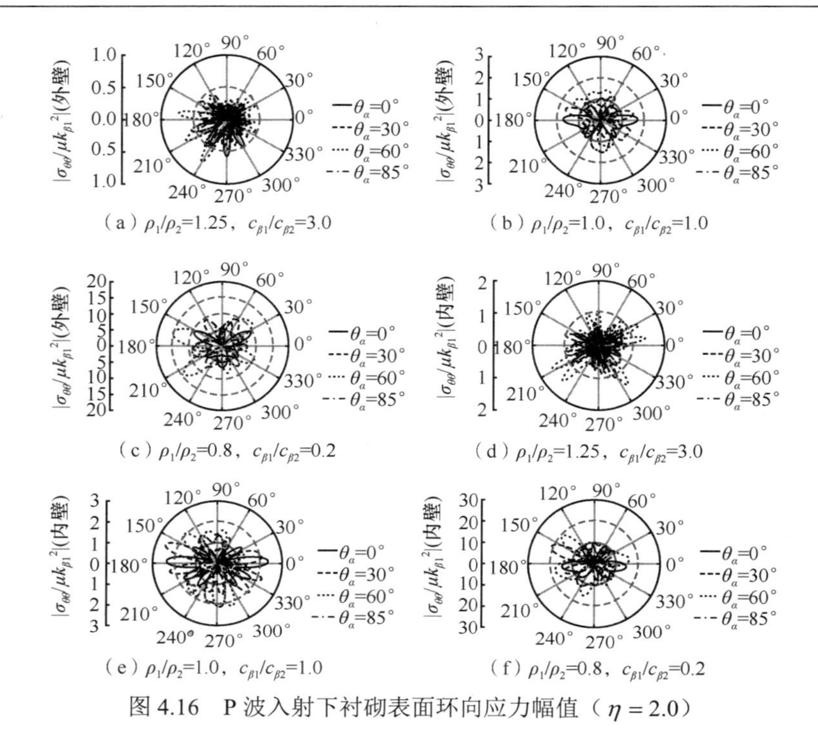

（a）ρ_1/ρ_2=1.25，$c_{\beta1}/c_{\beta2}$=3.0

（b）ρ_1/ρ_2=1.0，$c_{\beta1}/c_{\beta2}$=1.0

（c）ρ_1/ρ_2=0.8，$c_{\beta1}/c_{\beta2}$=0.2

（d）ρ_1/ρ_2=1.25，$c_{\beta1}/c_{\beta2}$=3.0

（e）ρ_1/ρ_2=1.0，$c_{\beta1}/c_{\beta2}$=1.0

（f）ρ_1/ρ_2=0.8，$c_{\beta1}/c_{\beta2}$=0.2

图 4.16　P 波入射下衬砌表面环向应力幅值（$\eta=2.0$）

图 4.17～图 4.20 所示为 SV 波入射下，柔性衬砌、同性衬砌和刚性衬砌情况下衬砌内外表面的动应力幅值。从图中可以看出，同 P 波入射规律一致，内壁的环向应力要大于外壁，且刚性衬砌情况应力幅值最大，同性衬砌次之，而柔性衬砌最小。同 P 波入射相比，从整体上看应力曲线沿洞周振荡更为剧烈，动应力集中程度也更为显著，当$\eta=0.25$ 时，在洞室上部 45°和 135°附近，环向应力幅值接近 60。还需要指出的是，对 SV 波掠入射情况，随着入射频率增加，应力幅值也有所增大，当$\eta=2.0$ 时，在洞室左下侧，内壁和外壁环向应力幅值分别接近 37.9 和 27.5，这也反映了半空间界面对散射波的重要影响，同梁建文和纪晓东（2005）结论一致。另外，在高频波入射下，柔性衬砌中的应力集中也很显著，如$\eta=2.0$，SV 波垂直入射下内壁应力幅值接近 4.0。

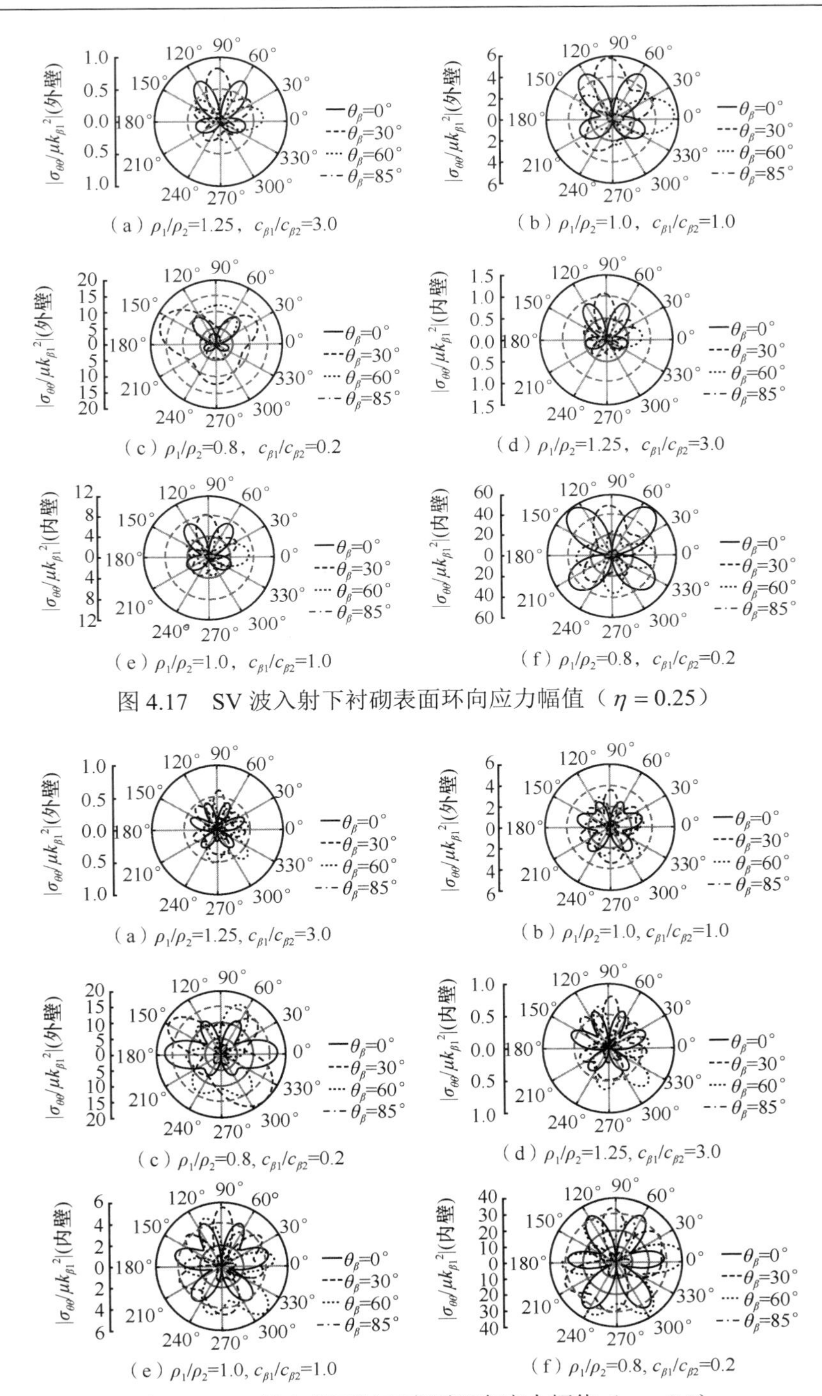

（a）ρ_1/ρ_2=1.25，$c_{\beta1}/c_{\beta2}$=3.0　（b）ρ_1/ρ_2=1.0，$c_{\beta1}/c_{\beta2}$=1.0

（c）ρ_1/ρ_2=0.8，$c_{\beta1}/c_{\beta2}$=0.2　（d）ρ_1/ρ_2=1.25，$c_{\beta1}/c_{\beta2}$=3.0

（e）ρ_1/ρ_2=1.0，$c_{\beta1}/c_{\beta2}$=1.0　（f）ρ_1/ρ_2=0.8，$c_{\beta1}/c_{\beta2}$=0.2

图 4.17　SV 波入射下衬砌表面环向应力幅值（$\eta=0.25$）

（a）ρ_1/ρ_2=1.25, $c_{\beta1}/c_{\beta2}$=3.0　（b）ρ_1/ρ_2=1.0, $c_{\beta1}/c_{\beta2}$=1.0

（c）ρ_1/ρ_2=0.8, $c_{\beta1}/c_{\beta2}$=0.2　（d）ρ_1/ρ_2=1.25, $c_{\beta1}/c_{\beta2}$=3.0

（e）ρ_1/ρ_2=1.0, $c_{\beta1}/c_{\beta2}$=1.0　（f）ρ_1/ρ_2=0.8, $c_{\beta1}/c_{\beta2}$=0.2

图 4.18　SV 波入射下衬砌表面环向应力幅值（$\eta=0.5$）

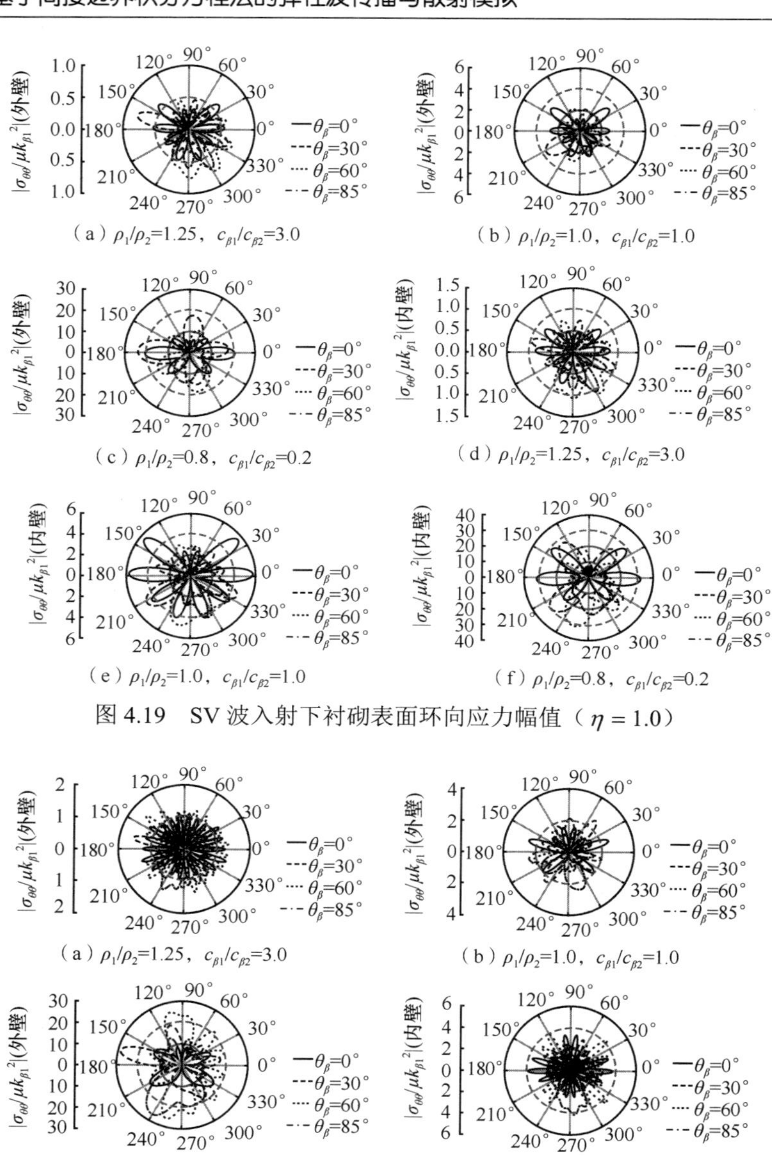

（a）ρ_1/ρ_2=1.25，$c_{\beta1}/c_{\beta2}$=3.0　（b）ρ_1/ρ_2=1.0，$c_{\beta1}/c_{\beta2}$=1.0

（c）ρ_1/ρ_2=0.8，$c_{\beta1}/c_{\beta2}$=0.2　（d）ρ_1/ρ_2=1.25，$c_{\beta1}/c_{\beta2}$=3.0

（e）ρ_1/ρ_2=1.0，$c_{\beta1}/c_{\beta2}$=1.0　（f）ρ_1/ρ_2=0.8，$c_{\beta1}/c_{\beta2}$=0.2

图 4.19　SV 波入射下衬砌表面环向应力幅值（$\eta=1.0$）

（a）ρ_1/ρ_2=1.25，$c_{\beta1}/c_{\beta2}$=3.0　（b）ρ_1/ρ_2=1.0，$c_{\beta1}/c_{\beta2}$=1.0

（c）ρ_1/ρ_2=0.8，$c_{\beta1}/c_{\beta2}$=0.2　（d）ρ_1/ρ_2=1.25，$c_{\beta1}/c_{\beta2}$=3.0

（e）ρ_1/ρ_2=1.0，$c_{\beta1}/c_{\beta2}$=1.0　（f）ρ_1/ρ_2=0.8，$c_{\beta1}/c_{\beta2}$=0.2

图 4.20　SV 波入射下衬砌表面环向应力幅值（$\eta=2.0$）

图 4.21 和图 4.22 分别给出了 P 波、SV 波垂直入射下，洞室衬砌内壁、外壁不同位置的环向应力集中谱曲线，计算位置分别取 θ 为 90°（衬砌顶部）、45°、0°、–45°和–90°（衬砌底部）。可以看出，衬砌应力对频率变化比较敏感，会出现明显的波峰和波谷。其中柔性衬砌谱曲线振荡最为剧烈，且在高频段（η =1.5～2.0）应力集中更为显著；而同性衬砌和刚性衬砌应力峰值一般出现在低频段。另外，衬砌不同位置处应力谱曲线差异明显，应力谱峰值一般出现在衬砌左右两端附近，刚性衬砌情况该峰值约为 27.5（η =0.3）。还需注意的是，在刚性衬砌外壁底部，也会出现明显的应力集中，应力峰值约为 15.5（η =0.3）。SV 波垂直入射下，上下端环向应力均为 0。相比 P 波，应力集中更为显著，应力峰值约为 62.6，出现在 $\theta = -45°$ 处（η =0.18）。另外，在高频 SV 波入射下，衬砌左、右两端的应力集中达到 40.2（η =1.56）。

圆形隧道计算分析表明：衬砌洞室和无衬砌情况对平面波的散射具有显著的差别，衬砌刚度对散射规律具有重要的影响。一般情况下，衬砌洞室对地面运动具有显著的放大效应，而衬砌刚度的变化使地面运动的空间分布特征和频谱特征发生很大差异。动应力集中方面，刚性衬砌情况应力幅值最大，同性衬砌次之，而柔性衬砌最小。衬砌应力对频率变化比较敏感，会出现明显的波峰和波谷。同 P 波相比，SV 波入射时，动应力曲线沿洞周振荡更为剧烈，动应力集中程度也更为显著。

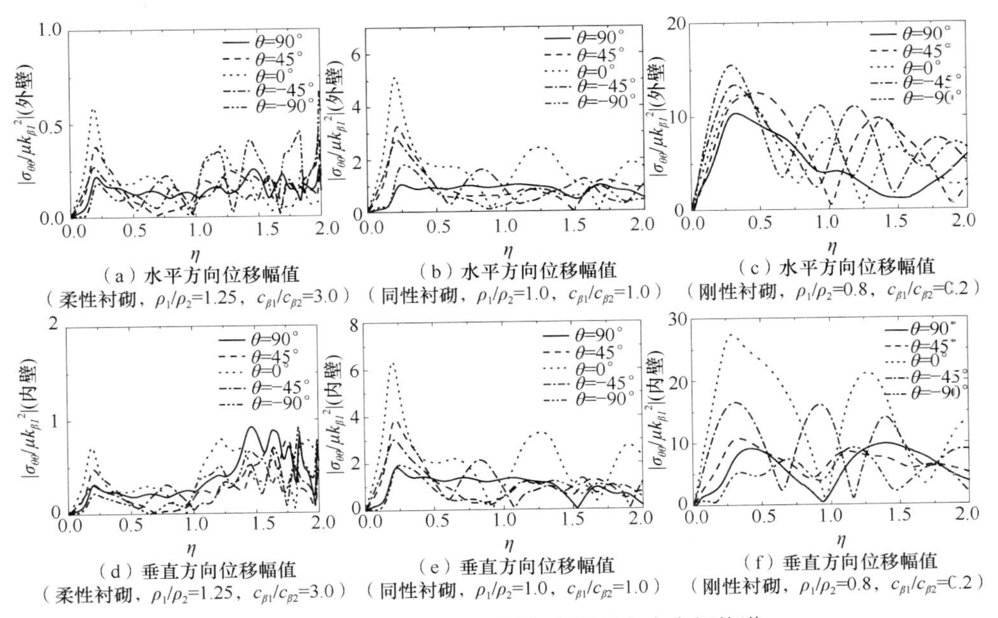

（a）水平方向位移幅值（柔性衬砌，ρ_1/ρ_2=1.25，$c_{\beta 1}/c_{\beta 2}$=3.0）
（b）水平方向位移幅值（同性衬砌，ρ_1/ρ_2=1.0，$c_{\beta 1}/c_{\beta 2}$=1.0）
（c）水平方向位移幅值（刚性衬砌，ρ_1/ρ_2=0.8，$c_{\beta 1}/c_{\beta 2}$=0.2）
（d）垂直方向位移幅值（柔性衬砌，ρ_1/ρ_2=1.25，$c_{\beta 1}/c_{\beta 2}$=3.0）
（e）垂直方向位移幅值（同性衬砌，ρ_1/ρ_2=1.0，$c_{\beta 1}/c_{\beta 2}$=1.0）
（f）垂直方向位移幅值（刚性衬砌，ρ_1/ρ_2=0.8，$c_{\beta 1}/c_{\beta 2}$=0.2）

图 4.21　P 波垂直入射下衬砌表面环向应力幅值谱

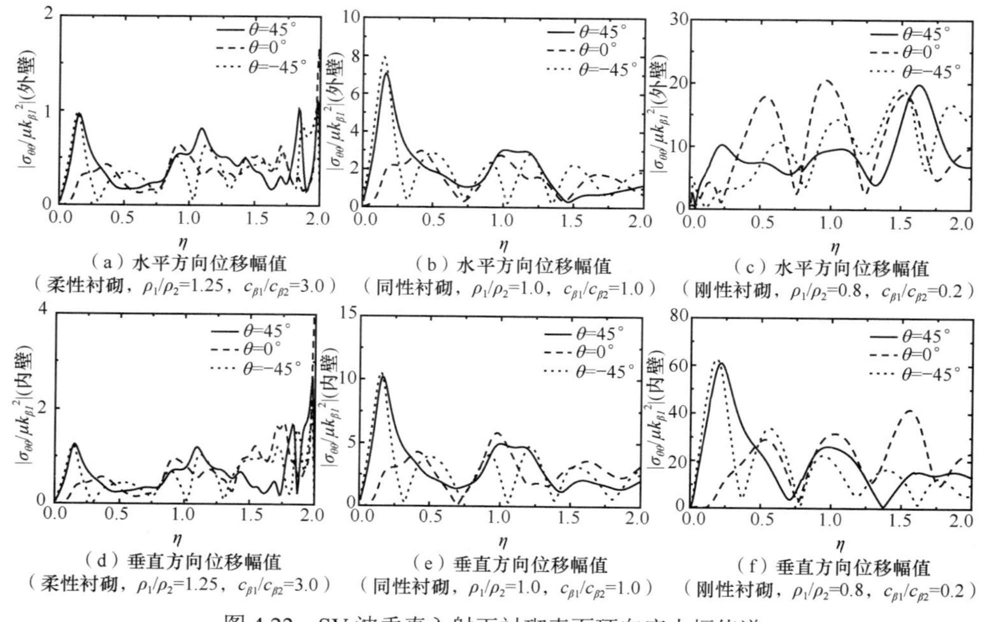

（a）水平方向位移幅值（柔性衬砌，ρ_1/ρ_2=1.25，$c_{\beta1}/c_{\beta2}$=3.0）
（b）水平方向位移幅值（同性衬砌，ρ_1/ρ_2=1.0，$c_{\beta1}/c_{\beta2}$=1.0）
（c）水平方向位移幅值（刚性衬砌，ρ_1/ρ_2=0.8，$c_{\beta1}/c_{\beta2}$=0.2）
（d）垂直方向位移幅值（柔性衬砌，ρ_1/ρ_2=1.25，$c_{\beta1}/c_{\beta2}$=3.0）
（e）垂直方向位移幅值（同性衬砌，ρ_1/ρ_2=1.0，$c_{\beta1}/c_{\beta2}$=1.0）
（f）垂直方向位移幅值（刚性衬砌，ρ_1/ρ_2=0.8，$c_{\beta1}/c_{\beta2}$=0.2）

图 4.22　SV 波垂直入射下衬砌表面环向应力幅值谱

4.2.5　直墙拱形隧道数值结果分析

以弹性半空间中直墙拱形隧道为例进行计算分析。为简化分析，顶拱假定为半圆形，其内径为a，衬砌厚度为t。假设边墙高度等于拱身半径a。材料特性取值：半空间和衬砌材料泊松比均取为ν=0.3333，材料滞后阻尼比取为 0.002。取半空间和衬砌材料的密度比ρ_1/ρ_2=0.8，剪切波速比$c_{\beta1}/c_{\beta2}$=0.2。

1. 地表位移反应

定义无量纲入射频率：$\eta = 2a/\lambda=\omega a/(\pi c_{\beta1})$，$c_{\beta1}$为半空间剪切波的波速。图 4.23 给出了不同频率 P 波入射下，半空间地表位移幅值。无量纲入射频率取值：η为 0.25、0.5、1.0 和 2.0，入射角度θ_α为 0°、30°、60° 和 85°，衬砌埋深d/a=1.5，厚度取值$t=0.11a$。图中的地表位移幅值已由入射波的位移幅值标准化（下同）。从图中可以看出，随着入射波频率的增大，地表位移空间振荡逐渐加剧，空间分布更为复杂。在高频波入射下，水平位移放大更为明显，如η=2.0、θ_α=60° 时，洞室上方附近水平位移幅值达到 2.6，而η=0.25 时幅值为 1.5。随着入射角度变化，位移空间分布特征也会发生很大差异，竖向位移峰值一般出现在 P 波垂直入射（θ_α=0°）情况，水平位移峰值一般在 P 波 60° 倾斜入射时较大。

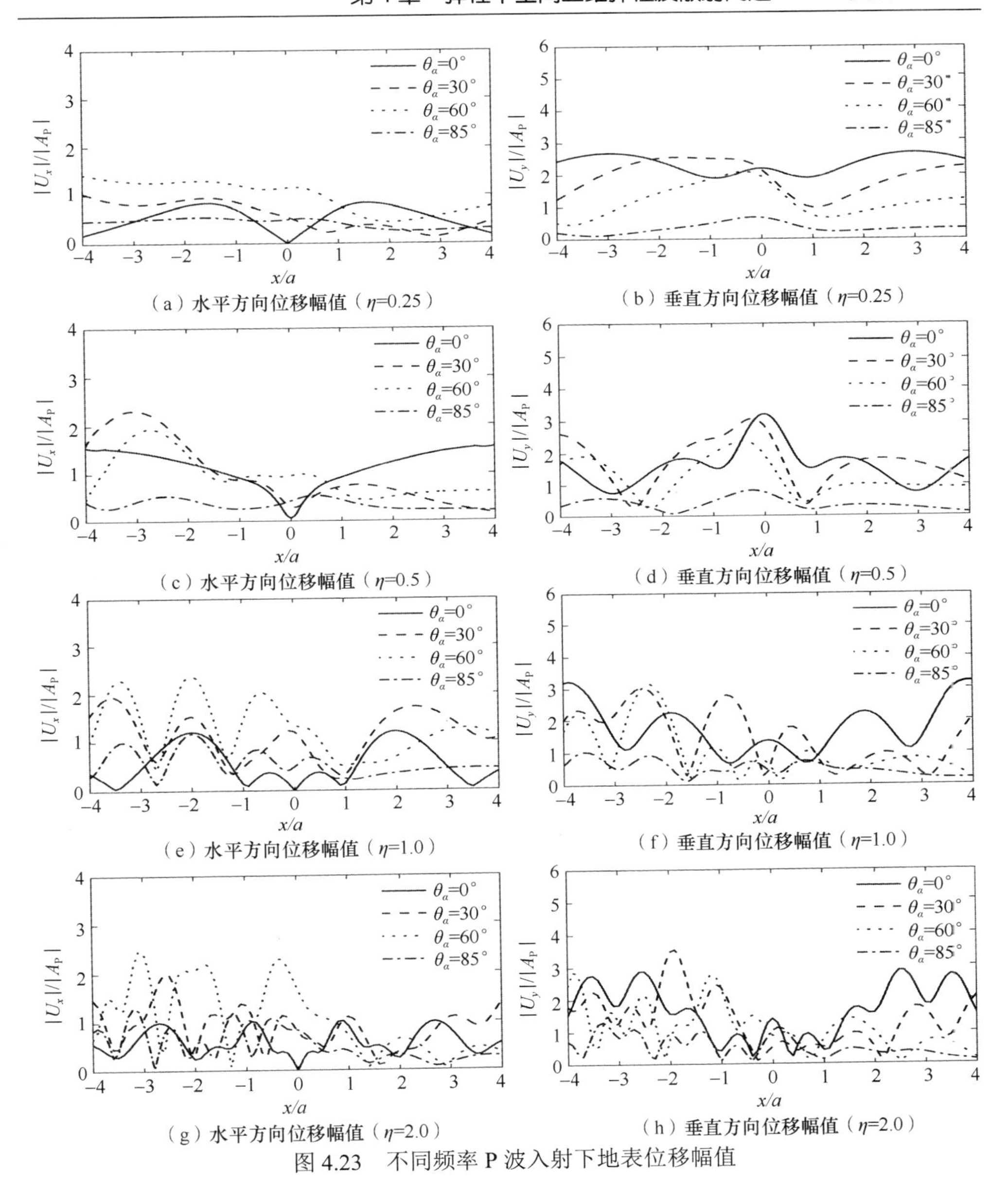

（a）水平方向位移幅值（η=0.25）

（b）垂直方向位移幅值（η=0.25）

（c）水平方向位移幅值（η=0.5）

（d）垂直方向位移幅值（η=0.5）

（e）水平方向位移幅值（η=1.0）

（f）垂直方向位移幅值（η=1.0）

（g）水平方向位移幅值（η=2.0）

（h）垂直方向位移幅值（η=2.0）

图 4.23　不同频率 P 波入射下地表位移幅值

图 4.24 和图 4.25 给出了 P 波入射下，不同的衬砌隧道埋深对地表位移幅值的影响。无量纲入射频率取值：η 为 0.25 和 1.0，入射角度 θ_α 为 0°、30°、60° 和 85°，埋深分别取 d/a 为 2.0、6.0 和 8.0。从图中可以看出，随着埋深的增大，地表位移空间震荡逐渐平缓，位移幅值也随之减小，表明隧道对散射波的影响逐渐减小。例如，当 η=1.0、d/a=2.0、θ_α=0° 时，洞室上方附近竖向位移幅值达到 3.5，而

$d/a=8.0$ 时幅值仅达到 2.0。

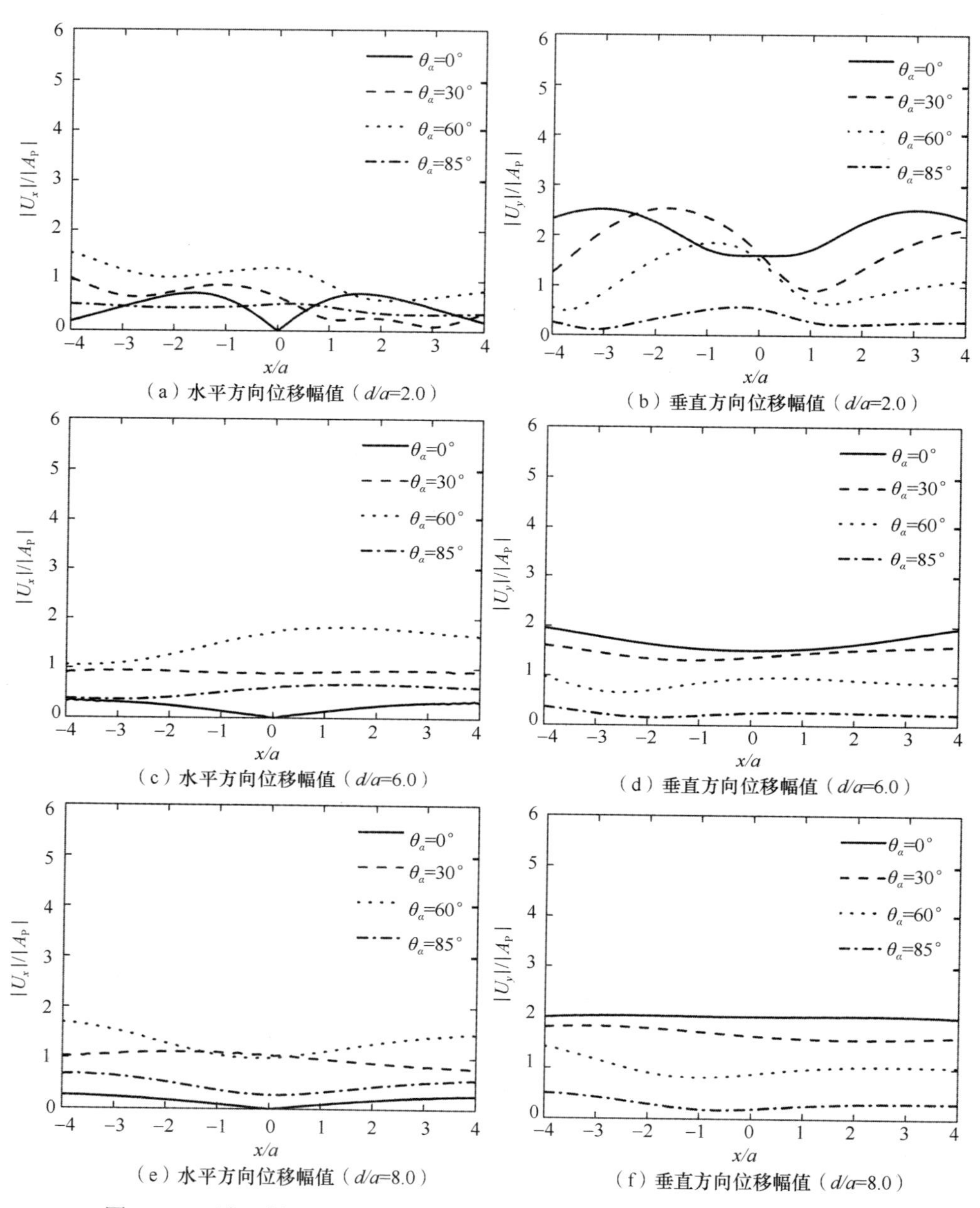

（a）水平方向位移幅值（d/a=2.0）

（b）垂直方向位移幅值（d/a=2.0）

（c）水平方向位移幅值（d/a=6.0）

（d）垂直方向位移幅值（d/a=6.0）

（e）水平方向位移幅值（d/a=8.0）

（f）垂直方向位移幅值（d/a=8.0）

图 4.24　P 波入射下不同衬砌隧道埋深对地表位移幅值的影响（$\eta=0.25$）

图 4.25　P 波入射下不同衬砌隧道埋深对地表位移幅值的影响（η =1.0）

2. 衬砌内外表面动应力集中

P 波入射下，衬砌内环向应力云图如彩图 1 所示。图中纵轴表示应力（无量纲)。无量纲入射频率：η 为 0.25、0.5、1.0 和 2.0，入射角度 θ_α 为 0°、30° 和 60°。从图中可以看出，内壁应力一般大于外壁。在低频波入射情况，应力集中更为显著，如 η =0.25 时，0° 入射情况，幅值达到 25，而 η =2 时幅值仅达到 14。需注意的是，直墙拱形柔性衬砌隧道在低频波入射下（$\eta=0.25$），底板中部附近会出现明显的应力集中效应。

为了分析衬砌厚度对其内外壁的动应力集中现象，不同厚度的衬砌内环向应力云图如彩图 2 和彩图 3 所示。衬砌厚度取值分别取 $t=0.08a$，$t=0.06a$；无量纲入射频率 η 为 0.25、0.5、1.0 和 2.0；入射角度 θ_α 为 0°、30° 和 60°。从彩图 2 和彩图 3 中可以看出，相比 $t=0.11a$ 的情况，当 $t=0.08a$、$t=0.06a$ 时，由于衬砌厚度变薄，动应力集中效应更加明显。

这里需要指出的是，本节方法中虚拟波源面的形状通常可取为和实际边界面一致。虚拟波源面和实际边界面的距离取决于波的频率。根据计算经验，对低频波入射（$\eta<1.0$），两者距离可取为等效衬砌内径的 0.5 倍，对入射频率增大，应适当减小两者间距。对于高频波情况（$\eta>5.0$），间距可取为等效内径的 0.1 倍。

直墙拱形隧道计算分析表明，随入射角度的不同，位移幅值曲线出现明显差异，一般 0° 角垂直入射时，地表竖向位移出现较大峰值，而以 60° 角斜入射时水平位移放大显著。动应力集中方面，在低频入射时环向应力幅值达到最大，并且在上拱拱顶、上拱和直墙邻接部位以及隧道底板中部动应力集中效应最为明显。衬砌环向应力可达到入射波应力幅值的 25 倍。相比于圆形衬砌隧道，这一点在工程设计中需引起注意。此外，随着衬砌厚度减小，动应力集中现象更加明显。因此，实际工程中可以通过适当增加衬砌厚度的方法来降低衬砌中的动应力。

4.2.6　Rayleigh 波数值结果分析

日本坂神地震、中国台湾集集地震等多次地震震害调查表明，地下隧道结构在强震中会遭受严重损毁（Hashash et al，2001）。地表层中传播的地震波由体波和面波组成，同先期到达的体波相比，Rayleigh 面波的周期较长、振幅较大，由于该波衰减较慢，因而在远场其能量一般是占优的。另外，Rayleigh 波的一个重要特性是振幅沿深度指数衰减，其能量分布一般仅限于距离半空间自由表面两倍 Rayleigh 波波长范围的岩土层内，因而对深埋的地下结构物影响较小。但对于浅埋的地铁车站、地下隧道等，该波可能会产生强烈的破坏作用。

为便于分析，以弹性半空间中一圆形衬砌隧道为例进行计算分析。衬砌内外半径比值 $a_1/a_2=0.9$。材料特性取值：半空间和衬砌材料泊松比均取为 $\nu=1/3$，材料滞后阻尼比取为 0.001。考虑衬砌材料刚度和密度的变化，分别按柔性衬砌、同性衬砌和刚性衬砌进行参数取值。柔性衬砌情况，取半空间和衬砌材料的密度比 $\rho_1/\rho_2=1.25$，剪切波速比 $c_{\beta1}/c_{\beta2}=3.0$；同性衬砌情况，假设半空间和衬砌材料完全一致；刚性衬砌情况，密度比取 $\rho_1/\rho_2=0.8$，剪切波速比 $c_{\beta1}/c_{\beta2}=0.2$。

1. 地表位移反应

定义无量纲入射频率：$\eta=2a_1/\lambda_1=\omega a_1/(\pi c_{\beta1})$，表示洞室内径和半空间剪切波长的比值。图 4.26 给出了 Rayleigh 波入射下，柔性衬砌、同性衬砌和刚性衬砌情况的地表位移幅值。洞室埋深 $d/a_1=1.5$，无量纲入射频率取值：η 为 0.25、0.5、1.0 和 2.0。图 4.26 中的地表位移幅值已由入射 Rayleigh 波的地表水平位移幅值正规化，下同。从图 4.26 中可以看出，衬砌刚度变化对地表位移幅值和空间分布特征具有显著的影响：柔性和同性衬砌情况，洞室上方的位移放大效应比较显著；刚性衬砌情况，位移空间振荡则比较平缓，位移放大效应相对较弱。随着入射波频率增大，地表位移空间振荡逐渐加剧，空间分布更为复杂，整体上看位移幅值会降低，这是由于埋深相对于波长逐渐增大，Rayleigh 波的能量随深度逐渐减弱，散射效应相应地减小。需要指出的是，地表位移放大效应主要体现在隧道的左侧，右侧地表位移则体现了隧道对面波的“屏障”效应。

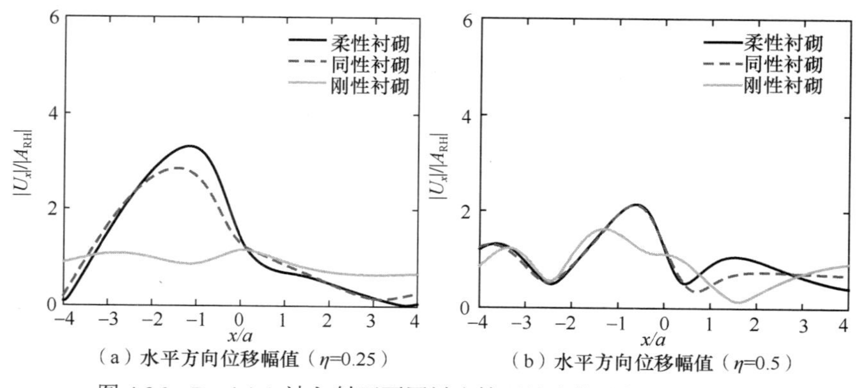

（a）水平方向位移幅值（η=0.25）　　（b）水平方向位移幅值（η=0.5）

图 4.26　Rayleigh 波入射下不同衬砌情况地表位移幅值（d/a=1.5）

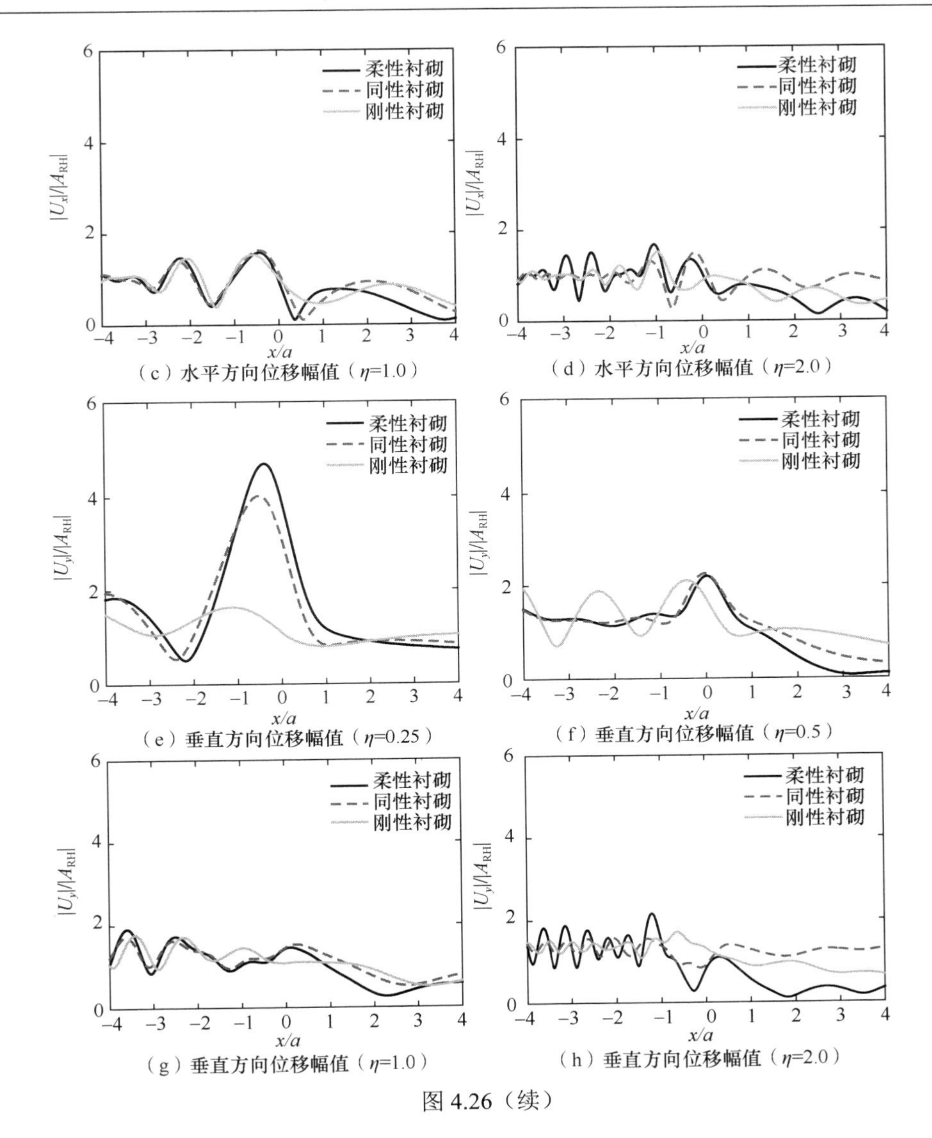

（c）水平方向位移幅值（η=1.0）　（d）水平方向位移幅值（η=2.0）

（e）垂直方向位移幅值（η=0.25）　（f）垂直方向位移幅值（η=0.5）

（g）垂直方向位移幅值（η=1.0）　（h）垂直方向位移幅值（η=2.0）

图 4.26（续）

彩图 4 和彩图 5 分别给出了 d/a 为 1.5 和 3.0 情况下，衬砌隧道附近地表位移幅值谱，地表点位取 x/a 为−2.0、−1.0、0、1.0 和 2.0。容易看出，衬砌刚度对地表位移频谱特征具有重要影响：柔性衬砌情况，谱曲线振荡较为剧烈，在低频段位移放大效应十分显著，洞室左上方附近竖向位移最大幅值超过了 4.0，约为自由场竖向位移的 2.92 倍。因此，在工程上尤须注意柔性衬砌浅埋隧道对低频 Rayleigh 波的位移放大效应。刚性衬砌情况，洞室附近位移放大效应相对较弱，频谱由线也相对简单。而无论衬砌刚度如何，位移放大主要集中在低频段（η =0.1～0.3），随着频率增大，放大效应逐渐减弱。还需注意的是，水平位移峰值频率要略大于竖向位移峰值频率。另外，埋深对反应谱特征影响显著，随着埋深增大，位移峰值频率会发生较小的偏移（逐渐减小），位移放大效应逐渐减弱。当 d/a=3 时，隧道上方附近位移峰值约为 2.1，比自由场放大了 53%，随着频率增大，位移场逐渐逼近自由场，当 η >0.8 时，基本可以忽略隧道对地表位移的影响。

2. 衬砌内外表面位移反应及动应力集中

彩图 6 给出了不同衬砌刚度情况，衬砌内、外壁上的位移幅值。整体上看内壁位移反应要大于外壁，但低频波情况下，内、外壁位移反应差别较小（η 为 0.25 和 0.5）。空间分布上，受 Rayleigh 波能量随深度衰减的影响，衬砌上半部分位移反应较大。需要注意的是低频波情况（η =0.25），柔性衬砌外壁左上部 $\theta = 110°$ 处，水平、竖向位移幅值分别达到 2.13 和 5.03，而该处自由场水平位移和竖向幅值为 0.49 和 1.49，若假定衬砌和围岩协同工作，衬砌附近土体位移也相应放大了近 2.5 倍。从一个侧面反映了衬砌-土体之间强烈的动力相互作用，在工程设计中不能简单地忽略衬砌隧道对自由场的影响。

彩图 7 给出了不同刚度衬砌中的环向应力幅值的云图。其中无量纲幅值定义为 $\sigma_{\theta\theta}^{*} =| \sigma_{\theta\theta} / (\mu k_{\beta 1}^{2})|$，表示洞周环向应力同半空间中入射相应频率体波应力幅值的比值。无量纲入射频率：η 为 0.5、1.0 和 2.0。如彩图 7 所示，整体上看，内壁应力要大于外壁，在衬砌顶部约 90° 范围内应力集中最为显著，衬砌下半部分应力因子值较小。衬砌刚度对应力幅值和空间分布特征影响显著：其中刚性衬砌应力最大，同性衬砌次之，而柔性衬砌最小，该规律同 P 波、SV 波入射情况一致。需要注意的是，刚性衬砌在高频波入射下，由于衬砌内、外壁上反射波的相干效应，衬砌中间截面会形成应力“节点”。而柔性或同性衬砌情况，环向应力则从内壁向外壁逐渐减小。

彩图 8 和彩图 9 分别给出了 d/a 为 1.5 和 3.0 情况下，隧道衬砌内壁、外壁不同位置的环向应力幅值谱曲线，计算位置分别取 θ =90°（衬砌顶部）、0°（隧道最右侧）、–90°（衬砌底部）和–180°（隧道最左侧）。可以看出，衬砌不同位置处应力谱曲线差异明显，其中顶部附近应力谱峰值最大，衬砌右侧和下侧的应力谱峰值较小。值得注意的是，在衬砌顶部内壁面上，柔性衬砌、同性衬砌静态应力集中更为显著（η =0.01 情况近似为静力状态），而刚性衬砌的动应力幅值较大，如 d/a=1.5 情况，无量纲应力幅值达到 15.7（η =0.05 附近），比静应力幅值增大约 27%。而在衬砌最左侧（θ =–180°），相比静力状态，动力集中效应十分明显，如 d/a=3 情况（彩图 9），刚性衬砌左侧点内壁动应力峰值达到 10.2（η =0.20 附近），而该处静力幅值无集中效应。另外，埋深对反应谱特征影响显著，随着埋深增大，应力谱峰值逐渐减小。当 d/a=3 时，η >1.0 以后，基本可以忽略地震波对衬砌应力的作用。因此工程设计中，主要需注意浅埋刚性衬砌隧道中的动应力集中效应，特别是衬砌左右两侧，若按静力集中因子设计可能会发生很大误差。

彩图 10 和彩图 11 所示为直墙拱形隧道情况下的地表位移幅值和衬砌内的环向应力幅值。直墙拱参数取值：拱身为半圆形，边墙高度等于拱身半径，拱心到地表距离为 1.5 倍拱径，其他参数同前文圆形隧道情况。入射波频率 η 为 0.5、1.0 和 2.0。通过同圆形隧道情况相应频率结果相比（图 4.26 和彩图 7），容易看出直墙拱形隧道上方地表位移反应特征同圆形隧道情况差异很小。整体上看，不同衬砌刚度下拱身环向应力空间分布特征同圆形隧道情况也比较接近（应力峰值略有差别）。需注意的是，柔性衬砌隧道在低频波入射下（η =0.5），边墙角部会出现明显的应力集中效应。而高频波情况，由于面波的深度衰减效应，边墙和底板中的应力幅值较小。

Rayleigh 波入射计算分析表明，衬砌隧道和无衬砌孔洞对 Rayleigh 波的散射具有显著的差别，衬砌刚度对散射规律具有重要影响。隧道及附近土体的动力反应特征主要取决于衬砌和围岩的刚度比、隧道的埋深和半径、入射波频率等因素。柔性衬砌、同性衬砌情况，浅埋隧道对低频 Rayleigh 波会产生明显的位移放大效应。刚性衬砌情况，隧道中的动应力集中效应十分显著。随着埋深增大，散射波场逐渐减弱，d/a=3 时，高频 Rayleigh 波入射下，基本可以忽略隧道对地表位移的影响和衬砌中的动应力集中效应。

4.3　二维凸起地形对地震波的散射

凸起地形是比较常见的场地类型之一，研究此类场地对地震波的散射问题具有重要的理论价值和现实意义。历史上多次地震观测表明，地震动在局部凸起场地附近会出现明显的放大效应。例如，1970 年中国通海地震中，有不少位于孤立小山丘或山脊（高度一般在百米以下）顶部村庄的震害比其他地方明显加重。美国对这个问题的研究起因则是由 1971 年的圣费尔南多（San Fernando）地震时帕科依玛（Pacoima）大坝附近的一条强震记录引起的。这个记录的最大加速度达到了 1.25g，大大超过了原先做出的最大地面加速度不会超过 1.0g 的假设。而仪器的位置是在圣加百列（San Gabriel）山的一个陡峭而狭窄的山脊上。1989 年洛马普列塔（Loma Prieta）地震中，罗宾伍德（Robinwood）山脊顶部遭受很大的破坏，而附近的悬崖看上去却影响甚小，也表明存在局部凸起地形的放大效应。由于凸起地形对波散射影响的复杂性（凸起内部存在波的多次反射），较之凹陷地形更难以精确求解。至今为止，可以利用的比较详尽的结果甚少。对于 SH 波入射下凸起地形的反应，袁晓铭和廖振鹏（1996）采用了将求解区域分块和设辅助函数并对其做 Fourier 展开的方法，得到了半圆形凸起地形和浅圆形凸起地形在 SH 波入射下的解析解。梁建文等（2006）采用波函数展开法，求解了凸起地形对 SV 波的散射。数值解方面，计算方法一般有有限单元法、有限差分法及边界元法等。由于边界元法不仅能够降低问题的维数，且无限远处辐射条件自动满足，因而比较适合无限或半无限域内的波动问题求解。Sánchez-Sesma（1991）采用 IBEM 求解了二维情况下任意凹陷或者凸起地形对平面波的散射问题，但其并没有给出详尽的数值结果；Ortizalemán 等（1998）采用同样的方法，分析了三维山体对地震波的散射问题，而基于 IBIEM 求解凸起地形对波的散射问题在以往文献中尚未见报道。

本节进一步将该方法拓展到凸起地形波动问题当中，求解任意形状和任意材料凸起地形对弹性波的散射问题。数值结果同样验证了该方法的精确性及很广的适用性——对高陡的山形和很高的入射波频率均能给出精确的结果。

4.3.1 计算模型

图 4.27 所示为均匀半空间上一任意形状凸起地形，假设半空间（D_1）和凸起域内（D_2）均为各向同性的均匀弹性介质。D_1 水平表面设为 Γ，D_1 和 D_2 的交界面设为 S_1，D_2 表面突出部分设为 S_2。D_1 内介质密度为 ρ_1，剪切模量为 μ_1，泊松比为 ν_1，D_2 内材料特性相应为 ρ_2、μ_2 和 ν_2。由此可以决定各区域内 SH 波波速和波数。

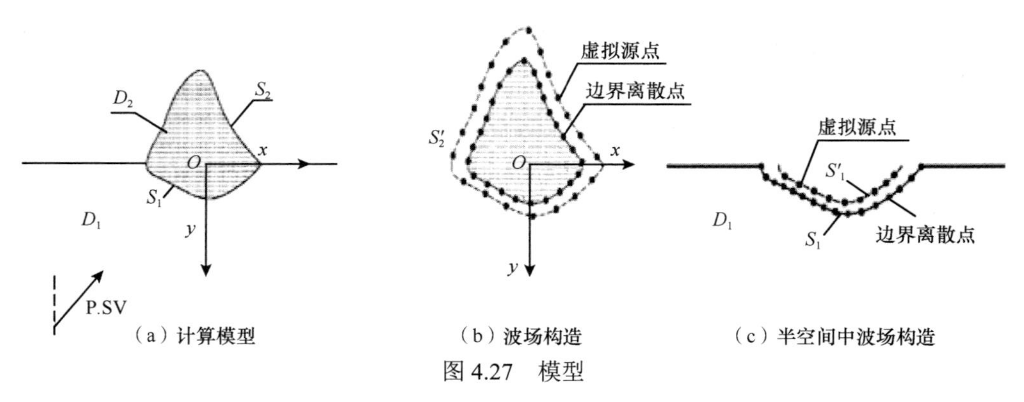

（a）计算模型　　（b）波场构造　　（c）半空间中波场构造

图 4.27　模型

4.3.2 计算方法及过程

1. 波场分析

简谐波输入条件下，各区域内介质运动满足稳态波动方程：

$$\frac{\partial^2 w_j}{\partial x^2}+\frac{\partial^2 w_j}{\partial y^2}+k_j{}^2 w=0 \quad (j=1,2) \tag{4.18}$$

式中：w_j 表示出平面 z 向位移；k_j 为 D_j 域内 SH 波数。

假设平面 SH 波从半空间中入射，入射角为 γ。当凸起地形不存在时，自由波场由入射波和反射波构成。

入射波：

$$w^{\mathrm{i}} = \mathrm{e}^{\mathrm{i}\omega t - k_1(x\cos\gamma - y\sin\gamma)} \tag{4.19}$$

反射波：

$$w^{\mathrm{r}} = \mathrm{e}^{\mathrm{i}\omega t - k_1(x\cos\gamma + y\sin\gamma)} \tag{4.20}$$

总的自由波场：

$$w^{\mathrm{f}} = \mathrm{e}^{\mathrm{i}\omega t - k_1(x\cos\gamma - y\sin\gamma)} + \mathrm{e}^{\mathrm{i}\omega t - k_1(x\cos\gamma + y\sin\gamma)} \tag{4.21}$$

当凸起地形存在时，D_1、D_2 域内的散射波可分别由虚拟源面上的波源构造，由单层位势理论，散射波场引起的位移和应力可以表达如下。

D_1 域内：

$$w_1^{\mathrm{s}} = \int_{S_1'} c(Q_1) G_1(P_1, Q_1) \mathrm{d}s \qquad (P_1 \in D_1, Q_1 \in S_1') \tag{4.22}$$

D_2 域内：

$$w_2^{\mathrm{s}} = \int_{S_2'} c(Q_2) G_2(P_2, Q_2) \mathrm{d}s \qquad (P_2 \in D_2, Q_2 \in S_2') \tag{4.23}$$

式中：$c(Q_1)$、$c(Q_2)$ 分别表示虚拟源面 S_1' 上 Q_1 位置、S_2' 上 Q_2 位置处的源密度；$G_1(P_1,Q_1)$ 表示半空间位移格林函数，即 Q_1 处作用 SH 波线源时在 P_1 点处引起的位移；该函数自动满足波动方程和地表的边界条件；因而地表边界条件不需要再考虑；$G_2(P_2,Q_2)$ 表示全空间内位移格林函数，用来构造 D_2 域内散射波。

上述格林函数可以分别表达为

$$G_1(P_1, Q_1) = \mathbf{H}_0(k_1 r_{11}) + \mathbf{H}_0(k_1 r_{12}) \quad \left(r_{11} = \sqrt{(x_1 - x_1')^2 + (y_1 - y_1')^2},\ r_{12} = \sqrt{(x_1 - x_1')^2 + (y_1 + y_1')^2}\right) \tag{4.24}$$

$$G_2(P_2, Q_2) = \mathbf{H}_0(k_2 r_2) \quad \left(r_2 = \sqrt{(x_2 - x_2')^2 + (y_2 + y_2')^2}\right) \tag{4.25}$$

式中：$\mathbf{H}_0(\cdot)$ 表示零阶 Hankel 函数；P_1、Q_1 点的坐标分别为 (x_1, y_1)、(x_1', y_1')；r_{11} 为两点间距；r_{12} 为 P_1 点和 Q_1 镜像点的间距；P_2、Q_2 点的坐标分别为 (x_2, y_2)、(x_2', y_2')；r_2 为 P_2、Q_2 两点的间距。

2. 求解过程

边界条件如下所示：

1）S_1 面上的位移应力连续性条件为

$$w^{\mathrm{f}} + w_1^{\mathrm{s}} = w_2^{\mathrm{s}} \tag{4.26}$$

$$\tau_{nz}^{\mathrm{f}} + \tau_{1,nz}^{\mathrm{s}} = \tau_{2,nz}^{\mathrm{s}} \tag{4.27}$$

2）凸起地表面 S_2 上的零应力条件为

$$\tau_{2,nz}^{\mathrm{s}} = 0 \tag{4.28}$$

3）自由地表面 $\varGamma$ 的零应力条件，所设波函数能够自动满足。

结合积分表达式（4.22）和式（4.23）、式（4.26）～式（4.28）可以分别展开如下：

$$\int_{S_1'} c_1(Q_1)G_1(P,Q_1)\mathrm{d}s - \int_{S_2'} c_2(Q_2)G_2(P,Q_2)\mathrm{d}s = -w^{\mathrm{f}}(P) \quad (P \in S_1) \tag{4.29}$$

$$\mu_1\int_{S_1'} c_1(Q)\frac{\partial G_1(P,Q)}{\partial n_{\mathrm{P}}}\mathrm{d}s - \mu_2\int_{S_2'} c_2(Q)\frac{\partial G_2(P,Q)}{\partial n_{\mathrm{P}}}\mathrm{d}s = -\mu_1\frac{\partial w^{\mathrm{f}}(P)}{\partial n_{\mathrm{P}}} \quad (P \in S_1) \tag{4.30}$$

$$\mu_2\int_{S_2'} c_2(Q_2)\frac{\partial G_2(P,Q_2)}{\partial n_{\mathrm{P}}}\mathrm{d}s = 0 \quad (P \in \mathrm{S}_2) \tag{4.31}$$

对积分方程进行数值求解，边界 S_1、S_2 离散点数分别为 N_1、N_2，虚拟波源面 S_1'、S_2' 离散点数分别为 M_1、M_2，积分方程可以表达为

$$\sum_{m_1=1}^{M_1} c(Q_{m1})G_1(P_{1n},Q'_{m_1}) - \sum_{m_2=1}^{M_2} c(Q_{m_2})G_2(P_{1n},Q_{m_2}) = -w^{\mathrm{f}}(P_{1n}) \tag{4.32}$$

$$\sum_{m_1=1}^{M_1} c(Q_{m1})\frac{\partial G_1(P_{1n},Q'_{m_1})}{\partial n_{P_{1n}}} - \kappa\sum_{m_2=1}^{M_2} c(Q_{m_2})\frac{\partial G_2(P_{1n},Q'_{m_2})}{\partial n_{P_{1n}}} = -\frac{\partial w^{\mathrm{f}}(P_{1n})}{\partial n_{P_{1n}}} \tag{4.33}$$

$$\sum_{m_2=1}^{M_2} c(Q_{m_2})\frac{\partial G_2(P_n,Q'_{m_2})}{\partial n_{P_n}} = 0 \tag{4.34}$$

$$\sum_{m_1=1}^{M_1} c(Q_{m1})G_1(P_l,Q_{m_1}) - \sum_{m_2=1}^{M_2} c(Q_{m_2})G_2(P_l,Q_{m_2}) = -w^{\mathrm{f}}(P_{1n}) \tag{4.35}$$

$$\sum_{m_1=1}^{M_1} c(Q_{m1})\frac{\partial G_1(P_l,Q'_{m_1})}{\partial n_{P_{1n}}} - \kappa\sum_{m_2=1}^{M_2} c(Q_{m_2})\frac{\partial G_2(P_{1n},Q'_{m_2})}{\partial n_{P_{1n}}} = -\frac{\partial w^{\mathrm{f}}(P_{1n})}{\partial n_{\mathrm{P}_{1n}}} \tag{4.36}$$

$$\sum_{m_2=1}^{M_2} c(Q_{m_2})\frac{\partial G_2(P_n,Q'_{m_2})}{\partial n_{P_n}} = 0 \tag{4.37}$$

式中：$n=1,N_1$；$l=1,N_1$；$P_l \in S_1$；$P_n \in S_2$。

以上各式可以合写为 $\boldsymbol{HA}=\boldsymbol{B}$。式中：$\boldsymbol{H}(2N,2M)$ 为格林影响矩阵；$\boldsymbol{A}(2M,1)$ 为待求源密度矩阵；$\boldsymbol{B}(2N,1)$ 为自由场的位移和应力向量。对于此超定方程组，其近似解计算公式如下：

$$\boldsymbol{A} = [\boldsymbol{H}^*\boldsymbol{H}]^{-1}\boldsymbol{H}^*\boldsymbol{B} \tag{4.38}$$

定义残差 $\boldsymbol{E}^2 = (\boldsymbol{HA}-\boldsymbol{B})^*(\boldsymbol{HA}-\boldsymbol{B})$，该解能够使残差最小。其中，*表示共轭转置。$S_1'$、$S_2'$ 上虚拟源密度确定后，便确定了散射波场和总波场。进而可以计算半空间任意点位的位移及应力，问题从而得到求解。

4.3.3 方法验证

为验证本节方法的精度，计算半圆凸起在 SH 波入射下的反应，并同现有的精确解析解进行对比分析。

1. 验证一：半圆凸起同Lee（1979）结果对比

首先定义无量纲频率为$\eta = 2a/\lambda = \omega a/(\pi\beta_1)$，其中$a$为凸起半圆半径；$\lambda_1$、$\beta_1$分别为半空间和凸起内介质SH波的波长和波速。计算参数：泊松比$\nu = 0.25$。

如图4.28所示，η为5.0和10.0两个高频波入射情况。本节计算结果同Lee（1979）所得结果的对照。可以看出，本节方法同解析解的精度相当，在很高的入射频率下也能给出足够精确的结果。这表明该方法具有很广的适用性，适合高频波的散射求解。

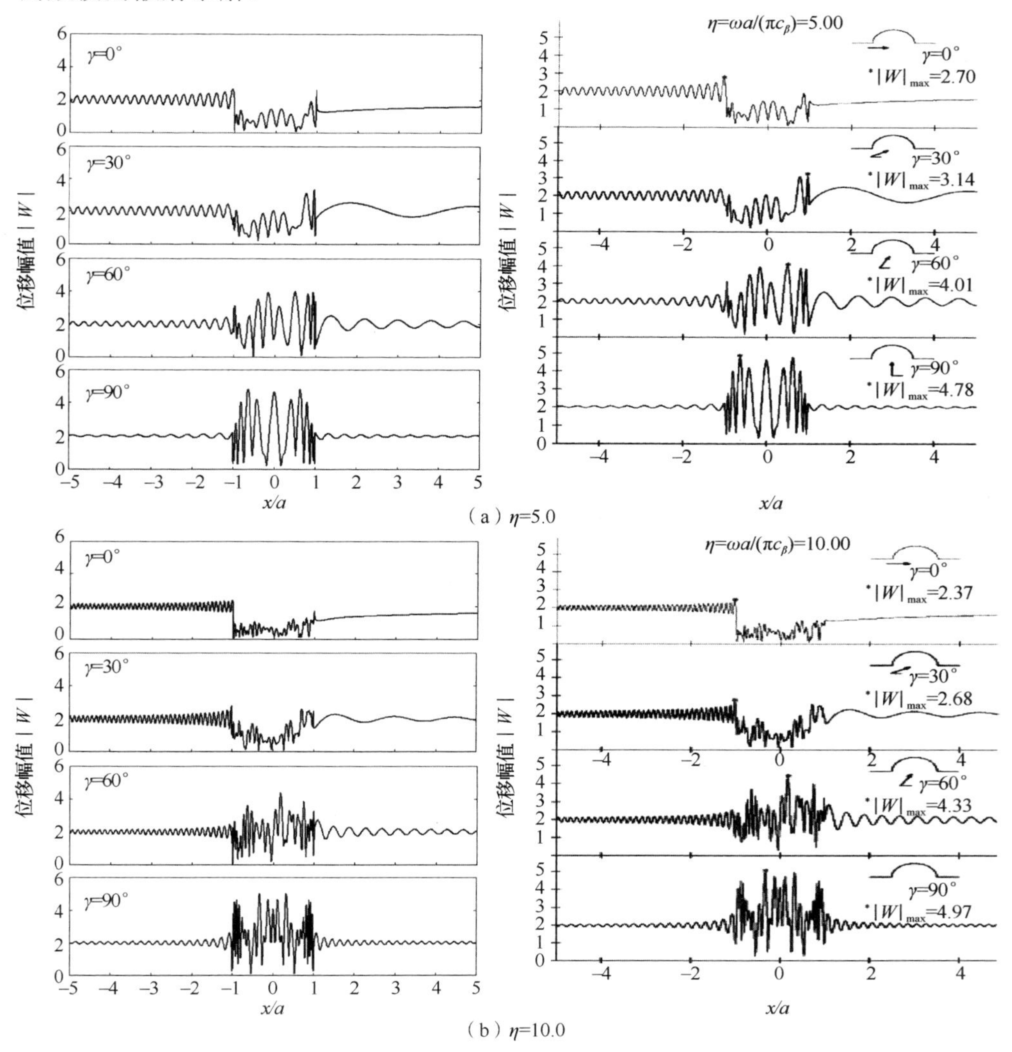

（a）η=5.0

（b）η=10.0

图4.28　高频波入射

本节与Lee（1979）结果对比

2. 验证二：半圆凸起同袁晓铭和廖振鹏（1996）结果对比

下面给出了$\eta = 1.0$时，本节结果同袁晓铭和廖振鹏（1996）结果的对比情况，具体的计算参数和数值结果如表 4.4 所示。验证表明随着边界离散点数增加，本节结果能够逐渐逼近精确解析解，而且是数值稳定的。

表 4.4 本节结果同袁晓铭和廖振鹏（1996）结果对比

参数	解析解		$N=25$，$M=21$		$N=51$，$M=41$		$N=101$，$M=81$		$N=201$，$M=161$	
	$\alpha=0°$	$\alpha=90°$	$\alpha=0°$	$\alpha=90°$	$\alpha=0°$	$\alpha=90°$	$\alpha=0°$	$\alpha=90°$	$\alpha=0°$	$\alpha=90°$
−3.0	2.231	2.210	2.262	2.201	2.245	2.206	2.233	2.209	2.231	2.210
−2.50	1.775	2.138	1.738	2.123	1.758	2.133	1.773	2.138	1.775	2.139
−2.00	2.268	1.747	2.306	1.757	2.286	1.752	2.271	1.749	2.269	1.749
−1.90	2.088	1.702	2.133	1.717	2.108	1.709	2.091	1.704	2.088	1.703
−1.80	1.855	1.689	1.892	1.708	1.868	1.696	1.856	1.690	1.853	1.689
−1.70	1.657	1.711	1.669	1.732	1.659	1.718	1.657	1.712	1.656	1.711
−1.60	1.612	1.768	1.587	1.788	1.598	1.774	1.610	1.768	1.612	1.767
−1.50	1.762	1.855	1.714	1.870	1.740	1.859	1.759	1.854	1.762	1.853
−1.40	2.029	1.964	1.987	1.973	2.012	1.965	2.028	1.962	2.031	1.961
−1.30	2.292	2.086	2.280	2.086	2.292	2.083	2.294	2.084	2.297	2.083
−1.20	2.454	2.215	2.491	2.201	2.477	2.206	2.459	2.212	2.460	2.212
−1.10	2.443	2.349	2.559	2.309	2.507	2.327	2.446	2.346	2.442	2.347
−1.00	1.950	2.575	1.879	2.610	1.879	2.623	1.927	2.606	1.949	2.598
−0.90	0.386	1.826	0.443	1.801	0.403	1.824	0.379	1.829	0.376	1.830
−0.80	0.773	0.708	0.819	0.704	0.796	0.712	0.778	0.713	0.776	0.713
−0.70	1.136	0.376	1.185	0.383	1.161	0.383	1.144	0.385	1.142	0.385
−0.60	1.355	1.287	1.403	1.267	1.379	1.281	1.362	1.287	1.360	1.288
−0.50	1.452	2.089	1.499	2.045	1.474	2.070	1.458	2.079	1.455	2.080
−0.40	1.448	2.739	1.492	2.689	1.469	2.722	1.454	2.734	1.451	2.736
−0.30	1.361	3.243	1.400	3.193	1.381	3.234	1.368	3.248	1.366	3.250
−0.20	1.211	3.612	1.240	3.555	1.226	3.600	1.217	3.616	1.215	3.619
−0.10	1.019	3.843	1.028	3.773	1.023	3.821	1.018	3.838	1.017	3.840
0.00	0.804	3.922	0.789	3.846	0.796	3.895	0.780	3.912	0.799	3.915
0.10	0.614	3.943	0.575	3.773	0.601	3.821	0.614	3.838	0.615	3.840
0.20	0.573	3.612	0.512	3.555	0.553	3.600	0.574	3.616	0.576	3.619
0.30	0.752	3.243	0.687	3.193	0.722	3.234	0.741	3.248	0.743	3.25
0.40	1.042	2.739	0.992	2.689	1.015	2.722	1.028	2.734	1.030	2.736
0.50	1.358	2.089	1.334	2.045	1.347	2.07	1.355	2.079	1.356	2.08
0.60	1.674	1.287	1.667	1.267	1.673	1.281	1.677	1.287	1.677	1.288

续表

参数	解析解		$N=25$，$M=21$		$N=51$，$M=41$		$N=101$，$M=81$		$N=201$，$M=161$	
	α=0°	α=90°	α=0°	α=90°	α=0°	α=90°	α=0°	α=90°	α=0°	α=90°
0.70	1.963	0.376	1.957	0.383	1.957	0.383	1.958	0.385	1.958	0.385
0.80	2.156	0.708	2.158	0.704	2.154	0.712	2.153	0.713	2.153	0.713
0.90	2.168	1.826	2.179	1.801	2.175	1.824	2.173	1.829	2.172	1.83
1.00	1.155	2.575	1.324	2.61	1.317	2.623	1.300	2.606	1.291	2.598
1.10	1.127	2.349	0.977	2.309	0.997	2.327	1.027	2.346	1.030	2.347
1.20	1.128	2.215	1.595	2.201	1.595	2.206	1.596	2.212	1.595	2.212
1.30	1.141	2.086	2.226	2.086	2.220	2.083	2.212	2.084	2.211	2.083
1.40	1.159	1.964	2.669	1.973	2.663	1.965	2.653	1.962	2.652	1.961
1.50	1.178	1.855	2.867	1.87	2.864	1.859	2.855	1.854	2.854	1.853
1.60	1.198	1.768	2.812	1.788	2.812	1.774	2.806	1.768	2.806	1.767
1.70	1.217	1.711	2.529	1.732	2.533	1.718	2.531	1.712	2.531	1.711
1.80	1.235	1.689	2.079	1.708	2.086	1.696	2.089	1.69	2.090	1.689
1.90	1.253	1.702	1.580	1.717	1.589	1.709	1.595	1.704	1.596	1.703
2.00	1.269	1.747	1.257	1.757	1.262	1.752	1.269	1.749	1.270	1.749
2.50	1.339	2.138	2.6791	2.123	2.675	2.133	2.669	2.138	2.669	2.139
3.00	1.393	2.210	1.383	2.201	1.387	2.206	1.393	2.209	1.394	2.210

4.3.4　数值算例分析

图 4.29 所示为不同频率波作用下（η=0.5、1.0、2.0、5.0）半圆凸起地形附近地表位移幅值。图 4.30～图 4.33 表示受 4 个频率波作用下（η=0.5、1.0、2.0、5.0）凸起高宽比对地表位移反应的影响。

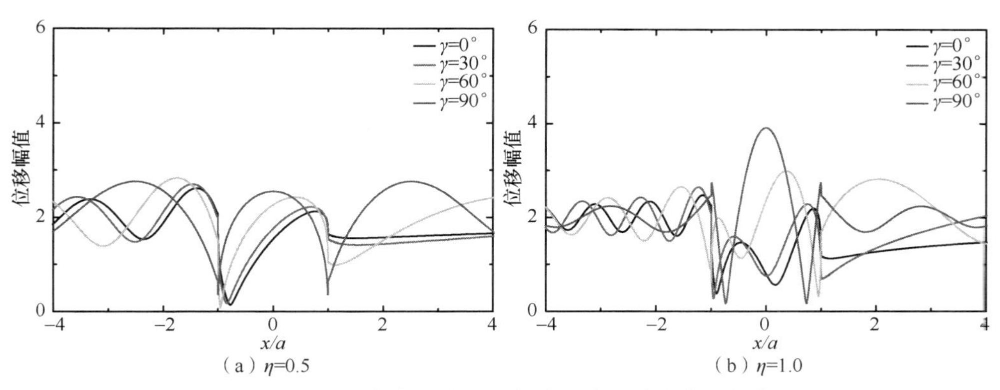

图 4.29　不同频率下半圆凸起地形附近地表位移幅值

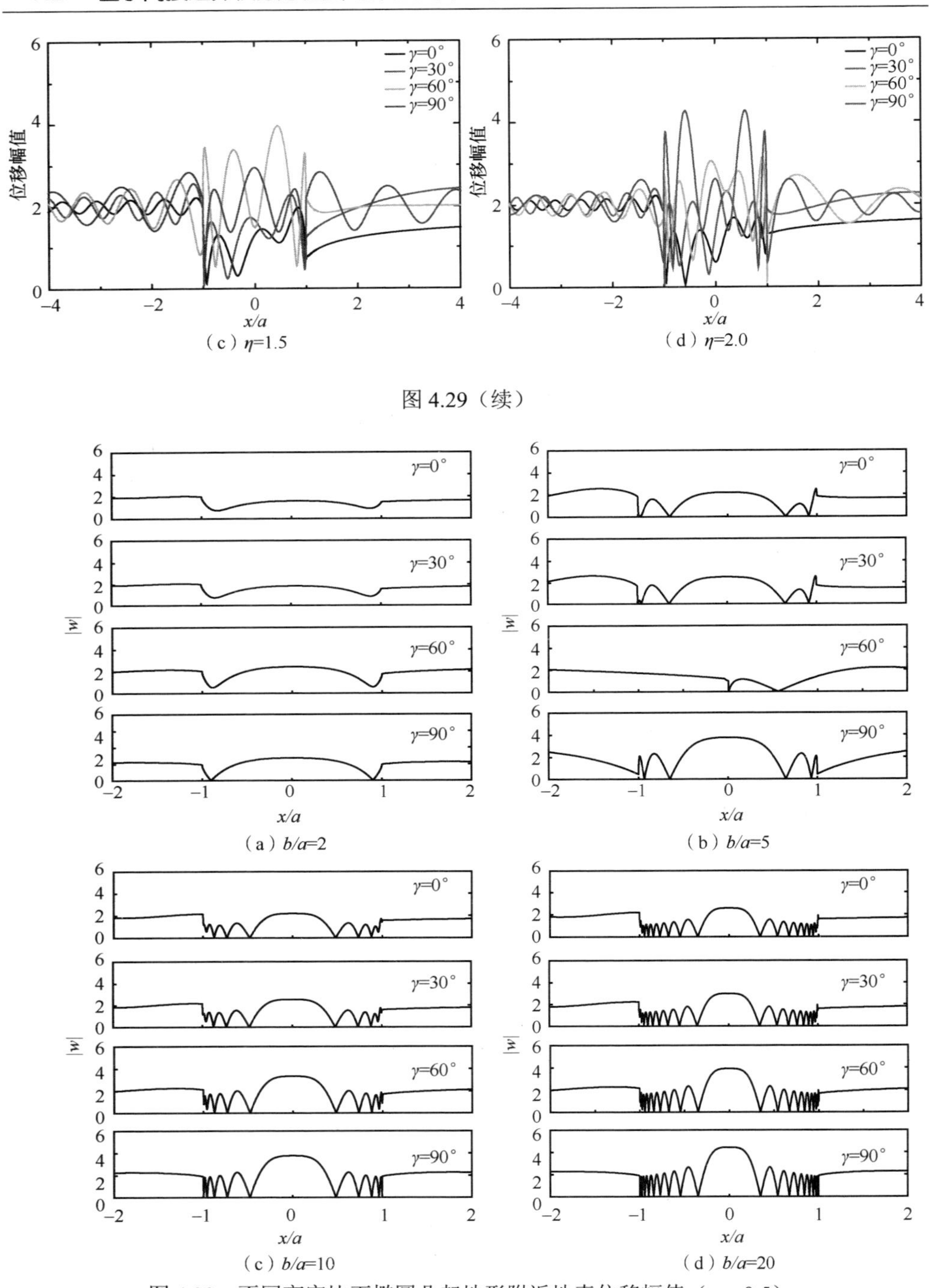

（c）η=1.5

（d）η=2.0

图 4.29（续）

（a）b/a=2

（b）b/a=5

（c）b/a=10

（d）b/a=20

图 4.30　不同高宽比下椭圆凸起地形附近地表位移幅值（η =0.5）

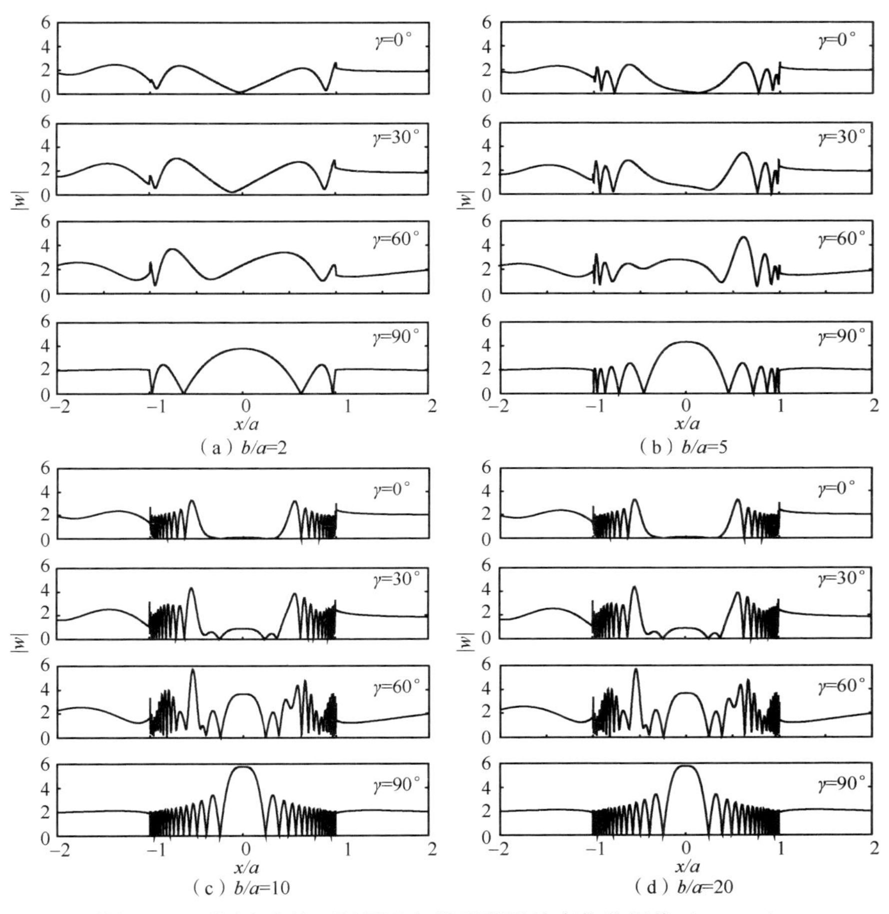

图 4.31　不同高宽比下椭圆凸起地形附近地表位移幅值（η =1.0）

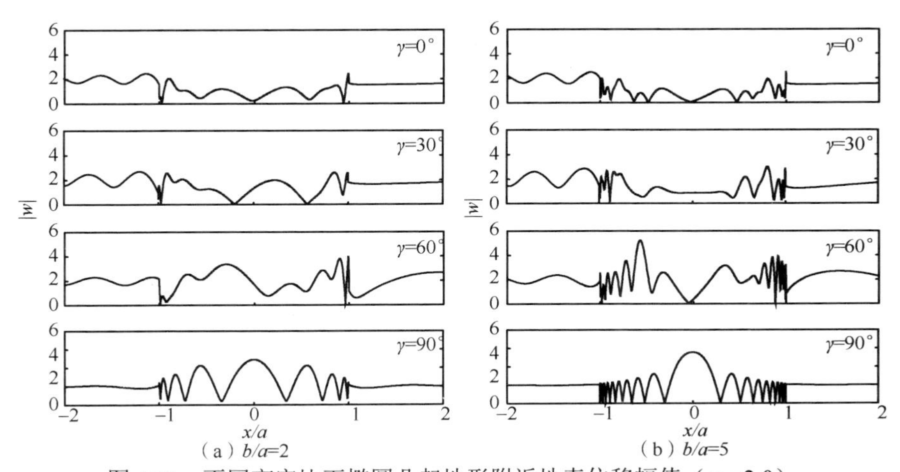

图 4.32　不同高宽比下椭圆凸起地形附近地表位移幅值（η =2.0）

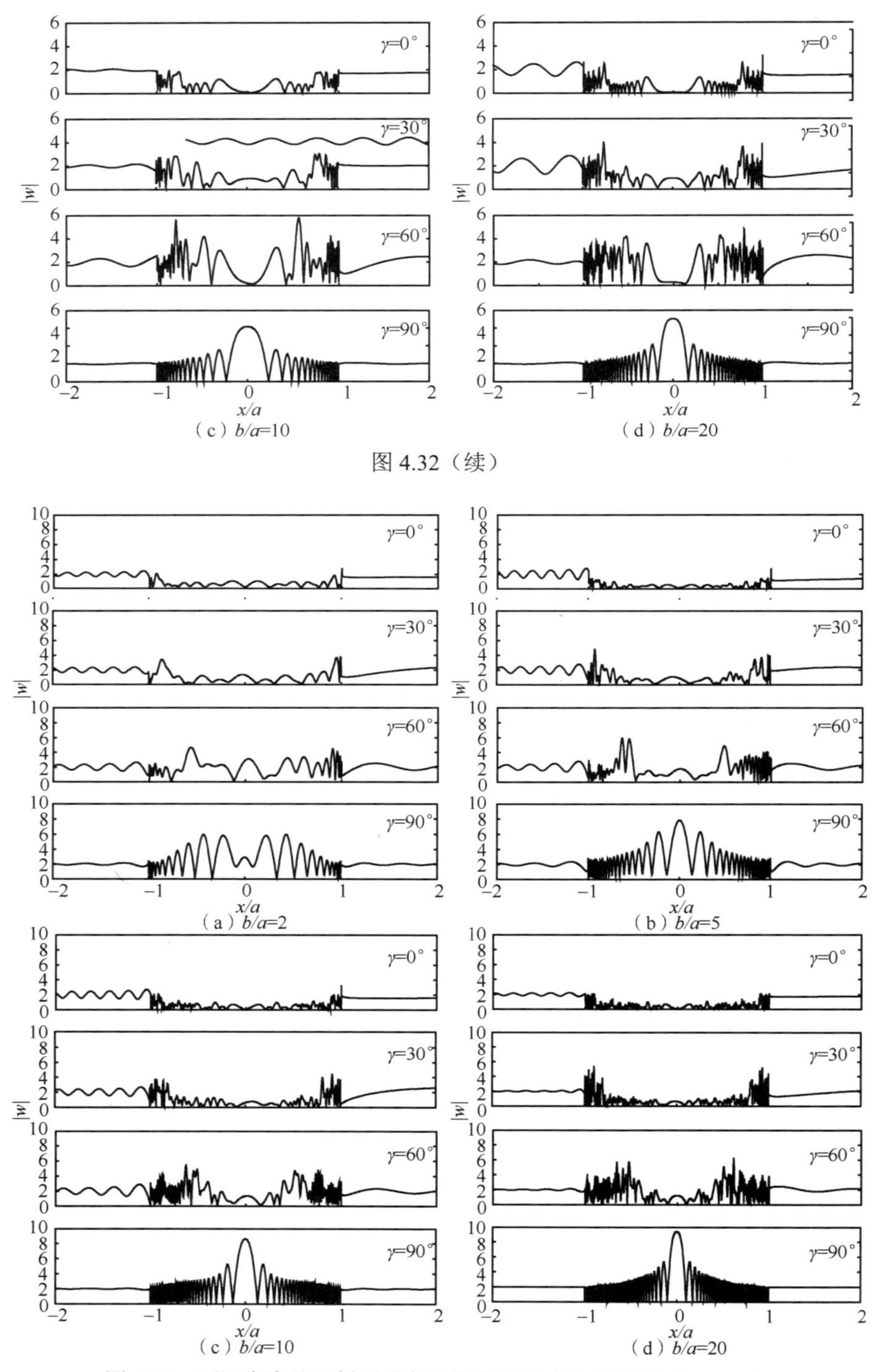

图 4.32（续）

图 4.33　不同高宽比下椭圆凸起地形附近地表位移幅值（η =5.0）

计算结果表明：

1）凸起地形及附近的位移幅值相对较大；入射波近端位移幅值比较复杂，而远端比较简单；随着入射波频率的逐渐升高，地表位移逐渐变得复杂。另外，垂直入射波的波长等于或稍短于凸起地形特征宽度时，山顶出现最大位移幅值反应，且对入射波有显著放大作用。

2）凸起地形高宽比对地面运动影响很大，随着高宽比的升高，山顶附近位移幅值出现显著增大，且沿着山体面空间振荡更为剧烈，出现多个驻波点。同时，较矮凸起地形的地震动放大效应通常相对较弱。但在某些情况下如接近共振状态，小高宽比凸起地形对地面运动的放大和空间分布不均匀性的影响仍不可忽视。

4.4 本章小结

本章针对衬砌隧道和凸起地形对弹性波的二维散射IBIEM求解进行了详细论述，进一步拓展了IBIEM的应用范围，使该方法可以求解半空间中任意不均质体对弹性波的散射问题。

1）给出了半空间圆形隧道和直墙拱形隧道对平面波的散射结果，而方法对于其他任意形状的洞室是适用的。

2）关于洞室形状、埋深等因素的影响，还有待进一步探讨。若结合层状半空间中动力格林函数，本章方法很容易求解层状场地中衬砌隧道对地震波的散射，对实际工程应用具有更大的参考价值。

3）对二维凸起地形弹性波的散射结果进行检验和分析，验证了该方法的准确性。算例分析表明IBIEM可以高效精确地求解任意高陡地形对弹性波的散射问题，对于复杂场地地震动评估、地震波特性分析及边坡动力稳定评价等均具有应用价值。

参考文献

梁建文，纪晓东，2006. 地下衬砌洞室对Rayleigh波的放大作用[J]. 地震工程与工程振动，26（4）：24-31.

梁建文，纪晓东，LEE V W，2005. 地下圆形衬砌隧道对沿线地震动的影响（II）：数值结果[J]. 岩土力学，26（5）：687-692.

梁建文，张彦帅，LEE V W，2006. 平面SV波入射下半圆凸起地形地表运动解析解[J]. 地震学报，28（3）：238-249.

袁晓铭，廖振鹏，1996. 任意圆弧形凸起地形对平面SH波的散射[J]. 地震工程与工程振动，6（2）：1-13.

DATTA S K, SHAH A H, WONG K C, 1984. Dynamic stresses and displacements in buried pipe[J]. Journal of engineering mechanics, 110(10): 1451-1466.

DRAVINSKI M, MOSSESSIAN T K, 1987. Scattering of plane harmonic P, SV, and Rayleigh waves by dipping layers of arbitrary shape[J]. Bulletin of the seismological society of America, 77(1): 212-235.

ESMAEILI M, VAHDANI S, NOORZAD A, 2005. Dynamic response of lined circular tunnel to plane harmonic waves[J]. Tunnelling & underground space technology incorporating trenchless technology research, 21(5): 511-519.

GAO Y, DAI D, ZHANG N, et al, 2016. Scattering of plane and cylindrical SH waves by a horseshoe shaped cavity[J]. Journal of earthquake & tsunami, 11(2): 1650011.

HASHASH Y M A, HOOK J J, SCHMIDT B, et al, 2001. Seismic design and analysis of underground structures[J]. Tunnelling & underground space technology incorporating trenchless technology research, 16(4): 247-293.

HÖLLINGER F, ZIEGLER F, 1979. Scattering of pulsed Rayleigh surface waves by a cylindrical cavity [J]. Wave motion, 1(3): 225-238.

HWANG R N, LYSMER J, 1981. Response of buried structures to traveling waves[J]. Journal of the geotechnical engineering division, 107(2): 183-200.

LEE V W, 1979. Response of tunnels to incident SH waves[J]. Journal of engineering mechanics, 105(4): 643-659.

LIU Q, WANG R, 2012. Dynamic response of twin closely-spaced circular tunnels to harmonic plane waves in a full space[J]. Tunnelling and underground space technology incorporating trenchless technology research, 32(6): 212-220.

LUCO J E, BARROS F C P D, 1994. Dynamic displacements and stresses in the vicinity of a cylindrical cavity embedded in a half-space[J]. Earthquake engineering & structural dynamics, 23(3): 321-340.

MOORE I D, GUAN F, 2015. Three-dimensional dynamic response of lined tunnels due to incident seismic waves[J]. Earthquake engineering & structural dynamics, 25(4): 357-369.

ORTIZALEMÁN C, SÁNCHEZSESMA F J, RODRÍGUEZZÚÑIGA J L, et al, 1998. Computing topographical 3D site effects using a fast IBEM/conjugate gradient approach[J]. Bulletin of the seismological society of America, 88(2): 393-399.

SÁNCHEZ S F J, CAMPILLO M, 1991. Diffraction of P, SV, and Rayleigh waves by topographic features: a boundary integral formulation[J]. Bulletin of the seismological society of America, 81(6): 2234-2253.

STAMOS A A, BESKOS D E, 1996. 3-D seismic response analysis of long lined tunnels in half-space[J]. Soil dynamics & earthquake engineering, 15(2): 111-118.

WONG H L, 1982. Effect of surface topography on the diffraction of P, SV, and Rayleigh waves[J]. Bulletin of the seismological society of America, 72(4): 1167-1183.

第5章　饱和半空间二维弹性波散射 IBIEM 求解

5.1　引　　言

第 4 章基于 IBIEM 求解了典型局部场地和地下结构对弹性波散射，然而在自然界和人工材料中，饱和两相介质十分常见，如饱和岩土、人体肌肉、复合材料等。对饱和土来说，其主要由土体骨架和流体组成，孔隙内存在的流体具有不可压缩性，且波动过程中流体和固体间的耦合作用，使得弹性波在饱和介质中传播过程相比弹性介质中更为复杂。目前国内外已研发出多种饱和两相介质模型，如 Biot 模型、混合物理论、Biot-Sqriut 模型等。其中 Biot 模型应用最为广泛，从宏观上能够揭示多种波模式的耦合作用、波的传播衰减效应。本章基于该模型研究饱和半空间中常见的凹陷地形、沉积河谷对地震波的散射。

首先，凹陷地形地震反应研究方面：20 世纪 70 年代初，Trifunac（1973）开创性地给出了平面 SH 波在半圆凹陷周围散射二维问题的精确解。随后，国内外多位学者对该问题进行了研究。求解方法主要有解析法（Wong and Trifunac，1974a，1974b；Cao and Lee，1989，1990；Lee and Cao，1989；Todorovska and Lee，1991a，1991b；Yuan and Liao，1994）和数值法（Sánchez-Sesma and Rosenblueth，1979；Wong，1982；Kawase，1988；Vogt et al，1988；Sánchez-Sesma and CamPillo，1991；Liu and Liao，1987；Zhang and Zhao，1988；Liu and Han，1991；杜修力等，1992；Liao，2002；Zhou and Chen，2007），解析法主要是波函数展开法，数值法主要包括进行域内离散的有限差分法、有限元法和进行边界离散的边界元法、离散波数法、波源法等。值得指出的是，实际场地常常是饱和两相介质。Li 和 Zhao（2003，2005）、Liang 等（2006）采用波函数展开法给出了 P 波和 SV 波在饱和半空间中凹陷地形周围散射的解析解，但由于均采用大圆弧模拟半空间地表，解答存在一定的近似性（Lee and Liang，2008；Luco and Barros，1994）。

沉积河谷作为常见的局部场地之一，其对地震动的显著影响已为多次地震观测和震害调查所证实。沉积河谷对地震动的影响本质上源于沉积介质对地震波的散射。1971 年，Trifunac 开创性地给出了半圆沉积何谷对平面 SH 波散射问题的精确解析解。随后，国内外多位学者对该问题进行了分析研究。求解方法整体上可以分为解析法和数值法。解析法主要是波函数展开法（Wong and Trifunac，1974a，1974b；Todorovska and Lee，1991a，1991b；Yuan and Liao，1995），数值法主要包括有限差分法（Boore et al，1971）、有限元法（廖振鹏，2002）、边界元法（杜修力等，1992；Sánchez-Sesma et al，1993）、离散波数法（Kawase and Keiiti，1989；Zhou and Chen，2008）等。

值得指出的是，上述研究均针对单相场地情况，而在沿海地区，场地实际上多是饱和两相介质。Li 等（2005）、Zhou 等（2008）分别采用波函数展开法和复变函数法给出了 P 波和 SV 波在饱和半空间中沉积何谷周围散射的解析解。但他们均采用大圆弧面模拟半空间地表，因而在问题解答上存在着一定的近似性（Lee and Liang，2008）。

本章首先基于 Biot 两相介质理论，利用饱和半空间两类膨胀波源和一类剪切波源格林函数（二维线源），采用 IBIEM 求解饱和半空间中凹陷地形、沉积河谷对弹性波的二维散射问题。然后通过边界条件验算、退化解答与现有结果比较和数值稳定性检验，验证方法的精度和效率。再后通过数值算例研究平面 P_I 波在饱和半空间中凹陷地形、SV 波在沉积河谷周围散射的基本规律，研究凹陷地形及饱和沉积河谷的地震动放大效应，分析入射波频率、边界渗透条件、孔隙率等因素对饱和局部场地地震波散射的影响，并给出不同参数情况局部场地附近地表位移幅值和孔隙水压。最后基于层状饱和半空间动力格林函数，进一步将 IBIEM 拓展到层状饱和半空间地震波散射模拟。

5.2 饱和半空间二维凹陷地形对弹性波的散射

5.2.1 模型及求解

如图 5.1 所示，饱和半空间 D 内包含一个无限长任意形状凹陷，凹陷表面记为 S；为构造散射波场，在凹陷的内部引入一个虚拟波源面 s'，其形状和凹陷表面一致。以 P_I 波入射为例，求解饱和半空间中凹陷对弹性波的二维散射问题。

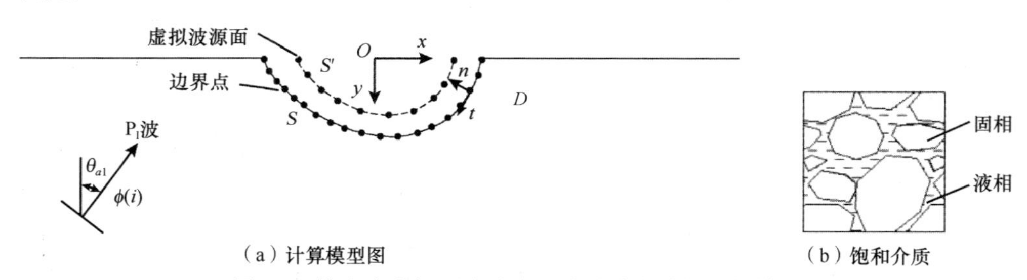

图 5.1 饱和半空间凹陷地形对地震波的散射计算模型

5.2.2　Biot 饱和两相介质理论

设土骨架位移和流体相对于骨架的位移分别为u_i和w_i（$i=x,y$），均匀饱和介质的本构关系可以表达如下（Biot，1962）：

$$\sigma_{ij}=\lambda e\delta_{ij}+2\mu\varepsilon_{ij}-\delta_{ij}\alpha p \quad (i,j=x,y) \tag{5.1}$$

$$P=-\alpha Mu_{i,i}-Mw_{i,i} \tag{5.2}$$

式中：p、σ_{ij}分别为孔隙水压和土体的总应力分量；ε_{ij}、e分别为土骨架的应变分量和体积应变；μ、λ为土骨架的两个 Lame 常数；α、M为表征土颗粒和孔隙流体压缩性的参数（$0\leqslant\alpha\leqslant1$，$0\leqslant M<\infty$）。

与u、w相关的土体运动方程可表达为（Liao，2002）：

$$\mu u_{i,jj}+(\lambda+\alpha^2M+\mu)u_{j,ji}+\alpha Mw_{j,ji}=\rho\ddot{u}_i+\rho_{\mathrm{f}}\ddot{u}_i \tag{5.3}$$

$$\alpha Mu_{j,ji}+Mw_{j,ji}=\rho_{\mathrm{f}}\ddot{u}_i+m\ddot{w}_i+b\dot{w}_i \tag{5.4}$$

式中：$\rho=(1-n)\rho_{\mathrm{s}}+n\rho_{\mathrm{f}}$为土体总密度，$\rho_{\mathrm{s}}$和$\rho_{\mathrm{f}}$分别表示土颗粒和流体的质量密度，$n$为孔隙率，$b$为反映黏性耦合的系数，如果忽略内部摩擦则$b=0$；$m$为类似质量的参数，由流体密度、孔隙率和孔隙几何特征决定。

饱和介质中传播的波包含两类膨胀波（$\mathrm{P_I}$波和$\mathrm{P_{II}}$波，其中$\mathrm{P_I}$波速较大）及 SV 波，设三种波的波数分别为$k_{\alpha1}$、$k_{\alpha2}$和k_β，对稳态响应问题，$\mathrm{P_I}$波、$\mathrm{P_{II}}$波的势函数ϕ_1、ϕ_2及 SV 波势函数ψ分别满足以下波动方程：

$$\nabla^2\phi_1+k_{\alpha1}{}^2\phi_1=0 \tag{5.5}$$

$$\nabla^2\phi_2+k_{\alpha2}{}^2\phi_2=0 \tag{5.6}$$

$$\nabla^2\psi+k_\beta{}^2\psi=0 \tag{5.7}$$

式中：∇为拉普拉斯算子，$\nabla^2=\dfrac{\partial}{\partial x^2}+\dfrac{\partial}{\partial y^2}$，平面应变情况由亥姆霍兹矢量分解原理，土骨架位移和流体相对骨架的位移可表达为

$$\begin{cases} u_x=\dfrac{\partial\phi_1}{\partial x}+\dfrac{\partial\phi_2}{\partial x}+\dfrac{\partial\psi}{\partial y} \\ u_y=\dfrac{\partial\phi_1}{\partial y}+\dfrac{\partial\phi_2}{\partial y}-\dfrac{\partial\psi}{\partial x} \end{cases} \tag{5.8}$$

$$\begin{cases} w_x = \dfrac{\partial \Phi}{\partial x} + \dfrac{\partial \Psi}{\partial y} \\ w_y = \dfrac{\partial \Phi}{\partial y} - \dfrac{\partial \Psi}{\partial x} \end{cases} \tag{5.9}$$

式中：Φ 和 Ψ 分别为与流体相对位移场相关的标量势函数和矢量势函数，计算公式如下：

$$\begin{cases} \Phi = \chi_1 \phi_1 + \chi_2 \phi_2 \\ \Psi = \chi_3 \psi \end{cases} \tag{5.10}$$

参数 χ_1、χ_2 和 χ_3 的计算公式为

$$\begin{cases} \chi_i = \dfrac{\lambda_c + 2\mu - \rho c_{\alpha i}^2}{\rho_f c_{\alpha i}^2 - \alpha M} \quad (i = 1, 2) \\ \chi_3 = \dfrac{\rho_f \omega^2}{\mathrm{i} b\omega - m\omega^2} \end{cases} \tag{5.11}$$

式中：$\lambda_c = \lambda + \alpha^2 M$；$c_{\alpha 1}$ 和 $c_{\alpha 2}$ 表示饱和土中的两膨胀波波速，计算公式如下：

$$\begin{cases} \dfrac{1}{c_{\alpha 1}^2} = \dfrac{\beta_2 + \sqrt{\beta_2{}^2 - 4\beta_1}}{2} \\ \dfrac{1}{c_{\alpha 2}^2} = \dfrac{\beta_2 - \sqrt{\beta_2{}^2 - 4\beta_1}}{2} \end{cases} \tag{5.12}$$

式中：$\beta_1 = \dfrac{(m - \mathrm{i}b/\omega)\rho - \rho_f{}^2}{M(\lambda + 2\mu)}$；$\beta_2 = \dfrac{\rho}{\lambda + 2\mu} + \dfrac{(m - \mathrm{i}b/\omega)(\lambda_c + 2\mu) - 2\alpha M \rho_f}{M(\lambda + 2\mu)}$。另外，饱和土中的 SV 波速为 $c_\beta = \sqrt{\mu / (\rho + \rho_f \chi_3)}$。

5.2.3 饱和半空间内部膨胀波源和剪切波源的格林函数

求解饱和半空间波动问题，需要首先推导饱和半空间中膨胀源和剪切源的格林函数。笔者参考经典 Lamb 问题的解决方法（Lamb，1904），结合 Biot 饱和土模型，推导饱和半空间内膨胀波源与剪切波源作用时的稳态解。由满足控制方程的全空间解对称叠加，继而消去地表附加应力，得到满足半空间自由地表条件的半空间解。具体推导过程见第 2 章。

5.2.4 自由波场与散射波场

首先进行自由场分析（无凹陷存在），一圆频率为 ω 的 $\mathrm{P_I}$ 波以角度 $\theta_{\alpha 1}$ 入射，在直角坐标系中其波势函数可以表示为

$$\phi^{(\mathrm{i})}(x,y)=\mathrm{e}^{-\mathrm{i}k_{\alpha 1}(x\sin\theta_{\alpha 1}-y\cos\theta_{\alpha 1})} \tag{5.13}$$

为简化书写，时间因子 $\mathrm{e}^{\mathrm{i}\omega t}$ 已略去，下同。

$\mathrm{P_I}$ 入射波在饱和半空间表面将产生一个 $\mathrm{P_I}$ 反射波、一个 $\mathrm{P_{II}}$ 反射波和一个 SV 反射波，三者的波势函数可分别表示如下[Lin 等，2005]：

$$\phi_1^{(r)}(x,y)=a_1\,\mathrm{e}^{\mathrm{i}k_{\alpha 1}(x\sin\theta_{\alpha 1}+y\cos\theta_{\alpha 1})} \tag{5.14}$$

$$\phi_2^{(r)}(x,y)=a_2\,\mathrm{e}^{\mathrm{i}k_{\alpha 2}(x\sin\theta_{\alpha 2}+y\cos\theta_{\alpha 2})} \tag{5.15}$$

$$\psi^{(r)}(x,y)=b\,\mathrm{e}^{\mathrm{i}k_{\beta}(x\sin\theta_{\beta}+y\cos\theta_{\beta})} \tag{5.16}$$

式中：a_1、a_2 和 b 分别为三种反射波的系数。自由波场引起的总应力 σ_{ij}^{f} 、固相位移 u_i^{f} 、流体相对位移 w_i^{f} 、孔隙水压 p^{f} 的具体表达式见参考文献（Lin 等，2005）。

由于凹陷的存在，在半空间中将会产生散射波。本节所述方法中该散射波由凹陷内部一虚拟波源面上所有膨胀波源和剪切波源的作用叠加而得。S 、S' 分别表示边界面和虚拟波源面，由单层位势理论，散射波场引起的位移和应力可以表达为

$$u_i^{\mathrm{s}}(x)=\int_b[b(x')G_{i,1}^{(u)}(x,x')+c(x')G_{i,2}^{(u)}(x,x')+d(x')G_{i,3}^{(u)}(x,x')]\mathrm{d}S' \tag{5.17}$$

$$\sigma_{ij}^{\mathrm{s}}(x)=\int_b[b(x')T_{ij,1}^{(\sigma)}(x,x')+c(x')T_{ij,2}^{(\sigma)}(x,x')+d(x')T_{ij,2}^{(\sigma)}(x,x')]\mathrm{d}S' \tag{5.18}$$

$$w_i^{\mathrm{s}}(x)=\int_b[b(x')G_{i,1}^{(w)}(x,x')+c(x')G_{i,2}^{(w)}(x,x')+d(x')G_{i,3}^{(w)}(x,x')]\mathrm{d}S' \tag{5.19}$$

$$p^{\mathrm{s}}(x)=\int_b[b(x')T_1^{(p)}(x,x')+c(x')T_2^{(p)}(x,x')+d(x')T_3^{(p)}(x,x')]\mathrm{d}S' \tag{5.20}$$

式中：$b(x')$ 、$c(x')$ 和 $d(x')$ 分别对应虚拟波源面上 x' 位置处 $\mathrm{P_I}$ 波、$\mathrm{P_{II}}$ 波和 SV 波波源的密度；$G_{i,l}^{(u)}(x,x')$ 、$G_{i,l}^{(w)}(x,x')$ 、$T_{ij,l}^{(\sigma)}(x,x')$ 和 $T_l^{(p)}(x,x')$ 分别表示饱和半空间内固相位移、流体相对位移、总应力和孔隙水压的格林函数（角标 $l=1$、2、3 分别对应 $\mathrm{P_I}$ 波、$\mathrm{P_{II}}$ 波和 SV 波波源），该函数自动满足运动方程和地表的边界条件。

综上，总的位移和应力场可以表达为

$$u_i(x)=u_i^{\mathrm{f}}(x)+u_i^{\mathrm{s}}(x) \tag{5.21}$$

$$\sigma_{ij}(x)=\sigma_{ij}^{\mathrm{f}}(x)+\sigma_{ij}^{\mathrm{s}}(x) \tag{5.22}$$

$$w_i(x)=w_i^{\mathrm{f}}(x)+w_i^{\mathrm{s}}(x) \tag{5.23}$$

$$p(x)=p^{\mathrm{f}}(x)+p^{\mathrm{s}}(x)\quad(x\in D) \tag{5.24}$$

5.2.5 求解过程

由于本节采用半空间格林函数，地表的边界条件自动满足。故只需考虑凹陷表面的边界条件。

凹陷表面边界条件如下：

透水情况为

$$\begin{cases}\sigma_{nn}=0\\ \sigma_{nt}=0\\ p=0\end{cases} \tag{5.25}$$

不透水情况为

$$\begin{cases}\sigma_{nn}=0\\ \sigma_{nt}=0\\ w_n=0\end{cases} \tag{5.26}$$

为便于问题的数值求解，将虚拟波源面 S' 和边界面 S 均进行离散化处理，根据边界条件建立方程，求得方程的最小二乘解，即得到离散点上的源密度，进而得到总波场。凹陷表面和源点的离散情况见图 5.1。设离散的边界点数和虚拟源点分别为 N_1、N_2，散射波的位移场和应力场分别写为

$$u_i^{\mathrm{s}}(x_{n1})=b_{n2}G_{i,1}^{(u)}(x_{n1},x'_{n2})+c_{n2}G_{i,2}^{(u)}(x_{n1},x'_{n2})+d_{n2}G_{i,3}^{(u)}(x_{n1},x'_{n2}) \tag{5.27}$$

$$w_i^{\mathrm{s}}(x_{n1})=b_{n2}G_{i,1}^{(w)}(x_{n1},x'_{n2})+c_{n1}G_{i,2}^{(w)}(x_{n1},x'_{n2})+d_{n1}G_{i,3}^{(w)}(x_{n1},x'_{n2}) \tag{5.28}$$

$$\sigma_{ij}^{\mathrm{s}}(x_{n1})=b_{n2}T_{ij,1}^{(\sigma)}(x_{n1},x'_{n2})+c_{n2}T_{ij,2}^{(\sigma)}(x_{n1},x'_{n2})+d_{n2}T_{ij,3}^{(\sigma)}(x_{n1},x'_{n2}) \tag{5.29}$$

$$p^{\mathrm{s}}(x_{n1})=b_{n2}T_1^{(p)}(x_{n1},x'_{n2})+c_{n2}T_2^{(p)}(x_{n1},x'_{n2})+d_{n3}T_3^{(p)}(x_{n1},x'_{n2}) \tag{5.30}$$

式中：$x_{n1}\in S,x'_{n2}\in S'$；$n_1=1,\cdots,N_1;n_2=1,\cdots,N_2$；$b_{n2}$、$c_{n2}$、$d_{n2}$ 分别为虚拟源面上第 n_2 个离散点处 $\mathrm{P_I}$ 波波源、$\mathrm{P_{II}}$ 波波源及 SV 波源的源密度。

需要指出的是，位移和应力的格林函数均在 xOy 坐标下推得（便于推导和转换），为利用边界条件，记凹陷表面单位法线的方向余弦为 (l,m)，则可由下式进行应力转化：

$$\sigma_{nn}=\sigma_{xx}l^2+\sigma_{yy}m^2+2\sigma_{xy}lm \tag{5.31}$$

$$\sigma_{nt}=(-\sigma_{xx}+\sigma_{yy})lm+\sigma_{xy}(l^2-m^2) \tag{5.32}$$

凹陷表面流体径向位移为

$$w_n=w_xl+w_ym \tag{5.33}$$

综合式（5.23）～式（5.35），可以得到线性方程组

$$HY = -F \tag{5.34}$$

式中：$H(3N_1,3N_2)$ 为格林影响矩阵；$Y(3N_2,1)$ 为待求源密度矩阵；$F(3N_1,1)$ 为自由场作用的已知量。一般情况下，对于此超定方程组，可由下式给出其近似解：

$$Y = [H^*H]^{-1}H^*(-F) \tag{5.35}$$

定义残差 $E^2 = (HY + F)^*(HY + F)$，残差越小，边界条件满足越好。其中，*表示共轭转置。未知源密度确定后，便确定了散射波场和总波场，进而可以计算半空间任意点的位移及应力，问题从而得到求解。

5.2.6　数值实现

利用本节 IBIEM 求解波的散射问题的关键之一是选择合适的格林函数，上述采用的膨胀波源和剪切波源的格林函数同一般的力源格林函数（Senjuntichai and Rajapakse，1994）相比具有很大的优势：首先是波数域内的积分能够很快地收敛，计算效率能得以较大提高；其次从根本上消除了该力源函数应用当中的一个问题，即当源点和观察点在同一深度附近时，对格林函数计算中的积分必须进行特殊处理，需对积分项进行渐进展开，而这对饱和半空间格林函数的计算来说，相当烦琐且难以保证计算精度。

与单相情况类似，对饱和介质而言，格林函数在波数域内积分时同样存在奇异点，即相应的饱和半空间 Rayleigh 方程的根。而当固液两相间的黏滞系数 $b \neq 0$，或者考虑土体介质的阻尼特性时，则奇异点在整个实轴上可以消除。为方便计算，应用对应原理，引入复弹性常数，即 $\bar{\mu} = \mu(1+2\zeta \mathrm{i})$，$\bar{\lambda} = \lambda(1+2\zeta \mathrm{i})$，其中 ζ 为材料滞后阻尼比。这样，计算采用高斯积分，取较小的积分上限即可以得到精确的结果。

另外，本节方法中虚拟波源面的引入，避免了格林函数作用在凹陷边界时会带来的奇异性问题。研究表明，一般情况下，虚拟波源面半径可取值 $0.4R_0 \sim 0.6R_0$（R_0 为凹陷等效半径），波源点数可取为凹陷边界离散点数的一半左右，即可保证很高的计算精度。而对于高频入射（$\eta > 2$）情况，则应适当增大虚拟波源面半径，可取值为 $0.7R_0 \sim 0.9R_0$。

5.2.7　精度检验

由于饱和半空间中凹陷地形对弹性波的散射问题至今还没有完全精确的解析解，只能通过边界条件验算及退化到单相情况下与现有结果的比较来考察计算精度。

首先定义无量纲频率，即

$$\eta=\sqrt{\frac{\rho_s}{\mu}}\frac{\omega a}{\pi}$$

计算表明，随着边界离散点数增加，边界应力残值逐渐减小。离散点数取 $N_1=80$、$N_2=60$，对较高频率 $\eta=5$ 的情况，残值水平（残余应力与入射波场应力比）也能达到 1/1000 以下。

再考虑退化情况，饱和介质孔隙率取为 0.001，滞后阻尼比 $\zeta=0.001$，无量纲频率 $\eta=2.0$，材料泊松比 $\nu=1/3$。如图 5.2 所示，本节结果同 Sánchez-Sesma 和 CamPillo（1991）所给的相应单相介质情况相比，地表位移吻合良好，从而从一个方面验证了本节方法的正确性。图 5.3 进一步给出了本节退化情况时域结果同 Kawase（1988）相应结果的对比，其中输入 Ricker 波无量纲特征频率为 2.0。该比较表明了本节方法在时域内同样具有很高的计算精度。

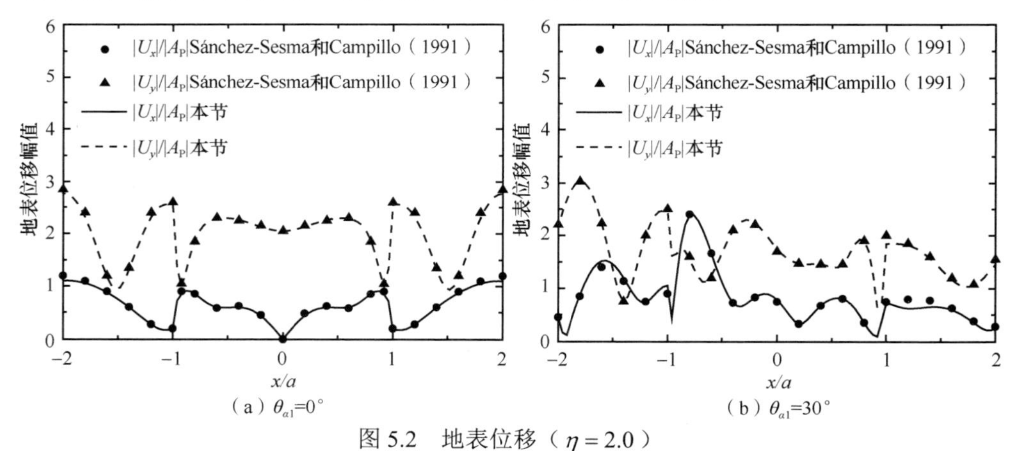

（a）$\theta_{\alpha 1}$=0°　（b）$\theta_{\alpha 1}$=30°

图 5.2　地表位移（$\eta=2.0$）

本节与 Sánchez-Sesma 和 Campillo（1991）结果对比

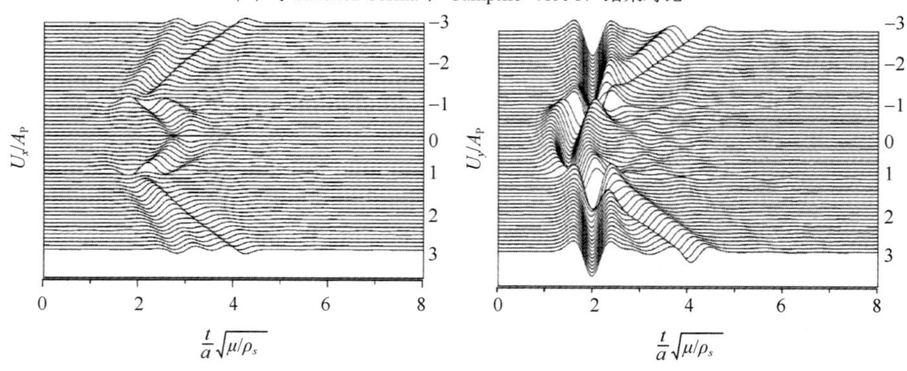

（a）本节结果

图 5.3　退化情况时域

本节与 Kawase（1988）结果对比

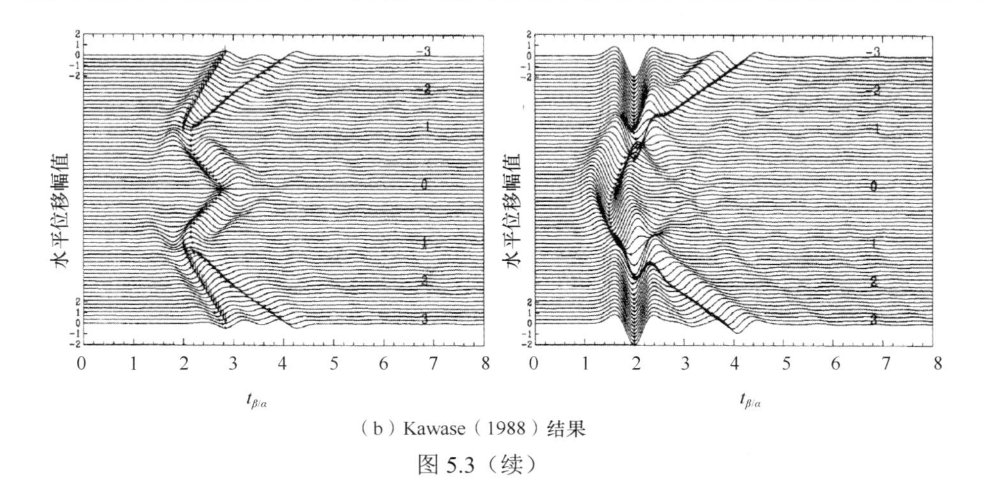

（b）Kawase（1988）结果

图 5.3（续）

表 5.1 给出了随离散点增加地表位移的收敛情况，计算参数取 $\zeta = 0.001$，$\eta = 5.0$；饱和介质参数则采用文献中饱和介质参数（Lin 等，2005），对应其中 $n = 0.3$，$\nu = 0.25$ 情况，取 $\lambda^* = 1.0$，$M^* = 1.64$，$\rho^* = 0.46$，$m^* = 3.35$，$\alpha = 0.83$。凹陷边界离散点数 N_1 分别取 61、81、101 和 121，虚拟波源点数 N_2 相应取 51、61、91 和 101。从表 5.1 可以看出，即便对于 $\eta = 5.0$ 高频波入射情况，随着离散点数的增加，位移结果收敛良好，反映了该方法具有很好的数值稳定性。

表 5.1　地表位移幅值数值稳定性检验（η =5.0）

x/a	N_1=61，N_2=51		N_1=81，N_2=61		N_1=101，N_2=91		N_1=121，N_2=101	
	$\|U_x\|/\|A_P\|$	$\|U_y\|/\|A_P\|$	$\|U_x\|/\|A_P\|$	$\|U_y\|/\|A_P\|$	$\|U_x\|/\|A_P\|$	$\|U_y\|/\|A_P\|$	$\|U_x\|/\|A_P\|$	$\|U_y\|/\|A_P\|$
4.0	0.3828	2.2105	0.3808	2.2016	0.3811	2.2010	0.3811	2.2008
3.6	0.1912	2.5028	0.1858	2.4958	0.1845	2.4956	0.1841	2.4953
3.2	0.5558	2.4220	0.5536	2.4209	0.5540	2.4208	0.5541	2.4210
2.8	0.2548	2.6183	0.2484	2.6191	0.2465	2.6183	0.2458	2.6184
2.4	0.7944	2.4617	0.7889	2.4658	0.7900	2.4665	0.7903	2.4671
2.0	0.3941	2.2098	0.3821	2.2118	0.3796	2.2091	0.3788	2.2092
1.6	1.0528	2.1226	1.0456	2.1384	1.0488	2.1413	1.0496	2.1422
1.2	0.5723	1.0409	0.5628	1.0526	0.5628	1.0456	0.5632	1.0460
0.8	0.8797	1.6573	0.8951	1.6538	0.9026	1.6507	0.9034	1.6504
0.4	0.3449	1.9832	0.3435	1.9756	0.3396	1.9691	0.3392	1.9684
0.0	0	1.8809	0	1.8770	0	1.8728	0	1.8732

5.2.8 算例分析

对饱和半空间中半圆凹陷情况，取饱和半空间介质特性（Lin 等，2005）：泊松比ν=0.25，材料滞后阻尼比取 0.001，临界孔隙率n_{cr}=0.36，临界土体体积模量K_{cr}=200MPa，土骨架体积模量 K_g=36000MPa，流体体积模量 K_f=2000MPa，土颗粒密度ρ_g=2650kg/m^3，流体密度ρ_f=1000kg/m^3。考虑孔隙率的变化，分别取n为 0.1、0.3、0.34 和 0.36，相应土骨架模量K_{dry}为 26055MPa、6167MPa、2189MPa 和 200MPa（由试验数据，模量和孔隙率按线性关系拟合）。该参数适用于饱和砂岩情况，还有一个特点是考虑了临界孔隙率，当n>0.36 时，饱和砂岩逐渐向悬浮状态过渡。

由 Biot 两套模型间的转化关系（Biot，1962）进行参数转换，本节计算参数见表 5.2。

表 5.2 本节计算参数

n	λ^*	M^*	ρ^*	m^*	α
0.10	1.00	1.17	0.20	22.13	0.28
0.30	1.00	1.64	0.46	3.35	0.83
0.34	1.00	4.08	0.48	2.77	0.94
0.36	1.00	42.2	0.49	2.55	0.99

图 5.4～图 5.7 分别给出了快纵波入射下，干土情况、饱和透水情况和饱和不透水情况下凹陷附近地表位移幅值的结果对比。饱和介质孔隙率 n=0.3。入射波频率分别取η为 0.5、1.0、2.0 和 5.0，入射角度$\theta_{\alpha 1}$为 0°、30°、60° 和 85°。图 5.4～图 5.7 中的地表位移幅值已由入射波的位移幅值正规化，下同。从图 5.4～图 5.7 可以看出，透水和不透水两种情况下的地表反应差别不是很大，说明边界渗透条件对波的散射具有一定的影响，但影响不是很大；相反，饱和情况与干土情况的差别却很大，不仅幅值大小有较大差异，空间分布特征也发生变化，出现了明显的相位漂移，这是由于孔隙中的流体改变了介质中波的传播特性和散射特征。

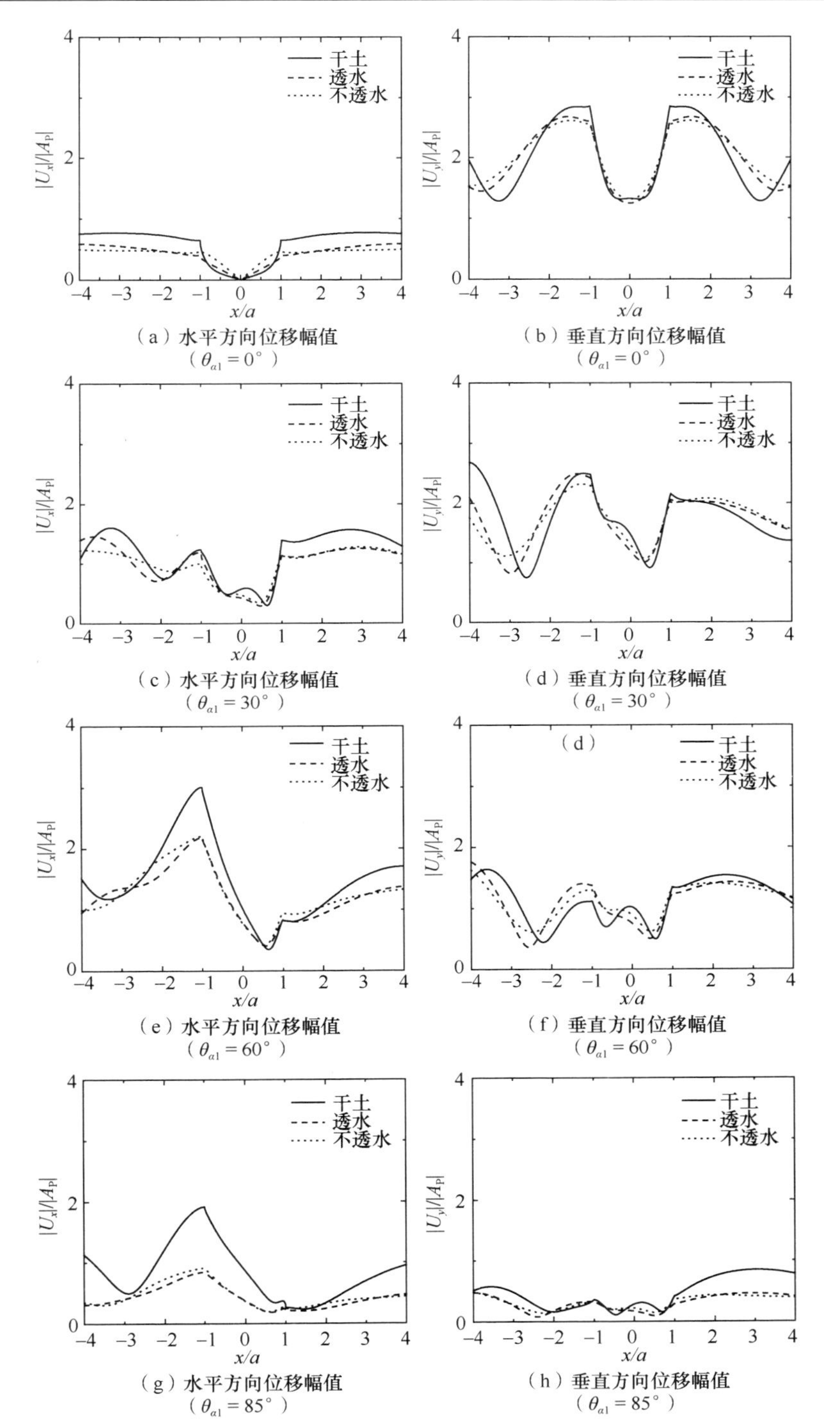

图 5.4　干土、饱和透水、饱和不透水不同情况下的地表位移幅值（$\eta=0.5$，$n=0.3$，$\nu=0.25$）

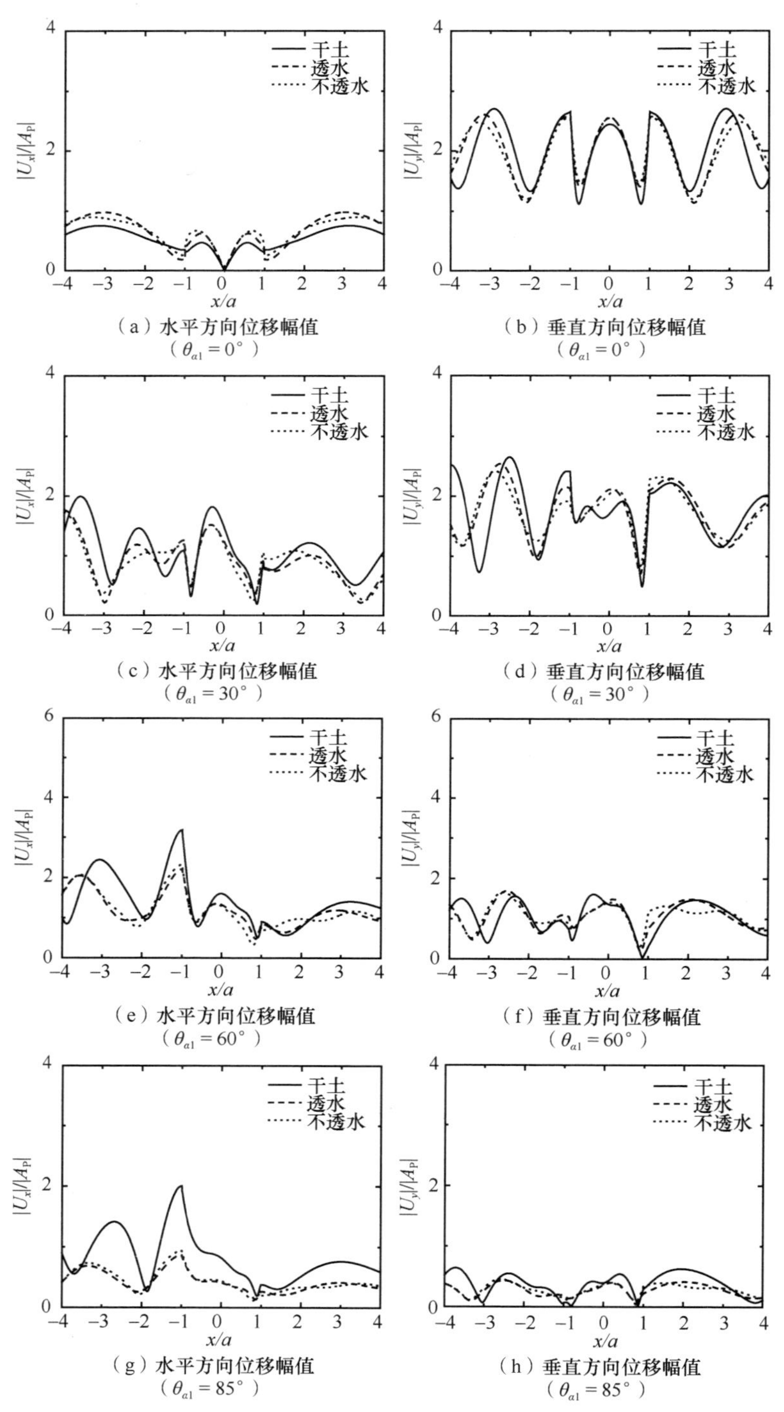

（a）水平方向位移幅值（$\theta_{\alpha 1}=0°$）

（b）垂直方向位移幅值（$\theta_{\alpha 1}=0°$）

（c）水平方向位移幅值（$\theta_{\alpha 1}=30°$）

（d）垂直方向位移幅值（$\theta_{\alpha 1}=30°$）

（e）水平方向位移幅值（$\theta_{\alpha 1}=60°$）

（f）垂直方向位移幅值（$\theta_{\alpha 1}=60°$）

（g）水平方向位移幅值（$\theta_{\alpha 1}=85°$）

（h）垂直方向位移幅值（$\theta_{\alpha 1}=85°$）

图 5.5　干土、饱和透水、饱和不透水不同情况下的地表位移幅值（η=1.0，n=0.3，$\nu=0.25$）

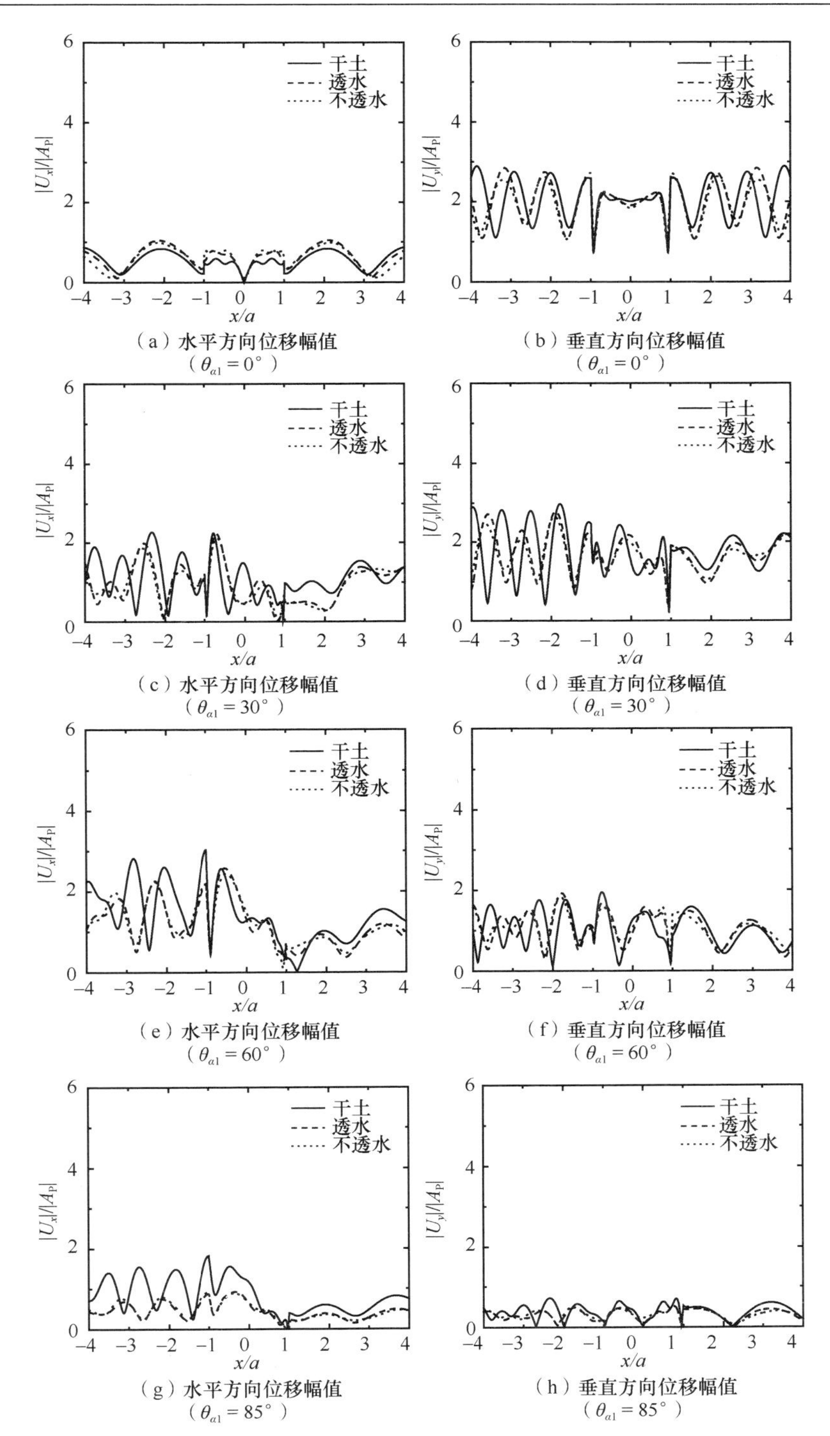

图 5.6　干土、饱和透水、饱和不透水不同情况下的地表位移幅值（η=2.0，n=0.3，$\nu=0.25$）

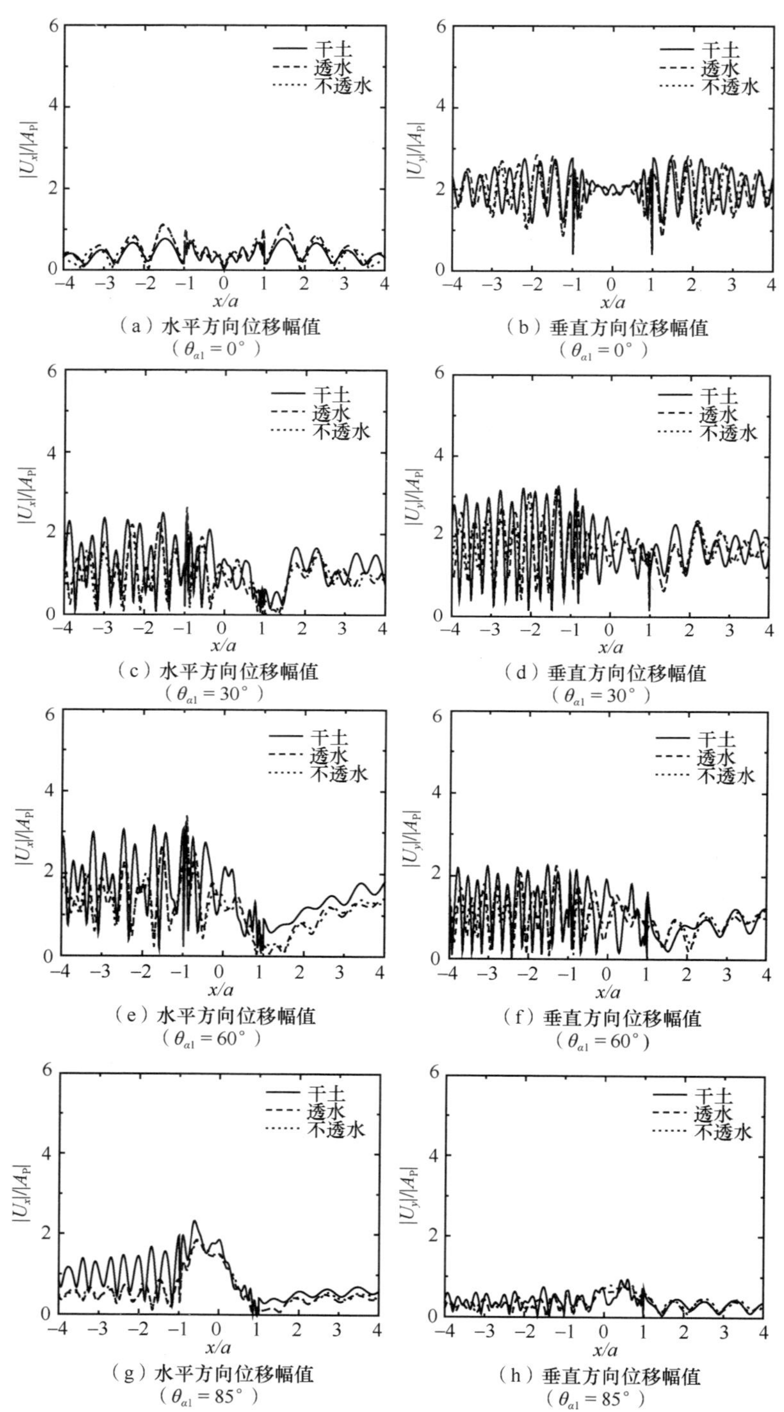

图 5.7 干土、饱和透水、饱和不透水不同情况下的地表位移幅值（$\eta=5.0$，$n=0.3$，$\nu=0.25$）

图 5.8～图 5.11 和图 5.12～图 5.15 分别给出了透水和不透水情况下，凹陷附近地表水平和竖向位移幅值。入射波频率 η 分别为 0.5、1.0、2.0 和 5.0，孔隙率 n 取 0.1、0.3、0.34 和 0.36（临界情况）。由图 5.8～图 5.11 可以看出，当孔隙率较小时，边界渗透条件对地表位移幅值的影响较小。而随着孔隙率增大，特别是当趋近于临界孔隙率时，边界渗透条件对地表位移幅值的影响则不容忽视；与图 5.4～图 5.7 的比较还可以发现，当 n=0.1 时，地表位移幅值与干土情况非常接近，主要表现为干土的特性。由图 5.12～图 5.15 还可以看出，相比透水情况，不透水情况下，孔隙率的变化对位移幅值的影响较大。另外，随着入射频率的增加，无论是透水还是不透水情况，孔隙率的影响均逐渐增大。

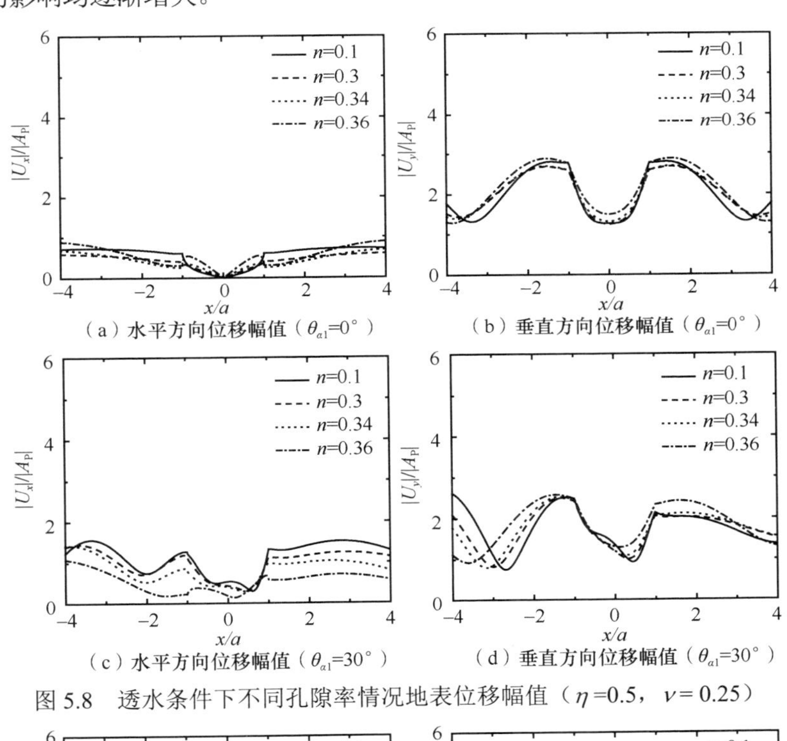

（a）水平方向位移幅值（$\theta_{\alpha1}$=0°）　（b）垂直方向位移幅值（$\theta_{\alpha1}$=0°）

（c）水平方向位移幅值（$\theta_{\alpha1}$=30°）　（d）垂直方向位移幅值（$\theta_{\alpha1}$=30°）

图 5.8　透水条件下不同孔隙率情况地表位移幅值（η =0.5，ν = 0.25）

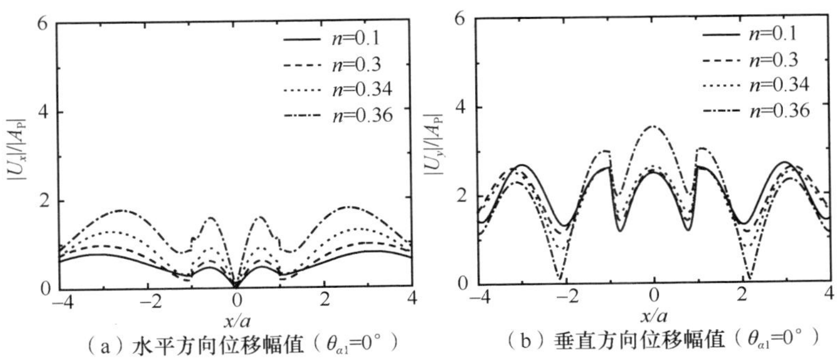

（a）水平方向位移幅值（$\theta_{\alpha1}$=0°）　（b）垂直方向位移幅值（$\theta_{\alpha1}$=0°）

图 5.9　透水条件下不同孔隙率情况地表位移幅值（η =1.0，ν = 0.25）

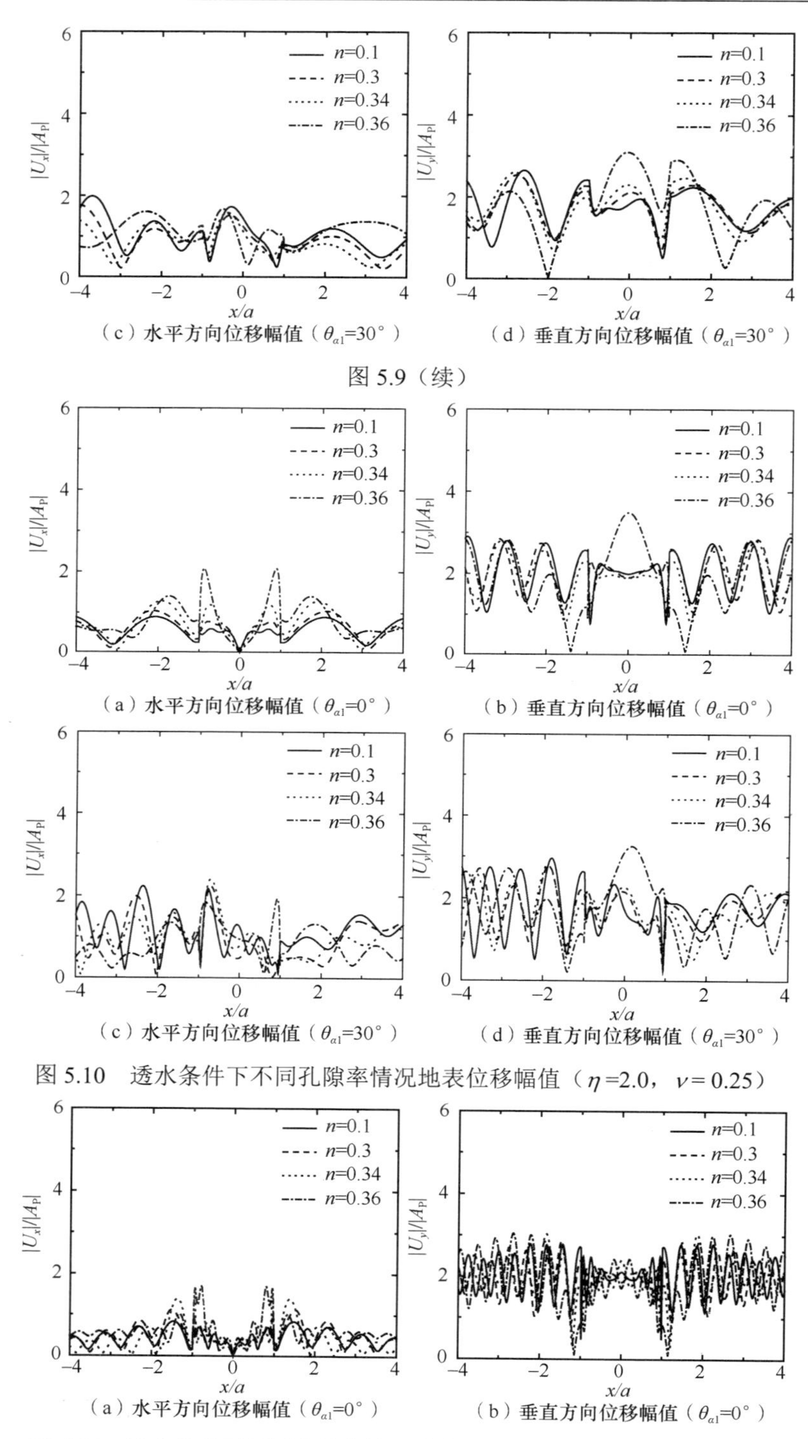

（c）水平方向位移幅值（$\theta_{\alpha1}$=30°）

（d）垂直方向位移幅值（$\theta_{\alpha1}$=30°）

图 5.9（续）

（a）水平方向位移幅值（$\theta_{\alpha1}$=0°）

（b）垂直方向位移幅值（$\theta_{\alpha1}$=0°）

（c）水平方向位移幅值（$\theta_{\alpha1}$=30°）

（d）垂直方向位移幅值（$\theta_{\alpha1}$=30°）

图 5.10 透水条件下不同孔隙率情况地表位移幅值（η=2.0，ν= 0.25）

（a）水平方向位移幅值（$\theta_{\alpha1}$=0°）

（b）垂直方向位移幅值（$\theta_{\alpha1}$=0°）

图 5.11 透水条件下不同孔隙率情况地表位移幅值（η=5.0，ν= 0.25）

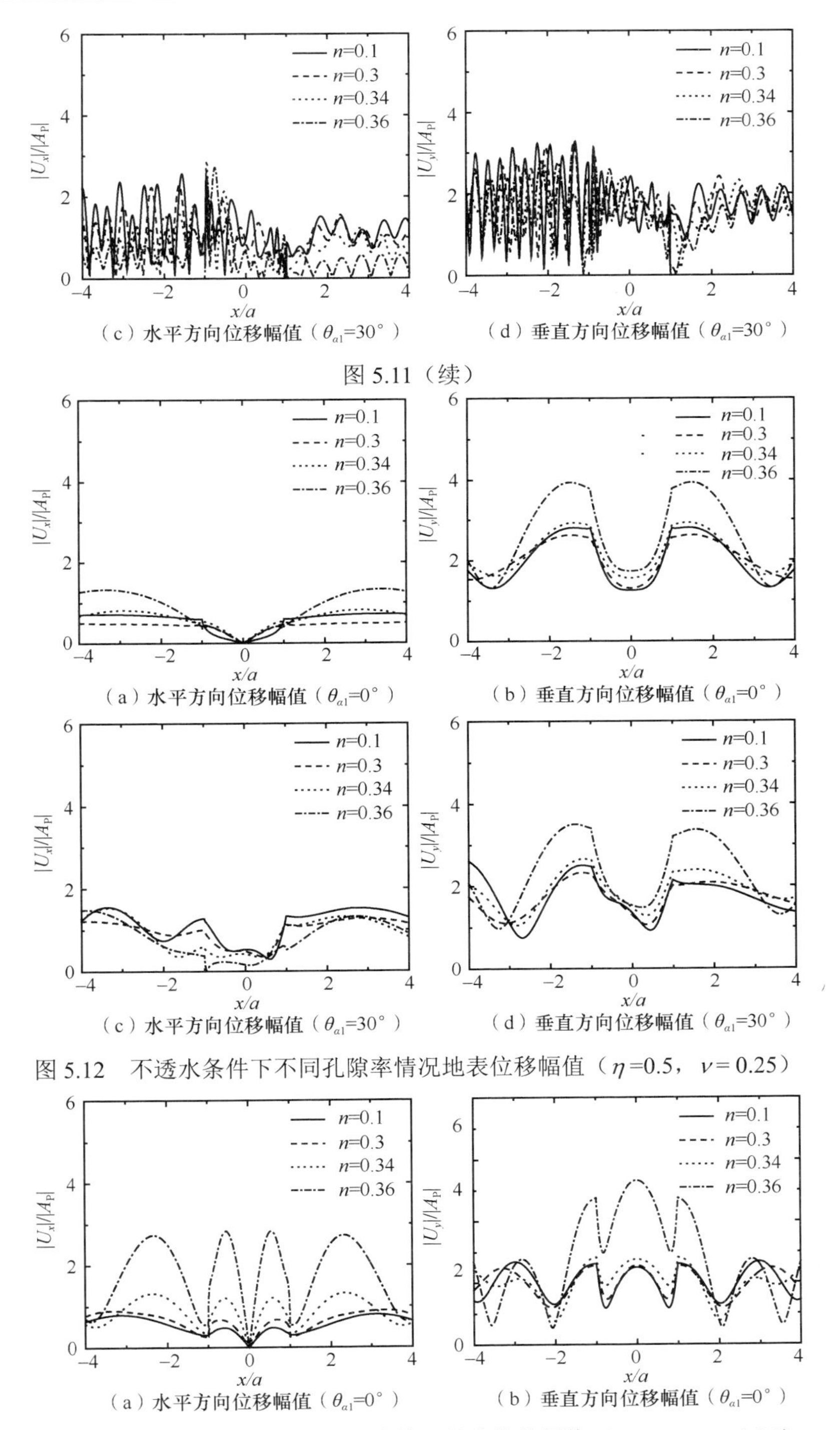

（c）水平方向位移幅值（$\theta_{\alpha1}$=30°）　（d）垂直方向位移幅值（$\theta_{\alpha1}$=30°）

图 5.11（续）

（a）水平方向位移幅值（$\theta_{\alpha1}$=0°）　（b）垂直方向位移幅值（$\theta_{\alpha1}$=0°）

（c）水平方向位移幅值（$\theta_{\alpha1}$=30°）　（d）垂直方向位移幅值（$\theta_{\alpha1}$=30°）

图 5.12　不透水条件下不同孔隙率情况地表位移幅值（η=0.5，ν= 0.25）

（a）水平方向位移幅值（$\theta_{\alpha1}$=0°）　（b）垂直方向位移幅值（$\theta_{\alpha1}$=0°）

图 5.13　不透水条件下不同孔隙率情况地表位移幅值（η=1.0，ν= 0.25）

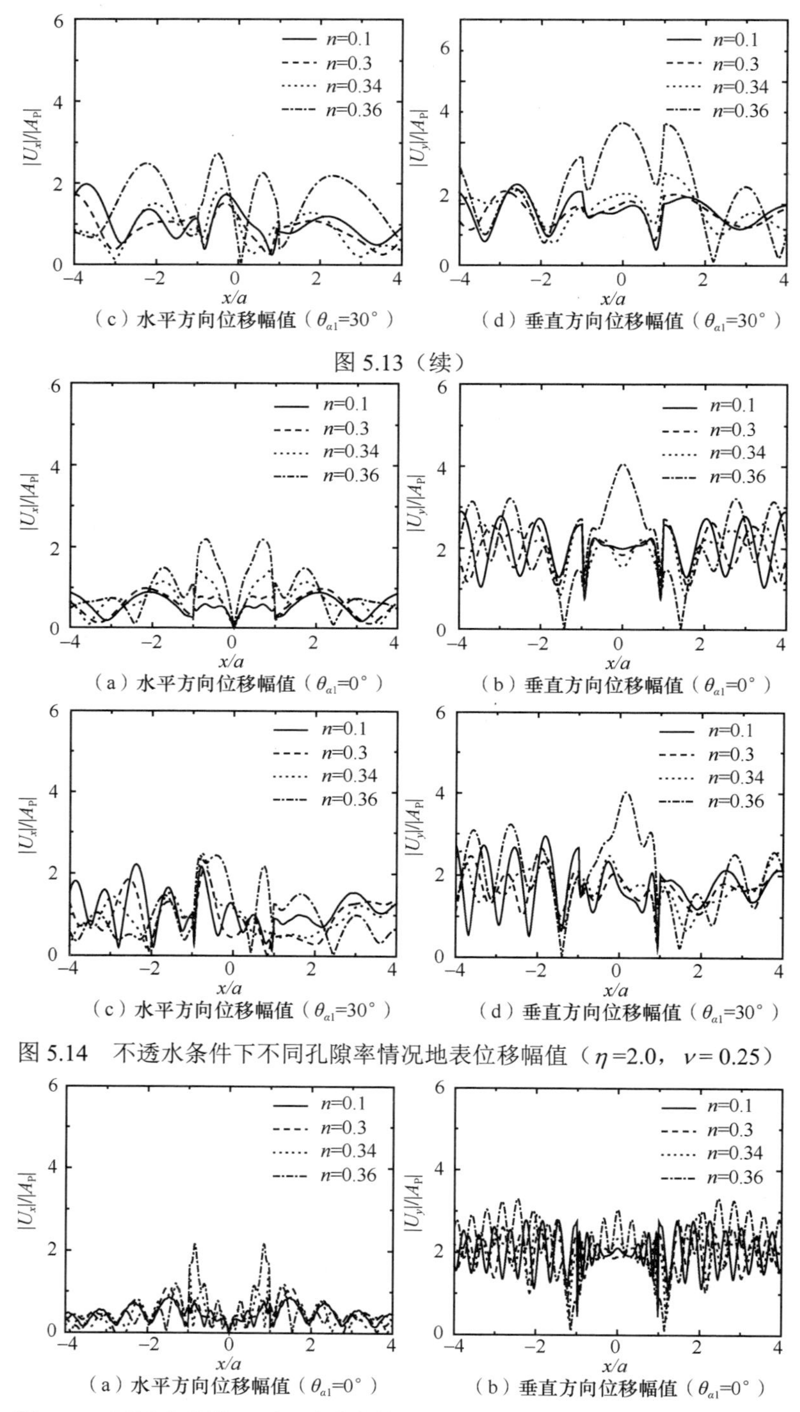

（c）水平方向位移幅值（$\theta_{\alpha1}$=30°）　（d）垂直方向位移幅值（$\theta_{\alpha1}$=30°）

图 5.13（续）

（a）水平方向位移幅值（$\theta_{\alpha1}$=0°）　（b）垂直方向位移幅值（$\theta_{\alpha1}$=0°）

（c）水平方向位移幅值（$\theta_{\alpha1}$=30°）　（d）垂直方向位移幅值（$\theta_{\alpha1}$=30°）

图 5.14　不透水条件下不同孔隙率情况地表位移幅值（η=2.0，ν= 0.25）

（a）水平方向位移幅值（$\theta_{\alpha1}$=0°）　（b）垂直方向位移幅值（$\theta_{\alpha1}$=0°）

图 5.15　不透水条件下不同孔隙率情况地表位移幅值（η=5.0，ν= 0.25）

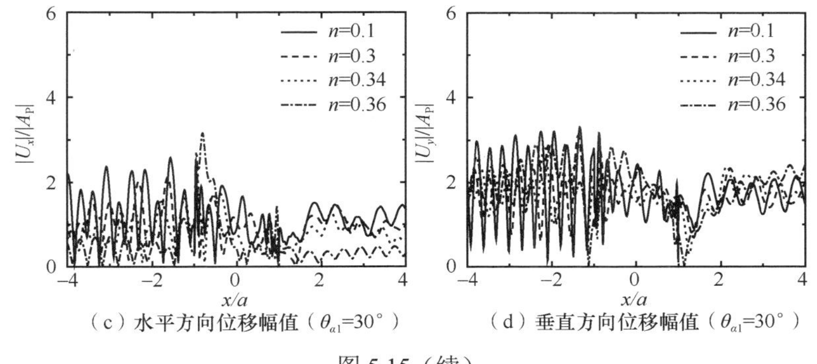

（c）水平方向位移幅值（$\theta_{\alpha1}$=30°）　（d）垂直方向位移幅值（$\theta_{\alpha1}$=30°）

图 5.15（续）

图 5.16～图 5.19 给出了凹陷附近地表孔隙水压（不透水情况）的分布图（计算参数同前面内容中的位移计算）。图 5.16～图 5.19 中的孔隙水压幅值已由入射波引起的土体骨架应力幅值正规化。凹陷表面孔隙水压幅值随入射角度的变化而显著变化，说明孔隙水压对波的干涉影响非常敏感。当孔隙率较小时，孔隙水压幅值较小但空间变化比较剧烈，随着孔隙率的增大，孔隙水压逐渐增大，但空间变化逐渐平缓；原因在于，孔隙率越大，土骨架越软，则孔隙水承担的能量越多，孔隙水压自然也越大，同时孔隙率越大，孔隙水越多，孔隙压力变化也就越平缓。但当孔隙率达到临界状态时，孔隙水压会出现跃升。从图 5.20～图 5.27 可以看出，当入射频率较低时，孔隙水压的空间变化比较平缓，随入射频率增大，孔隙水压的空间变化越加复杂，这同位移反应特征一致。

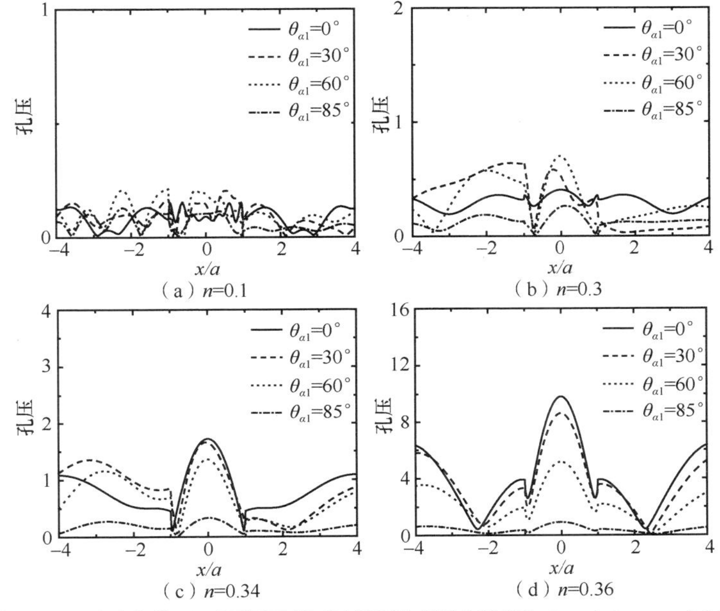

（a）n=0.1　（b）n=0.3

（c）n=0.34　（d）n=0.36

图 5.16　不透水情况下不同孔隙率情况地表孔压幅值（η=0.5，ν= 0.25）

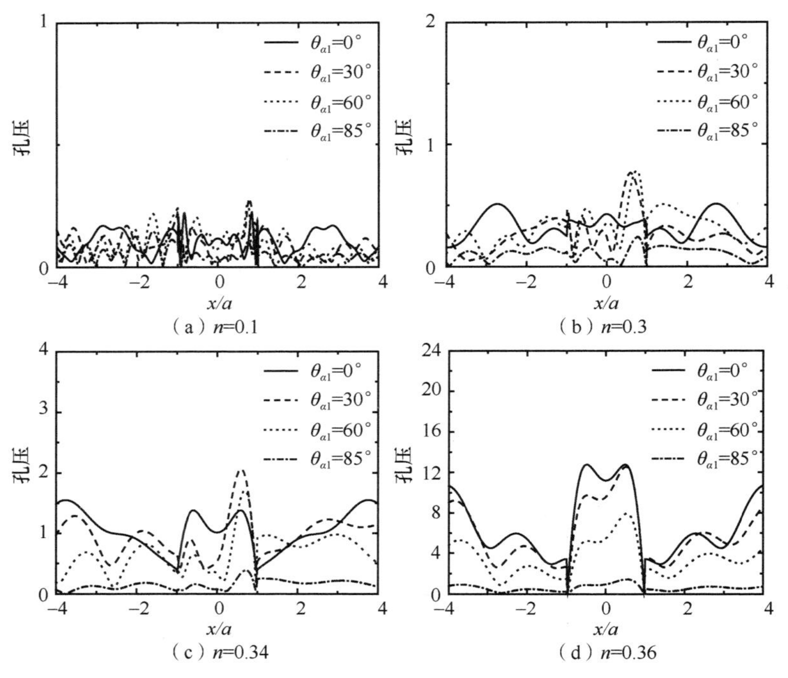

图 5.17　不透水情况下不同孔隙率情况地表孔压幅值（η=1.0，ν= 0.25）

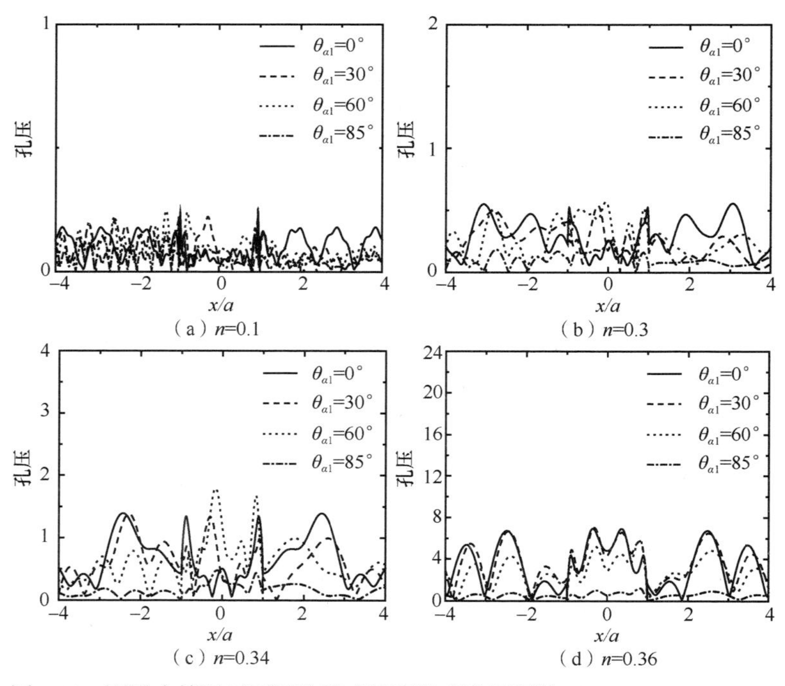

图 5.18　不透水情况下不同孔隙率情况地表孔压幅值（η=2.0，ν= 0.25）

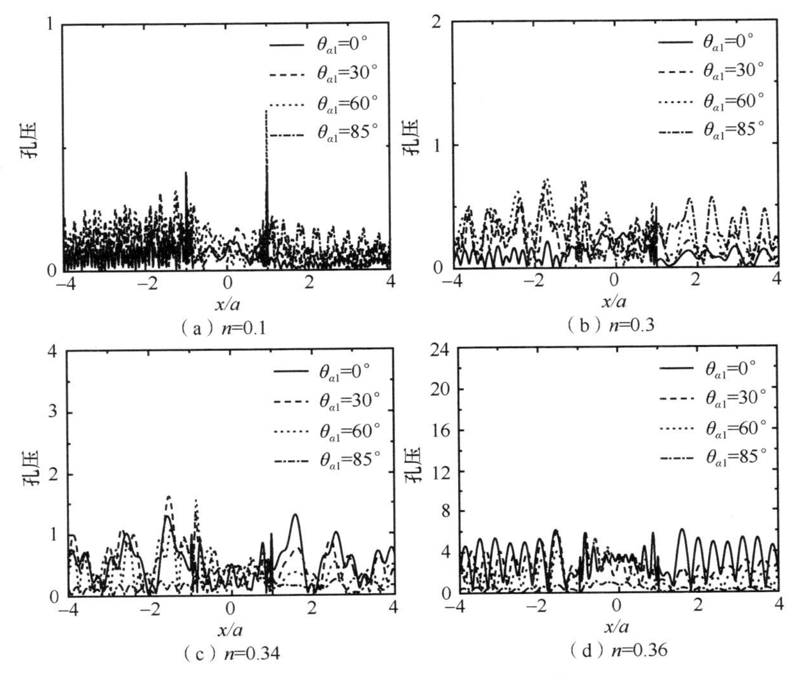

图 5.19　不透水情况下不同孔隙率情况地表孔压幅值（η=5.0，ν= 0.25）

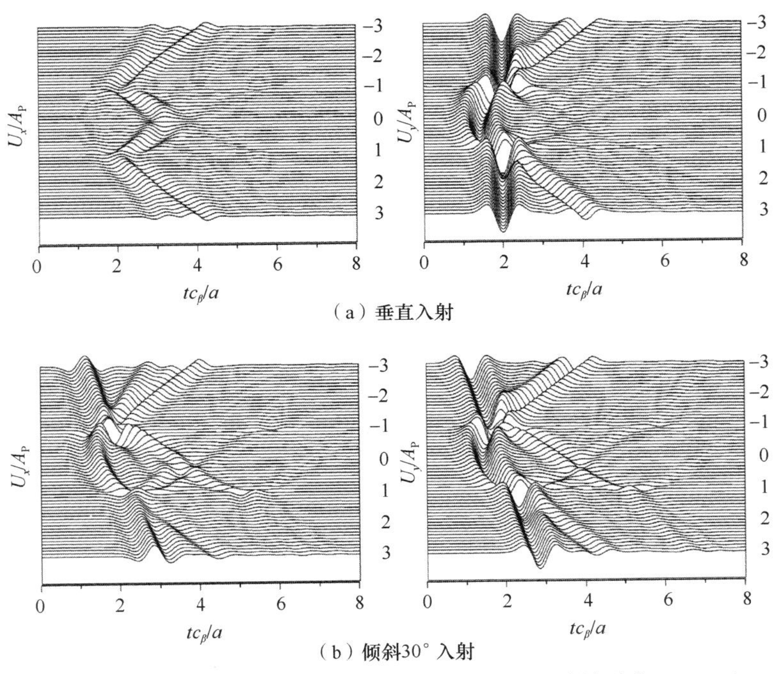

图 5.20　透水情况下 Ricker 波入射下地表位移时域反应（n=0.1）

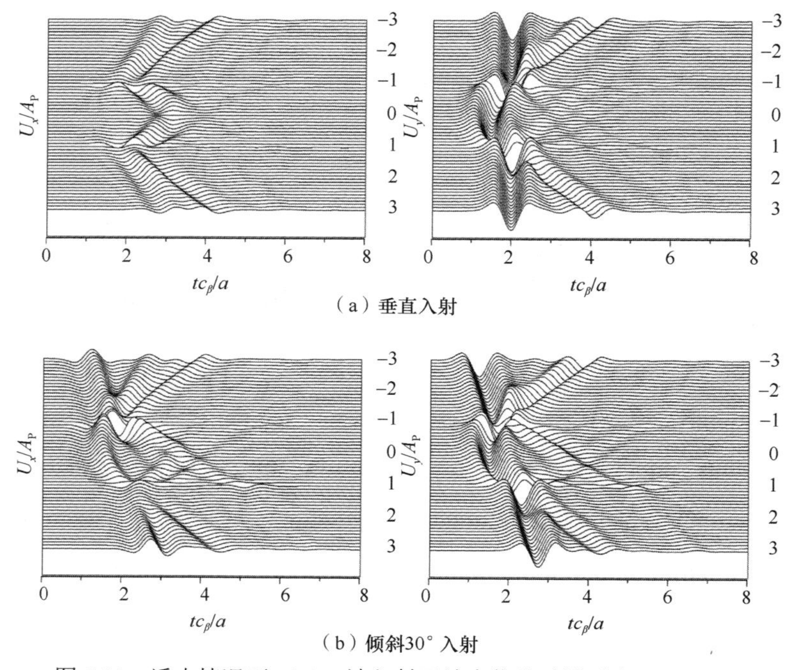

（a）垂直入射

（b）倾斜30° 入射

图 5.21　透水情况下 Ricker 波入射下地表位移时域反应（n=0.3）

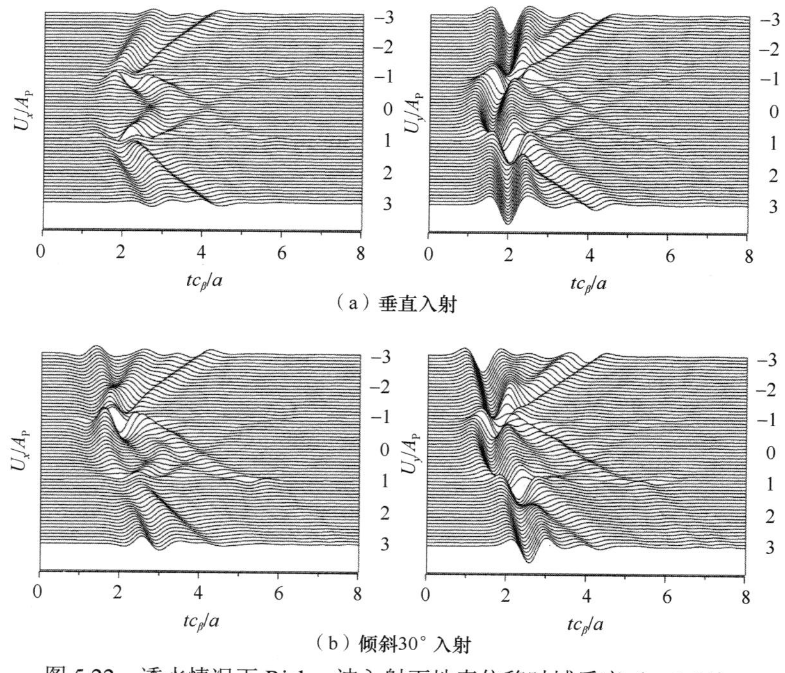

（a）垂直入射

（b）倾斜30° 入射

图 5.22　透水情况下 Ricker 波入射下地表位移时域反应（n=0.34）

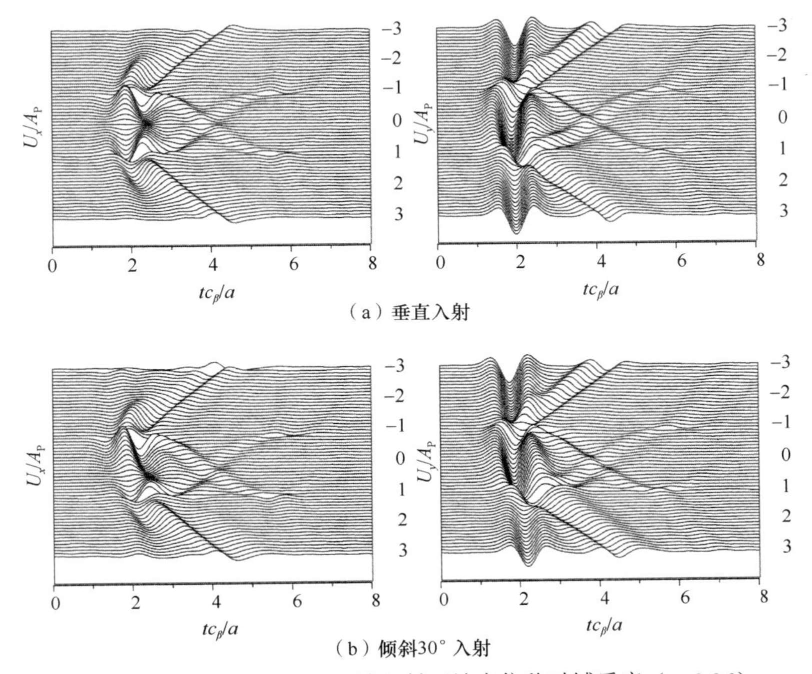

（a）垂直入射

（b）倾斜30° 入射

图 5.23　透水情况下 Ricker 波入射下地表位移时域反应（n=0.36）

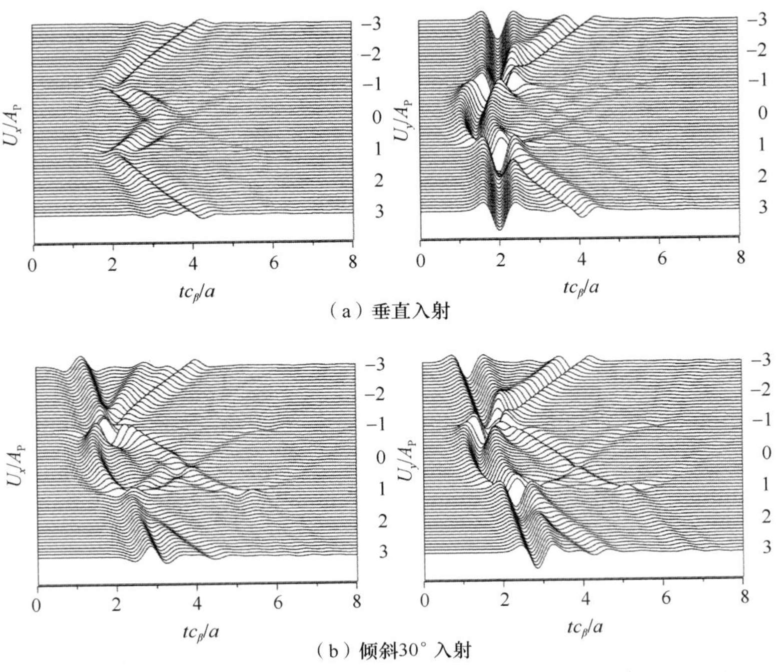

（a）垂直入射

（b）倾斜30° 入射

图 5.24　不透水情况下 Ricker 波入射下地表位移时域反应（n=0.1）

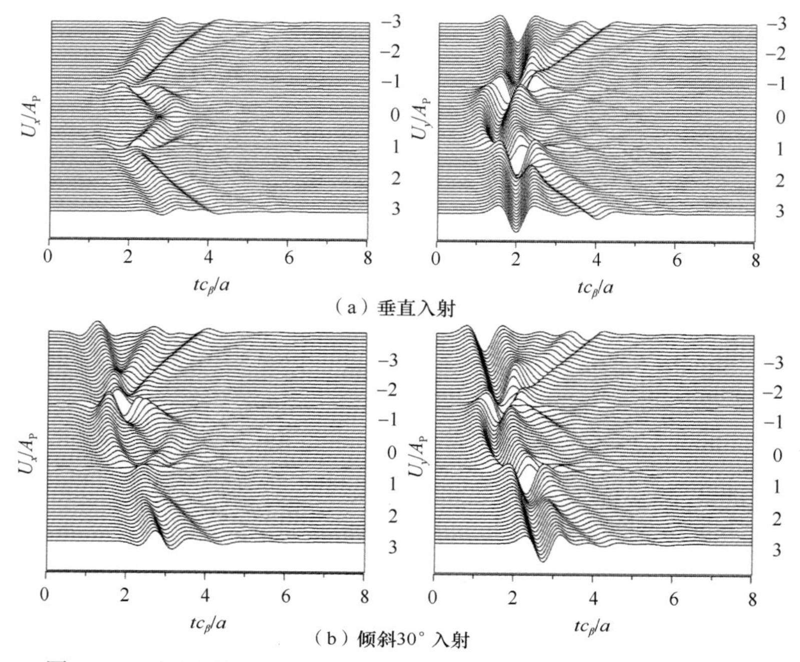

（a）垂直入射

（b）倾斜30°入射

图 5.25　不透水情况下 Ricker 波入射下地表位移时域反应（n=0.3）

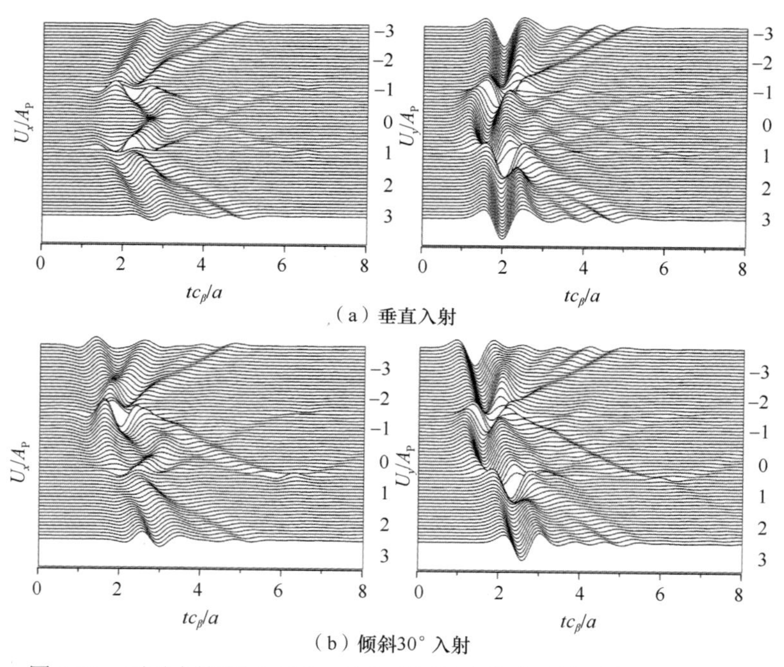

（a）垂直入射

（b）倾斜30°入射

图 5.26　不透水情况下 Ricker 波入射下地表位移时域反应（n=0.34）

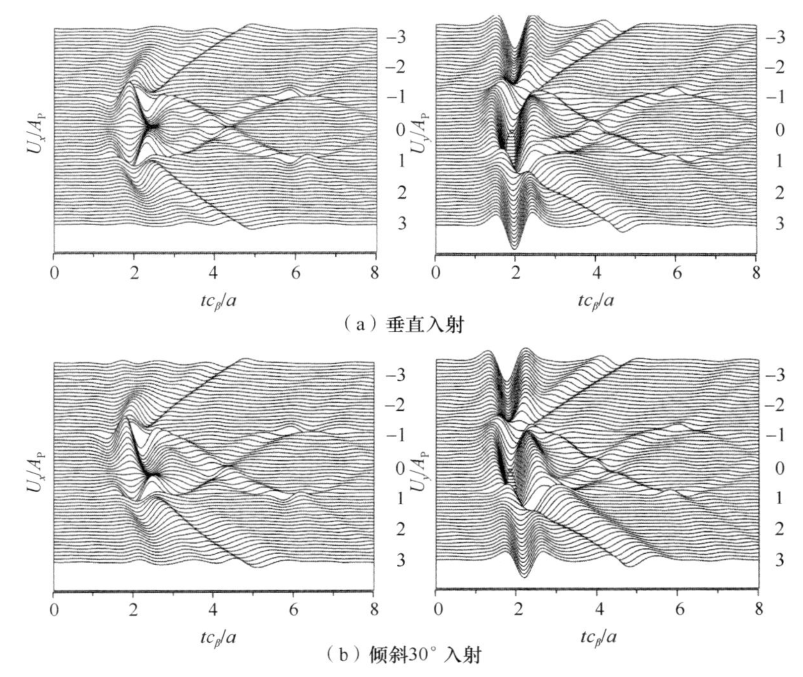

图 5.27　不透水情况下 Ricker 波入射下地表位移时域反应（n=0.36）

综上可知：

1）透水和不透水两种情况下的地表位移幅值和相位差别不是很大，而与干土情况的差别却很大。饱和情况与干土情况的地表位移反应不仅在幅值上有显著差别，在空间分布上还出现明显的相位漂移。

2）当孔隙率较小时，边界渗透条件对地表位移幅值的影响较小，随着孔隙率的增大，边界渗透条件对地表位移幅值的影响则不容忽视。相比透水情况，不透水情况下孔隙率的变化对位移幅值的影响更大；而随着入射频率的增加，孔隙率的影响均逐渐增大。

3）凹陷表面孔隙水压幅值随入射角度的变化而显著变化。当孔隙率较小时，孔隙水压幅值较小但空间变化比较剧烈，随着孔隙率的增大，孔隙水压逐渐增大，但空间变化逐渐平缓。当入射频率较低时，孔隙水压的空间变化比较平缓，随着入射频率的升高，孔隙水压的空间变化逐渐复杂。

需要指出的是，本节中以半圆凹陷为例进行了计算分析，以便于考察孔隙率、边界渗透条件等因素的影响规律，而本节方法对凹陷形状变化有着很好的适应性。另外，若结合层状半空间动力格林函数，则很容易将该方法拓展到层状饱和场地反应的计算研究中。

5.3 饱和半空间中沉积河谷对弹性波的散射

5.3.1 模型及求解

1. 模型

如图 5.28 所示，饱和半空间 D_1 内包含一无限长任意形状沉积河谷 D_2，假设半空间和沉积河谷中均为两相饱和、弹性均匀各向同性介质。沉积河谷和半空间的交界面记为 S。假定 SV 波从半空间中入射，基于单层位势理论，在交界面附近引入两虚拟波源面 S_1 和 S_2，以分别构造沉积河谷内外的散射波场。为方便计算，虚拟波源面形状均和交界面一致。待求问题为饱和半空间中沉积河谷对 SV 波的二维散射。

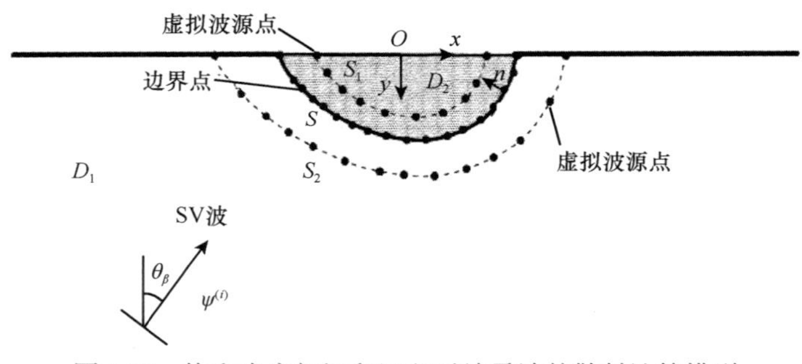

图 5.28 饱和半空间沉积河谷对地震波的散射计算模型

2. 波场分析

首先进行自由场分析，半空间中一圆频率为 ω 的 SV 波以角度 θ_β 入射，在直角坐标系中其波势函数可以表示为

$$\psi^{(i)}(x,y)=\mathrm{e}^{-\mathrm{i}k_\beta(x\sin\theta_\beta-y\cos\theta_\beta)} \tag{5.36}$$

为简化书写，时间因子 $\mathrm{e}^{\mathrm{i}\omega t}$ 已略去，下同。

入射 SV 波在饱和半空间表面将产生一个 $\mathrm{P_I}$ 反射波、一个 $\mathrm{P_{II}}$ 反射波和一个 SV 反射波，三者的波势函数可见式（5.14）～式（5.16）。

当存在沉积河谷时，在半空间和沉积河谷内部将会产生散射波。由单层位势理论可知，半空间和沉积河谷内的散射波可分别由沉积河谷内外虚拟波源面上所有膨胀波源和剪切波源的作用叠加而得。假设半空间中散射波场由虚拟波源面 S_1 产生，半空间中位移和应力见式（5.17）～式（5.20）

沉积河谷内散射波则由虚拟波源面 S_2 上所有膨胀波源和剪切波源的作用叠

加　而得

$$u_i(x)=\int_b[e(x_2)G_{i,1}^{(v)}(x,x_2)+f(x_2)G_{i,2}^{(v)}(x,x_2)+g(x_2)G_{i,3}^{(v)}(x,x_2)]\mathrm{d}S_2 \tag{5.37}$$

$$\sigma_{ij}(x)=\int_b[e(x_2)T_{ij,1}^{(v)}(x,x_2)+f(x_2)T_{ij,2}^{(v)}(x,x_2)+g(x_2)T_{ij,3}^{(v)}(x,x_2)]\mathrm{d}S_2 \tag{5.38}$$

$$w_i(x)=\int_b[e(x_2)G_{wi,1}^{(v)}(x,x_2)+f(x_2)G_{wi,2}^{(v)}(x,x_2)+g(x_2)G_{wi,3}^{(s)}(x,x_2)]\mathrm{d}S_2 \tag{5.39}$$

$$p(x)=\int_b[e(x_2)T_{p,1}^{(v)}(x,x_2)+f(x_2)T_{p,2}^{(v)}(x,x_2)+g(x_2)T_{p,3}^{(v)}(x,x_2)]\mathrm{d}S_2 \tag{5.40}$$

式中：$x\in D_2$，$x_2\in S_2$；$e(x_2)$、$f(x_2)$和$g(x_2)$分别对应虚拟波源面S_2上x_2位置处P_{I}波、P_{II}波和SV波波源的密度；$G_{i,l}^{(v)}(x,x_2)$、$G_{wi,l}^{(v)}(x,x_2)$、$T_{ij,l}^{(v)}(x,x_2)$和$T_{p,l}^{(v)}(x,x_2)$分别表示饱和半空间内固相位移、流体相对位移、总应力和孔隙水压的格林函数。

半空间中总的位移和应力场由自由场和半空间中的散射场叠加而得，沉积河谷内部反应则全部由沉积河谷内的散射场产生。

3. 边界条件及求解

由于采用饱和半空间动力格林函数，自由地表边界条件自动满足，因此只需考虑饱和沉积河谷和半空间交界面上的连续性条件。

对两种饱和介质来说，由于孔隙分布的随机性，实际交界面上应考虑部分透水状态，其边界条件为（Deresiewicz，1963）

$$\begin{cases}u_{\mathrm{x}}^{\mathrm{s}}=u_x^{\mathrm{v}}\\ u_y^{\mathrm{s}}=u_y^{\mathrm{v}}\\ w_n^{\mathrm{s}}=w_n^{\mathrm{v}}\end{cases} \tag{5.41}$$

$$\begin{cases}\sigma_{nn}^{\mathrm{s}}=\sigma_{nn}^{\mathrm{v}}\\ \sigma_{nt}^{\mathrm{s}}=\sigma_{nt}^{\mathrm{v}}\end{cases} \tag{5.42}$$

$$p^{\mathrm{s}}-p^{\mathrm{v}}=k\dot{w}_n \tag{5.43}$$

式中：上标s、v分别代表半空间和沉积河谷；k表示交界面对流体出流速度的阻抗系数，即交界面渗透系数。边界条件的两种极限情况分别为

$$p^{\mathrm{s}}-p^{\mathrm{v}}=0\quad（k=0，透水情况） \tag{5.44}$$

或者

$$\dot{w}_n=0\quad（k=\infty，不透水情况） \tag{5.45}$$

为便于问题数值求解，首先分别对虚拟波源面S_1、S_2和交界面S进行离散，

根据边界条件建立方程，求方程的最小二乘解，即得到离散点上的源密度，进而得到总波场。交界面 S 和虚拟波源面 S_1、S_2 的离散情况见图 5.28。设交界面 S 离散点数为 N_1，虚拟波源面 S_1 和 S_2 离散点数均为 N_2。半空间中散射波引起的位移场和应力场可分别表示为

$$u_i^{\mathrm{s}}(x_n)=b_{n1}G_{i,1}^{(\mathrm{s})}(x_n,x_{n1})+c_{n1}G_{i,2}^{(\mathrm{s})}(x_n,x_{n1})+d_{n1}G_{i,3}^{(\mathrm{s})}(x_n,x_{n1}) \tag{5.46}$$

$$w_i^{\mathrm{s}}(x_n)=b_{n1}G_{wi,1}^{(\mathrm{s})}(x_n,x_{n1})+c_{n1}G_{wi,2}^{(\mathrm{s})}(x_n,x_{n1})+d_{n1}G_{wi,3}^{(\mathrm{s})}(x_n,x_{n1}) \tag{5.47}$$

$$\sigma_{ij}^{\mathrm{s}}(x_n)=b_{n1}T_{ij,1}^{(\mathrm{s})}(x_n,x_{n1})+c_{n1}T_{ij,2}^{(\mathrm{s})}(x_n,x_{n1})+d_{n1}T_{ij,3}^{(\mathrm{s})}(x_n,x_{n1}) \tag{5.48}$$

$$p^{\mathrm{s}}(x_n)=b_{n1}T_{p,1}^{(\mathrm{s})}(x_n,x_{n1})+c_{n1}T_{p,2}^{(\mathrm{s})}(x_n,x_{n1})+d_{n1}T_{p,3}^{(\mathrm{s})}(x_n,x_{n1}) \tag{5.49}$$

式中：$x_n\in S, x_{n1}\in S_1$；$n=1,\cdots,N$；$n1=1,\cdots,N_1$；b_{n2}、c_{n2}、d_{n2} 分别为虚拟源面上第 $n2$ 个离散点处 $\mathrm{P_I}$ 波、$\mathrm{P_{II}}$ 波及 SV 波波源的源密度。同理，沉积河谷内部的散射波可由 S_2 上离散波源点构造，S_2 上第 $n2$ 个离散波源点密度可分别设为 e_{n2}、f_{n2}、g_{n2}。

由此可以得到一个线性方程组为

$$\boldsymbol{H}_1\boldsymbol{Y}_1+\boldsymbol{F}=\boldsymbol{H}_2\boldsymbol{Y}_2 \tag{5.50}$$

式中：$\boldsymbol{H}_1(6N_1,3N_2)$、$\boldsymbol{H}_2(6N_1,3N_2)$ 分别为 S_1、S_2 上离散波源点对离散边界点的格林影响矩阵；$\boldsymbol{Y}_1(3N_1,1)$、$\boldsymbol{Y}_2(3N_2,1)$ 分别为 S_1、S_2 上的虚拟波源密度向量（待求）；$\boldsymbol{F}(3N_1,1)$ 为自由场作用。方程组（5.50）可以采用最小二乘法求解，求得虚拟源密度，便求到散射波场和总波场，进而可以计算沉积河谷内外任意点的位移及应力，问题从而得到求解。

另外，本节方法中虚拟波源面的引入，避免了虚拟波源作用在沉积河谷边界时带来的奇异性问题。研究表明，一般情况下，虚拟波源面 S_1 半径可取为 $0.4R_0 \sim 0.6R_0$（R_0 为沉积河谷等效半径），波源点数可取为交界面离散点数的 1/2 左右，即可保证很高的计算精度。对于高频入射（$\eta>2$）情况，则应适当增大虚拟波源面半径，可取值为 $0.7R_0 \sim 0.9R_0$。虚拟波源面 S_2 在沉积河谷外部，S_1 与 S_2 同 S 的距离取为一致。

5.3.2 精度检验

饱和半空间中沉积河谷对弹性波的散射问题至今还没有完全精确的解析解，因此只能通过边界条件验算、退化情况对比及数值稳定性检验来考察计算精度。

首先定义无量纲频率为 $\eta=\omega a/(\pi c_\beta)$，其中 c_β 为饱和半空间剪切波速。计算

表明，对半圆形沉积河谷，随着边界离散点数增加，边界残值逐渐减小。离散点数取 $N_1 = 41$、$N_2 = 25$，对入射频率 $\eta = 2.0$ 情况，残值水平能达到 1/1000 水平。

考虑退化情况，取饱和介质参数（Li et al，2005），孔隙率 0.001，滞后阻尼比 $\zeta = 0.001$，无量纲频率 $\eta = 1.0$，材料泊松比 $\nu = 1/3$，入射角分别取 θ_β 为 0°（垂直入射）和 30°。图 5.29 给出本节结果同 Dravinski 和 Mossessian（1987）中相应单相介质情况结果比较，可以看出两个结果吻合很好，从一个方面验证了本节方法的正确性。

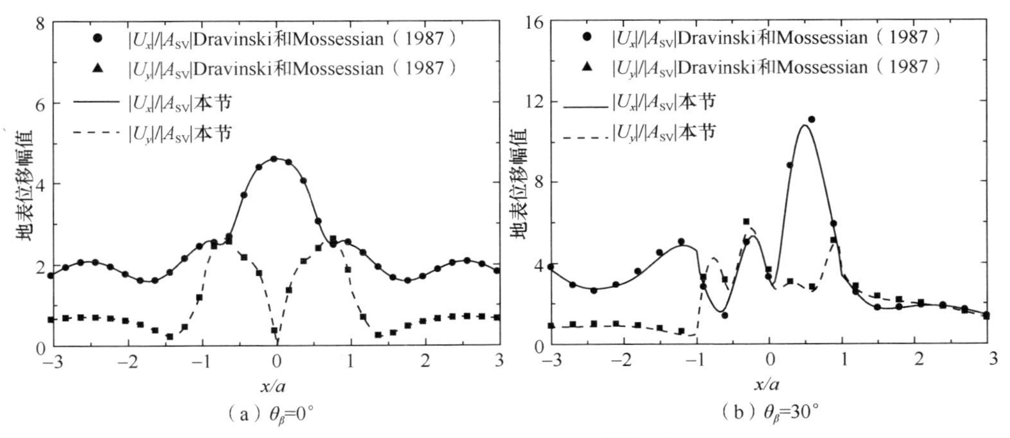

图 5.29　饱和两相介质退化为单相介质与解析解进行对比（$\eta = 1.0$）

另外，表 5.3 给出了随离散点增加地表位移幅值的收敛情况，计算参数取 $\zeta = 0.001$，$\eta = 1.0$；沉积河谷内外饱和介质孔隙率均为 0.3，泊松比 $\nu = 0.25$，半空间饱和参数取 $\lambda^* = 1.0$，$M^* = 1.64$，$\rho^* = 0.46$，$m^* = 3.35$，$\alpha = 0.83$，沉积河谷内饱和介质参数取 $\lambda^* = 1.0$，$M^* = 5.18$，$\rho^* = 0.46$，$m^* = 3.35$，$\alpha = 0.83$。交界面 S 离散点数 N_1 分别取 23、41 和 81，虚拟波源面离散点数 N_2 相应取 15、25 和 61。从表 5.3 可以看出，随着离散点数的增加，位移结果收敛良好，反映了该方法具有很好的数值稳定性。

表 5.3　数值稳定性检验（η =1.0）

x/a	$N_1 = 23, N_2 = 15$		$N_1 = 45, N_2 = 25$		$N_1 = 81, N_2 = 61$	
	$\lvert U_x\rvert / \lvert A_{SV}\rvert$	$\lvert U_y\rvert / \lvert A_{SV}\rvert$	$\lvert U_x\rvert / \lvert A_{SV}\rvert$	$\lvert U_y\rvert / \lvert A_{SV}\rvert$	$\lvert U_x\rvert / \lvert A_{SV}\rvert$	$\lvert U_y\rvert / \lvert A_{SV}\rvert$
−4.00	2.0571	0.3246	2.0585	0.3241	2.0583	0.3237
−3.75	1.7600	0.3769	1.7614	0.3757	1.7627	0.3754
−3.50	1.5788	0.4306	1.5848	0.4283	1.5857	0.4280
−3.25	1.6464	0.4767	1.6536	0.4731	1.6533	0.4726

续表

x/a	$N_1=23,\ N_2=15$		$N_1=45,\ N_2=25$		$N_1=81,\ N_2=61$	
	$\|U_x\|/\|A_{SV}\|$	$\|U_y\|/\|A_{SV}\|$	$\|U_x\|/\|A_{SV}\|$	$\|U_y\|/\|A_{SV}\|$	$\|U_x\|/\|A_{SV}\|$	$\|U_y\|/\|A_{SV}\|$
−3.00	1.8603	0.5091	1.8632	0.5041	1.8622	0.5037
−2.75	2.0387	0.5237	2.0362	0.5177	2.0350	0.5173
−2.50	2.0878	0.5173	2.0824	0.5110	2.0813	0.5107
−2.25	2.0061	0.4861	2.0012	0.4802	2.0004	0.4800
−2.00	1.8583	0.4227	1.8552	0.4180	1.8546	0.4179
−1.75	1.7543	0.3121	1.7511	0.3090	1.7510	0.3093
−1.50	1.7974	0.1251	1.7933	0.1234	1.7943	0.1241
−1.25	1.9870	0.2160	1.9839	0.2148	1.9871	0.2136
−1.00	2.0985	0.8451	2.1009	0.8186	2.1193	0.7926
−0.75	1.8748	0.6962	1.8740	0.6634	1.8673	0.6614
−0.50	2.5934	1.2282	2.6327	1.2038	2.6341	1.2039
−0.25	3.4263	1.1564	3.4379	1.2056	3.4384	1.2073
0.00	3.8687	0.0000	3.8303	0.0000	3.8313	0.0000

5.3.3 算例分析

为便于揭示基本规律，下面以半圆形沉积河谷为例进行参数分析。饱和半空间介质参数取值（Lin et al，2005）：孔隙率 n=0.3，泊松比 ν=0.25，材料阻尼取 0.001，土骨架体积模量 K_{gs}=36000MPa，土颗粒密度 ρ_{gs}=2650kg/m^3，流体体积模量 K_f=2000MPa，流体密度 ρ_f=1000kg/m^3。沉积河谷内饱和介质参数：土骨架体积模量 K_{gv}=9000MPa，土颗粒密度 ρ_{gv}=2650kg/m^3，临界孔隙率 n_{cr}=0.36，土体临界体积模量 K_{cr}=50MPa，考虑沉积介质孔隙率变化，对应不同孔隙率的无量纲饱和参数见表 5.4，其中：$\lambda^*=\lambda/\mu$，$M^*=M/\mu$，$\rho^*=\rho_f/\rho$，$m^*=m/\rho$。

表 5.4　沉积饱和介质计算参数

n_v	λ^*	M^*	ρ^*	m^*	α
0.30	1.00	5.18	0.46	3.35	0.83
0.34	1.00	12.87	0.48	2.77	0.94
0.36	1.00	133.1	0.49	2.55	0.99

图 5.30～图 5.32 分别给出了干土情况、(地表、交界面) 透水情况和不透水情况下沉积河谷附近的地表位移幅值的结果对比。入射波频率分别取 η 为 0.5、1.0 和 2.0，入射角度 θ_β 为 0°、30°、60°和 85°，沉积介质孔隙率为 0.3。图 5.30～图 5.32 中的地表位移幅值已由入射波的位移幅值正规化。从图 5.30～图 5.32 中可以看出，饱和透水情况、饱和不透水情况和干土情况的地表位移幅值和空间分布特征具有显著的差异，边界渗透条件对波的散射具有重要影响；一般情况下，饱和情况地表位移峰值要小于相应干土情况，透水情况下地表位移幅值要小于不透水情况；且在波 30°入射（接近临界角 30.5°）情况，三者差异最为显著，这主要是由其自由场决定的。同时可以看出，三种情况地表位移出现一定的相位漂移，不透水情况的相位略大于透水情况的相位，透水情况的相位略大于干土情况的相位，这是波在沉积河谷附近的干涉造成的。对于斜入射情况，可以观察到在波的入射端（$x/a<-1$）出现驻波现象。

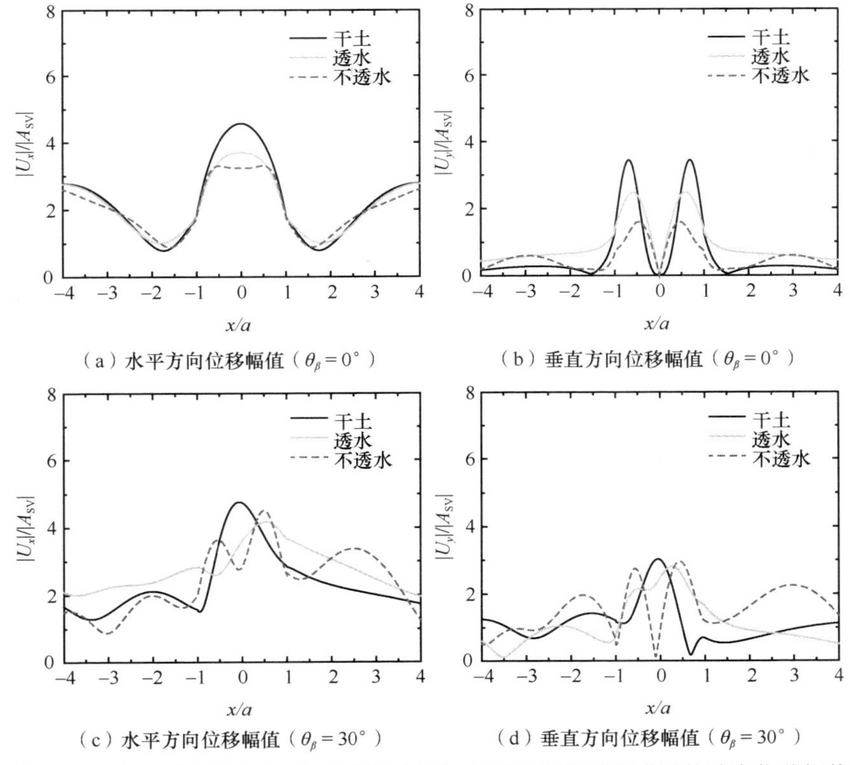

（a）水平方向位移幅值（$\theta_\beta=0°$）　（b）垂直方向位移幅值（$\theta_\beta=0°$）

（c）水平方向位移幅值（$\theta_\beta=30°$）　（d）垂直方向位移幅值（$\theta_\beta=30°$）

图 5.30　干土、饱和透水、饱和不透水不同情况下沉积河谷附近的地表位移幅值（$\eta=0.5$，$n_s=0.3$，$n_v=0.3$）

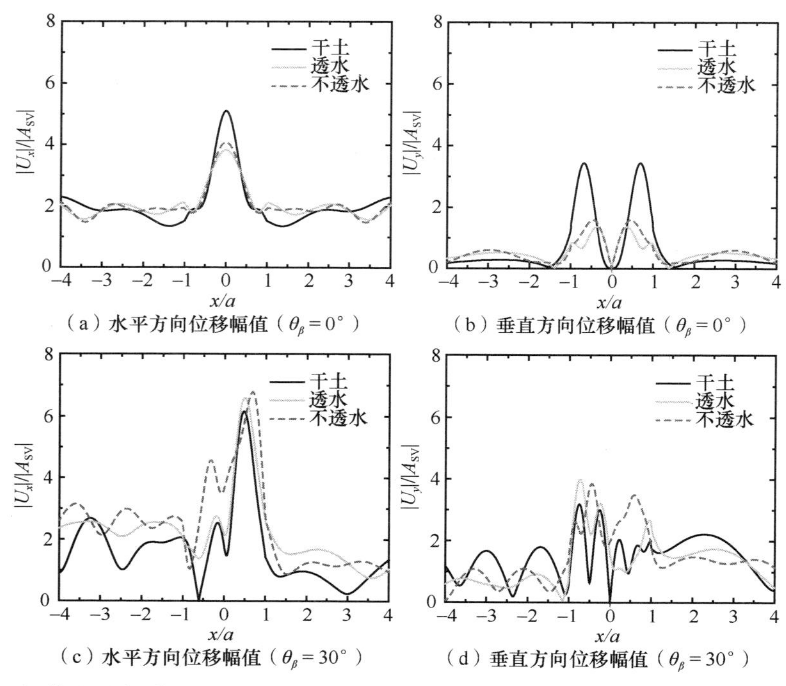

（a）水平方向位移幅值（$\theta_\beta=0°$）　（b）垂直方向位移幅值（$\theta_\beta=0°$）

（c）水平方向位移幅值（$\theta_\beta=30°$）　（d）垂直方向位移幅值（$\theta_\beta=30°$）

图 5.31　干土、饱和透水、饱和不透水不同情况下沉积河谷附近的地表位移幅值（η=1.0，n_s=0.3，n_v=0.3）

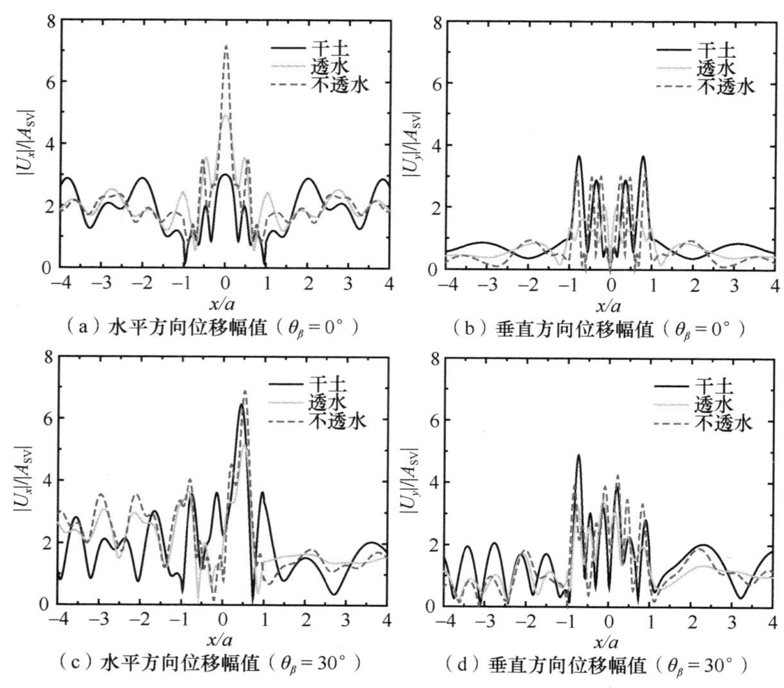

（a）水平方向位移幅值（$\theta_\beta=0°$）　（b）垂直方向位移幅值（$\theta_\beta=0°$）

（c）水平方向位移幅值（$\theta_\beta=30°$）　（d）垂直方向位移幅值（$\theta_\beta=30°$）

图 5.32　干土、饱和透水、饱和不透水不同情况下沉积河谷附近的地表位移幅值（η=2.0，n_s= 0.3，n_v= 0.3）

图 5.33 给出了 η 为 0.5、1.0 和 2.0 三种入射频率情况和不同入射角度下，不透水情况下沉积河谷交界面 S 上孔隙水压的分布图（计算参数同上）。图 5.33 中的孔隙水压幅值已由入射波引起的土体骨架应力幅值正规化。可以看出，交界面上孔隙水压幅值随入射角度的变化而显著变化，说明孔隙水压对波的干涉影响非常敏感，且当波 30°入射（接近临界角 30.5°）时，孔隙水压幅值最大。从图 5.33 中还可以看出，当入射频率较低时，孔隙水压的空间变化比较平缓，而随入射频率的升高，孔隙水压的空间变化越加复杂，这同位移反应特征一致。

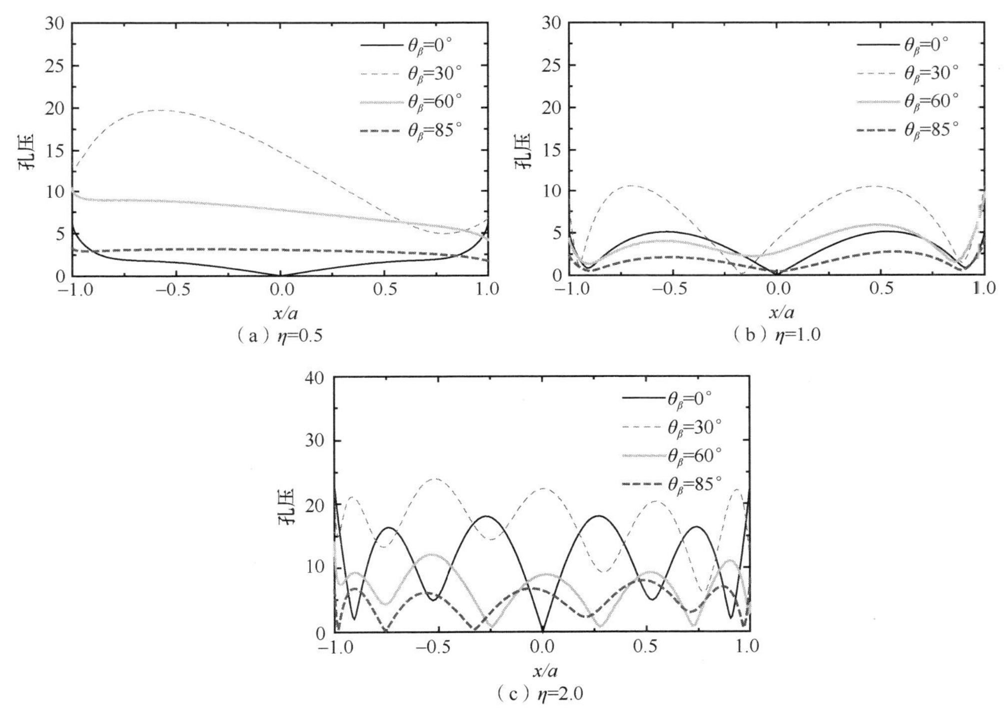

图 5.33　不透水情况下沉积河谷交界面 S 上孔隙水压的分布图

图 5.34 给出了地表透水情况、沉积河谷与半空间交界面部分透水情况（k 为 0、5、10、20 和∞）下的地表位移幅值。计算参数：η 为 0.5、1.0 和 2.0 三种频率入射，波垂直入射，其他计算参数同上。k=0 对应于沉积河谷与半空间交界面的透水情况，k=∞则对应于不透水情况。从图 5.34 可以看出，随着渗透系数 k 的增大，地表位移幅值基本上呈单调变化，说明部分透水情况对入射波的影响基本上介于透水情况和不透水情况之间。在图 5.34 计算结果中，可以近似确定 k=5 为半透水情况。

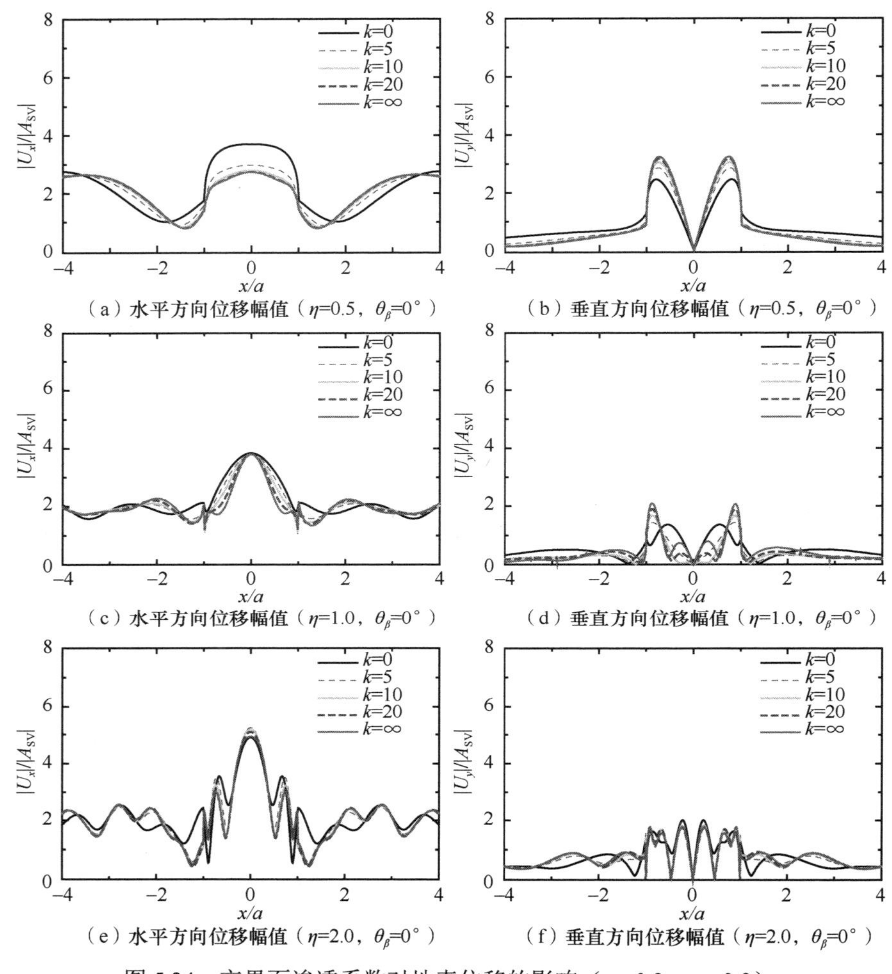

(a) 水平方向位移幅值（η=0.5，θ_β=0°）　(b) 垂直方向位移幅值（η=0.5，θ_β=0°）

(c) 水平方向位移幅值（η=1.0，θ_β=0°）　(d) 垂直方向位移幅值（η=1.0，θ_β=0°）

(e) 水平方向位移幅值（η=2.0，θ_β=0°）　(f) 垂直方向位移幅值（η=2.0，θ_β=0°）

图 5.34　交界面渗透系数对地表位移的影响（n_s=0.3，n_v=0.3）

图 5.35～图 5.37 和图 5.38～图 5.40 分别给出了边界透水和不透水情况下不同沉积介质孔隙率下的地表位移幅值。入射波频率 η 为 0.5、1.0 和 2.0，半空间饱和介质参数同上，沉积介质孔隙率取值 n_v 分别为 0.3、0.34 和 0.36。从图 5.35～图 5.37 中可以看出，无论是透水情况还是不透水情况，沉积介质孔隙率对地表位移幅值均有着重要的影响；随着沉积介质孔隙率的增大，地表位移幅值也逐渐增大，地表位移振荡加剧，尤其是沉积介质孔隙率接近临界状态时，地表位移变化更加复杂；当波 30°入射（接近临界角 30.5°）时，地表位移幅值最大。从图 5.35～图 5.37 中还可以看出，透水情况和不透水情况沉积河谷附近地表位移幅值和相位均存在着显著差异，尤其是波 30°入射时，两者的差异更为显著。

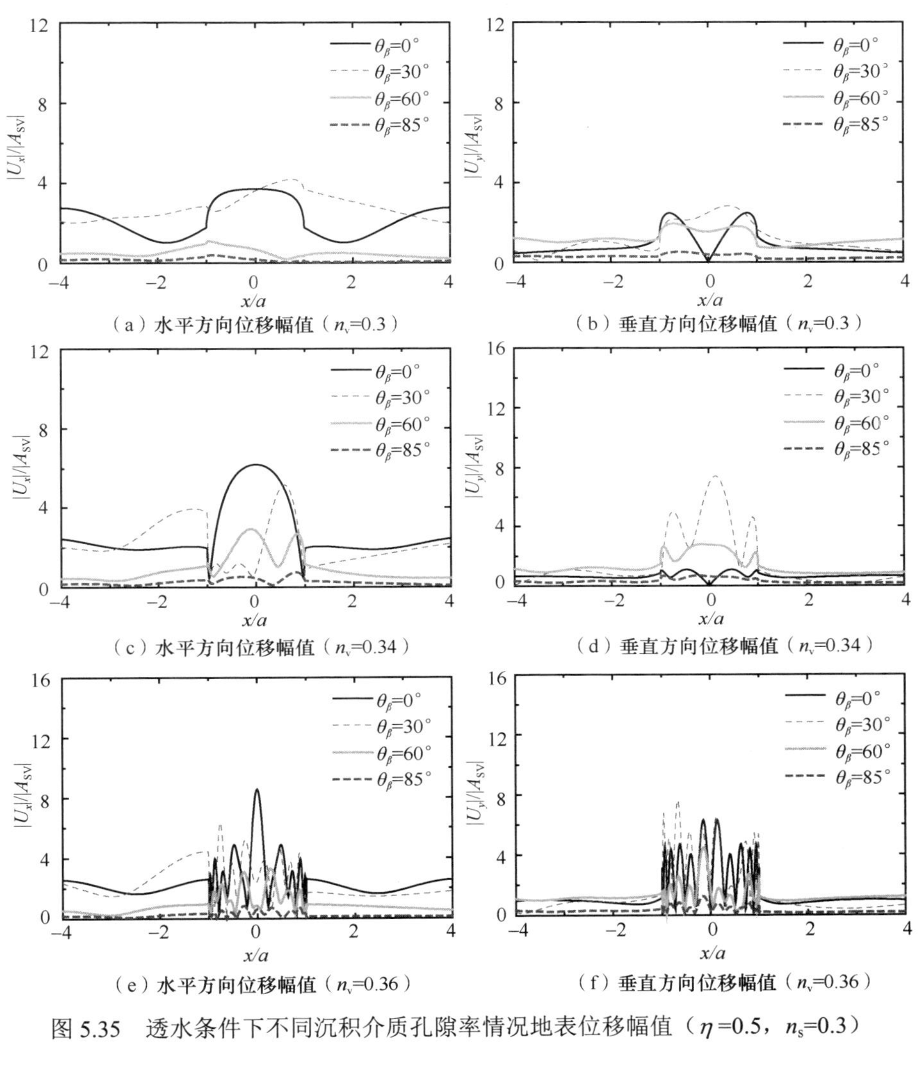

（a）水平方向位移幅值（n_v=0.3）　（b）垂直方向位移幅值（n_v=0.3）

（c）水平方向位移幅值（n_v=0.34）　（d）垂直方向位移幅值（n_v=0.34）

（e）水平方向位移幅值（n_v=0.36）　（f）垂直方向位移幅值（n_v=0.36）

图 5.35　透水条件下不同沉积介质孔隙率情况地表位移幅值（η=0.5，n_s=0.3）

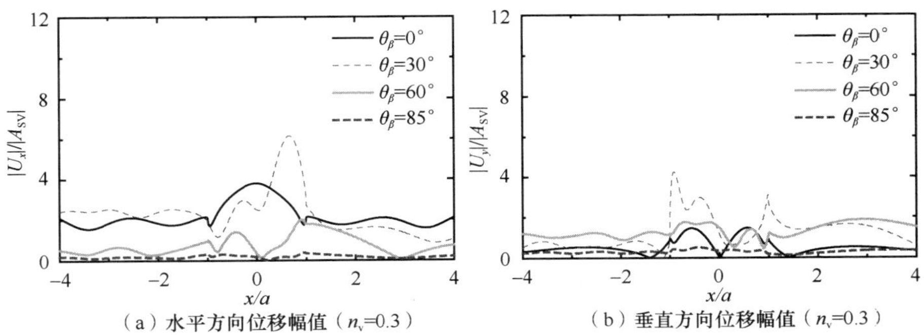

（a）水平方向位移幅值（n_v=0.3）　（b）垂直方向位移幅值（n_v=0.3）

图 5.36　透水条件下不同沉积介质孔隙率情况地表位移幅值（η=1.0，n_s=0.3）

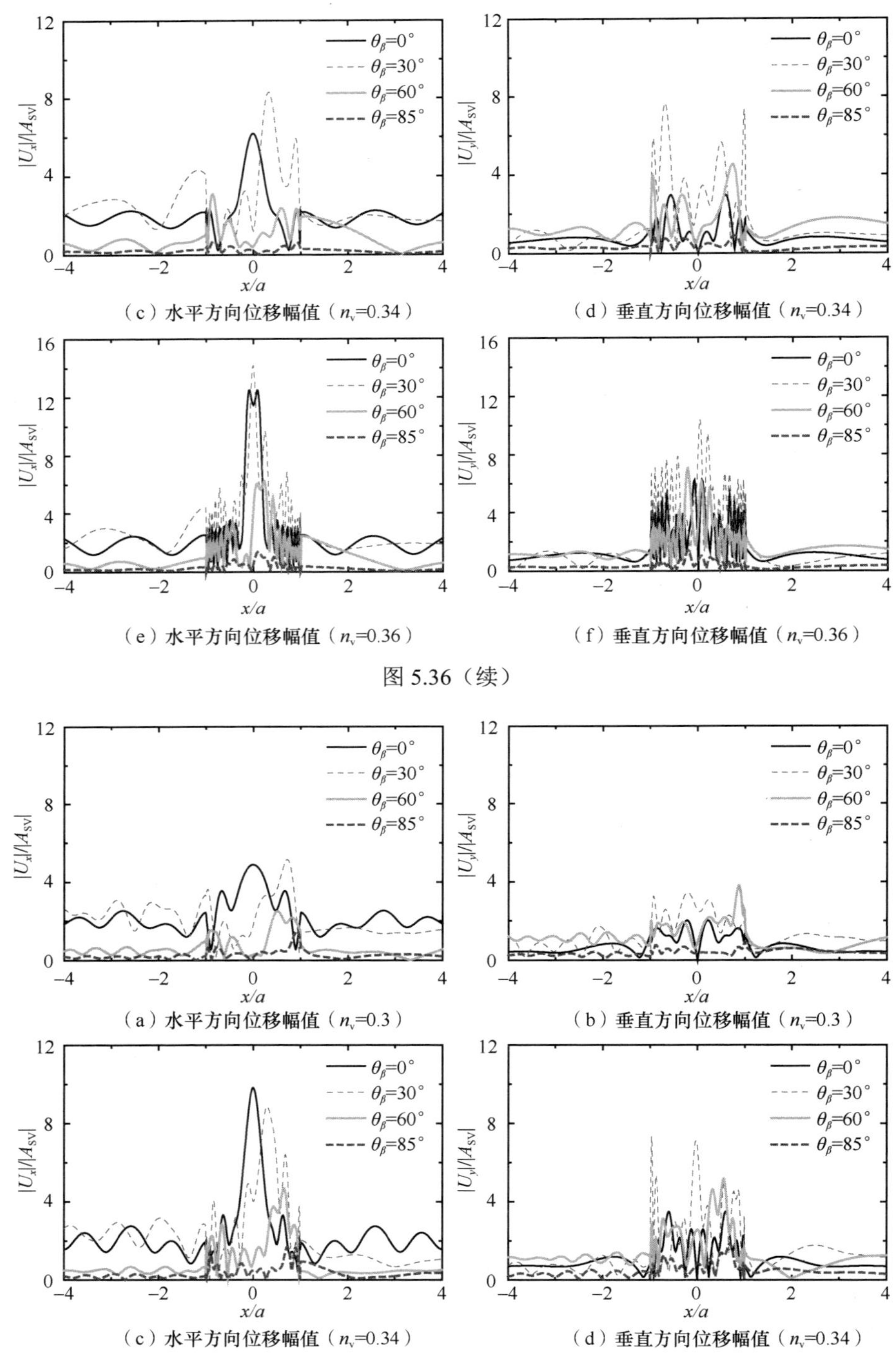

（c）水平方向位移幅值（n_{v}=0.34）

（d）垂直方向位移幅值（n_{v}=0.34）

（e）水平方向位移幅值（n_{v}=0.36）

（f）垂直方向位移幅值（n_{v}=0.36）

图 5.36（续）

（a）水平方向位移幅值（n_{v}=0.3）

（b）垂直方向位移幅值（n_{v}=0.3）

（c）水平方向位移幅值（n_{v}=0.34）

（d）垂直方向位移幅值（n_{v}=0.34）

图 5.37　透水条件下不同沉积介质孔隙率情况地表位移幅值（η=2.0，n_{s}=0.3）

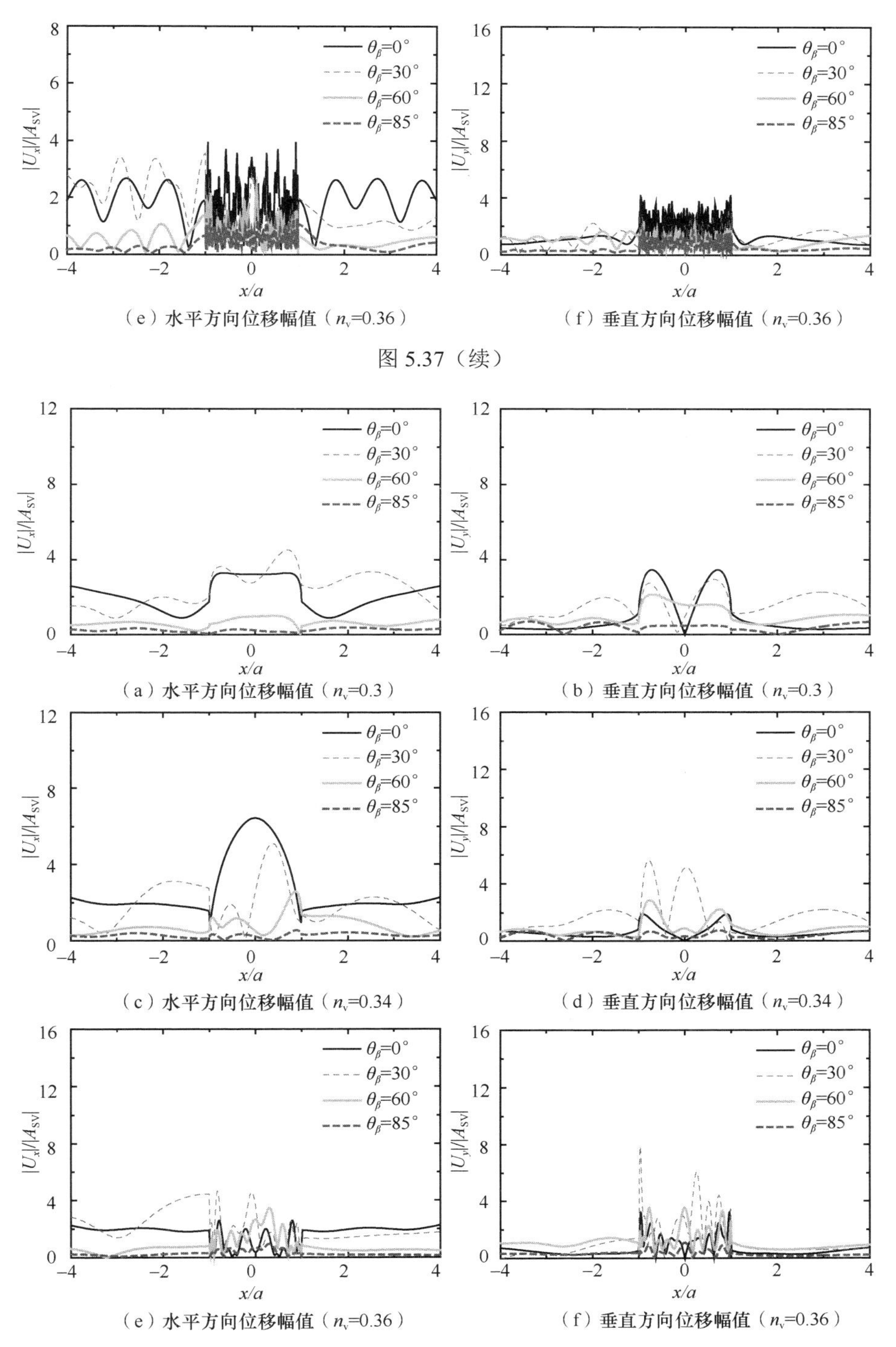

（e）水平方向位移幅值（n_v=0.36）　（f）垂直方向位移幅值（n_v=0.36）

图 5.37（续）

（a）水平方向位移幅值（n_v=0.3）　（b）垂直方向位移幅值（n_v=0.3）

（c）水平方向位移幅值（n_v=0.34）　（d）垂直方向位移幅值（n_v=0.34）

（e）水平方向位移幅值（n_v=0.36）　（f）垂直方向位移幅值（n_v=0.36）

图 5.38　不透水条件下不同沉积介质孔隙率情况地表位移幅值（η=0.5，n_s=0.3）

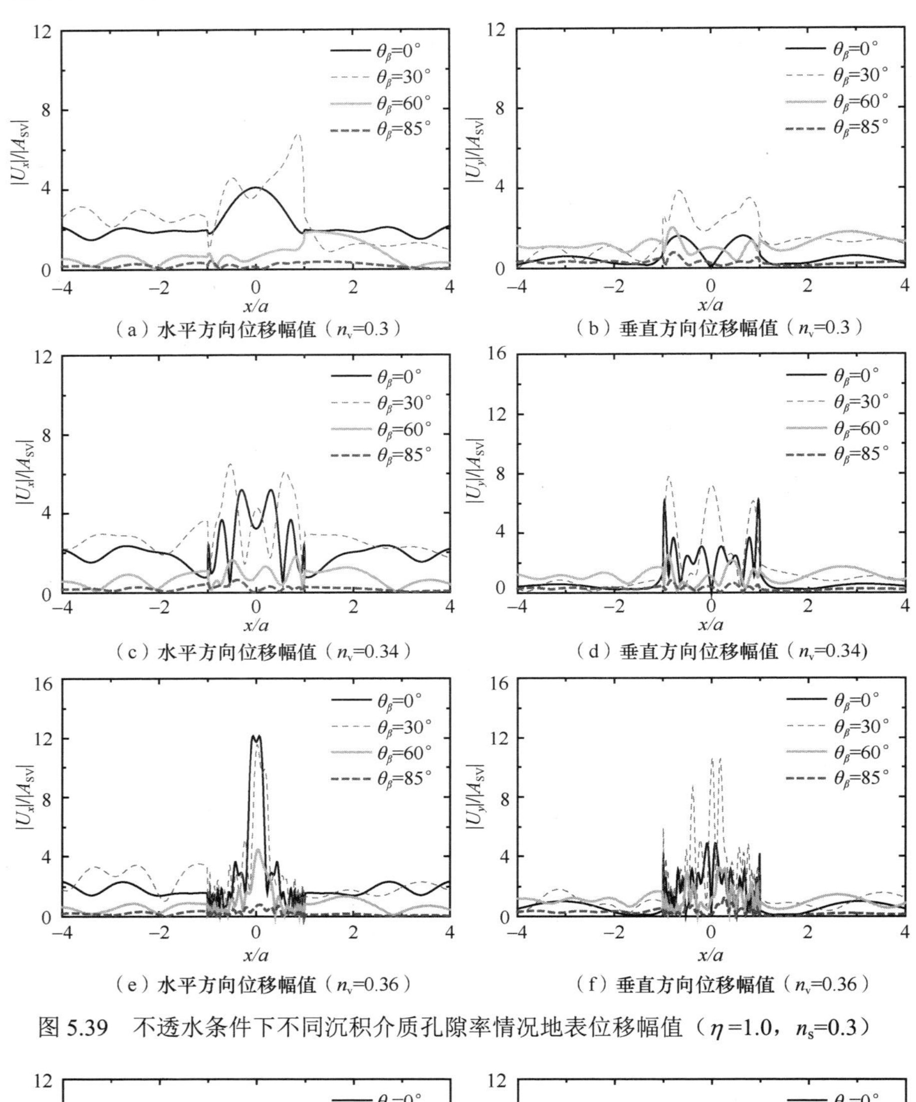

（a）水平方向位移幅值（n_v=0.3）（b）垂直方向位移幅值（n_v=0.3）
（c）水平方向位移幅值（n_v=0.34）（d）垂直方向位移幅值（n_v=0.34）
（e）水平方向位移幅值（n_v=0.36）（f）垂直方向位移幅值（n_v=0.36）

图 5.39　不透水条件下不同沉积介质孔隙率情况地表位移幅值（η=1.0，n_s=0.3）

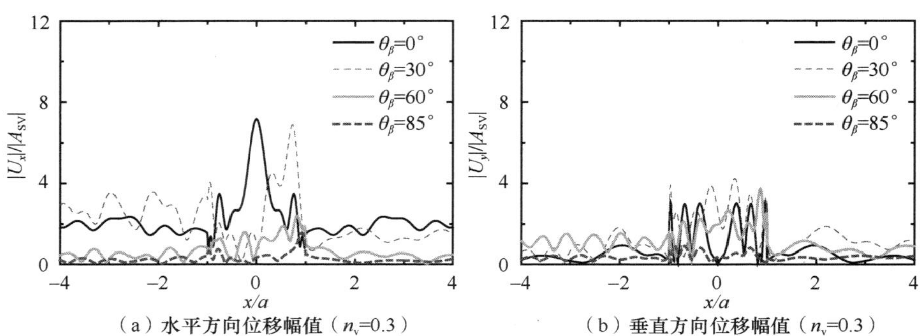

（a）水平方向位移幅值（n_v=0.3）（b）垂直方向位移幅值（n_v=0.3）

图 5.40　不透水条件下不同沉积介质孔隙率情况地表位移幅值（η=2.0，n_s=0.3）

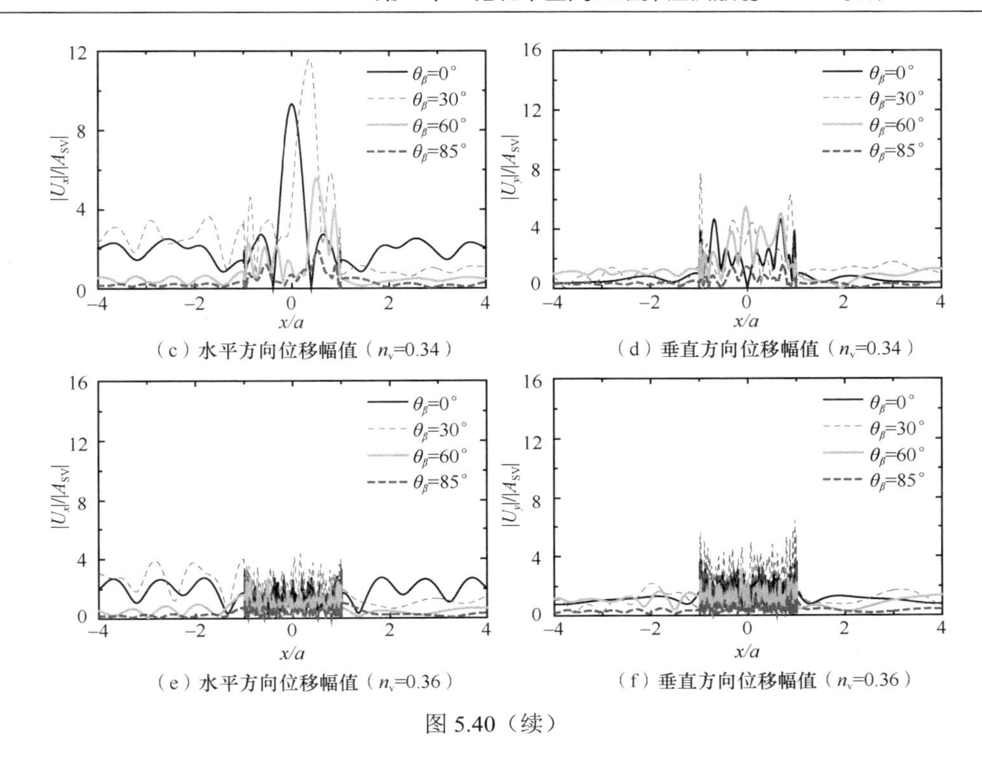

（c）水平方向位移幅值（n_v=0.34）　（d）垂直方向位移幅值（n_v=0.34）

（e）水平方向位移幅值（n_v=0.36）　（f）垂直方向位移幅值（n_v=0.36）

图 5.40（续）

综上，本节采用一种高精度的 IBIEM 研究了饱和半空间中沉积河谷附近平面 SV 波的散射问题，通过残差计算、退化对比和数值稳定性分析验证了方法的计算精度，并通过数值计算分析了入射波频率、入射角度、边界渗透条件等对波散射的影响，得到如下一些有益结论。

饱和情况和干土情况的地表位移幅值和空间分布特征具有显著的差异，边界渗透条件对波的散射具有重要影响；一般情况下，饱和情况地表位移峰值要小于相应干土情况，透水情况下地表位移幅值要小于不透水情况；饱和情况和干土情况的地表位移出现一定的相位漂移，不透水情况的相位略大于透水情况的相位，透水情况的相位略大于干土情况的相位。孔隙水压与位移反应特征一致，当入射频率较低时，孔隙水压的空间变化比较平缓，而随入射频率的升高，孔隙水压的空间变化越加复杂。随着边界渗透系数的变化，地表位移幅值基本上呈单调变化，部分透水情况对入射波的影响基本上介于透水情况和不透水情况之间。沉积介质孔隙率对地表位移幅值有着重要的影响；随着沉积介质孔隙率的增大，地表位移幅值也随之增大，地表位移振荡加剧，尤其是沉积介质孔隙率接近临界状态时，地表位移变化更加复杂。

需要指出的是，本节中以半圆形沉积河谷为例进行了分析，但本节方法可以用于任意形状沉积河谷。另外，若结合层状半空间动力格林函数，则很容易将该方法拓展到层状饱和场地。

5.4　饱和层状沉积河谷对地震波的散射

5.4.1　模型及求解

1. 计算模型及方法

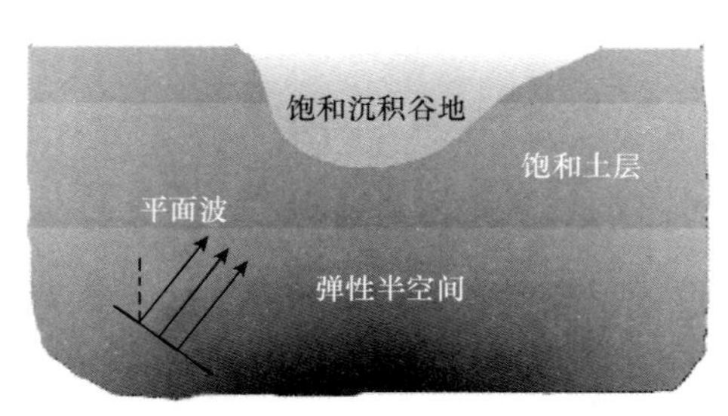

图 5.41　计算模型

如图 5.41 所示，一无限长任意形状沉积河谷包含于层状半空间中。层状半空间和沉积河谷中均为流体饱和、弹性均匀的各向同性介质。沉积河谷和层状半空间的交界面记为 S。地震输入考虑平面 P 波或 SV 波从基岩半空间中入射，假设沉积河谷沿纵向横截面不变，入射波波面平行于沉积河谷的纵向，待求问题即为饱和层状半空间中沉积河谷对平面波的二维散射（平面应变问题），拟采用 IBIEM 求解。方法基于单层位势理论，在边界附近设定虚拟波源面，散射波由虚拟波源的作用叠加而得，继而由边界条件建立方程求解得到虚拟波源密度。针对本节研究对象，需在沉积河谷和层状半空间交界面 S 附近引入两个虚拟波源面 S_2 和 S_1，以分别构造沉积河谷内外的散射波场。为方便计算，虚拟波源面的形状均和交界面一致。考虑到各向同性饱和介质中存在三类波，拟采用两类膨胀波源和一类剪切波源为基本解。这样在物理概念上比较直观，而且该格林函数同集中力源函数相比形式较为简单（每个方向上的集中力均包含了三类波源），数值实现上将更为简便。

2. 波场分析

总波场可分解为自由场（不含沉积河谷层状半空间自身反应）和散射场。自由场的反应可由直接刚度法求得。将输入控制点选在基岩表面，入射 $\mathrm{P_I}$ 波或 SV 波，场地运动的动力平衡方程为

$$[K][\mathrm{i}U_{x1},U_{y1},w_{y1},\cdots,\mathrm{i}U_{xn+1},U_{yn+1},w_{yn+1}]^{\mathrm{T}}=[0,0,0,\cdots,\mathrm{i}R_{x0},R_{y0},P_{y0}]^{\mathrm{T}} \tag{5.51}$$

式中：R_{x0}、R_{y0} 和 P_{y0} 为基岩表面等效外荷载和孔隙水压幅值（控制点选在基岩露头）。设半空间位移向量为 $[U_{x0},U_{y0},w_{y0}]$，则底部荷载向量为 $[R_{x0},R_{y0},P_{y0}]^{\mathrm{T}}=\boldsymbol{K}_{\mathrm{H}}[U_{x0},U_{y0},w_{y0}]^{\mathrm{T}}$。$\boldsymbol{K}_{\mathrm{H}}$ 为饱和半空间刚度矩阵。整个场地的运动由求解式（5.51）得出，进而由传递函数求得各土层内各点的位移、应力。

当存在沉积河谷时，在层状半空间和沉积河谷内部将会产生散射波，它们可

分别由沉积河谷内外虚拟波源面上所有膨胀波源和剪切波源的叠加而得。假设层状半空间中散射波场由虚拟波源面 S_1 产生，则其位移和应力可以表达为

$$u_i^{\mathrm{s}}(x)=\int_b b(x_1)G_{i,1}^{(\mathrm{s})}(x,x_1)+c(x_1)\mathrm{G}_{i,2}^{(\mathrm{s})}(x,x_1)+d(x_1)G_{i,3}^{(\mathrm{s})}(x,x_1)]\mathrm{d}S_1 \qquad (5.52\mathrm{a})$$

$$\sigma_{ij}^{\mathrm{s}}(x)=\int_b b(x_1)T_{ij,1}^{(\mathrm{s})}(x,x_1)+c(x_1)T_{ij,2}^{(\mathrm{s})}(x,x_1)+d(x_1)T_{ij,3}^{(\mathrm{s})}(x,x_1)]\mathrm{d}S_1 \qquad (5.52\mathrm{b})$$

$$w_i^{\mathrm{s}}(x)=\int_b b(x_1)G_{wi,1}^{(\mathrm{s})}(x,x_1)+c(x_1)\mathrm{G}_{wi,2}^{(\mathrm{s})}(x,x_1)+d(x_1)G_{wi,3}^{(\mathrm{s})}(x,x_1)]\mathrm{d}S_1 \qquad (5.52\mathrm{c})$$

$$p^{\mathrm{s}}(x)=\int_b b(x_1)T_{p,1}^{(\mathrm{s})}(x,x_1)+c(x_1)T_{p,2}^{(\mathrm{s})}(x,x_1)+d(x_1)T_{p,3}^{(\mathrm{s})}(x,x_1)]\mathrm{d}S_1 \qquad (5.52\mathrm{d})$$

式中：$x\in D_1$，$x_1\in S_1$；$b(x_1)$、$c(x_1)$ 和 $d(x_1)$ 分别对应虚拟波源面 S_1 上 x_1 位置处 $\mathrm{P_I}$ 波、$\mathrm{P_{II}}$ 波和 SV 波波源的密度；$G_{i,l}^{(\mathrm{s})}(x,x_1)$、$G_{wi,l}^{(\mathrm{s})}(x,x_1)$、$T_{ij,l}^{(\mathrm{s})}(x,x_1)$ 和 $T_{p,l}^{(\mathrm{s})}(x,x_1)$ 分别表示饱和层状半空间内固相位移、流体相对位移、总应力和孔隙水压的格林函数（角标 l=1、2、3 分别对应 $\mathrm{P_I}$ 波、$\mathrm{P_{II}}$ 波和 SV 波波源），该格林函数自动满足运动方程、各土层交界面连续性条件及地表面零应力边界条件。具体公式见 3.9 节相关内容。

同理，沉积河谷内部散射波则由虚拟波源面 S_2 上所有膨胀波源和剪切波源的作用叠加而得，格林函数根据沉积河谷内部材料确定，若为均质，也可采用饱和半空间格林函数。饱和层状半空间中总的位移场和应力场由自由场和层状半空间中的散射场叠加而得，饱和沉积河谷内部反应则全部由沉积河谷内部的散射场产生。

3. 边界条件及求解

由于采用饱和层状半空间动力格林函数，自由地表边界条件和各相邻土层间的连续条件自动满足，故只需考虑饱和沉积河谷和外部层状半空间交界面上的连续性条件。对两种饱和介质来说，由于孔隙分布的随机性，若考虑实际交界面上的部分透水状态，其边界条件及求解方程见 5.3 节相应内容。

在边界积分方程求解方面，对超定方程组的求解方法通常有三种，即最小二乘法、奇异值分解法和伪逆法。计算表明，伪逆法对于特别不规则边界形状或波源点位配置较差时形成的病态方程具有更好的适应性。因此本节采用了伪逆法进行方程求解。

5.4.2　方法检验

针对饱和层状半空间中沉积河谷对弹性波的散射，据笔者所知，目前未见有文献给出具体结果。下面以基岩半空间单一土层中半圆形沉积河谷为例，通过边界条件验算、退化情况对比来考察计算精度。首先定义无量纲频率：$\eta=\omega a/(\pi c_\beta)$，

c_β 为上覆土层介质剪切波速。计算表明，随着边界离散点数增加，边界残值逐渐减小。离散点数取 $N=41$、$N_1=25$，对入射频率 $\eta=2.0$ 情况，残值能达到 10^{-3} 水平。进而考虑退化情况：取饱和介质孔隙率 0.001，覆盖层和沉积河谷的材料阻尼比 $\zeta=0.05$，基岩半空间阻尼比取 0.02；材料泊松比均 $\nu=1/3$，沉积河谷内外材料剪切波速比为 1/2，覆盖层和基岩半空间剪切波速比取为 1/5，SV 波的入射角 θ_β 为 0°（垂直）和 30°，无量纲频率 $\eta=1.0$。图 5.42 给出本节结果同文献（巴振宁，2011）中相应单相介质情况结果比较，可以看出两者吻合很好，即表明本节方法可以退化为单相介质情况，从一个方面验证了本节方法的正确性。

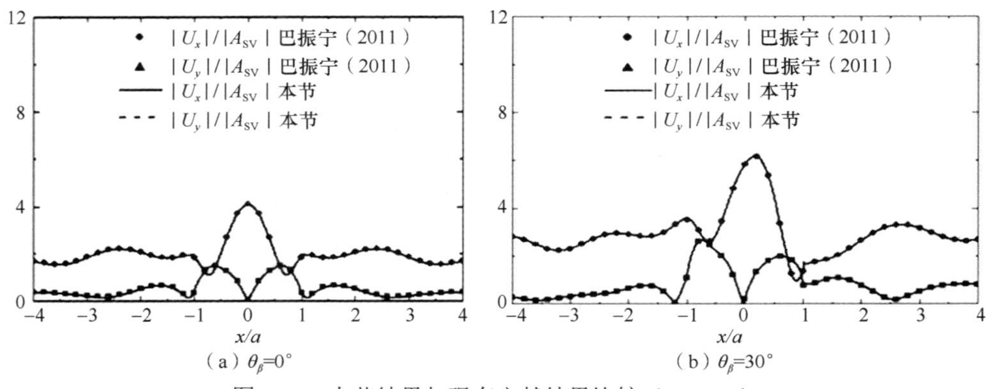

图 5.42　本节结果与现有文献结果比较（$\eta=1.0$）

5.4.3　算例分析

为便于揭示基本规律，下面以基岩半空间上单一覆盖层中一简单形状沉积河谷为例进行参数分析。覆盖层厚度为 H，沉积河谷厚度为 d，假设河谷两边为 1/4 圆弧，半径设为 a，中间部分底边水平，长度设为 $2a$，假定 $a=d$。覆盖层介质参数取值：孔隙率 n=0.3，泊松比 ν= 0.25，材料阻尼取 0.05，颗粒体积模量 K_{gs}=36000MPa（砂岩），颗粒密度 ρ_{gs}=2650kg/m^3，临界孔隙率 n_{cr}=0.36（固态和悬浮状态分界点），固体骨架临界体积模量 K_{cr}=200MPa，流体体积模量 K_f=2000MPa，流体密度 ρ_f=1000kg/m^3。基岩半空间孔隙率取为 0.1，泊松比为 0.25，材料阻尼取 0.02，固体颗粒参数同覆盖层。沉积河谷饱和介质参数：颗粒体积模量 K_{gv}=9000MPa，颗粒密度 ρ_{gv}=2650kg/m^3，临界孔隙率 n_{cr}=0.36，固体骨架临界体积模量 K_{cr}=50MPa，材料阻尼取 0.05。具体的 Biot 模型参数取值见表 5.5，表中 $\lambda^*=\lambda/\mu$，$M^*=M/\mu$，$\rho^*=\rho_f/\rho$，$m^*=m/\rho$。

表 5.5　计算参数

参数	n	λ^*	M^*	ρ^*	m^*	α	$c_{\alpha1}$ /(m/s)	$c_{\alpha2}$ /(m/s)	c_β /(m/s)
沉积河谷	0.3	1.00	1.64	0.46	3.35	0.83	(1688.5，7.0)	(565.9，3.3)	(677.3，5.3)
覆盖层	0.3	1.00	5.18	0.46	3.35	0.83	(2670.4，20.0)	(805.6，2.6)	(1354.6，13.5)
基岩	0.1	1.00	1.17	0.20	22.13	0.28	(4418.0，40.0)	(568.9，0.3)	(2517.9，25.6)

1. 饱和透水情况下位移幅值云图

彩图 12 和彩图 13 分别给出了 SV 波入射下，地表和沉积河谷与半空间交界面均为透水情况下整体位移幅值云图。取 d/H=0.5，入射波频率分别取η为 0.5 和 2.0，入射角度θ_β为 0°、30°和 60°。为便于比较，彩图 14 和彩图 15 给出了半空间情况结果（透水）。图中的地表位移幅值已由入射波的位移幅值正规化。从彩图 13 和彩图 15 中可以看出，SV 波入射下，不同频率情况位移空间分布特征具有显著差别，由于入射波和反射波的相干效应，高频情况（η=2.0）位移反应特征更为复杂。随着入射角度变化，波能积聚区域会发生转移，位移幅值差别很大，因此实际当中还需充分考虑震源位置和地层速度结构对地震波传播特征的影响。另外，同半空间情况相比：由于受入射波在基岩面上的反射、折射效应和覆盖层自振特性影响，地层表面位移幅值和空间分布特征将发生很大变化。地表反应特征对入射波频率变化也更为敏感，随着频率增大，由于土层的滤波效应，自由场位移反应整体上是衰减的（共振频率区域除外）。

2. 干土情况、饱和透水和饱和不透水情况下位移幅值谱

图 5.43 给出了 SV 波垂直入射下，干土情况、地表和沉积河谷与半空间交界面均为透水或均不透水三种情况下，层状半空间沉积河谷地表位移幅值谱曲线。为便于比较，图 5.44 给出了相应均匀半空间情况位移幅值谱（透水和干土情况）。沉积河谷厚度和盖层厚度之比 d/H=0.5，入射波无量纲频率$\eta\in(0.2)$，典型点位取 x/a 为 0，0.5，1.0、2.0、3.0 和 5.0。容易看出，饱和层状半空间沉积河谷对地震波的放大作用与均匀半空间情况有着本质不同，其位移反应特征由饱和土层自由场反应和沉积河谷本身对弹性波的散射作用叠加而成。因而，沉积河谷自身对波的散射特性和层状场地的自振特性的复合作用使得反应规律十分复杂。反应谱曲线出现多个位移峰值点，且峰值对应频率同自由场相比会发生漂移，反应谱幅值也有较大的放大，当自由场自身的共振放大作用和沉积河谷对波的散射聚焦效应都比较显著时，沉积河谷内部会出现很高的位移幅值。这在实际场地地震安全性评价中尤需注意。另外还容易看出，受沉积河谷周围散射波的影响，在较小的区域内地表位移频谱特征会发生显著的变化，且沉积河谷内部反应谱幅值明显大于外部点位幅值。同干土情况相比：饱和场地的位移反应频谱特征会发生很大变化，

这主要是由于孔隙水的存在，饱和土层的自振特性同干土层有很大差异（波速变化）。观察发现，不同情况下频谱曲线的峰值频率点位置比较接近，但位移峰值相差较大。如覆盖层水平方向一阶自振频率附近（$\eta \approx 0.25$），干土、饱和透水和不透水三者的位移幅值分别为 4.7、5.1、6.6。整体上看，在沉积河谷内部，边界渗透条件对波的散射具有较大影响，不透水情况下水平位移峰值略大于透水情况，在沉积河谷外部透水条件的影响较小。

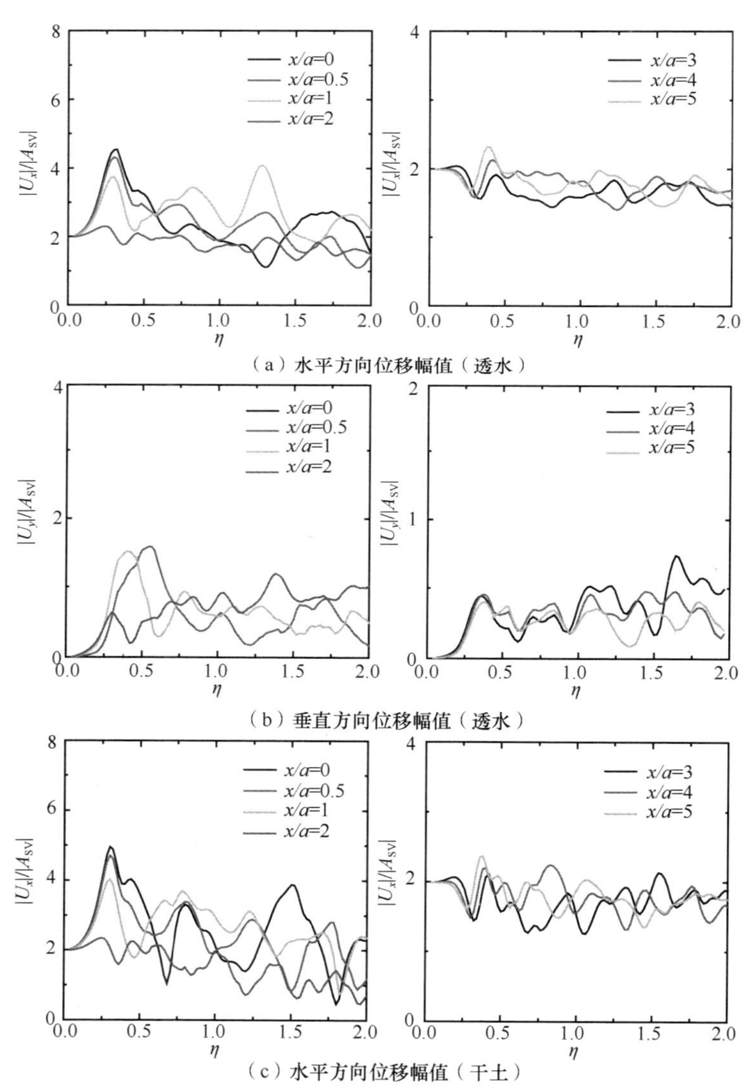

图 5.43 半空间沉积河谷附近地表不同点位位移幅值谱

（饱和透水和干土情况，沉积河谷内外剪切波速比为 1/2，n_s=0.3，n_v=0.3，c_{sr}/c_{sl}=2.0）

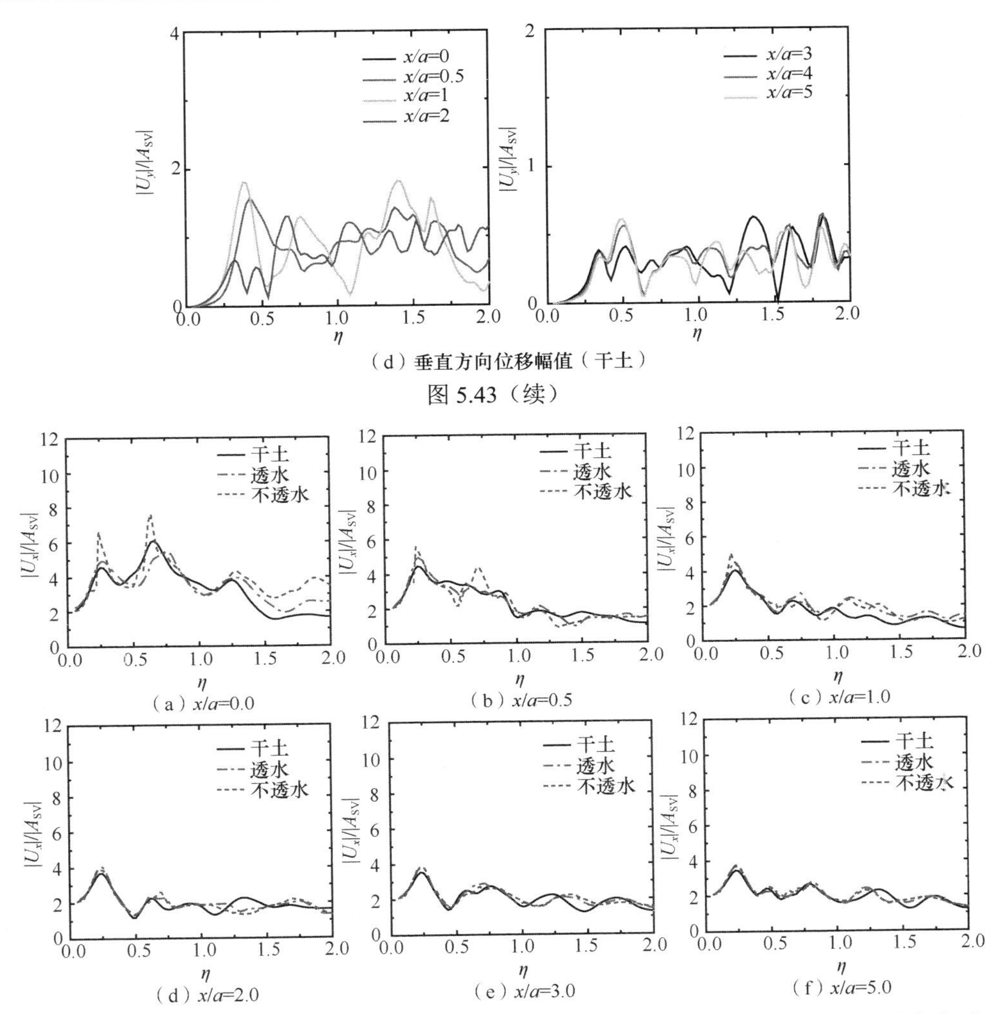

（d）垂直方向位移幅值（干土）

图 5.43（续）

（a）$x/a=0.0$　（b）$x/a=0.5$　（c）$x/a=1.0$

（d）$x/a=2.0$　（e）$x/a=3.0$　（f）$x/a=5.0$

图 5.44　SV 波入射下干土、饱和透水、饱和不透水情况下单一覆盖层中沉积河谷地表水平位移幅值谱（$H/d=2$，$n_s=0.3$，$n_v=0.3$，$c_{sr}/c_{sl}=2.0$）

为考察覆盖层厚度变化的影响，图 5.45 给出了 $H/d=4$ 情况下的地表位移幅值谱。通过同 $H/d=2$ 情况对比（图 5.46）可以发现，两者的频谱特性发生了很大变化。这主要由于饱和覆盖层厚度变化改变了其水平自振频率 [$\omega=c_\beta(2n-1)2\pi/4H$]，对 $H/d=4$ 和 $H/d=2$ 情况，经过换算，第 n 阶频率值分别为 $\eta=(2n-1)/8$ 和 $\eta=(2n-1)/4$（$n=1,2,\cdots$，弹性基岩情况频率点稍微有所“偏移”）。对 $H/d=4$ 情况，基阶频率 $\eta=0.125$，但该情况下散射效应很小，因而位移频谱特征主要体现为自由场自身特性。随着频率增大，沉积河谷散射效应增强，位移峰值出现在 $\eta=0.33$ 附近（覆盖层二阶频率 $\eta=0.375$），对应谱值为 5.6，比自由场放大 1 倍有余。而从图 5.45 相应半空间结果可以看出，沉积河谷中部峰值频率点也在η=0.33 附近。另一方面，随着厚度增大，覆盖层对高频波的滤波效应更为显著，因此在较高频率段（η>1.0）位移谱值将很快地发生衰减。

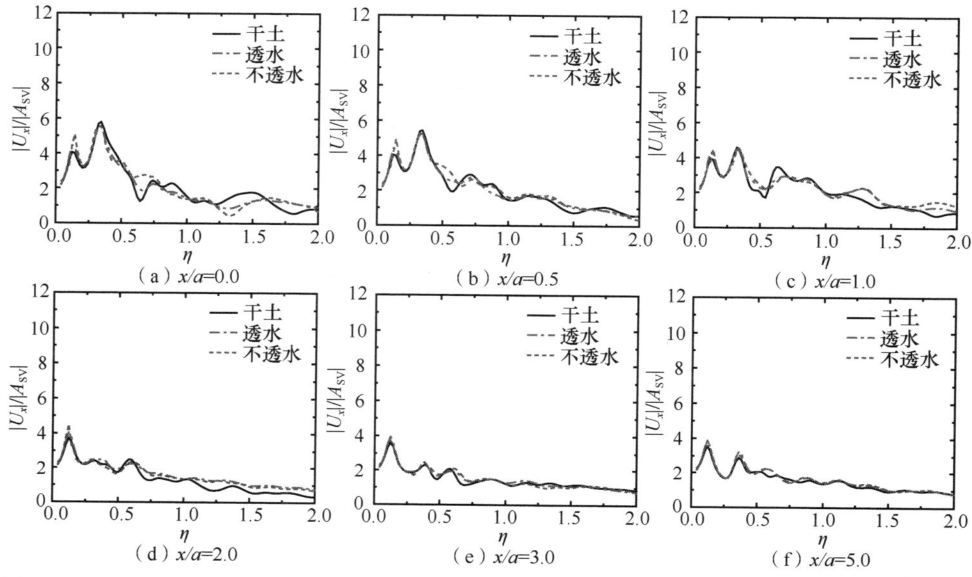

图 5.45　SV 波入射下干土、饱和透水、饱和不透水情况下单一覆盖层中沉积河谷地表水平位移幅值谱（H/d=4，n_s=0.3，n_v=0.3，c_{sr}/c_{sl} =2.0）

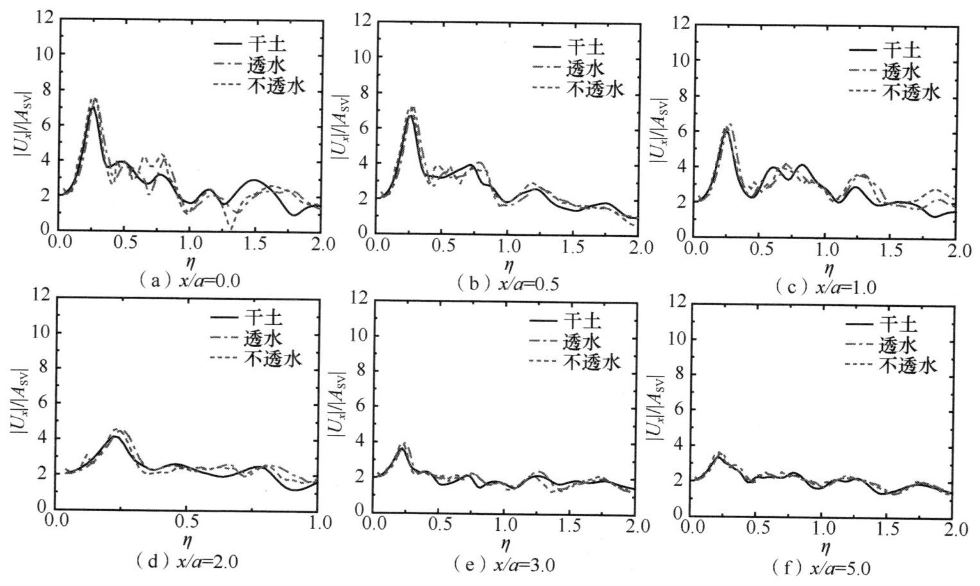

图 5.46　SV 波入射下干土、饱和透水、饱和不透水情况下单一覆盖层中沉积河谷地表水平位移幅值谱（半圆沉积河谷，H/a=2，n_s=0.3，n_v=0.3，c_{sr}/c_{sl} =2.0）

另外为考察饱和沉积河谷形状变化影响，图5.46给出了饱和透水、饱和不透水、干土情况层状半空间半圆沉积河谷地表位移幅值谱曲线。可以看出，沉积河谷形状对沉积河谷内部的位移反应频谱特征具有较大影响，但对沉积河谷外部位移反应特征影响不大。因此，为精细确定实际沉积河谷的地震响应特征，需要获取较为丰富的沉积河谷几何特征和材料参数。

5.4.4 本节结论

本节采用饱和层状半空间中膨胀波和剪切波线源格林函数，将IBIEM拓展到饱和层状空间弹性波动问题求解。进而以饱和层状半空间中沉积河谷对平面SV波的散射为例，初步探讨了入射波频率、入射角度、边界渗透条件、覆盖层厚度、沉积河谷形状等因素对地震波散射的影响，研究表明，饱和情况和干土情况的地表位移幅值和空间分布特征具有显著的差异，边界渗透条件对波的散射具有重要影响，特别是在沉积河谷内部位移反应差别更为明显：对饱和砂岩介质，不透水情况地表位移幅值要略大于透水情况。饱和层状半空间沉积河谷对地震波的放大作用与饱和均匀半空间情况有着本质不同，即其位移幅值频谱特征反映了饱和土层的自振特性和沉积河谷对弹性波的散射作用，当土层共振频率和散射波聚焦频率比较接近时，放大效应最为显著。受散射波的影响，饱和沉积河谷内部地震动放大效应十分显著，且沉积河谷内部不同点位位移频谱特征有很大差别。另外，结果对比表明沉积河谷形状对其地震反应频谱特征同样具有显著影响。为更准确模拟实际沉积河谷区域的地震动特征，需精细考虑岩土介质的多相性、层理特征及沉河谷地的几何形状特征。

5.5 本章小结

研究饱和介质中局部场地对入射弹性波的散射，在理论和实际工程中均有十分重要的意义。本章基于Biot两相饱和多孔介质波动理论，首先推导了饱和半空间膨胀波源和剪切波源动力格林函数，在此基础上，采用IBIEM计算分析了饱和介质中几类典型局部场地对入射弹性波的散射。本章对此项研究工作做扼要回顾与总结，并提出进一步工作的设想。

1）采用Biot基本模型，通过引入势函数，求得方程通解，进而推得饱和半空间中膨胀波源和剪切波源动力格林函数。该基本解具有明确的物理意义，在概念上更为直观，非常便于工程应用。

2）利用IBIEM求解了饱和场地中凹陷地形对入射弹性波的散射问题。研究表明，透水和不透水两种情况下的地表位移幅值和相位差别不是很大，而与干土情况的差别却很大。饱和情况与干土情况的地表位移反应不仅在幅值上有显著差别，在空间分布上还出现明显的相位漂移。当孔隙率较小时，边界渗透条件对地表位移幅值的影响较小，随着孔隙率的增大，边界渗透条件对地表位移幅值的影响则不容忽视。相比透水情况，不透水情况下，孔隙率的变化对位移幅值的影响更大；而随着入射频率的增加，孔隙率的影响均逐渐增大。凹陷表面孔隙水压幅值随入射角度的变化而显著变化。当孔隙率较小时，孔隙水压幅值较小但空间变化比较剧烈，随着孔隙率的增大，孔隙水压逐渐增大，但空间变化逐渐平缓。当入射频率较低时，孔隙水压的空间变化比较平缓，随着入射频率的升高，孔隙水压的空间变化逐渐复杂。

3）利用 IBIEM 求解了饱和场地中沉积河谷对入射弹性波的散射问题。研究表明，饱和情况和干土情况的地表位移幅值和空间分布特征具有显著的差异，边界渗透条件对波的散射具有重要影响；一般情况下，饱和情况地表位移峰值要小于相应干土情况，透水情况下地表位移幅值要小于不透水情况；饱和情况和干土情况的地表位移出现一定的相位漂移，不透水情况的相位略大于透水情况的相位，透水情况的相位略大于干土情况的相位。孔隙水压与位移反应特征一致，当入射频率较低时，孔隙水压的空间变化比较平缓，而随入射频率的升高，孔隙水压的空间变化越加复杂。随着边界渗透系数的变化，地表位移幅值基本上呈单调变化，部分透水情况对入射波的影响基本上介于透水情况和不透水情况之间。沉积介质孔隙率对地表位移幅值均有着重要的影响；随着沉积介质孔隙率的增大，地表位移幅值也随之增大，地表位移振荡加剧，尤其是沉积介质孔隙率接近临界状态时，地表位移变化更加复杂。

本章为求解波在饱和场地中的传播及局部地形（如凹陷地形、沉积河谷、地下空洞、夹杂体等）对入射地震波的散射提供了新的方法思路，进一步的拓展工作包括：

1）结合饱和三维动力格林函数，可将本章理论推广到三维饱和介质弹性波动问题求解。

2）发展边界元-有限元的耦合方法，可使本章理论更适宜于处理复杂的材料特性和边界条件，如材料非线性问题。

3）可将本章理论进一步应用到土结构动力相互作用的计算中，如饱和土与基础的动力相互作用及饱和土、基础和上部结构的动力相互作用。这项工作也具有重要的理论和应用价值。

参 考 文 献

巴振宁，梁建文，2011. 平面 SV 波在层状半空间中沉积谷地周围的散射[J]. 地震工程与工程振动，31（3）：18-26.
杜修力，2009. 工程波动理论与方法[M]. 北京：科学出版社.

杜修力，熊建国，关慧敏，1992. 平面SH波散射问题的边界积分方程分析法[J]. 地震学报，15（3）：331-338.
廖振鹏，2002. 工程波动理论导论[M]. 2版. 北京：科学出版社.
BIOT M A, 1941. General theory of three-dimensional consolidation[J]. Journal of applied physics, 12(2): 155-164.
BIOT M A, 1962. Mechanics of deformation and acoustic propagation in porous media[J]. Journal of applied physics, 33(4): 1482-1498.
BOORE D M, LARNER K L, AKI K, 1971. Comparison of two independent methods for the solution of wave scattering problems: response of a sedimentary basin to incident SH waves[J]. Journal of geophysical research, 76(2): 558-569.
CAO H, LEE V W, 1989. Scattering of plane SH waves by circular cylindrical canyons with variable depth-to-width[J]. European journal of earthquake engineering, 3(2): 29-37.
CAO H, LEE V W, 1990. Scattering and diffraction of plane P waves by circular cylindrical canyons with variable depth to width ratio[J]. Soil dynamics and earthquake engineering, 9(3): 141-150.
DERESIEWICZ H, 1963. On uniqueness in dynamic poroelasticity[J]. Bulletin of the seismological society of America, 53: 595-626.
DRAVINSKI M, MOSSESSIAN T K, 1987. Scattering of plane harmonic P, SV, and Rayleigh waves by dipping layers of arbitrary shape[J]. Bulletin of the the seismological society of America, 77: 212-235.
KAWASE H, 1988. Time-domain response of a semi-circular canyon for incident SV, P, and Rayleigh waves calculated by the discrete wavenumber boundary element method[J]. Bulletin of the seismological society of America, 78: 1415-1437.
KAWASE H, KEIITI A K, 1989. A study on the response of a soft basin for incident P, S, Rayleigh waves with special reference to the long duration observed in Mexico city[J]. Bulletin of the seismological society of America, 79(5): 1361-1382.
LAMB H, 1904. On the propagation of tremors over the surface of an elastic solid[J]. Philosophical transactions of the royal society of London, Sries A, 203(359-371): 1-42.
LEE V W, CAO H, 1989. Diffraction of SV by circular canyons of various depth[J]. Journal of engineering mechanics, ASCE, 115(9): 2035-2056.
LEE V W, LIANG J, 2008. Free-field(elastic or poroelastic)half-space zero-stress or related boundary conditions[C]. Proceedings of 14th World Conference on Earthquake Engineering.
LI W H, ZHAO C, 2003. An analytical solution for the diffraction of plane P-waves by circular cylindrical canyons in a fluid-saturated porous media half space[J]. Chinese journal of geophysics, 46(4): 769-780 .
LI W H, ZHAO C, 2005. Scattering of plane SV waves by cylindrical canyons in saturated porous medium[J]. Soil dynamics and earthquake engineering, 25(12): 981-995.
LI W H, ZHAO C G, SHI P X, 2005. Scattering of plane P waves by circular-arc alluvial valleys with saturated soil deposits[J]. Soil dynamics and earthquake engineering, 25(12): 997-1014.
LIANG J W, BA Z, LEE V W, 2006. Diffraction of plane SV waves by a shallow circular-arc canyon in a saturated poroelastic half-space[J]. Soil dynamics and earthquake engineering, 26(6-7): 582-610.
LIANG J W, LIU Z X, 2009. Diffraction of plane P waves by a canyon of arbitrary shape in poroelastic half-space(I): formulation[J]. Earthquake science, 22(3): 215-222.
LIANG J W, LIU Z X, 2009. Diffraction of plane SV waves by a cavity in poroelastic half-space[J]. Earthquake engineering and engineering vibration, 8(1): 29-46.
LIAO Z, 2002. Introduction to wave motion theories in engineering[M]. Beijing: The Science Press .
LIN C H, LEE V W, TODOROVSKA M I, et al, 2010. Zero-stress cylindrical wave functions around a circular underground tunnel in a flat elastic half-space: incident P waves [J]. Soil dynamics & earthquake engineering, 30(10): 879-894 .
LIN C H, LEE V W, TRIFUNAC M D, 2005. The reflection of plane waves in a poroelastic half-space fluid saturated with inviscid fluid[J]. Soil dynamics & earthquake engineering, 25(3): 205-223.
LIU D, HAN F, 1991. Scattering of plane SH-wave by cylindrical canyon of arbitrary shape[J]. Soil dynamics &

earthquake engineering, 10(5): 249-255.

LIU J, LIAO Z, 1987. A numerical method for problems of seismic wave scattering[J]. Earthquake engineering and engineering vibration, 7(2): 1-18.

LUCO J E, BARROS F C P D, 1994. Dynamic displacements and stresses in the vicinity of a cylindrical cavity embedded in a half-space[J]. Earthquake engineering and structural dynamics, 23(3): 321-340.

SÁNCHEZ-SESMA F J, CAMPILLO M, 1991. Diffraction of P, SV, and Rayleigh waves by topographic features: a boundary integral formulation[J]. Bulletin of the seismological society of America, 81(6): 2234-2253.

SÁNCHEZ-SESMA F J, RAMOS-MARTINEZ J, CAMPILLO M, 1993. An indirect boundary element method applied to simulate the seismic response of alluvial valleys for incident P, S and Rayleigh waves[J]. Earthquake engineering and structural dynamics, 22(4): 279-295.

SÁNCHEZ-SESMA F J, ROSENBLUETH E, 1979. Ground motion at canyons of arbitrary shape under incident SH waves[J]. Earthquake engineering and structural dynamics, 7(5): 441-450.

SENJUNTICHAI T, RAJAPAKSE R K N D, 1994. Dynamic Green's functions of homogeneous poroelastic half-plane[J]. Journal of engineering mechanics, ASCE, 120(11): 2381-2404.

TODOROVSKA M I, LEE V W, 1991a. A note on scattering of Rayleigh waves by shallow circular canyons: analytical approach[J]. Bulletin of Indian society of earthquake technology, 28(2): 1-16.

TODOROVSKA M, LEE V W, 1991b. Surface motion of shallow circular alluvial valleys for incident plane SH waves: analytical solution[J]. Soil dynamics and earthquake engineering, 10(4): 192-200.

TRIFUNAC M D, 1971. Surface motion of a semi cylindrical alluvial valley for incident plane SH waves[J]. Bulletin of the seismological society of America, 61(6): 1755-1770.

TRIFUNAC M D, 1973. Scattering of plane SH wave by a semi-cylindrical canyon[J]. Earthquake engineering and structural dynamics, 1(3): 267-281.

VOGT R F, WOLF J P, BACHMANN H, 1988. Wave scattering by a canyon of arbitrary shape in a layered half-space[J]. Earthquake engineering and structural dynamics, 16(6): 803-812.

WONG H L, 1982. Effect of surface topography on the diffraction of P, SV, and Rayleigh waves[J]. Bulletin of the seismological society of America, 72(4): 1167-1183.

WONG H L, TRIFUNAC M D, 1974a. Scattering of plane SH-waves by a semi-elliptical canyon[J]. Earthquake engineering and structural dynamics, 3(2): 157-169.

WONG H L, TRIFUNAC M D, 1974b. Surface motion of a semi -elliptical alluvial valley for incident plan e SH waves[J]. Bulletin of the seismological society of America, 61(6): 1389-1408.

YUAN X M, LIAO Z P, 1995. Scattering of plane SH waves by a cylindrical canyon of circular-arc cross-section[J]. Earthquake engineering and engineering vibration, 24(10): 1303-1313.

ZHANG C, ZHAO C, 1988. Effects of canyon topography and geological conditions on strong ground motion[J]. Earthquake engineering and structural dynamics, 16(1): 81-97.

ZHOU H, CHEN X F, 2007. A study on the effect of depressed topography on Rayleigh surface wave[J]. Chinese journal of geophysics, 50(4): 1182-1189.

ZHOU H, CHEN X F, 2008. The Localized boundary integral equation-discrete wave number method for simulating P-SV wave scattering by an irregular topography[J]. Bulletin of the seismological society of America, 98(1): 265-279.

ZHOU X L, JIANG L F, WANG J H, 2008. Scattering of plane wave by circular-arc alluvial valley in a poroelastic half-space[J]. Journal of sound and vibration, 318(4-5): 1024-1049.

第6章 单相及两相不均匀介质三维弹性波散射问题

6.1 引　　言

前面几章主要针对二维弹性波散射 IBIEM 求解。现实中，大多数问题都是三维的，二维分析只是对研究对象的几何构型和荷载特性均符合平面问题假定所做的简化分析。本章考虑的是更为一般的三维波动分析模型，给出单相及两相弹性空间三维 IBIEM 的求解过程：与域离散型方法相比，该方法具有降低问题求解维数等优点；与普通边界元方法相比，其特色在于不需要对边界进行单元离散，具有无网格方法的特征；其结合三维空洞、夹杂体和三维层状沉积盆地模型探讨了波动问题一些基本规律。

6.2 弹性全空间三维夹杂体对弹性波的散射

弹性波作用下地下洞室和夹杂体的散射及动应力集中效应是岩土工程、地震工程、地球物理勘探、无损检测等多个领域的研究热点之一。因计算条件和方法限制，以往的计算多以无限长隧道为工程背景，建立二维或二维半模型进行求解分析，而关于现实中常见的三维洞室和夹杂体对地震动的影响，目前的研究还不甚深入。Boström 和 Kristensson（1980）采用 T-矩阵法研究了地下不均匀体对弹性波的散射问题，得到了 Rayleigh 波入射下球形洞室附近地表位移结果；Lee（1984）采用波函数展开方法求解了均匀弹性半空间中球形洞室对平面波的散射问题；Gonsalves 等（1990）采用直接边界单元法得到了球形洞室对 SH 波和 Rayleigh 波入射的部分结果；梁建文和刘中宪（2008）采用间接边界积分方法，较为详尽地研究了空洞对于球面波在二维半空间的散射影响。本节采用 IBIEM 求解 P 波、SV 波入射下弹性全空间中三维夹杂体及空洞的散射和动力响应问题，结合数值算例，讨论入射波的频率、夹杂体内外刚度和球形空洞形状等因素的影响。

6.2.1 计算模型

如图 6.1 所示，无限域弹性全空间中埋置一任意形状夹杂体。假设无限域 D_0 和夹杂域 D_1 的介质均为弹性、均匀和各向同性。外部空间中介质剪切模量、密度和泊松比分别为 μ_1、ρ_1、ν_1；夹杂域内相应为 μ_2、ρ_2、ν_2。外部空间剪切波速和纵波波速分别为 c_s、c_p，平面波入射角为 θ_α。

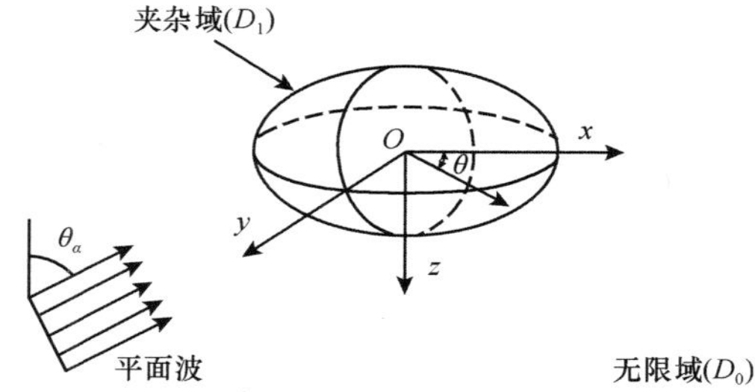

图 6.1　无限域中三维夹杂体对弹性波散射模型示意图

6.2.2　计算方法及过程

1. 波场分析

根据传统间接边界积分方法的基本原理，将总波场分解为自由场和散射场。自由场为不含散射体时，弹性波入射下的波场解。当存在夹杂体时，全空间中将会发生波的散射。

定义球面波位势函数为

$$f(q,r)=\frac{\mathrm{e}^{-\mathrm{i}qr}}{r} \tag{6.1}$$

式中：r 表示球面波源到计算点 (x_1,y_1,z_1) 的距离，$r=\sqrt{(x-x_1)^2+(y-y_1)^2+(z-z_1)^2}$；简谐振动时间因子 $\mathrm{e}^{\mathrm{i}\omega t}$ 已略去；q 为给定常数。

基于单层位势理论，全空间中散射场可由集中力波源产生，采用全空间三向集中荷载动力格林函数作为虚拟波源基本解，来构造无限域中的散射场。全空间中动力集中荷载产生的位移与应力格林函数可表达为

$$G_{ij}(x,y)=\frac{1}{4\pi\mu}\left[\frac{1}{k^2}\frac{\partial^2}{\partial x_i\partial x_j}(\psi(k,x,y)-\phi(h,x,y))+\delta_{ij}\psi(k,x,y)\right] \tag{6.2}$$

$$\begin{aligned}T_{ij}(x,y)=&\lambda\left(\frac{\partial G_{1j}}{\partial x_1}+\frac{\partial G_{2j}}{\partial x_2}+\frac{\partial G_{3j}}{\partial x_3}\right)n_i+\mu\left(\frac{\partial G_{ij}}{\partial x_1}+\frac{\partial G_{1j}}{\partial x_i}\right)n_1\\&+\mu\left(\frac{\partial G_{ij}}{\partial x_2}+\frac{\partial G_{2j}}{\partial x_i}\right)n_2+\mu\left(\frac{\partial G_{ij}}{\partial x_3}+\frac{\partial G_{3j}}{\partial x_i}\right)n_3\end{aligned} \tag{6.3}$$

式中：$i,j=1,2,3$，对应于 x、y、z 方向（余同）；n_i 为场点 x 处边界单元单位法向量与 i 轴正方向夹角余弦；μ 为剪切模量；ψ 和 ϕ 分别为势函数系数；k 和 h 分别为 S 波和 P 波的波数。

无限域中散射场的位移和应力可表示为

$$u_i^{\mathrm{s}}(x)=\int_S[b_1(x_1)G_{i,1}^{(\mathrm{s}_1)}(x,x_1)+c_1(x_1)G_{i,2}^{(\mathrm{s}_1)}(x,x_1)+d_1(x_1)G_{i,3}^{(\mathrm{s}_1)}(x,x_1)]\mathrm{d}S_1 \tag{6.4}$$

$$\sigma_i^{\mathrm{s}}(x)=\int_S[b_1(x_1)T_{i,1}^{(\mathrm{s}_1)}(x,x_1)+c_1(x_1)T_{i,2}^{(\mathrm{s}_1)}(x,x_1)+d_1(x_1)T_{i,3}^{(\mathrm{s}_1)}(x,x_1)]\mathrm{d}S_1 \quad (6.5)$$

式中：$x\in S$，$x_1\in S_1$；$b_1(x_1)$、$c_1(x_1)$、$d_1(x_1)$表示在虚拟波源面S_1对应x、y、z方向的散射密度；$G_{i,j}^{(s_1)}(x,x_1)$、$T_{i,j}^{(s_1)}(x,x_1)$表示全空间域的位移和应力格林函数。

夹杂体内散射波的位移和应力则由虚拟波源面S_2上所有集中力作用叠加而得

$$u_i^{\mathrm{s}}(x)=\int_S[b_2(x_2)G_{i,1}^{(\mathrm{s}_2)}(x,x_2)+c_2(x_2)G_{i,2}^{(\mathrm{s}_2)}(x,x_2)+d_2(x_2)G_{i,3}^{(\mathrm{s}_2)}(x,x_2)]\mathrm{d}S_2 \quad (6.6)$$

$$\sigma_i^{\mathrm{s}}(x)=\int_S[b_2(x_2)T_{i,1}^{(\mathrm{s}_2)}(x,x_2)+c_2(x_2)T_{i,2}^{(\mathrm{s}_2)}(x,x_2)+d_2(x_2)T_{i,3}^{(\mathrm{s}_2)}(x,x_2)]\mathrm{d}S_2 \quad (6.7)$$

式中：$x\in S$；$x_2\in S_2$；$b_2(x_2)$、$c_2(x_2)$、$d_2(x_2)$表示在虚拟波源面S_2对应x、y、z方向的散射密度；$G_{i,j}^{(s_2)}(x,x_2)$、$T_{i,j}^{(s_2)}(x,x_2)$表示夹杂域的位移和应力格林函数。

综上，全空间中总的位移和应力场由自由场和散射场叠加而得，夹杂体内部反应则全部由夹杂体内的散射场产生。另外，为了消除点源的奇异性，虚拟表面S_2应放置在夹杂体之外。

2. 边界条件

根据边界条件，考虑夹杂体和全空间交界面上的位移和应力连续性条件。通过上述条件建立各部分波场方程，求解波源密度，边界条件可表达为

$$\begin{cases}u_x^{\mathrm{s}_1}+u_x^{\mathrm{f}}=u_x^{\mathrm{s}_2}\\u_y^{\mathrm{s}_1}+u_y^{\mathrm{f}}=u_y^{\mathrm{s}_2}\\u_z^{\mathrm{s}_1}+u_z^{\mathrm{f}}=u_z^{\mathrm{s}_2}\end{cases} \quad (6.8a)$$

$$\begin{cases}\sigma_x^{\mathrm{s}_1}+\sigma_x^{\mathrm{f}}=\sigma_x^{\mathrm{s}_2}\\\sigma_y^{\mathrm{s}_1}+\sigma_y^{\mathrm{f}}=\sigma_y^{\mathrm{s}_2}\\\sigma_z^{\mathrm{s}_1}+\sigma_z^{\mathrm{f}}=\sigma_z^{\mathrm{s}_2}\end{cases} \quad (6.8b)$$

式中：上标s_1、s_2、f分别代表全空间散射场、夹杂体散射场和全空间自由场。

将式（6.4）～式（6.7）代入式（6.8）中，并移项可得

$$\begin{aligned}&\int_S[b_1(x_1)G_{i,1}(x,x_1)+c_1(x_1)G_{i,2}(x,x_1)+d_1(x_1)G_{i,3}(x,x_1)]\mathrm{d}S_1\\&-\int_S[b_2(x_2)G_{i,1}(x,x_2)+c_2(x_2)G_{i,2}(x,x_2)+d_2(x_2)G_{i,3}(x,x_2)]\mathrm{d}S_2=-u_i^{(\mathrm{f})}(x)\end{aligned} \quad (6.9)$$

$$\begin{aligned}&\int_S[b_1(x_1)T_{i,1}(x,x_1)+c_1(x_1)T_{i,2}(x,x_1)+d_1(x_1)T_{i,3}(x,x_1)]\mathrm{d}S_1\\&-\int_S[b_2(x_2)T_{i,1}(x,x_2)+c_2(x_2)T_{i,2}(x,x_2)+d_2(x_2)T_{i,3}(x,x_2)]\mathrm{d}S_2=-\sigma_i^{(\mathrm{f})}(x)\end{aligned} \quad (6.10)$$

为了便于问题数值求解，现将交界表面S、虚拟波源面S_1和虚拟波源面S_2

均匀离散，单元个数分别为 N、N_1 和 N_2。则位移和应力表达式可由积分形式转换为

$$\begin{aligned}&\sum_{l=1}^{N_1}\left[b_1(x_l)G_{i,1}(x_n,x_l)+c_1(x_l)G_{i,2}(x_n,x_l)+d_1(x_l)G_{i,3}(x_n,x_l)\right]\\&-\sum_{m=1}^{N_2}\left[b_2(x_m)G_{i,1}(x_n,x_m)+c_2(x_m)G_{i,2}(x_n,x_m)+d_2(x_m)G_{i,3}(x_n,x_m)\right]\\&=-u_i^{(f)}(x)\end{aligned} \tag{6.11}$$

$$\begin{aligned}&\sum_{l=1}^{N_1}\left[b_1(x_l)T_{i,1}(x_n,x_l)+c_1(x_l)T_{i,2}(x_n,x_l)+d_1(x_l)T_{i,3}(x_n,x_l)\right]\\&-\sum_{m=1}^{N_2}\left[b_2(x_m)T_{i,1}(x_n,x_m)+c_2(x_m)T_{i,2}(x_n,x_m)+d_2(x_m)T_{i,3}(x_n,x_m)\right]\\&=-\sigma_i^{(\mathrm{f})}(x)\end{aligned} \tag{6.12}$$

当夹杂体内充满空气时，即为三维空洞状态。仅仅在空间域中存在散射场，边界条件可以简化为

$$\begin{cases}\sigma_x^{\mathrm{s}_1}+\sigma_x^{\mathrm{f}}=0\\\sigma_y^{\mathrm{s}_1}+\sigma_y^{\mathrm{f}}=0\\\sigma_z^{\mathrm{s}_1}+\sigma_z^{\mathrm{f}}=0\end{cases} \tag{6.13}$$

相似的，式（6.11）和式（6.12）可简化为

$$\sum_{l=1}^{N_1}[b_1(x_l)T_{i,1}(x_n,x_l)+c_1(x_l)T_{i,2}(x_n,x_l)+d_1(x_l)T_{i,3}(x_n,x_l)]=-\sigma_i^{(\mathrm{f})}(x) \tag{6.14}$$

式中：$x\in S$，$x_l\in S_1$，$x_m\in S_2$，$n=1,2,\cdots,N$，$l=1,2,\cdots,N_1$，$m=1,2,\cdots,N_2$；$b_1(x_l)$、$c_1(x_l)$、$d_1(x_l)$ 和 $b_2(x_m)$、$c_2(x_m)$、$d_2(x_m)$ 分别表示在虚拟波源面 S_1、S_2 上对应 x、y、z 方向的散射密度。

根据界面 S 处的连续性边界条件，可以得到夹杂体及空洞的矩阵方程为

$$\begin{bmatrix}G_{11}^{(1)}&G_{12}^{(1)}&G_{13}^{(1)}\\G_{21}^{(1)}&G_{22}^{(1)}&G_{23}^{(1)}\\G_{31}^{(1)}&G_{32}^{(1)}&G_{33}^{(1)}\\T_{11}^{(1)}&T_{12}^{(1)}&T_{13}^{(1)}\\T_{21}^{(1)}&T_{22}^{(1)}&T_{23}^{(1)}\\T_{31}^{(1)}&T_{32}^{(1)}&T_{33}^{(1)}\end{bmatrix}\begin{bmatrix}b_1\\c_1\\d_1\end{bmatrix}+\begin{bmatrix}G_1^{(\mathrm{f})}\\G_2^{(\mathrm{f})}\\G_3^{(\mathrm{f})}\\T_1^{(\mathrm{f})}\\T_2^{(\mathrm{f})}\\T_3^{(\mathrm{f})}\end{bmatrix}=\begin{bmatrix}G_{11}^{(2)}&G_{12}^{(2)}&G_{13}^{(2)}\\G_{21}^{(2)}&G_{22}^{(2)}&G_{23}^{(2)}\\G_{31}^{(2)}&G_{32}^{(2)}&G_{33}^{(2)}\\T_{11}^{(2)}&T_{12}^{(2)}&T_{13}^{(2)}\\T_{21}^{(2)}&T_{22}^{(2)}&T_{23}^{(2)}\\T_{31}^{(2)}&T_{32}^{(2)}&T_{33}^{(2)}\end{bmatrix}\begin{bmatrix}b_2\\c_2\\d_2\end{bmatrix} \tag{6.15}$$

$$\begin{bmatrix} T_{11}^{(1)} & T_{12}^{(1)} & T_{13}^{(1)} \\ T_{21}^{(1)} & T_{22}^{(1)} & T_{23}^{(1)} \\ T_{31}^{(1)} & T_{32}^{(1)} & T_{33}^{(1)} \end{bmatrix} \begin{bmatrix} b_1 \\ c_1 \\ d_1 \end{bmatrix} + \begin{bmatrix} T_1^{(\mathrm{f})} \\ T_2^{(\mathrm{f})} \\ T_3^{(\mathrm{f})} \end{bmatrix} = 0 \tag{6.16}$$

式中：$G_{ij}^{(1)}$ 和 $T_{ij}^{(1)}$ 表示在虚拟波源面 S_1 上 j 方向作用下，在边界 S 上的边界点沿 i 方向的位移和应力格林函数；$G_{ij}^{(2)}$ 和 $T_{ij}^{(2)}$ 表示在虚拟波源面 S_2 上 j 方向作用下，在边界 S 上的边界点沿 i 方向的位移和应力格林函数；b_1、c_1、d_1 和 b_2、c_2、d_2 分别表示在虚拟波源面 S_1、S_2 上 x、y、z 方向的散射密度；$G_i^{(\mathrm{f})}$ 和 $T_i^{(\mathrm{f})}$ 表示自由场的位移和应力。式（6.15）和式（6.16）可以采用最小二乘法或逆矩阵法求解，一旦确定未知波源密度，则可通过散射场与自由场的叠加得到总波场。

6.2.3　方法验证

为了验证平面波入射对该计算方法的正确性，本节通过与其他已有的数值方法进行比较，来验证本节方法的准确性和稳定性。首先定义无量纲频率如下：

$$\eta = 2a / \lambda_k = \omega a / (\pi c_{\mathrm{s}}) \tag{6.17}$$

式中：λ_k 为相应剪切波的波长；ω 为角频率。

1. 球形空洞对平面波的散射结果对比

以全空间球形洞室对弹性波散射为例。由于波的散射引起的动应力集中具有广泛的应用价值，图 6.2 给出了 P 波入射下洞室环向应力的结果与 Moon 和 Pao（1967）精确解析解的对比。取无量纲波数 ka=4.0，a 为圆球半径，泊松比 ν= 1/3。可以看出，本节方法结果与文献数据吻合良好。

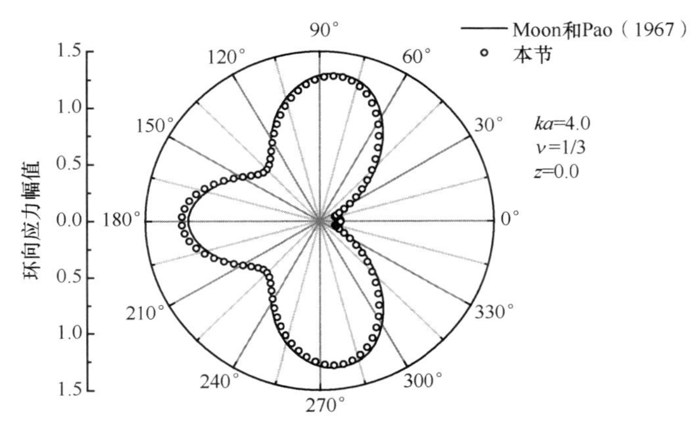

图 6.2　IBIEM 求解环向应力

本节与 Moon 和 Pao（1967）结果对比

2. 球形夹杂体对平面波的散射结果对比

以全空间圆形夹杂体对弹性波散射为例，半径为 a。图 6.3 为 P 波和 SV 波入射下夹塞域内沿着 x 轴（$|u_x(x,y,z)|$）和 z 轴（$|u_z(x,y,z)|$）的标准化位移幅值结果与 Kanaun 和 Levin（2013）精确解析解的对比。计算参数如下：全空间域，介质弹性模量 E_1=70GPa，密度 ρ_1 =2700kg/m^3，泊松比 ν= 0.3；夹塞域，介质弹性模量 E_2=200Gpa，密度 ρ_2 =7800kg/m^3，泊松比 ν= 0.3。定义无量纲波数 ha（ka）= 0.5,1.0,5.0。可以明显看出，两者吻合结果良好，进一步验证了本节方法的正确性。

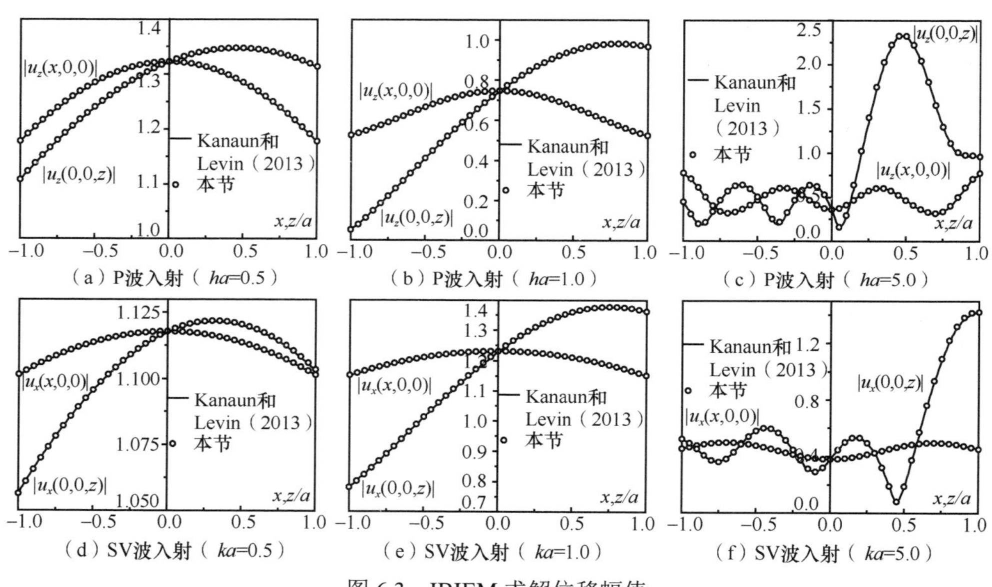

（a）P波入射（ha=0.5）（b）P波入射（ha=1.0）（c）P波入射（ha=5.0）

（d）SV波入射（ka=0.5）（e）SV波入射（ka=1.0）（f）SV波入射（ka=5.0）

图 6.3 IBIEM 求解位移幅值

本节与 Kanaun 和 Levin（2013）结果对比

3. 数值稳定性检验

为了进一步验证数值稳定性和收敛性，表 6.1 给出了 P 波或 SV 波入射下，考虑离散点数的变化夹杂体表面位移幅值的收敛情况。定义无量纲频率 η=1，泊松比 ν= 0.25，夹杂体外内剪切模量比 μ_1 / μ_2 =4。离散点数分别为 N=800、1200、1800。结果表明，随着边界离散点的增多，各点位移幅值误差稳定在 10^{-3} 范围内。由此表明本节方法具有良好的稳定性。

表 6.1 IBIEM 的位移幅值稳定性检验

θ /(°)	N=800		N=1200		N=1800	
	$\|u_x / A_P\|$	$\|u_z / A_{SV}\|$	$\|u_x / A_P\|$	$\|u_z / A_{SV}\|$	$\|u_x / A_P\|$	$\|u_z / A_{SV}\|$
0	1.563	3.170	1.564	3.171	1.564	3.171

续表

θ /(°)	N=800		N=1200		N=1800	
	$\lvert u_x / A_P \rvert$	$\lvert u_z / A_{SV} \rvert$	$\lvert u_x / A_P \rvert$	$\lvert u_z / A_{SV} \rvert$	$\lvert u_x / A_P \rvert$	$\lvert u_z / A_{SV} \rvert$
22.5	1.128	2.138	1.129	2.138	1.129	2.138
45	1.134	0.254	1.134	0.254	1.134	0.254
67.5	1.035	1.314	1.035	1.314	1.035	1.314
90	0.461	0.800	0.460	0.803	0.460	0.803
112.5	0.956	0.979	0.956	0.977	0.956	0.977
135	1.471	1.229	1.472	1.229	1.472	1.229
157.5	1.476	1.949	1.476	1.949	1.476	1.949
180	1.838	2.262	1.839	2.260	1.839	2.260

6.2.4　数值算例分析

为便于揭示基本规律，下面以弹性全空间中三维夹杂体（软夹杂体）和三维空洞（夹杂体内部为空气）为例进行参数分析。在以下的分析中，假设平面 P 波或 SV 波沿着负 x 轴入射（图 6.4），分别对应计算 xOy 面及 xOz 面的位移及环向应力，本节的数值结果均经过标准化处理。

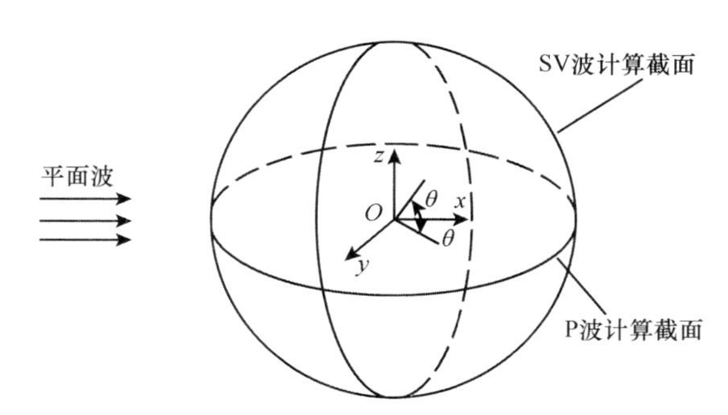

图 6.4　P 波或 SV 波入射下三维散射体计算截面示意图

图 6.5 和图 6.6 分别给出了 P 波和 SV 波入射条件下，圆球体空洞和不同刚度夹杂体（软夹杂体）的表面位移幅值谱。具体计算参数为：夹杂体外内剪切模量比 μ_1 / μ_2=4、16；密度比 ρ_1 / ρ_2=1；剪切波速比 β_1 / β_2=2、4；泊松比 ν= 0.25。观测点 θ 取 0°、45°、90°和 180°。定义无量纲频率 η 范围为 0～2.0。

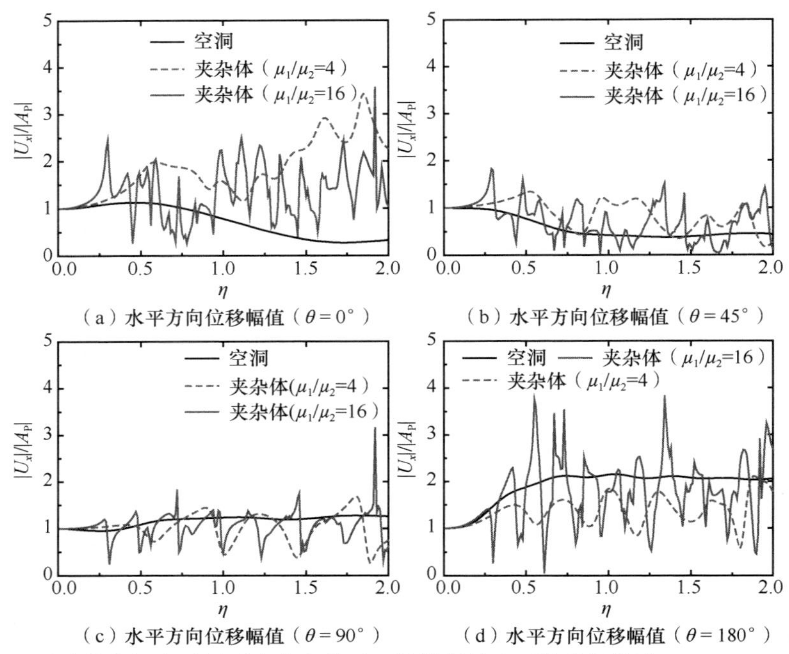

（a）水平方向位移幅值（$\theta=0°$）（b）水平方向位移幅值（$\theta=45°$）

（c）水平方向位移幅值（$\theta=90°$）（d）水平方向位移幅值（$\theta=180°$）

图 6.5 圆球体空洞和不同刚度夹杂体对 P 波散射的表面位移幅值谱（z=0，$\nu=0.25$）

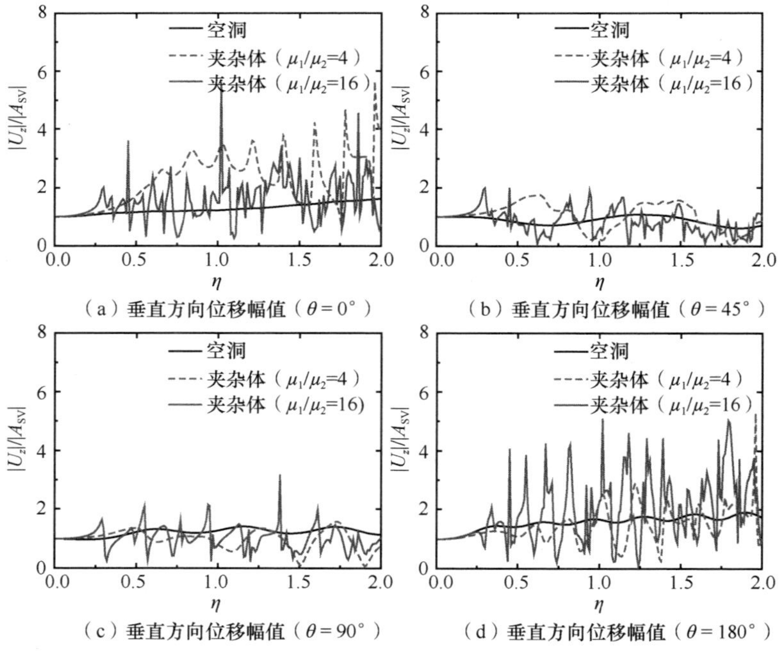

（a）垂直方向位移幅值（$\theta=0°$）（b）垂直方向位移幅值（$\theta=45°$）

（c）垂直方向位移幅值（$\theta=90°$）（d）垂直方向位移幅值（$\theta=180°$）

图 6.6 圆球体空洞和不同刚度夹杂体对 SV 波散射的表面位移幅值谱（y=0，$\nu=0.25$）

结果表明，软夹杂体位移谱曲线表现出明显的共振散射效应，且随着夹杂体内介质刚度降低，位移幅值谱随频率振荡越发强烈。这是由于夹杂体内介质越软，其临阶体系自振频率间隔越小。空洞情况下的位移谱曲线则比较平滑，软夹杂体情况的频谱曲线在空洞谱曲线上下振荡。在空间分布上，总体上看，45°和 90°点位处位移幅值较小，迎波面处（θ=180°）反应更加强烈。相比 P 波，SV 波入射下频谱曲线振荡更加剧烈且夹杂体对波的放大效应更明显，峰值可达自由场位移的 5.8 倍。另需注意，μ_1/μ_2=4.0，即夹杂体外内 2 倍波速比情况，背波面（θ=0°）振幅在 η=2 附近有较为明显的放大，P 波、SV 波入射下位移峰值分别达到 3.4 和 5.6。

图 6.7 和图 6.8 给出了在 P 波或 SV 波入射下，不同入射频率下椭球体空洞的表面环向应力幅值。定义 x、y、z 方向上椭球体半轴长为 l_x、l_y、l_z。P 波或 SV 波入射下，计算 l_x=0.75l_y=0.75l_z（扁球体），$l_x=l_y=l_z$（圆球体），l_x=1.25l_y=1.25l_z（长球体）。介质泊松比 ν= 0.25，无量纲入射频率 η 取 0.25、0.5、1 和 2。

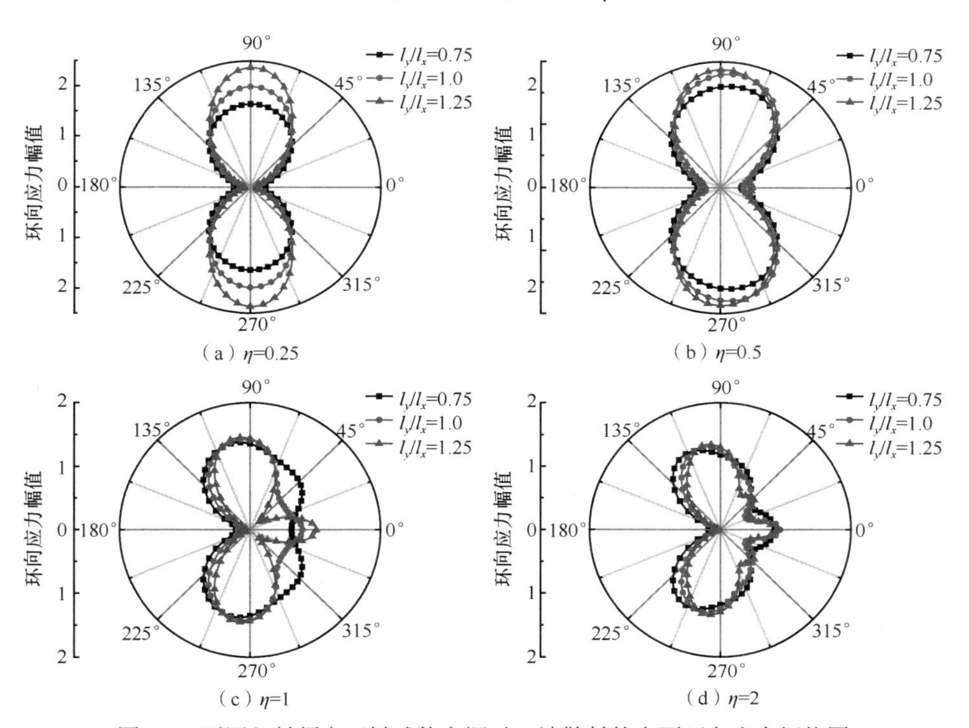

（a）η=0.25　（b）η=0.5　（c）η=1　（d）η=2

图 6.7　不同入射频率下椭球体空洞对 P 波散射的表面环向应力幅值图

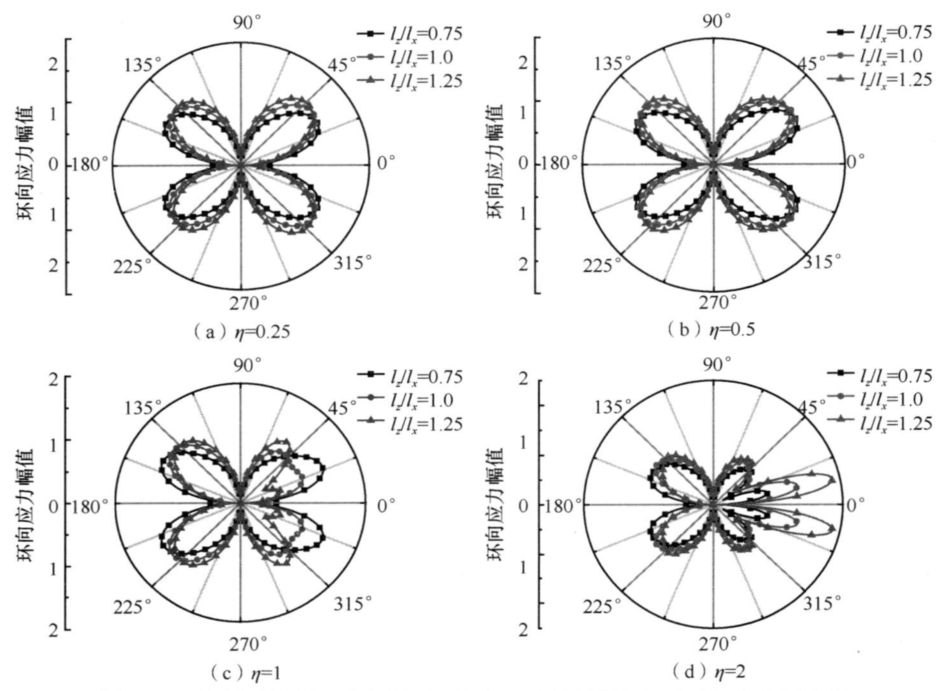

图 6.8　不同入射频率下椭球体空洞对 SV 波散射的表面环向应力幅值图

结果表明，随着入射波频率增加，表面动应力集中空间反应特征趋于复杂；背波面点（θ=0°）及附近随频率的增加变化更明显。空洞空间分布上，P 波水平入射下，空洞顶部和底部及附近应力集中最为明显。值得注意的是，随着椭球体由扁变长，空洞顶部和底部及其附近应力幅值逐渐增加；迎波面点（θ=180°）附近应力较小且变化量不大；SV 波水平入射下，纵截面两 45°角线及附近应力集中比较明显。空洞顶部和底部附近应力幅值随着椭球体由扁变长逐渐增加。

6.3　弹性层状半空间三维沉积盆地对弹性波的散射

国内外有众多经济繁荣、人口密集的城市坐落在沉积盆地中。地震观测和震害调查表明，沉积盆地对地震动具有显著影响（Anderson et al，1986；Pitarka and irikura，1996），具体表现在盆地边缘效应和盆地内部地震波聚焦放大效应，其本质源于地震波在传播过程中发生复杂的散射（衍射）、波型转换及相干作用。对该问题的定量分析方法整体上可以分为解析法（Trifunac，1971；Yuan and Liao，1996；梁建文等，2006）和数值法。数值法方面，文献分别采用有限差分（Boore et al，1971）、有限单元（廖振鹏，2002）、边界单元（Luzón et al，2009）、离散波数法（Kawase and aki，1989）、模态迭加方法（Semblat et al，2005），研究了二维沉积盆地对地震波的散射。三维模型方面，Lee（1984）分别采用球波函数展开法求解了半球形沉积盆地对波的散射，但方法精度仅限于低频解答。赵成刚和韩铮（2007）对半球形沉积盆地对 Rayleigh 波的散射进行了解析求解。Mossessian 和 Dravinski（1990）、Sáchez-Sesma 和 Luzón（1995）采用 IBIEM 给出了半空间中三维沉积盆地对地震波散射结果，结果表明三维散射同二维散射有着显著的差异，实际场地分析须考虑三维盆地效应。文献分别采用边界元法（Chaillat et al，2009）、有限差分法（Olsen，2000）、谱元法（Lee et al，2008）计算了三维沉积盆地的地震响应。更丰富的研究成果及对这些数值方法的论述请参看文献（Sáchez-Sesma et al，2002）。

值得指出的是，国内外学者对二维沉积盆地地震响应的基本规律已分析得比较透彻。受计算条件和方法的限制，对于现实当中的三维沉积盆地对地震波的散射分析，目前的研究还不够系统深入。上述三维模型研究大多针对均质沉积盆地对地震波的散射进行分析。实际上因沉积层年代不同，盆地介质具有很强的层理性。研究表明层状场地的自振特性对沉积盆地地表位移的幅值和频谱均有很大影响（梁建文和巴振宁，2007）。另有多位学者指出，现实中，上覆土层和局部地形对地震动的影响往往复合在一起，而不是简单的叠加（Geli et al，1988）。因此在研究沉积盆地对地震动的影响时，为使结论更为全面可靠，尚需考虑沉积盆地的成层性。

本节基于层状半空间动力格林函数，采用 IBIEM 求解三维层状沉积盆地对地震波的散射问题。基于该方法，在 Intel Fortran 11.0 平台上开发三维层状介质地震波散射模拟程序，进而通过高精度的数值结果，讨论入射波型、入射波频率和角度、近地表沉积层特性等因素对地震波散射的影响规律，力求对盆地区域城市规划、地震区划、地球物理勘探、大型工程抗震设计等重要工作提供理论依据。

6.3.1 计算模型

如图 6.9 所示，层状半空间中埋置一任意形状三维层状沉积盆地。各土层介质假设为均匀各向同性且层内不变。考虑平面波（P 波、S 波）从基岩半空间中入射，在沉积盆地表面将发生散射。问题暂限于频域分析，时域结果可以由此通过傅里叶变换获得。

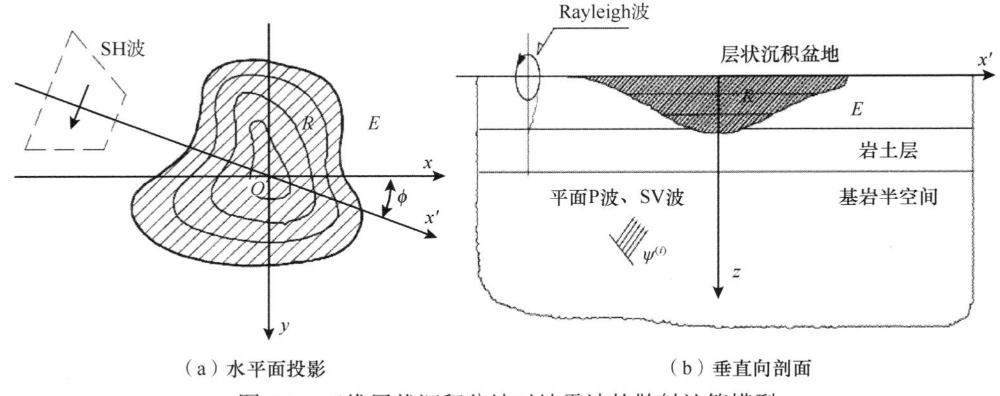

（a）水平面投影　　（b）垂直向剖面

图 6.9　三维层状沉积盆地对地震波的散射计算模型

6.3.2　计算方法及过程

在不受体力作用情况下，各向同性弹性固体介质的稳态运动方程为

$$(\lambda+G)\nabla\nabla\boldsymbol{u}+G\nabla^{2}\boldsymbol{u}=-\omega^{2}\boldsymbol{u} \tag{6.18}$$

式中：λ 和 G 为介质 Lame 常数；∇ 为矢量微分算子；$\boldsymbol{u}$ 为位移矢量；ω 为运动角频率。问题边界条件为沉积盆地和基岩半空间交界面、各沉积层交界面上的位移应力连续条件以及自由地表边界条件。

由单层位势理论，三维空间域内位移场可以表达为某连续面 S 上的积分，即

$$u_i(x)=\int_S g_{u,ij}(x,\xi)\phi_j(\xi)\mathrm{d}s_\xi \qquad (i,j=x,y,z) \tag{6.19}$$

式中：$g_{u,ij}(x,\xi)$ 表示作用在 ξ 处的 j 方向上的单位力在 x 处引起的 i 向位移反应，即位移格林函数；$\phi_j(\xi)$ 表示 S 面上 ξ 处荷载密度。相应的，空间内任意点的牵引力可以积分表达如下：

$$t_i(x)=c\phi_j(\xi)+\int_S g_{t,ij}(x,\xi)\phi_j(\xi)\mathrm{d}s_\xi \qquad (i,j=x,y,z) \tag{6.20}$$

式中：$c\phi_j(\xi)$ 非积分项是当 $\xi\to x$ 时，在荷载作用处积分奇异性的特殊处理。

实际问题求解当中，一般需根据问题的边界条件，对上面积分方程进行离散处理，仅需在边界上离散求解，且求解当中需先求得 S 面上虚拟荷载密度，即 IBIEM 或间接边界单元法。三维层状沉积盆地对地震波的散射问题可由 IBIEM 进行求解。具体求解步骤如下。

①边界离散（配点）：由于本节采用层状半空间动力格林函数作为基本解，因此仅需对盆地表面进行离散。若采用全空间动力格林函数，则对各层交界面和地

表面均需离散。

②自由场计算：考虑无沉积盆地存在时，基于半空间或层状半空间假定，进行地震波入射下自由场反应分析，求得地表位移反应及各离散点上的应力和位移响应。

③散射场构造：在交界面内外附近设置两个虚拟源面，通过在虚拟源面上施加虚拟集中荷载，以分别构造盆地内外的散射波场。根据边界条件和待求场地反应结果，计算虚拟荷载作用下，各离散点处的应力、位移和沉积盆地附近的地表位移，该过程即为动力格林函数计算。

④方程求解和波场叠加：根据交界面上位移、应力连续条件建立方程并求解确定虚拟荷载密度，随之将入射波自由场反应和虚拟集中荷载产生的散射场响应叠加起来，即得到问题解答。

本节采用 IBIEM 将虚拟源面和真实边界偏离一定距离，这样式（6.20）中系数恒为零，避免了荷载作用处奇异性处理。

1. 散射波场构造

当存在沉积盆地时，在半空间 D_1 和沉积盆地内部 D_2 将会产生散射波。由单层位势理论，沉积盆地内外散射波可分别由沉积盆地内外虚拟波源面上所有虚拟集中荷载的作用叠加而得。假设层状半空间中散射波场由虚拟波源面 S_1 产生，半空间中位移和应力可以表达为

$$u_i^{\mathrm{s}}(x)=\int_b[b(x_1)G_{i,1}^{(\mathrm{s})}(x,x_1)+c(x_1)G_{i,2}^{(\mathrm{s})}(x,x_1)+d(x_1)G_{i,3}^{(\mathrm{s})}(x,x_1)]\mathrm{d}S_1 \tag{6.21}$$

$$\sigma_{ij}^{\mathrm{s}}(x)=\int_b[b(x_1)T_{ij,1}^{(\mathrm{s})}(x,x_1)+c(x_1)T_{ij,2}^{(\mathrm{s})}(x,x_1)+d(x_1)T_{ij,2}^{(\mathrm{s})}(x,x_1)]\mathrm{d}S_1 \tag{6.22}$$

式中：$x\in D_1$，$x_1\in S_1$；$b(x_1)$、$c(x_1)$ 和 $d(x_1)$ 分别对应虚拟波源面 S_1 上 x_1 位置处 x、y 和 z 方向的集中荷载密度；$G_{i,l}^{(\mathrm{s})}(x,x_1)$、$T_{ij,l}^{(\mathrm{s})}(x,x_1)$ 分别表示层状半空间内位移、应力格林函数（角标 l=1、2、3 分别对应 x、y、z 波源），该函数自动满足运动方程、土层界面连续性条件及自由地表边界条件。

沉积盆地内散射波则由虚拟波源面 S_2 上所有虚拟集中荷载的作用叠加而得

$$u_i(x)=\int_b[e(x_2)G_{i,1}^{(\mathrm{v})}(x,x_2)+f(x_2)G_{i,2}^{(\mathrm{v})}(x,x_2)+g(x_2)G_{i,3}^{(\mathrm{v})}(x,x_2)]\mathrm{d}S_2 \tag{6.23}$$

$$\sigma_{ij}(x)=\int_b[e(x_2)T_{ij,1}^{(\mathrm{v})}(x,x_2)+f(x_2)T_{ij,2}^{(\mathrm{v})}(x,x_2)+g(x_2)T_{ij,2}^{(\mathrm{v})}(x,x_2)]\mathrm{d}S_2 \tag{6.24}$$

式中：$x\in D_2$，$x_2\in S_2$；$e(x_2)$、$f(x_2)$ 和 $g(x_2)$ 分别对应虚拟波源面 S_2 上 x_2 位置处 x、y 和 z 方向的集中荷载密度。这里需注意区别的是，沉积盆地外部半空间中总的位移和应力场由自由场和层状半空间中的散射场叠加而得，而沉积盆地内部

反应则全部由沉积盆地内的散射场产生。

在上面散射波构造中，虚拟波源面的引入，避免了波源作用在沉积盆地边界时带来的奇异性，但是也相应产生了一个新问题，即需对虚拟波源位置进行合理控制。研究表明，一般情况下，虚拟波源面 S_1 半径可取为 $0.4R_0 \sim 0.6R_0$（R_0 为散射体等效半径），波源点数可取为交界面离散点数的 0.5～0.8 倍，即可保证很高的计算精度。对于高频入射（$\eta > 2$）情况，则应适当增大虚拟波源面半径，即可取值 $0.7R_0 \sim 0.9R_0$，波源点数可取为交界面离散点数的 0.7～0.9 倍。虚拟波源面 S_2 在沉积盆地外部，S_1 与 S_2 同 S 的距离可取为一致。另外，依据惠更斯原理，虚拟波源面形状同沉积盆地和外部空间交界面取为一致（符合物理本质）。

2. 格林函数计算

层状半空间集中荷载动力格林函数是指在层状半空间（无沉积介质存在）中作用一动力荷载时，在层状半空间中任一点引起的动力响应（位移和应力）。当集中荷载埋置于层状介质中任意一层内部时，按照常规的刚度矩阵求解方法，需在荷载作用面上引入虚拟面，将荷载所在层分为两个子层（薄层法则需要分更多的子层），进而利用各层刚度矩阵求解。而当采用边界积分方法求解实际问题时，涉及大量不同位置源点格林函数计算，这样每次均需在荷载处虚设层面，进而更新刚度矩阵计算，处理上比较烦琐同时计算量大。另外，当荷载和接收点的竖向坐标比较接近时，由于贝塞尔函数的高振荡性，积分函数不易收敛。为此，下面提出一种修正刚度矩阵方法。该算法对任意层状介质三维波动问题边界元计算来说，前处理将大为方便，计算量也将大幅度减少。

整体求解思路如图 6.10 所示。首先借助波数域内径向 Hankel 变换和周向傅里叶变换，计算各层动力刚度矩阵，然后集整得到整体刚度矩阵[类似有限单元法中的总刚集成，不同的是这里所采用层刚度矩阵由波势函数解析推得，是完全精确的，图 6.10（a）]。其次固定荷载所在土层的上下表面，在波数域内求解“固定端”反力[图 6.10（b）]。该反力可通过特解和齐解的叠加得到。这里特解表示全空间中荷载作用土层面上的反力（不考虑边界条件），齐解表示为满足土层“固定”条件在土层面上反向施加特解位移所需要的外力。然后放松该“固端面”（固端反力反向施加），采用刚度矩阵法即得到各层表面上的位移[图 6.10（c）]。最后由各层表面位移，通过转换矩阵，容易得到层内各点的动力响应；荷载作用层内的反应则需叠加上“固定层”内的解。具体求解过程见刘中宪和梁建文（2013）的相关研究。

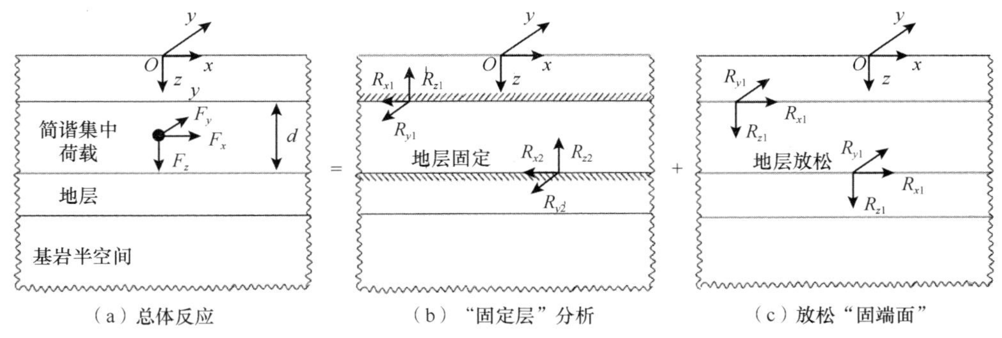

图 6.10　层状半空间集中荷载动力函数刚度矩阵法求解

3. 边界条件及求解

由于采用层状半空间动力格林函数，地层交界面及自由地表边界条件自动满足。故只需考虑沉积盆地和外部半空间交界面上的连续性条件。其边界条件为

$$\begin{cases} u_x^{\mathrm{s}} = u_x^{\mathrm{v}} \\ u_y^{\mathrm{s}} = u_y^{\mathrm{v}} \\ u_z^{\mathrm{s}} = u_z^{\mathrm{v}} \end{cases} \tag{6.25a}$$

$$\begin{cases} t_x^{\mathrm{s}} = t_x^{\mathrm{v}} \\ t_y^{\mathrm{s}} = t_y^{\mathrm{v}} \\ t_z^{\mathrm{s}} = t_z^{\mathrm{v}} \end{cases} \tag{6.25b}$$

式中：上标 s、v 分别代表半空间和沉积盆地；t_x、t_y 和 t_z 为边界离散点牵引力向量分量。

为便于问题数值求解，首先分别对虚拟波源面 S_1、S_2 和交界面 S 进行离散（不需要单元划分，仅需配置适量边界点）。设交界面 S 离散点数为 N，虚拟波源面 S_1 和 S_2 离散点数均为 N_1。外部弹性半空间中散射波引起的位移场和应力场可分别表示为

$$u_i^{\mathrm{s}}(x_n) = \sum_{n_1=1}^{N_1} b_{n1} G_{i,1}^{(\mathrm{s})}(x_n, x_{n1}) + c_{n1} G_{i,2}^{(\mathrm{s})}(x_n, x_{n1}) + d_{n1} G_{i,3}^{(\mathrm{s})}(x_n, x_{n1}) \tag{6.26}$$

$$\sigma_{ij}^{\mathrm{s}}(x_n) = \sum_{n_1=1}^{N_1} b_{n1} T_{ij,1}^{(\mathrm{s})}(x_n, x_{n1}) + c_{n1} T_{ij,2}^{(\mathrm{s})}(x_n, x_{n1}) + d_{n1} T_{ij,3}^{(\mathrm{s})}(x_n, x_{n1}) \tag{6.27}$$

式中：$x_n \in S$，$x_{n1} \in S_1$，$n = 1, \cdots, N$，$n1 = 1, \cdots, N_1$；b_{n1}、c_{n1}、d_{n1} 分别为虚拟波源面 S_1 上第 $n1$ 个离散点处 x、y 和 z 方向的集中荷载密度。同理，沉积盆地内部的散射波可由 S_2 上的离散波源构造。利用边界条件（6.25），最终可以得到一线性方程组，即

$$\boldsymbol{H}_1\boldsymbol{Y}_1 + \boldsymbol{F} = \boldsymbol{H}_2\boldsymbol{Y}_2 \tag{6.28}$$

式中：$\boldsymbol{H}_1(6N,3N_1)$、$\boldsymbol{H}_2(6N,3N_1)$分别为$S_1$、$S_2$上离散波源点对离散边界点的格林影响矩阵，$\boldsymbol{Y}_1(3N_1)$、$\boldsymbol{Y}_2(3N_1)$分别为$S_1$、$S_2$上的虚拟荷载密度向量（待求），$\boldsymbol{F}(6N)$为自由场作用。采用最小二乘法或伪逆法求解方程（6.28）得到虚拟源密度后，将所有波源的作用进行叠加，便得到散射波场，进而得到总波场，计算沉积盆地内外任意点的位移及应力，问题即得到求解。

6.3.3 方法验证

图 6.11 给出了本节结果与 Mossenssian 和 Dravinski（1990）给出的均匀弹性半空间中半球形沉积盆地对弹性波散射结果的对比。计算参数为：半空间泊松比为 0.3，黏滞阻尼比为 0.01，入射频率 $\omega a/(\pi c_{sr})$=0.5，沉积盆地内外介质剪切波速比 $c_{s1}/c_{sr}=0.5$，密度比 $\rho_1/\rho_R=2/3$。从图 6.11 中可以看出本节结果与该文献结果吻合良好，从一个方面验证了本节方法的精度。需指出的是，Mossenssian 和 Dravinski（1990）仅限于求解半空间中均匀沉积盆地对地震波的散射，而本节方法对任意层状介质三维波动问题都是适用的。

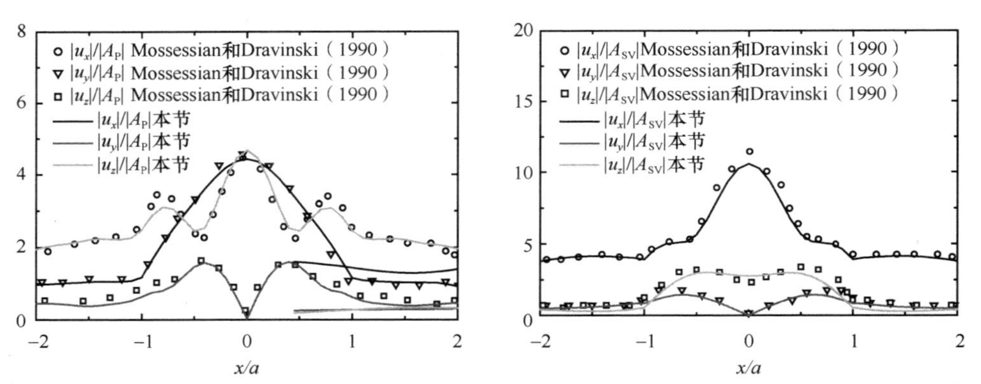

（a）P波60°入射地表位移（x=0截面，η=0.5，θ_α=60°）（b）SV波60°入射地表位移（x=0截面，η=0.75，θ_α=90°）

图 6.11　P 波、SV 波入射下半空间中半球形沉积盆地地表位移幅值

本节与 Mossessian 和 Dravinski（1990）结果对比

为考察层状介质三维散射问题的计算精度，图 6.12 给出了与 Chaillat 等（2009）给出的层状沉积盆地对弹性波散射结果的对比。计算参数为：黏滞阻尼比为 0.001，入射频率 $\omega a/(\pi c_{sr})$=1.732，密度比 $\rho_1/\rho_2=\rho_2/\rho_R=0.6$，剪切模量比 $\mu_1/\mu_2=\mu_2/\mu_R=0.3$，泊松比 $\nu_R=0.25$，$\nu_2=0.3$，$\nu_1=0.34$，沉积层厚度 $h_1/H=0.586$。从图 6.12 中可以看出本节结果与该文献结果吻合良好，验证了本节方法对层状介质三维散射问题的求解精度。需指出的是，Chaillat 等（2009）方

法采用全空间格林函数为基本解，需要离散各层交界面和地表面，对于多层情况计算量较大，因而引入了快速多极子算法，以解决该问题。

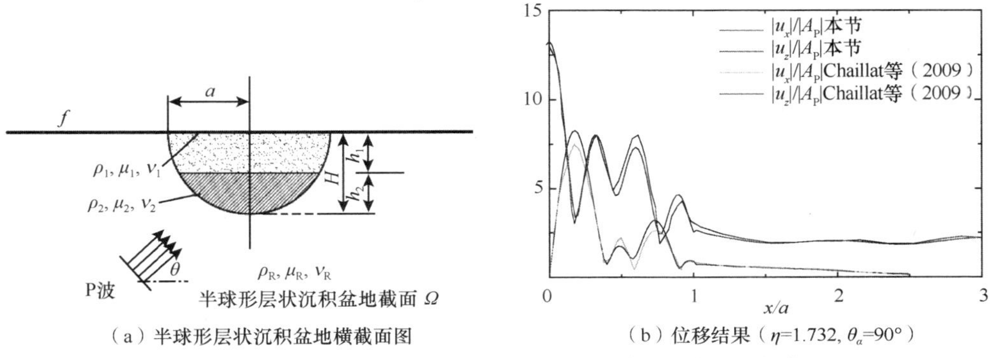

（a）半球形层状沉积盆地横截面图　　（b）位移结果（η=1.732, θ_α=90°）

图 6.12　P 波垂直入射下半球形层状沉积盆地地表位移幅值

本节和 Chaillat 等（2009）所给结果对比

6.3.4 数值算例分析

1. 弹性半空间三维均质沉积盆地对入射 P 波、SV 波的散射

为更好地考察层状沉积盆地的影响，彩图 16 和彩图 17 首先给出了均匀半空间中半球形均质沉积盆地在 P 波、SV 波入射下的地表位移云图（取 3 倍的盆地半径）。定义无量纲参量$\eta = 2a/\lambda_s$，该参数反映了盆地直径同半空间介质中剪切波波长的比值。计算参数取值：沉积盆地内外剪切波速比为 1/2，密度比 2/3，介质泊松比分别为 0.3 和 0.25。设入射 P 波、SV 波和 y 轴的夹角余弦$l_y = 0$，和 x 轴的夹角分别取θ_α=90°、θ_β=60°；无量纲频率取η=0.5 和 2.0。

彩图 16 和彩图 17 中容易看出，三维沉积盆地附近地表位移反应特征同二维平面情况差异很大，位移放大效应相比二维情况更为显著，如 η=2.0 时，盆地中心处的位移幅值接近 8.0，而相应二维情况平面应变情况约为 5.0。由于波的汇聚效应，位移峰值一般出现在沉积盆地中心附近；另外由于面波转换现象，盆地边缘地震动也较为强烈。考虑入射角度对反应的影响，容易看出，对 P 波来说，地表最大位移峰值一般出现在垂直入射情况；对 SV 波来说，当以临界角入射时，地表位移峰值最大；考虑入射波频率变化，当入射波无量纲频率较小时，盆地的散射作用不太明显。随着入射频率增大，盆地附近地表位移波动特征更为显著。对不同频率波入射，盆地附近场地位移空间分布差异明显，随着频率变化，放大作用位置出现很大偏移。当入射波长和盆地半径相当时，会看到很强的散射效应，如η=2.0 时，即便对于盆地内外介质波速差异不太显著情况，最大竖向位移幅值达到入射波振幅的 8 倍（P 波垂直入射），水平位移幅值则放大了 9 倍以上（SV 波）；在较高频率波入射下，由于高频波的相干效应，沉积盆地内部会出现多个位移聚焦区域。因此实际工程抗震设计中，应需对高频地震波入射下沉积盆地位移放大效应进行科学评估。

2. 弹性半空间层状三维沉积盆地对入射 P 波、SV 波的散射

对于层状场地来说，须考虑各沉积层材料特性和厚度的影响，因而使问题更为复杂。为便于分析，本节以半空间中半球形双层沉积盆地为例建立计算模型，着重考察近地表软弱沉积层对场地反应的影响。彩图 18 和彩图 19 假定沉积层厚度不变（h_1/H=1/4），给出了不同频率和不同角度 P 波、SV 波入射下半球形沉积盆地内外地表位移幅值（上层沉积厚度跟总厚度之比）。彩图 20 和彩图 21 则考虑沉积层厚度变化（h_1/H=1/10、1/2），给出了 P 波、SV 波垂直入射下，沉积盆地内外地表位移幅值。其他计算参数：沉积上下层、沉积下层和半空间介质密度比 $\rho_1/\rho_2=\rho_2/\rho_R=2/3$，剪切模量比 $\mu_1/\mu_2=\mu_2/\mu_R=1/16$，泊松比 $\nu_R=0.25$，$\nu_1=0.3$，$\nu_3=0.3$。黏滞阻尼比均取为 0.01。定义 $\eta=2a/\lambda^L$，λ^L 为板空间介质中剪切波波长，入射频率 η 为 0.5 和 2.0。波入射角度 θ_α（θ_β）为 60° 和 90°。

总体结果表明，层状沉积盆地响应规律比较复杂，尽管沉积界面几何形态一致，但双层沉积盆地和均质沉积盆地的动力特性本质不同。总体响应由层状沉积层的自振效应和沉积盆地对地震波的散射作用叠加而成，因而与均匀沉积盆地情况有着显著差别。总体上看，三维层状沉积盆地中的位移放大效应更为显著。例如，当 $\eta=2.0$ 时，P 波、SV 波垂直入射下，层状沉积盆地情况地表位移幅值达到了 18.7 和 36.1，约为均匀沉积盆地情况的 2.3 倍和 3.5 倍。还可以看出，层状情况下，沉积盆地内部位移空间变化更为剧烈。这些现象可能主要源于地震波在土层之间不断的反射叠加，且由于下部地层阻抗较大，更多的能量被截留在近地表软弱沉积层中。而层状沉积盆地对地震动的具体放大程度和地面运动特征则取决于入射波型、入射波方向和频率、沉积层的厚度和刚度及基岩刚度等因素。

首先从彩图 18 和彩图 19 中容易看出，对不同类型波，无量纲入射频率对波散射特征具有决定意义，随着频率增大，地表位移空间分布逐渐变得复杂。对低频波，散射波聚焦区域较大。高频波入射下，聚焦区域集中于盆地中心区域附近，且高频波相干效应更为显著，位移放大和缩小区域交替出现，在部分区域出现驻波现象。再者，考虑入射角度变化，SV 波以 60° 角斜入射情况，沉积盆地内部位移空间分布特征会发生很大变化，能量集中区域发生偏移。最大位移峰值略低于垂直入射情况。需注意 P 波斜入射情况，水平和竖向位移幅值均出现显著放大效应。另外，考虑层厚变化，结果表明近地表沉积层厚度对地震波散射特征具有重要影响。这是由于层厚变化改变了沉积盆地的自身动力特性，进而影响到盆地整体对波的共振散射规律。

最后，比较彩图 16 和彩图 17 及彩图 20 和彩图 21，容易发现当入射频率较

低（η =0.5）、地表沉积层较薄（h_1/H=1/10）时，层状沉积盆地位移反应和均质沉积盆地情况差别不大，这是由于该情况下，入射波长远大于沉积薄层厚度，薄层内的散射效应较弱。而在较高频率波入射下（η =2.0），即便很薄的软弱沉积层（h_1/H=1/10），P 波、SV 波垂直入射下，地表位移幅值分别达到了 23.2 和 28.4，而均质沉积盆地情况位移幅值分别为 8.1 和 9.0。因而在实际场地地震安全性评价和工程结构抗震设计当中，需对盆地中近地表软弱薄层的地震放大效应予以慎重考虑。

需指出的是，Trifunac（1971）通过对二维半圆沉积盆地对 SH 波的散射进行了详尽分析，结果表明半圆沉积盆地同基岩半空间上单一覆盖层的位移反应特征具有显著差别，波的二维散射聚焦效应同一维共振效应具有本质不同，两者没有明确的相关性。同样的，三维情况下波的散射聚焦效应十分复杂，加之层状沉积盆地本身自振特性影响，对其散射规律的透彻理解，还有赖于进行更详尽的参数分析。

6.4　饱和全空间三维夹杂体对弹性波的散射

6.4.1　计算模型

如图 6.13 所示，无限域饱和全空间中埋置一任意形状夹杂体。假设无限域 D_0 和夹杂域 D_1 的介质为两相饱和、均匀和各向同性，夹杂域也可能是空腔。考虑到平面波在全空间介质中传播并冲击夹杂体，引起夹杂体周围散射，并在夹杂体表面产生环向应力和孔隙压力。下面建立解决这些问题的理论和方法。

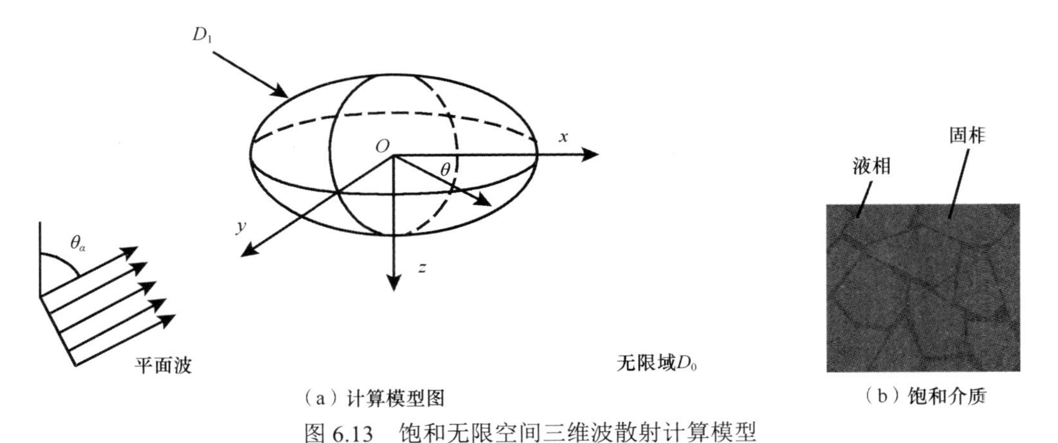

（a）计算模型图　（b）饱和介质

图 6.13　饱和无限空间三维波散射计算模型

6.4.2　计算方法及过程

1. Boit 理论

对于三维饱和两相介质空间的散射问题，基于 Biot（1941）的两相介质理论，

只需将第 5 章中二维的饱和介质关系式增加到三维，则三维饱和介质本构关系表达式可表示为

$$\sigma_{ij} = \lambda e\delta_{ij} + 2\mu\varepsilon_{ij} - \delta_{ij}\alpha P \quad (i,j = x,y,z) \tag{6.29a}$$

$$p = -\alpha Me - Mw_{i,i} \tag{6.29b}$$

三维饱和土体的与 u 、 w 相关的运动方程表达式（Biot，1962）如下：

$$\mu u_{i,jj} + (\lambda + \alpha^2 M + \mu)u_{j,ji} + \alpha Mw_{j,ji} = \rho\ddot{u}_i + \rho_f \ddot{w}_i \tag{6.30a}$$

$$\alpha Mu_{j,ji} + Mw_{j,ji} = \rho_f \ddot{u}_i + m\ddot{w}_i + b\dot{w}_i \tag{6.30b}$$

式中：各字母表达的含义和 5.1 节相同。

基于三维 Biot（1962）饱和两相介质理论，P_{I} 波（快波）、P_{II} 波（慢波）的势函数 ϕ_1 、 ϕ_2 和 SV 波势函数 ψ 分别满足以下波动方程：

$$\begin{cases} \nabla^2\phi_1 + k_{\alpha 1}^2\phi_1 = 0 \\ \nabla^2\phi_2 + k_{\alpha 2}^2\phi_2 = 0 \\ \nabla^2\psi + k_{\beta}^2\psi = 0 \end{cases} \tag{6.31}$$

式中： $\nabla^2 = \dfrac{\partial^2}{\partial x^2} + \dfrac{\partial^2}{\partial y^2} + \dfrac{\partial^2}{\partial z^2}$ 。

土骨架位移和流体相对骨架的位移可表达为（柱坐标下）

$$\begin{cases} u_r = \dfrac{\partial(\phi_1 + \phi_2)}{\partial r} + \dfrac{1}{r}\dfrac{\partial\chi}{\partial\theta} + \dfrac{\partial^2\psi}{\partial r\partial z} \\ u_\theta = \dfrac{1}{r}\dfrac{\partial(\phi_1 + \phi_2)}{\partial\theta} - \dfrac{\partial\chi}{\partial r} + \dfrac{1}{r}\dfrac{\partial^2\psi}{\partial\theta\partial z} \\ u_z = \dfrac{\partial(\phi_1 + \phi_2)}{\partial z} - \dfrac{1}{r}\dfrac{\partial}{\partial r}\left(r\dfrac{\partial\psi}{\partial r}\right) - \dfrac{1}{r^2}\dfrac{\partial^2\psi}{\partial\theta^2} \end{cases} \tag{6.32}$$

$$\begin{cases} w_r = \dfrac{\partial(\varPhi_1 + \varPhi_2)}{\partial r} + \dfrac{1}{r}\dfrac{\partial X}{\partial\theta} + \dfrac{\partial^2\varPsi}{\partial r\partial z} \\ w_\theta = \dfrac{1}{r}\dfrac{\partial(\varPhi_1 + \varPhi_2)}{\partial\theta} - \dfrac{\partial X}{\partial r} + \dfrac{1}{r}\dfrac{\partial^2\varPsi}{\partial\theta\partial z} \\ w_z = \dfrac{\partial(\varPhi_1 + \varPhi_2)}{\partial z} - \dfrac{1}{r}\dfrac{\partial}{\partial r}\left(r\dfrac{\partial\varPsi}{\partial r}\right) - \dfrac{1}{r^2}\dfrac{\partial^2\varPsi}{\partial\theta^2} \end{cases} \tag{6.33}$$

另外，孔压为 $p = -\alpha M\nabla^2\phi - M\nabla^2\varPhi_l$ ，其中 $\phi = \phi_1 + \phi_2$ ， $\varPhi_l = \varPhi_1 + \varPhi_2$ 。且满足下列等式：

$$\begin{cases} \varPhi_1 = \chi_1\phi_1 \\ \varPhi_2 = \chi_2\phi_2 \\ \varPsi_l = \chi_3\psi \end{cases} \tag{6.34}$$

$$\begin{cases} \chi_i = \dfrac{(\lambda_c + 2)k_{\alpha i}^2 - \delta^2}{\rho^* \delta^2 - \alpha M^* k_{\alpha i}^2} \\ \chi_3 = \dfrac{\rho^* \delta^2}{ib^* \delta - m^* \delta^2} \end{cases} \quad (i = 1, 2) \tag{6.35}$$

式中：$\lambda_c = \lambda^* + \alpha^2 M^*$；$\delta = \omega a \sqrt{\rho / \mu}$；$k_{\alpha 1}$ 和 $k_{\alpha 2}$ 分别表示饱和土中的两种膨胀波波数，其计算公式如下：

$$\begin{cases} k_{\alpha 1}^2 = \dfrac{\beta_1 + \sqrt{\beta_1^2 - 4\beta_2}}{2} \\ k_{\alpha 2}^2 = \dfrac{\beta_1 - \sqrt{\beta_1^2 - 4\beta_2}}{2} \end{cases} \tag{6.36}$$

$$\beta_1 = \frac{(m^* \delta^2 - \mathrm{i} b^* \delta)(\lambda_c + 2) + M^* \delta^2 - 2\alpha M^* \rho^* \delta^2}{(\lambda^* + 2)M^*} \tag{6.37}$$

$$\beta_2 = \frac{(m^* \delta^2 - \mathrm{i} b^* \delta)\delta^2 - (\rho^*)^2 \delta^4}{(\lambda^* + 2)M^*} \tag{6.38}$$

$$\begin{cases} \lambda^* = \dfrac{\lambda}{\mu} \\ M^* = \dfrac{M}{\mu} \\ \rho^* = \dfrac{\rho_{\mathrm{f}}}{\rho} \\ m^* = \dfrac{m}{\rho} \\ b^* = \dfrac{ab}{\sqrt{\rho \mu}} \end{cases} \tag{6.39}$$

定义饱和土中的剪切波波数 $k_\beta^2 = (\rho^* \chi_3 + 1)\delta^2$。

直角坐标系（x, y, z）和柱坐标系（r, θ, z）下的位移、应力转换关系如下：

$$\begin{cases} u_r = u_x \cos\theta + u_y \sin\theta \\ u_\theta = -u_x \sin\theta + u_y \cos\theta \\ u_z = u_z \end{cases} \tag{6.40}$$

$$\begin{cases}\sigma_r = \sigma_x \cos^2\theta + \sigma_y \sin^2\theta + 2\tau_{xy}\sin\theta\cos\theta \\ \sigma_\theta = \sigma_x \sin^2\theta + \sigma_y \cos^2\theta - 2\tau_{xy}\sin\theta\cos\theta \\ \sigma_z = \sigma_z \\ \tau_{zr} = \tau_{yz}\sin\theta + \tau_{zx}\cos\theta \\ \tau_{\theta z} = \tau_{yz}\cos\theta - \tau_{zx}\sin\theta \\ \tau_{r\theta} = -\sigma_x \sin\theta\cos\theta + \sigma_y\sin\theta\cos\theta + \tau_{xy}(\cos^2\theta - \sin^2\theta)\end{cases} \tag{6.41}$$

2. 波场求解

根据传统的间接边界积分方法的基本原理，将总波场分解为自由场和散射场。自由场为不含散射体时，弹性波入射下的波场解。当存在夹杂体时，全空间中将会发生波的散射。求解饱和全空间波动问题，首先，推导饱和全空间中集中力源和流量源的格林函数。本节参考经典 Lamb 问题的解决方法（Lamb，1904），结合 Biot（1962）的饱和土模型，推导饱和全空间内集中力源和流量源作用时的稳态解。饱和两相介质全空间三维场地对弹性波的散射格林函数参照第 2 章。

基于单层位势理论，假设散射源在散射体内部假想面 S_1 上连续均匀分布，则无限域中散射场的固相位移、应力、流体相对位移和孔隙水压力可表示为

$$u_i^{\mathrm{s}}(x) = \int_s [b_1(x_1)G_{i,1}^{(\mathrm{s}_1)}(x,x_1) + c_1(x_1)G_{i,2}^{(\mathrm{s}_1)}(x,x_1) + d_1(x_1)G_{i,3}^{(\mathrm{s}_1)}(x,x_1) + e_1(x_1)G_{i,4}^{(\mathrm{s}_1)}(x,x_1)]\,\mathrm{d}S_1 \tag{6.42}$$

$$t_i^{\mathrm{s}}(x) = \int_s [b_1(x_1)T_{i,1}^{(\mathrm{s}_1)}(x,x_1) + c_1(x_1)T_{i,2}^{(\mathrm{s}_1)}(x,x_1) + d_1(x_1)T_{i,3}^{(\mathrm{s}_1)}(x,x_1) + e_1(x_1)T_{i,4}^{(\mathrm{s}_1)}(x,x_1)]\,\mathrm{d}S_1 \tag{6.43}$$

$$w_i^{\mathrm{s}}(x) = \int_s [b_1(x_1)W_{i,1}^{(\mathrm{s}_1)}(x,x_1) + c_1(x_1)W_{i,2}^{(\mathrm{s}_1)}(x,x_1) + d_1(x_1)W_{i,3}^{(\mathrm{s}_1)}(x,x_1) + e_1(x_1)W_{i,4}^{(\mathrm{s}_1)}(x,x_1)]\,\mathrm{d}S_1 \tag{6.44}$$

$$p^{\mathrm{s}}(x) = \int_s [b_1(x_1)P_1^{(\mathrm{s}_1)}(x,x_1) + c_1(x_1)P_2^{(\mathrm{s}_1)}(x,x_1) + d_1(x_1)P_3^{(\mathrm{s}_1)}(x,x_1) + e_1(x_1)P_4^{(\mathrm{s}_1)}(x,x_1)]\,\mathrm{d}S_1 \tag{6.45}$$

式中：$x \in D_0$，$x_1 \in S_1$；$G_{i,1}^{(\mathrm{s}_1)}(x,x_1)$、$T_{i,1}^{(\mathrm{s}_1)}(x,x_1)$、$W_{i,1}^{(\mathrm{s}_1)}(x,x_1)$、$P_1^{(\mathrm{s}_1)}(x,x_1)$ 表示饱和全空间中的位移、应力、流体相对位移和孔压的格林函数；$b_1(x_1)$、$c_1(x_1)$、$d_1(x_1)$、$e_1(x_1)$ 表示在虚拟波源面 S_1 对应集中力 x、y、z 方向作用和流量源作用下的散射密度。

其次，考虑夹杂体内的散射场，假设散射源在散射体外部假想面 S_2 上连续均

匀分布，则夹杂体内散射波由虚拟波源面上所有集中力源和流量源的作用叠加而得

$$u_i^{\mathrm{s}}(x)=\int_s[b_2(x_2)G_{i,1}^{(\mathrm{s}_2)}(x,x_2)+c_2(x_2)G_{i,2}^{(\mathrm{s}_2)}(x,x_2)+d_2(x_2)G_{i,3}^{(\mathrm{s}_2)}(x,x_2)+e_2(x_2)G_{i,4}^{(\mathrm{s}_2)}(x,x_2)]\mathrm{d}S_2 \tag{6.46}$$

$$t_i^{\mathrm{s}}(x)=\int_s[b_2(x_2)T_{i,1}^{(\mathrm{s}_2)}(x,x_2)+c_2(x_2)T_{i,2}^{(\mathrm{s}_2)}(x,x_2)+d_2(x_2)T_{i,3}^{(\mathrm{s}_2)}(x,x_2)+e_2(x_2)T_{i,4}^{(\mathrm{s}_2)}(x,x_2)]\mathrm{d}S_2 \tag{6.47}$$

$$w_i^{\mathrm{s}}(x)=\int_s[b_2(x_2)W_{i,1}^{(\mathrm{s}_2)}(x,x_2)+c_2(x_2)W_{i,2}^{(\mathrm{s}_2)}(x,x_2)+d_2(x_2)W_{i,3}^{(\mathrm{s}_2)}(x,x_2)+e_2(x_2)W_{i,4}^{(\mathrm{s}_2)}(x,x_2)]\mathrm{d}S_2 \tag{6.48}$$

$$p^{\mathrm{s}}(x)=\int_s[b_2(x_2)P_1^{(\mathrm{s}_2)}(x,x_2)+c_2(x_2)P_2^{(\mathrm{s}_2)}(x,x_2)+d_2(x_2)P_3^{(\mathrm{s}_2)}(x,x_2)+e_2(x_2)P_4^{(\mathrm{s}_2)}(x,x_2)]\mathrm{d}S_2 \tag{6.49}$$

式中：$x\in D_0$，$x_1\in S_2$；$G_{i,1}^{(\mathrm{s}_2)}(x,x_1)$、$T_{i,1}^{(\mathrm{s}_2)}(x,x_1)$、$W_{i,1}^{(\mathrm{s}_2)}(x,x_1)$、$P_1^{(\mathrm{s}_2)}(x,x_1)$ 表示夹杂域中的位移、应力、流体相对位移和孔压的格林函数；$b_2(x_2)$、$c_2(x_2)$、$d_2(x_2)$、$e_2(x_2)$ 表示在虚拟波源面 S_2 对应集中力 x、y、z 方向作用和流量源作用下的散射密度。

3. 边界条件及求解

当饱和全空间和夹杂体交界面为透水情况时，问题的边界条件为：固相位移、应力连续，以及流体相对位移、孔隙水压力连续。根据边界条件，通过上述求得各部分波场，建立方程求解波源密度，边界条件可表达为

$$\begin{cases}u_x^{\mathrm{s}_1}+u_x^{\mathrm{f}}=u_x^{\mathrm{s}_2}\\u_y^{\mathrm{s}_1}+u_y^{\mathrm{f}}=u_y^{\mathrm{s}_2}\\u_z^{\mathrm{s}_1}+u_z^{\mathrm{f}}=u_z^{\mathrm{s}_2}\end{cases} \tag{6.50a}$$

$$\begin{cases}t_x^{\mathrm{s}_1}+t_x^{\mathrm{f}}=t_x^{\mathrm{s}_2}\\t_y^{\mathrm{s}_1}+t_y^{\mathrm{f}}=t_y^{\mathrm{s}_2}\\t_z^{\mathrm{s}_1}+t_z^{\mathrm{f}}=t_z^{\mathrm{s}_2}\end{cases} \tag{6.50b}$$

$$w^{\mathrm{s}_1}+w^{\mathrm{f}}=w^{\mathrm{s}_2} \tag{6.50c}$$

$$p^{\mathrm{s}_1}+p^{\mathrm{f}}=p^{\mathrm{s}_2} \tag{6.50d}$$

式中：上标 f、s_1、s_2 分别表示介质的自由场、饱和空间散射场和夹杂体中的散射场；$t_i=\sigma_{ij}n_j$ 表示边界牵引力，$w=w_in_i$ 表示边界的流体相对位移，其中 n_j 为边界点单位分量。

若边界面为不透水情况时，问题的边界条件为：固相位移、应力连续，流体相对位移为零。式（6.50c）和式（6.50d）可替换为

$$\begin{cases} w^{s_1} + w^{f} = 0 \\ w^{s_2} = 0 \end{cases} \tag{6.51}$$

其中，将夹杂体退化为空洞，夹杂体中的散射波就不存在，边界条件可以简化为

$$\begin{cases} t_x^{s_1} + t_x^{f} = 0 \\ t_y^{s_1} + t_y^{f} = 0 \\ t_z^{s_1} + t_z^{f} = 0 \\ p^{s_1} + p^{f} = 0 \end{cases} \tag{6.52}$$

若空洞边界面为不透水情况，边界条件为

$$\begin{cases} t_x^{s_1} + t_x^{f} = 0 \\ t_y^{s_1} + t_y^{f} = 0 \\ t_z^{s_1} + t_z^{f} = 0 \\ w^{s_1} + w^{f} = 0 \end{cases} \tag{6.53}$$

将式（6.42）～式（6.49）代入式（6.50）中，以满足特定问题的边界条件，并移项可得

$$\begin{aligned} &\int_s [b_1(x_1)G_{i,1}(x,x_1) + c_1(x_1)G_{i,2}(x,x_1) + d_1(x_1)G_{i,3}(x,x_1) + e_1(x_1)G_{i,4}(x,x_1)]\mathrm{d}S_1 \\ &-\int_s [b_2(x_2)G_{i,1}(x,x_2) + c_2(x_2)G_{i,2}(x,x_2) + d_2(x_2)G_{i,3}(x,x_2) + e_2(x_2)G_{i,4}(x,x_2)]\mathrm{d}S_2 \\ &= -u_i^{(\mathrm{f})}(x) \end{aligned} \tag{6.54}$$

$$\begin{aligned} &\int_s [b_1(x_1)T_{i,1}(x,x_1) + c_1(x_1)T_{i,2}(x,x_1) + d_1(x_1)T_{i,3}(x,x_1) + e_1(x_1)T_{i,4}(x,x_1)]\mathrm{d}S_1 \\ &-\int_s [b_2(x_2)T_{i,1}(x,x_2) + c_2(x_2)T_{i,2}(x,x_2) + d_2(x_2)T_{i,3}(x,x_2) + e_2(x_2)T_{i,4}(x,x_2)]\mathrm{d}S_2 \\ &= -t_i^{(\mathrm{f})}(x) \end{aligned} \tag{6.55}$$

$$\begin{aligned} &\int_s [b_1(x_1)W_1(x,x_1) + c_1(x_1)W_2(x,x_1) + d_1(x_1)W_3(x,x_1) + e_1(x_1)W_4(x,x_1)]\mathrm{d}S_1 \\ &-\int_s [b_2(x_2)W_1(x,x_2) + c_2(x_2)W_2(x,x_2) + d_2(x_2)W_3(x,x_2) + e_2(x_2)W_4(x,x_2)]\mathrm{d}S_2 \\ &= -w^{(\mathrm{f})}(x) \end{aligned} \tag{6.56}$$

$$\begin{aligned} &\int_s [b_1(x_1)P_1(x,x_1) + c_1(x_1)P_2(x,x_1) + d_1(x_1)P_3(x,x_1) + e_1(x_1)P_4(x,x_1)]\mathrm{d}S_1 \\ &-\int_s [b_2(x_2)P_1(x,x_2) + c_2(x_2)P_2(x,x_2) + d_2(x_2)P_3(x,x_2) + e_2(x_2)P_4(x,x_2)]\mathrm{d}S_2 \\ &= -p^{(\mathrm{f})}(x) \end{aligned} \tag{6.57}$$

式中：$x \in D_0$，$x_1 \in S_1$，$x_1 \in S_2$；$G_{i,1}(x,x_1)$、$T_{i,1}(x,x_1)$、$W_1(x,x_1)$、$P_1(x,x_1)$表示饱和全空间中的位移、应力、流体相对位移和孔压的格林函数；$G_{i,1}(x,x_2)$、$T_{i,1}(x,x_2)$、$W_1(x,x_2)$、$P_1(x,x_2)$表示相对应于夹杂域内的格林函数；$b_1(x_1)$、$c_1(x_1)$、$d_1(x_1)$、$e_1(x_1)$表示在虚拟波源面S_1对应集中力x、y、z方向作用和流量源作用下的散射密度；$b_2(x_2)$、$c_2(x_2)$、$d_2(x_2)$、$e_2(x_2)$表示在虚拟波源面S_2上相对应的散射密度。

如果边界条件为不透水情况，式（6.56）和式（6.57）可替换为

$$\int_s [b_1(x_1)W_1(x,x_1)+c_1(x_1)W_2(x,x_1)+d_1(x_1)W_3(x,x_1)+e_1(x_1)W_4(x,x_1)]\mathrm{d}S_1 = -w^{(\mathrm{f})}(x) \tag{6.58}$$

$$\int_s [b_2(x_2)W_1(x,x_2)+c_2(x_2)W_2(x,x_2)+d_2(x_2)W_3(x,x_2)+e_2(x_2)W_4(x,x_2)]\mathrm{d}S_2 = 0 \tag{6.59}$$

为了便于问题数值求解，现将交界表面S、虚拟波源面S_1和虚拟波源面S_2均匀离散，单元个数分别为N、N_1和N_2。则位移和应力表达式可由积分形式转换为

$$\begin{aligned}&\sum_{l=1}^{N_1}[b_1(x_l)G_{i,1}(x_n,x_l)+c_1(x_l)G_{i,2}(x_n,x_l)+d_1(x_l)G_{i,3}(x_n,x_l)+e_1(x_l)G_{i,4}(x_n,x_l)]\\&-\sum_{m=1}^{N_2}[b_2(x_m)G_{i,1}(x_n,x_m)+c_2(x_m)G_{i,2}(x_n,x_m)+d_2(x_m)G_{i,3}(x_n,x_m)+e_2(x_m)G_{i,4}(x_n,x_m)]\\&=-u_i^{(\mathrm{f})}(x_n)\end{aligned} \tag{6.60}$$

$$\begin{aligned}&\sum_{l=1}^{N_1}[b_1(x_l)T_{i,1}(x_n,x_l)+c_1(x_l)T_{i,2}(x_n,x_l)+d_1(x_l)T_{i,3}(x_n,x_l)+e_1(x_l)T_{i,4}(x_n,x_l)]\\&-\sum_{m=1}^{N_2}[b_2(x_m)T_{i,1}(x_n,x_m)+c_2(x_m)T_{i,2}(x_n,x_m)+d_2(x_m)T_{i,3}(x_n,x_m)+e_2(x_m)T_{i,4}(x_n,x_m)]\\&=-t_i^{(\mathrm{f})}(x_n)\end{aligned} \tag{6.61}$$

$$\begin{aligned}&\sum_{l=1}^{N_1}[b_1(x_l)W_1(x_n,x_l)+c_1(x_l)W_2(x_n,x_l)+d_1(x_l)W_3(x_n,x_l)+e_1(x_l)W_4(x_n,x_l)]\\&-\sum_{m=1}^{N_2}[b_2(x_m)W_1(x_n,x_m)+c_2(x_m)W_2(x_n,x_m)+d_2(x_m)W_3(x_n,x_m)+e_2(x_m)W_4(x_n,x_m)]\\&=-w^{(\mathrm{f})}(x_n)\end{aligned} \tag{6.62}$$

$$\begin{aligned}&\sum_{l=1}^{N_1}[b_1(x_l)P_1(x_n,x_l)+c_1(x_l)P_2(x_n,x_l)+d_1(x_l)P_3(x_n,x_l)+e_1(x_l)P_4(x_n,x_l)]\\&-\sum_{m=1}^{N_2}[b_2(x_m)P_1(x_n,x_m)+c_2(x_m)P_2(x_n,x_m)+d_2(x_m)P_3(x_n,x_m)+e_2(x_m)P_4(x_n,x_m)]\end{aligned}$$

$$= -p^{(\mathrm{f})}(x_n) \tag{6.63}$$

式中：$x_n \in S$，$x_l \in S_1$，$x_m \in S_2$；$n=1,\cdots,N$，$l=1,\cdots,N_1$，$m=1,\cdots,N_2$。

对于不透水情况。式（6.62）和式（6.63）可替换为

$$\sum_{l=1}^{N_1}[b_1(x_l)W_1(x_n,x_l)+c_1(x_l)W_2(x_n,x_l)+d_1(x_l)W_3(x_n,x_l)+e_1(x_l)W_4(x_n,x_l)]$$
$$= -w^{(\mathrm{f})}(x_n) \tag{6.64}$$

$$\sum_{m=1}^{N_2}[b_2(x_m)W_1(x_n,x_m)+c_2(x_m)W_2(x_n,x_m)+d_2(x_m)W_3(x_n,x_m)+e_2(x_m)W_4(x_n,x_m)]$$
$$= 0 \tag{6.65}$$

夹杂体退化为空洞，上述式子可简化为

$$\sum_{l=1}^{N_1}[b_1(x_l)T_{i,1}(x_n,x_l)+c_1(x_l)T_{i,2}(x_n,x_l)+d_1(x_l)T_{i,3}(x_n,x_l)+e_1(x_l)T_{i,4}(x_n,x_l)]$$
$$= -t_i^{(\mathrm{f})}(x_n) \tag{6.66}$$

$$\sum_{l=1}^{N_1}[b_1(x_l)P_1(x_n,x_l)+c_1(x_l)P_2(x_n,x_l)+d_1(x_l)P_3(x_n,x_l)+e_1(x_l)P_4(x_n,x_l)]$$
$$= -p^{(\mathrm{f})}(x_n) \tag{6.67}$$

对于空洞不透水情况，式（6.67）可替换为

$$\sum_{l=1}^{N_1}[b_1(x_l)W_1(x_n,x_l)+c_1(x_l)W_2(x_n,x_l)+d_1(x_l)W_3(x_n,x_l)+e_1(x_l)W_4(x_n,x_l)]$$
$$= -w^{(\mathrm{f})}(x_n) \tag{6.68}$$

根据界面 S 处的连续性边界条件，可以得到夹杂体及空洞的矩阵方程为

$$\begin{bmatrix} G_{11}^{(1)} & G_{12}^{(1)} & G_{13}^{(1)} & G_{14}^{(1)} \\ G_{21}^{(1)} & G_{22}^{(1)} & G_{23}^{(1)} & G_{24}^{(1)} \\ G_{31}^{(1)} & G_{32}^{(1)} & G_{33}^{(1)} & G_{34}^{(1)} \\ T_{11}^{(1)} & T_{12}^{(1)} & T_{13}^{(1)} & T_{14}^{(1)} \\ T_{21}^{(1)} & T_{22}^{(1)} & T_{23}^{(1)} & T_{24}^{(1)} \\ T_{31}^{(1)} & T_{32}^{(1)} & T_{33}^{(1)} & T_{34}^{(1)} \\ W_1^{(1)} & W_2^{(1)} & W_3^{(1)} & W_4^{(1)} \\ P_1^{(1)} & P_2^{(1)} & P_3^{(1)} & P_4^{(1)} \end{bmatrix} \begin{bmatrix} b_1 \\ c_1 \\ d_1 \\ e_1 \end{bmatrix} + \begin{bmatrix} G_1^{(\mathrm{f})} \\ G_2^{(\mathrm{f})} \\ G_3^{(\mathrm{f})} \\ T_1^{(\mathrm{f})} \\ T_1^{(\mathrm{f})} \\ T_1^{(\mathrm{f})} \\ W_1^{(\mathrm{f})} \\ P_1^{(\mathrm{f})} \end{bmatrix} = \begin{bmatrix} G_{11}^{(2)} & G_{12}^{(2)} & G_{13}^{(2)} & G_{14}^{(2)} \\ G_{21}^{(2)} & G_{22}^{(2)} & G_{23}^{(2)} & G_{24}^{(2)} \\ G_{31}^{(2)} & G_{32}^{(2)} & G_{33}^{(2)} & G_{34}^{(2)} \\ T_{11}^{(2)} & T_{12}^{(2)} & T_{13}^{(2)} & T_{14}^{(2)} \\ T_{21}^{(2)} & T_{22}^{(2)} & T_{23}^{(2)} & T_{24}^{(2)} \\ T_{31}^{(2)} & T_{32}^{(2)} & T_{33}^{(2)} & T_{34}^{(2)} \\ W_1^{(2)} & W_2^{(2)} & W_3^{(2)} & W_4^{(2)} \\ P_1^{(2)} & P_2^{(2)} & P_3^{(2)} & P_4^{(2)} \end{bmatrix} \begin{bmatrix} b_2 \\ c_2 \\ d_2 \\ e_2 \end{bmatrix} \tag{6.69}$$

$$\begin{bmatrix} T_{11}^{(1)} & T_{12}^{(1)} & T_{13}^{(1)} & T_{14}^{(1)} \\ T_{21}^{(1)} & T_{22}^{(1)} & T_{23}^{(1)} & T_{24}^{(1)} \\ T_{31}^{(1)} & T_{32}^{(1)} & T_{33}^{(1)} & T_{34}^{(1)} \\ P_{1}^{(1)} & P_{2}^{(1)} & P_{3}^{(1)} & P_{4}^{(1)} \end{bmatrix} \begin{bmatrix} b_1 \\ c_1 \\ d_1 \\ e_1 \end{bmatrix} = \begin{bmatrix} T_1^{(\mathrm{f})} \\ T_2^{(\mathrm{f})} \\ T_3^{(\mathrm{f})} \\ P^{(\mathrm{f})} \end{bmatrix} \tag{6.70}$$

式中：$G_{ij}^{(1)}$ 和 $T_{ij}^{(1)}$ 表示在虚拟波源面 S_1 上 j 方向作用下，在边界 S 上的边界点在 i 作用下的位移和应力格林函数；$W_i^{(1)}$ 和 $P_i^{(1)}$ 表示在虚拟波源面 S_1 上在 i 作用下的流量和孔压格林函数；$G_{ij}^{(2)}$ 和 $T_{ij}^{(2)}$ 表示在虚拟波源面 S_2 上 j 方向作用下，在边界 S 上的边界点在 i 作用下的位移和应力格林函数；$W_i^{(2)}$ 和 $P_i^{(2)}$ 表示在虚拟波源面 S_2 上在 i 作用下的流量和孔压格林函数；b_1、c_1、d_1、e_1 和 b_2、c_2、d_2、e_2 分别表示在虚拟波源面 S_1、S_2 上在集中力 x、y、z 方向和流量源作用下的散射密度；$G_i^{(\mathrm{f})}$ 和 $T_i^{(\mathrm{f})}$ 表示自由场的位移和应力。式（6.69）和式（6.70）可以采用最小二乘法或逆矩阵法求解，一旦确定未知波源密度，则可通过散射场与自由场的叠加得到总波场。

6.4.3　方法验证

为了验证结果的收敛性和准确性，将本节方法与一些已知的解析解或基于其他方法的数值解进行了比较。首先定义无量纲频率，使用散射体的特征尺寸（表示为 a ）和剪切波速度 c_β 将频率归一化为

$$\eta = \frac{a\omega}{\pi c_\beta} = \frac{2a}{\lambda_\beta} \tag{6.71}$$

式中：a 为散射体的特征尺寸；c_β 表示剪切波速度；λ_β 为相应剪切波的波长。

1. 弹性结果对比

考虑半径为 a 的球形空洞嵌入无限域，并受到平面 $\mathrm{P_I}$ 波沿正 x 方向入射。首先，将本节饱和退化解与 Moon 和 Pao（1967）的经典弹性结果进行对比。对于孔隙饱和介质，将孔隙率、流体的体积模量及其质量密度等参数减少到最小，使多孔介质近似模拟固体，从而完成对饱和介质的退化。众所周知，对于弹性解，空洞表面的环向应力标准值仅取决于泊松比和无量纲波数。图 6.14 给出了 $\mathrm{P_I}$ 波入射下洞室环向应力的结果与 Moon 和 Pao（1967）精确解析解对比分析。取无量纲波数 $k_\beta a$ =4.0，a 为圆球半径，泊松比 ν = 1/3。结果表明饱和退化弹性解与 Moon 和 Pao（1967）的弹性解匹配良好。

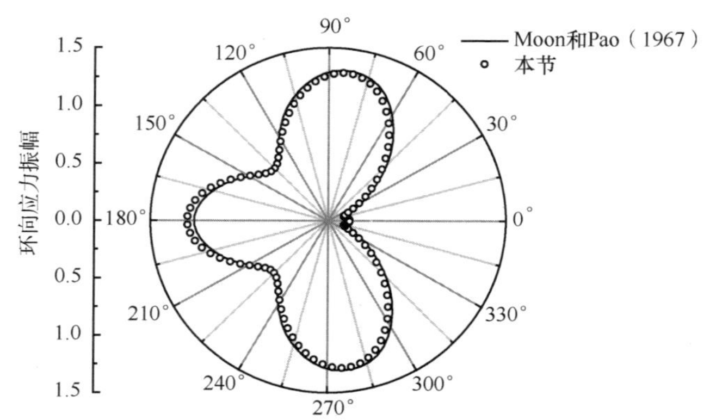

图 6.14　饱和介质退化求解空洞环向应力（$k_\beta a=4.0$，$\nu=1/3$，$z=0.0$）
本节与 Moon 和 Pao（1967）结果对比

考虑在无限弹性介质中球形弹性夹杂体问题。弹性介质为模拟的退化饱和弹性介质。图 6.15 给出了 P_I 波或 SV 波入射下夹塞域内沿着 x 轴（$|u_x(x, y, z)|$）和 z 轴（$|u_z(x, y, z)|$）饱和退化的标准化位移幅值结果与 Kanaun 和 Levin（2013）精确解析解对比。计算参数如下：全空间域，介质弹性模量 E_1=70GPa，密度 ρ_1 =2700kg/m^3，泊松比 $\nu=0.3$；夹塞域，介质弹性模量 E_2=200GPa，密度 ρ_2 =7800kg/m^3，泊松比 $\nu=0.3$。定义无量纲波数 $k_{\alpha 1}a(k_\beta a)$ 为 0.5、1.0 和 5.0。对比结果表明饱和退化弹性解与 Kanaun 和 Levin（2013）的弹性解匹配良好。

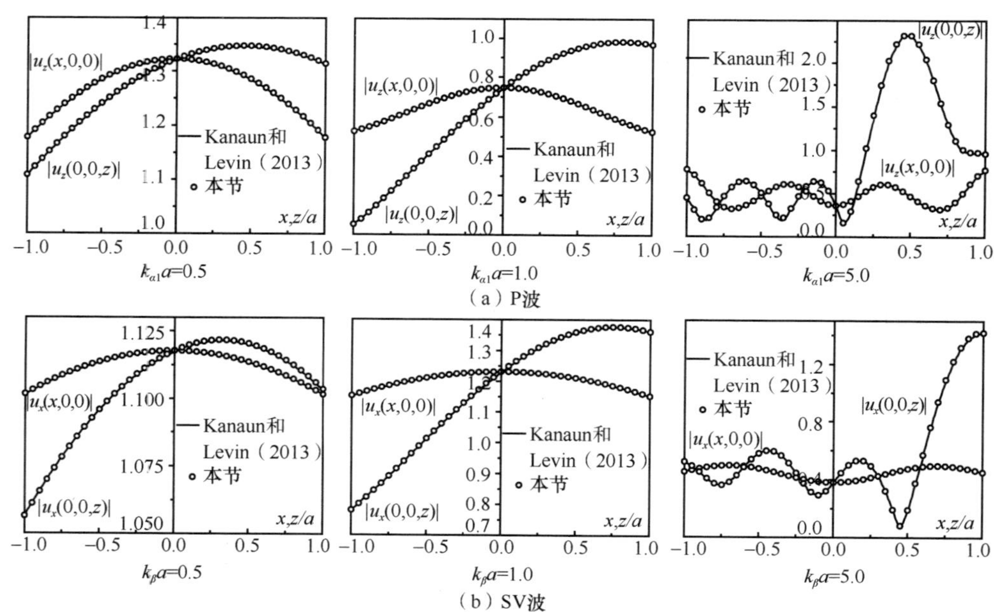

图 6.15　饱和介质退化弹性求解夹杂体位移
本节与 Kanaun 和 Levin（2013）结果对比

2. 饱和结果对比

笔者于2016年开发IBEM用于求解三维饱和半空间峡谷地震反应问题（Liu et al，2016）。作为验证当前方法的一个工具，这里扩展到解决三维饱和全空间空洞问题。图6.16给出了平面P_I波入射下饱和全空间球形空腔的位移振幅IBIEM与IBEM的结果比较。参数如下：空洞半径$a=1\text{m}$，泊松比$\nu=0.25$，线性材料阻尼比$\zeta=0.001$，土体骨架体积模量K=200MPa，土颗粒体积模量$K_g=36\text{GPa}$，流体体积模量$K_f=2\text{GPa}$，土颗粒密度$\rho_g=2650\ \text{kg/m}^3$，流体密度$\rho_f=1000\ \text{kg/m}^3$，无量纲频率$\eta=1$，孔隙率$n$为0.3和0.36。两者结果吻合良好，进一步表明了本节方法的正确性。

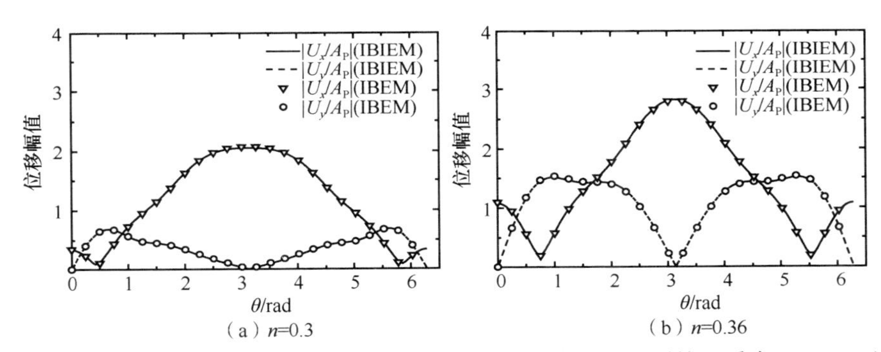

图6.16　饱和全空间中空洞透水表面位移幅值IBIEM与IBEM对比（透水，$\eta=1.0$）

3. 数值稳定性分析

为了进一步研究本节的数值收敛性，表6.2给出了在平面P_I波和SV波入射下球面表面入射波振幅归一化的位移振幅。定义无量纲参数如下：$\lambda^*=1.0$，$M^*=1.64$，$\rho^*=0.46$，$m^*=3.35$，$\alpha=0.83$。孔隙率$n=0.3$，泊松比$\nu=0.25$，无量纲频率$\eta=1$，空洞离散点数N分别为400、600、800和1200。结果表明，随着边界离散点的增多，各点位移幅值收敛，误差稳定在10^{-3}水平。由此表明本节方法具有良好的稳定性。

表6.2　IBIEM位移幅值稳定性检验

θ/（°）	N=400		N=600		N=800		N=1200	
	$\lvert u_x/A_P\rvert$	$\lvert u_z/A_{SV}\rvert$	$\lvert u_x/A_P\rvert$	$\lvert u_z/A_{SV}\rvert$	$\lvert u_x/A_P\rvert$	$\lvert u_z/A_{SV}\rvert$	$\lvert u_x/A_P\rvert$	$\lvert u_z/A_{SV}\rvert$
0	0.831	1.072	0.839	1.081	0.839	1.081	0.839	1.081
22.5	0.560	0.606	0.557	0.617	0.557	0.617	0.557	0.617
45	0.322	0.879	0.328	0.877	0.328	0.877	0.328	0.877

续表

θ /（°）	N=400		N=600		N=800		N=1200	
	$\lvert u_x / A_P \rvert$	$\lvert u_z / A_{SV} \rvert$	$\lvert u_x / A_P \rvert$	$\lvert u_z / A_{SV} \rvert$	$\lvert u_x / A_P \rvert$	$\lvert u_z / A_{SV} \rvert$	$\lvert u_x / A_P \rvert$	$\lvert u_z / A_{SV} \rvert$
67.5	0.839	1.007	0.838	1.004	0.838	1.006	0.838	1.007
90	1.291	1.274	1.289	1.273	1.289	1.274	1.289	1.274
112.5	1.650	1.423	1.644	1.423	1.644	1.423	1.644	1.423
135	1.932	1.436	1.935	1.433	1.935	1.434	1.935	1.434
157.5	2.135	1.590	2.137	1.583	2.137	1.583	2.137	1.583
180	2.212	1.624	2.210	1.620	2.210	1.619	2.210	1.619

另外，对边界条件不成立边界点的环向应力和孔隙压力的计算结果表明，随着源点和场点的增加，误差逐渐减小。一般情况下，每个波长在边界面上至少匹配 10 个计算点，误差水平可以降低到 10^{-3} 的数量级，更证明了数值计算的高精度。

6.4.4 数值算例分析

采用 IBIEM，以饱和全空间中夹杂体或空洞为例进行参数分析，解决了平面 P 波或 SV 波入射下的波散射和动应力集中问题。饱和全空间无限域的参数如下：泊松比 $\nu = 0.25$，线性阻尼比 $\zeta = 0.001$，土颗粒体积模量 $K_g = 36000\text{MPa}$，流体体积模量 $K_f = 2000\text{MPa}$，土颗粒密度 $\rho_g = 2650\text{kg/m}^3$，流体密度 $\rho_f = 1000\text{kg/m}^3$。由实验数据表明，土体固相骨架体积模量随着孔隙率改变呈线性变化。当孔隙率 n 分别取 0.1、0.3、0.34 和 0.36 时，全空间饱和介质中相应固体骨架体积模量 K_{dry} 取值为 26056MPa、6168MPa、2189MPa 和 200MPa。该参数适用于饱和砂岩情况，当 n=0.36 时，即为临界孔隙率 n_{cr}，当孔隙率 $n > n_{cr}$ 时，饱和砂岩逐渐向悬浮状态过渡。对于球形夹杂体问题，表 6.3 给出了不同刚度情况下夹杂体内部和外部的饱和介质参数。

表 6.3　饱和介质参数

参数	全空间无限域	夹杂体-1	夹杂体-2
K_g /MPa	36000	9000	2250
K_f /MPa	2000	2000	2000
K_{cr} /MPa	200	50	12.5
ρ_g /(kg/m^3)	2650	2650	2650
ρ_f /(kg/m^3)	1000	1000	1000
n_{cr}	0.36	0.36	0.36

续表

参数	全空间无限域	夹杂体-1	夹杂体-2
ν	0.25	0.25	0.25
ζ	0.001	0.001	0.001

同时，考虑不同孔隙率的情况，表 6.4 给出了与不同孔隙率情况下对应的无量纲饱和参数以及不同种类波波速。

表 6.4　无量纲饱和计算参数

n	α	M^*	λ^*	ρ^*	m^*	$c_{\alpha1}$ /(m/s)	$c_{\alpha2}$ /(m/s)	c_{β} /(m/s)
0.10	0.28	1.17	1.00	0.40	22.13	4417.3	568.1	2517.4
0.30	0.83	1.64	1.00	0.46	3.35	2670.4	805.6	1354.6
0.34	0.94	4.08	1.00	0.48	2.77	2041.4	675.3	827.8
0.36	0.99	42.17	1.00	0.49	2.55	1686.7	255.8	253.6

接下来的分析中，假设平面 P 波或 SV 波沿着负 x 轴入射（图 6.17），由于本节讨论三维问题，故只给出沿着 P 波和 SV 波入射下对应的两个圆形截面的结果。另外，本章计算的位移，环向应力和孔隙压力幅值结果均经过标准化处理。

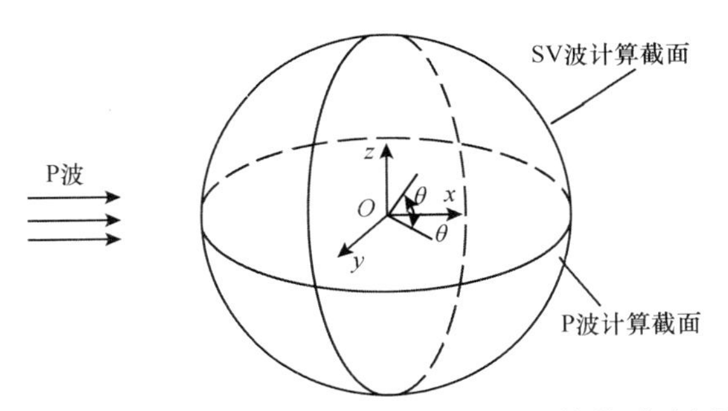

图 6.17　P 波或 SV 波入射下三维散射体计算截面示意图

1. 三维夹杂体散射对平面 P 波或 SV 波散射

图 6.18 和图 6.19 分别给出 P 波或 SV 波入射条件下，沿着图 6.17 所示的截面中几个位置上的位移幅度。讨论夹杂体与无限多孔介质之间不同剪切模量比的两种情况，以及空洞的情况。孔隙率 n=0.3，观测点取 θ 为 0°、45°、90°和 180°处，定义无量纲频率 η 范围为 0.0～2.0。

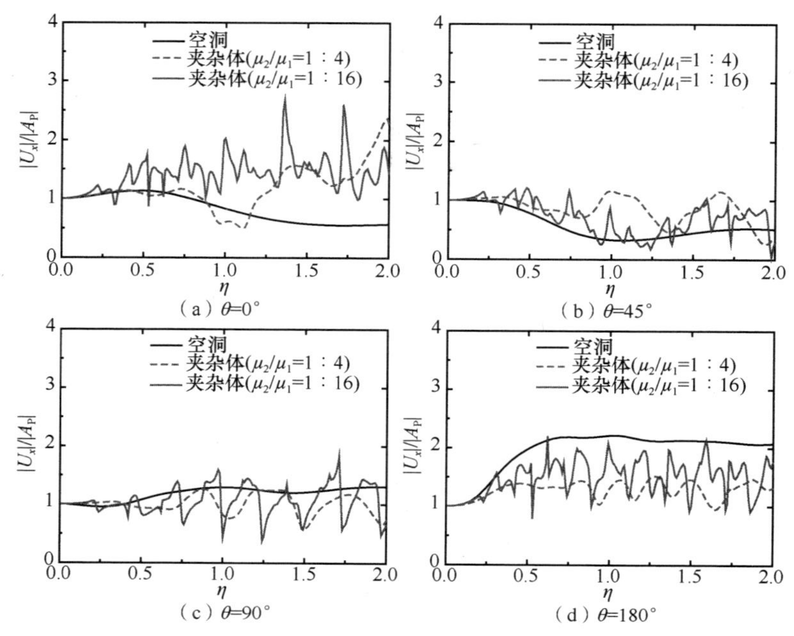

图 6.18 圆球体空洞和不同刚度夹杂体对 P 波散射的表面位移幅值谱（透水，z=0，ν= 0.25，θ_α=90°）

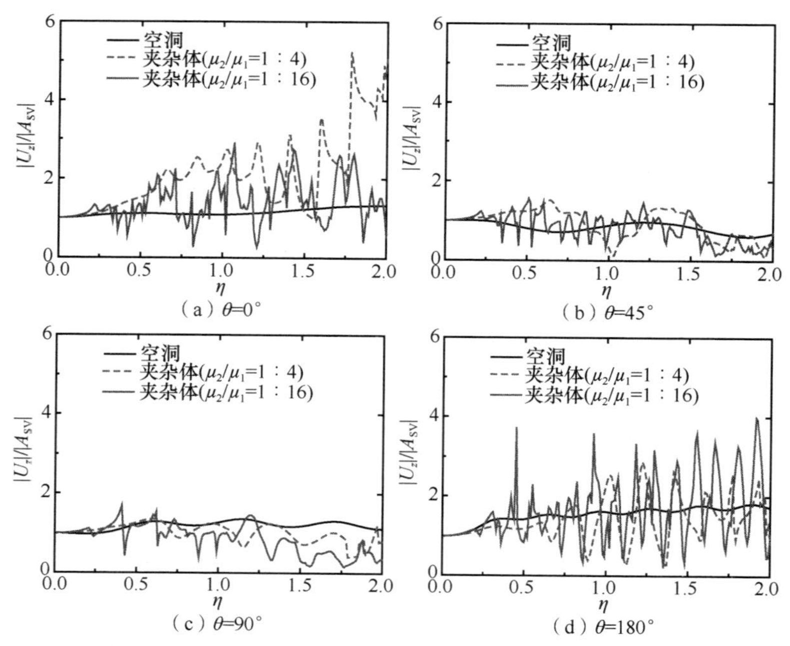

图 6.19 圆球体空洞和不同刚度夹杂体对 SV 波散射的表面位移幅值谱（透水，y=0，ν= 0.25，θ_α=90°）

结果表明，位移频谱特性依赖于两种介质之间的剪切模量比。随着剪切模量比 μ_2 / μ_1 从 1∶4 降低到 1∶16（夹杂体变软），位移振幅谱振荡得更加明显。夹杂体位移谱曲线表现出明显的共振散射效应。另外，空洞情况下的位移谱曲线则比较平滑，软夹杂体情况的频谱曲线在空洞谱曲线周围上下震荡。相比 P 波、SV 波入射下频谱曲线振荡更加剧烈且夹杂体对波的放大效应更明显，峰值可达自由场位移的 4.1 倍。

图 6.20 给出了 P 波或 SV 波入射条件下，刚度不同的球形夹杂体在不同入射频率下的标准化位移幅值。无量纲入射频率 η 为 0.25、0.5、1.0 和 2.0，其他参数与上述相同。结果表明，当 $\eta = 0.25$ 时，散射效果不明显。随着入射频率的增加（波长减小），夹杂体位移幅值显著增大，并且空间变化变得更加复杂。另外，对于高频入射波，夹杂体的刚度对位移响应也有显著的影响。例如，当 $\eta = 2.0$ 时，不同刚度情况下球形夹杂体位移幅值有显著变化。

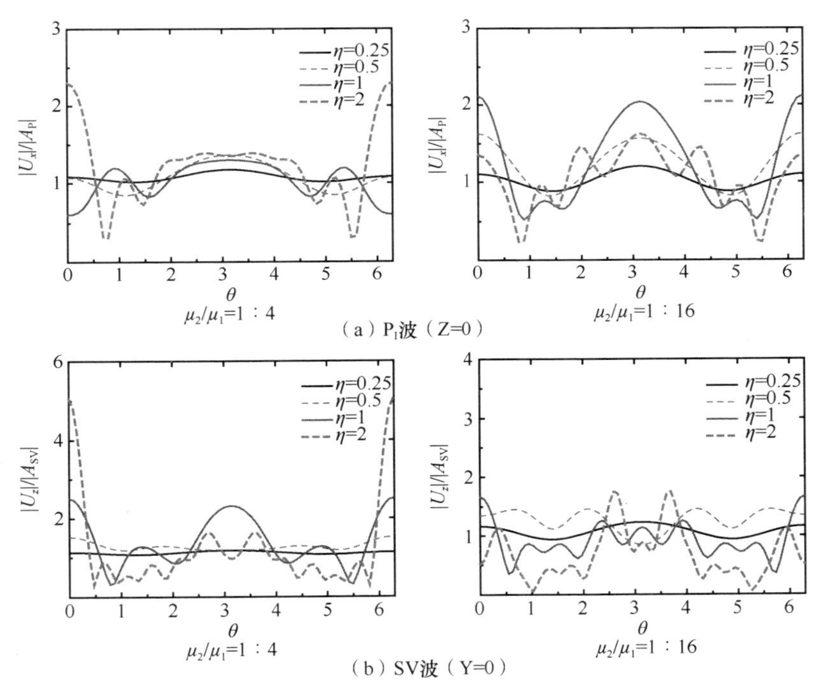

图 6.20　不同频率入射下不同刚度的夹杂体的位移幅值（透水，n_1=0.3，n_2=0.3，θ_α=90°，ν= 0.25）

2. 三维空洞对平面 P 波的散射

图 6.21 给出了 P 波入射下，透水，不透水和干土情况下三维地下洞室的表面位移幅值频谱结果。孔隙率 n 为 0.3、0.34 和 0.36，空洞表面观测点 θ 为 0°、45°、90°，

135°和 180°。定义无量纲频率 η 范围为 0.0～2.0。结果表明，空洞的位移幅值频谱强烈依赖于介质孔隙率，特别是对于不透水情况。当 n=0.36 时，透水和不透水情况下位移频谱峰值为 4.7 和 12.6；当 n=0.3 时，排水条件的影响不明显，透水、不透水和干土三种情况下频谱特性差异较小，峰值幅度均小于 2.5。另外，孔隙介质中流体的存在影响了饱和介质中平面波的传播，不透水情况下的峰值位移幅值通常大于透水情况下的峰值位移幅值，可能是由于当边界不透水时，空洞内没有能量耗散。

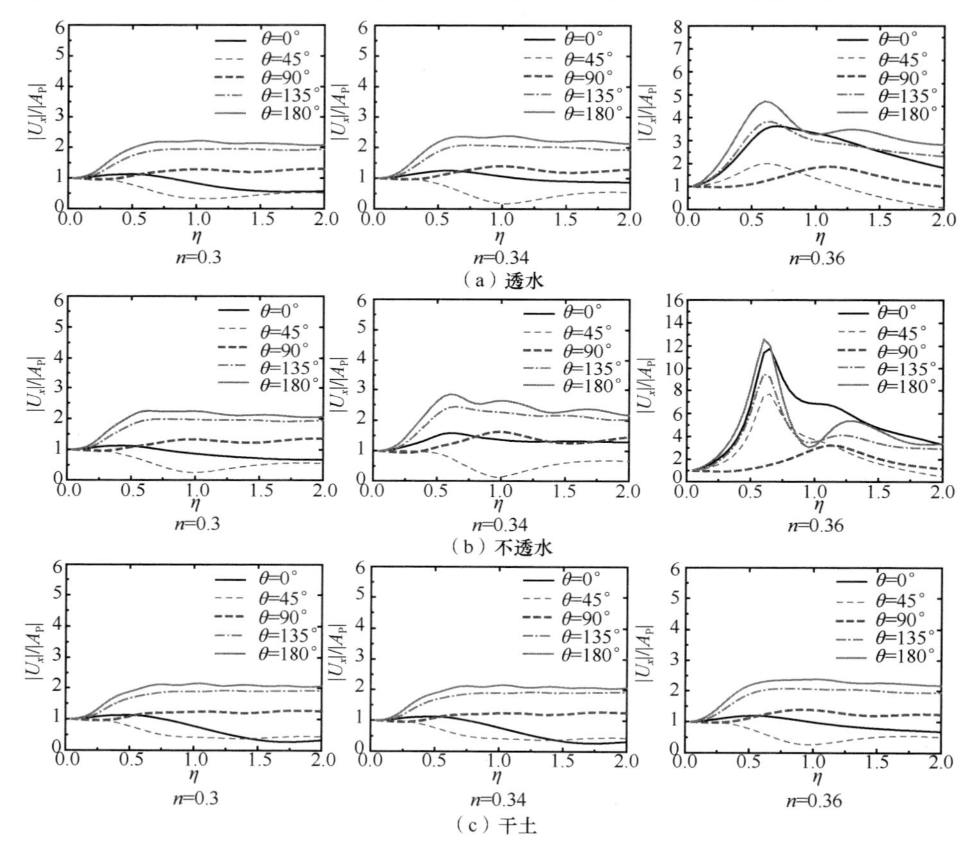

图 6.21　三维球形空洞在透水、不透水和干土情况下的表面位移幅值谱（z=0，ν = 0.25，θ_α=90°）

图 6.22 给出了 P 波入射下，透水、不透水和干土情况下三维地下洞室的环向应力幅值频谱结果，孔隙率 n 为 0.3、0.34 和 0.36，空洞表面观测点 θ 为 0°、45°、90°、135°和 180°［图中 DSCF 表示动应力集中因子（dynamic stress concentration factor）］。结果表明，由于存在地震波散射，空洞周围各观测点的环向应力谱值存在差异。另外，不同的透水条件对频谱特性也存在影响，如干土情况下，θ = 90°处有明显的动应力集中。不透水情况结果与位移反应相似，远大于排水情况，如 η =0.68 处，环向应力谱峰值为 5.5，可能由于不排水情况下，存在较大的孔隙压力。

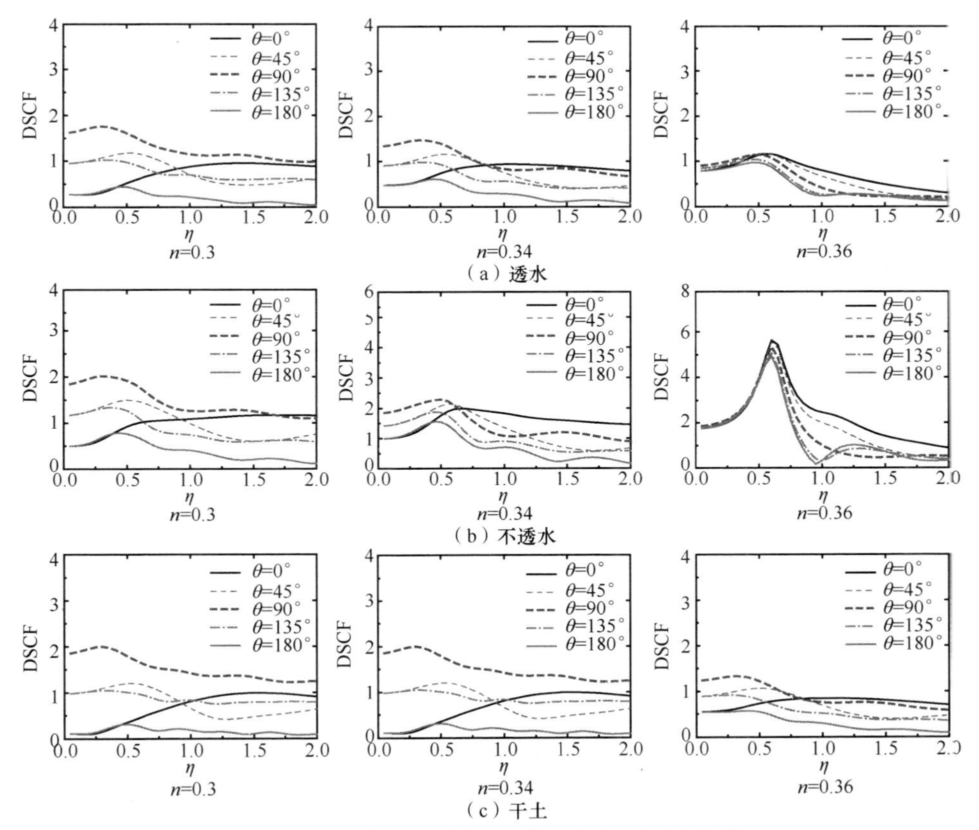

图 6.22　三维球形空洞在透水、不透水和干土情况下的表面环向应力幅值谱（z=0，ν= 0.25，θ_α=90°）

图 6.23 给出了 P 波入射下，不透水条件空洞周围孔隙水压力频谱反应结果，孔隙率 n 为 0.3、0.34 和 0.36，空洞表面观测点 θ 为 0°、45°、90°、135°和 180°。结果表明，随着孔隙率的增加，空洞的孔压谱值差异明显。例如，当 θ 为 90°，n 为 0.3、0.34 和 0.36 时，孔压峰值分别为 2.31、6.87 和 159。特别值得注意的是，当孔隙率等于临界孔隙率时，即 n = 0.36。孔隙水压力幅值明显增大，对于地下洞室或隧道稳定性是不利的。

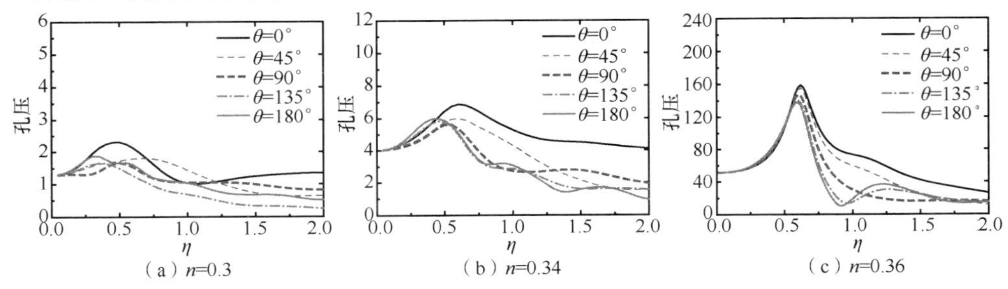

图 6.23　三维球形空洞在不透水情况下的表面孔隙水压力幅值谱（不透水，z=0，ν= 0.25，θ_α=90°）

图 6.24 和图 6.25 给出了 P 波入射下，不同孔隙率在透水和不透水情况下球体空洞表面环向应力幅值，定义无量纲入射频率 η 为 0.25、0.5、1.0 和 2.0，孔隙率 n 为 0.1、0.3、0.34 和 0.36。结果表明，空洞周围环向应力幅值和空间分布受到介质孔隙率和边界透水条件的影响，如 η =0.5 时，孔隙率 n 为 0.1、0.3、0.34 和 0.36 时，透水情况下相对应的环向应力峰值为 1.79、1.62、1.41 和 1.17，不透水情况下相对应的环向应力峰值为 1.81、1.92、2.30 和 3.97。对于不透水情况，动应力集中效应变化明显，而对于透水情况，空间变化相对较缓。另外，随着频率的增加，环向应力的空间变化更加明显。随着孔隙率的增大，环向应力的空间变化逐渐趋于光滑。

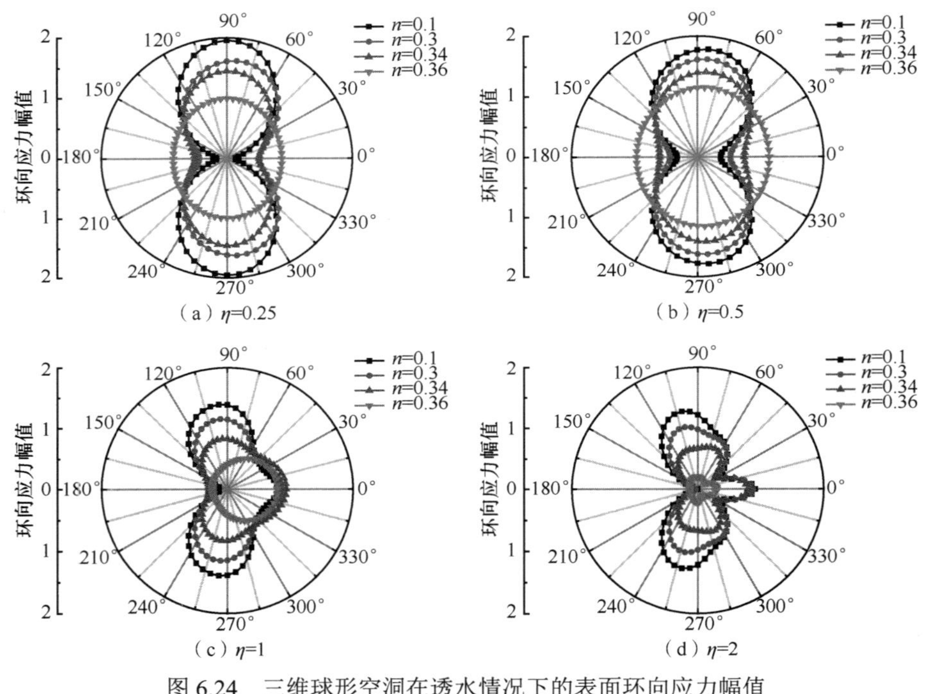

（a）η=0.25　（b）η=0.5

（c）η=1　（d）η=2

图 6.24　三维球形空洞在透水情况下的表面环向应力幅值

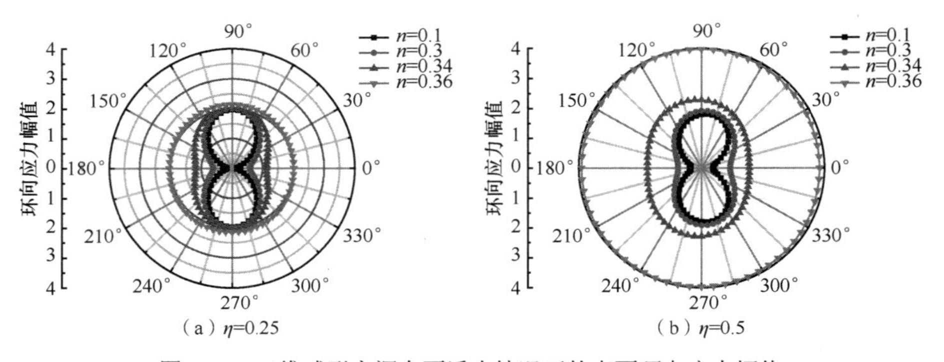

（a）η=0.25　（b）η=0.5

图 6.25　三维球形空洞在不透水情况下的表面环向应力幅值

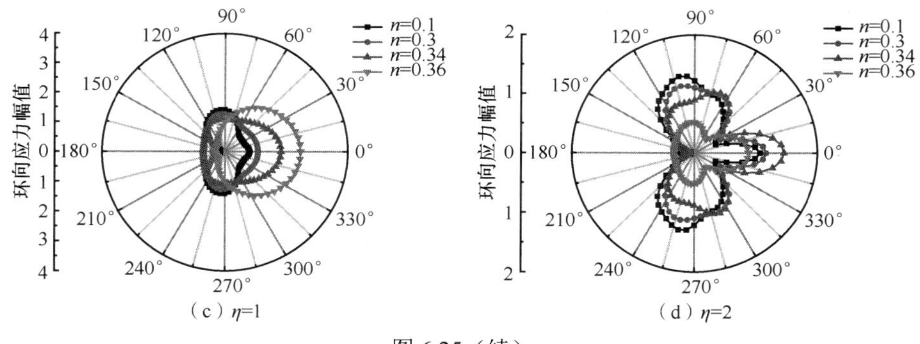

（c）η=1　　（d）η=2

图 6.25（续）

图 6.26 给出了 P 波入射下，不透水情况下球体空洞表面孔隙水压力幅值，定义无量纲入射频率 η 为 0.25、0.5、1.0 和 2.0，孔隙率 n 为 0.1、0.3、0.34 和 0.36。结果表明，由于存在波散射，空洞表面引起的孔压显著放大，其特性取决于介质孔隙率和入射频率。当孔隙率 n 为 0.1、0.3、0.34 和 0.36，η = 2.0 时的孔隙水压力峰值为 0.37、1.34、4.11 和 26.0，η = 0.5 时的孔隙水压力峰值为 0.51、2.31、6.45 和 109。另外，随着孔隙率的增加，孔隙水压力的空间分布变化更大并且趋于光滑。可能由于更多的能量被孔隙流体吸收，更少的能量被固体骨架吸收，孔隙率越大即存在更多的孔隙流体，孔压震荡曲线越平滑。

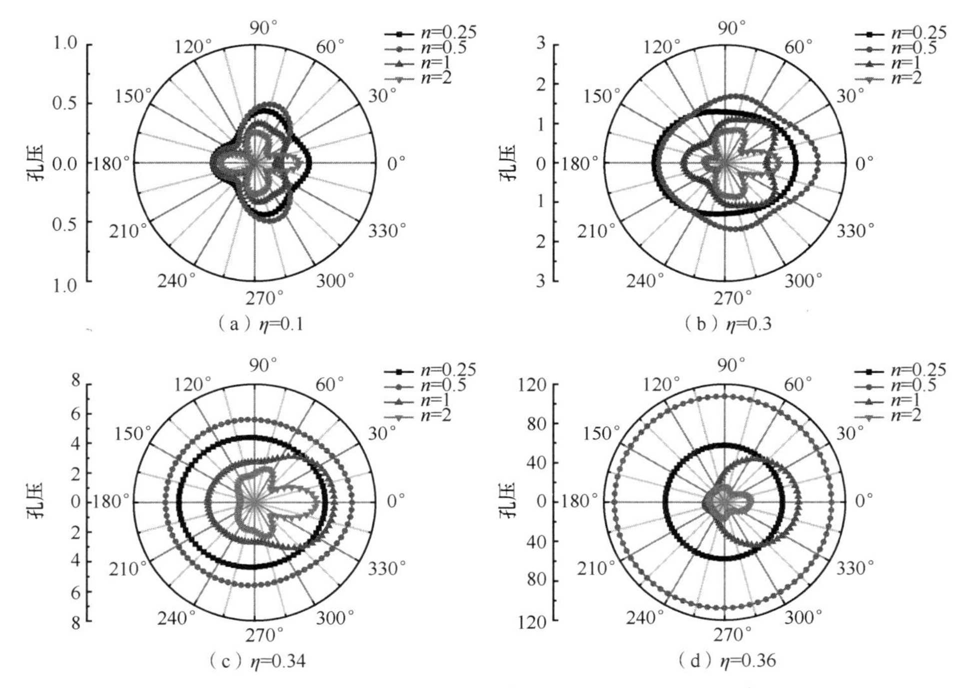

（a）η=0.1　　（b）η=0.3

（c）η=0.34　　（d）η=0.36

图 6.26　三维球形空洞在不透水情况下的表面孔隙水压力幅值

6.5 本章小结

本章采用 IBIEM 求解典型算例，通过参数分析，探讨了三维夹杂体、孔洞及层状沉积盆地对地震波散射的基本规律，另外求解了饱和介质中三维夹杂体对弹性波的散射。结果表明：

1）三维软夹杂体位移谱曲线表现出明显的共振散射效应，且随着夹杂体内介质刚度降低，位移幅值谱随频率振荡越发强烈。P 波水平入射下，球形空洞顶部和底部及附近应力集中最为明显；SV 波水平入射下，纵截面两 45°角线附近应力集中比较明显。

2）三维层状沉积盆地对地震波的放大作用比均匀盆地情况更为显著；层状盆地动力反应特征由层状沉积盆地自振效应和盆地对地震波的散射作用共同决定。地震动精细模拟需全面考虑沉积层厚度、沉积物源特征及地震波频谱特性。对于高频波入射情况，近地表软弱薄层对地震波的显著放大效应不可忽视。

3）饱和介质中，讨论了夹杂体和球形空洞的部分散射特性。对于夹杂体，散射特性主要取决于入射频率和介质模量比。SV 波入射下，饱和介质夹杂体有更明显的共振现象，其峰值位移幅度为自由场的 5 倍；随着模量比减小，位移反应谱振幅增大。对于球形空洞，散射特性主要取决于入射频率、介质孔隙率和边界透水条件。在高孔隙率和不透水条件下，位移和动应力效应更加明显；当孔隙率增加到临界孔隙率时，孔压幅值增大且更趋于光滑。

在实际工程中，三维波动分析问题更加常见。三维分析模型对地震波的散射与相应二维情况有着本质区别；散射体内部地震波的汇聚效应要比二维情况更为显著。同时，结合相应的波势函数，本章方法可进一步扩展到更为复杂的层状岩土介质三维波动问题求解。

参考文献

梁建文，巴振宁，2007. 弹性层状半空间中凸起地形对入射平面 SH 波的放大作用[J]. 地震工程与工程振动，27（3）：1-10.

梁建文，刘中宪，2008. 柱面波在半空间中洞室周围的散射[J]. 地震工程与工程振动，28（5）：27-37.

梁建文，张秋红，李方杰，2006. 浅圆沉积谷地对瑞雷波的散射：高频解[J]. 地震学报，28（2）：176-182.

廖振鹏，2002. 工程波动理论导论[M]. 2 版. 北京：科学出版社.

刘中宪，梁建文，2013. 三维粘弹性层状半空间埋置集中荷载动力格林函数求解-修正刚度矩阵法[J]. 固体力学学报，34（6）：579-589.

赵成刚，韩铮，2007. 半球形饱和土沉积谷场地对入射平面 Rayleigh 波的三维散射问题的解析解[J]. 地球物理学报，50（3）：905-914.

ANDERSON J G, BODIN P, BRUNE J N, et al, 1986. Strong ground motion from the Michoacan, Mexico, earthquake[J]. Science, 233(4768): 1043-1049.

BIOT M A, 1941. General theory of three-dimensional consolidation[J]. Journal of applied physics, 12(2): 155-164.

BIOT M A, 1962. Mechanics of deformation and acoustic propagation in porous media[J]. Journal of applied physics, 33(4): 1482-1498.

BOORE D M, LARNER K L, AKI K, 1971. Comparison of two independent methods for the solution of wave-scattering problems: response of a sedimentary basin to vertically incident SH waves[J]. Journal of geophysical research, 76(2): 558-569.

BOSTRÖM A, KRISTENSSON G, 1980. Elastic wave scattering by a three-dimensional inhomogeneity in an elastic half space[J]. Wave motion, 2(4): 335-353.

CHAILLAT S, BONNET M, SEMBLAT J F, 2009. A new fast multi-domain BEM to model seismic wave propagation and amplification in 3-D geological structures[J]. Geophysical journal international, 177(2): 509-531.

GELI L, BARD P Y, JULLIEN B, 1988. The effect of topography on earthquake ground motion: a review and new results[J]. Bulletin of the seismological society of America, 78(1): 42-63.

GONSALVES I R, SHIPPY D J, RIZZO F J, 1990. Direct boundary integral equations for elasto dynamics in 3-D halfspaces[J]. Computational mechanics, 6(4): 279-292.

KANAUN S, LEVIN V, 2013. Scattering of elastic waves on a heterogeneous inclusion of arbitrary shape: an efficient numerical method for 3D-problems[J]. Wave motion, 50(4): 687-707.

KAWASE H, AKI K, 1989. A study on the response of a soft basin for incident S, P, and Rayleigh waves with special reference to the long duration observed in Mexico city [J]. Bulletin of the seismological society of America, 79(5): 1361-1382.

LAMB H, 1904. On the propagation of tremors over the surface of an elastic solid[J]. Philosophical transactions of the royal society of London, Sries A, 203(359-371): 1-42.

LEE V W, 1984. Three-dimensional diffraction of plane P, SV & SH waves by a hemispherical alluvial valley [J]. International journal of soil dynamics & earthquake engineering, 3(3): 133-144.

LEE S J, CHEN H W, LIU Q, et al, 2008. Three-dimensional simulations of seismic-wave propagation in the Taipei Basin with realistic topography based upon the spectral-element method[J]. Bulletin of the seismological society of America, 98(1): 253-264.

LIU Z, LIU L, LIANG J, et al, 2016. An indirect boundary element method to model the 3-D scattering of elastic waves in a fluid-saturated poroelastic half-space[J]. Engineering analysis with boundary elements, 66: 91-108.

LUZÓN F, SÁNCHEZ-SESMA F J, PÉREZ-RUIZ J A, et al, 2009. In-plane seismic response of inhomogeneous alluvial valleys with vertical gradients of velocities and constant poisson ratio[J]. Soil dynamics and earthquake engineering, 29(6): 994-1004.

MOON F C, PAO Y H, 1967. The influence of the curvature of spherical waves on dynamic stress concentration[J]. Journal of applied mechanics, 34(2): 373-379.

MOSSESSIAN T K, DRAVINSKI M, 1990. Amplification of elastic waves by a three dimensional valley. Part I: Steady state response[J]. Earthquake engineering & structural dynamics, 19(5): 667-680.

OLSEN K B, 2000. Site Amplification in the Los Angeles Basin from three-dimensional modeling of ground motion[J]. Bulletin of the seismological society of America, 90(6): 77-94.

PITARKA A, IRIKURA K, 1996. Basin structure effects on long-period strong motions in the San Fernando Valley and the Los Angeles Basin from the 1994 Northridge earthquake and an aftershock[J]. Bulletin of the seismological society of America, 86(1): 126-137.

SÁNCHEZ-SESMA F J, LUZÓN F, 1995. Seismic response of three-dimensional alluvial valleys for incident P, S, and Rayleigh waves[J]. Bulletin of the seismological society of America, 85(1): 269-284.

SÁNCHEZ-SESMA F J, PALENCIA V J, LUZON F, 2002. Estimation of local site effects during earthquakes: an overview[J]. ISET journal of earthquake technology, 39(3): 167-193.

SEMBLAT J F, KHAM M, PARARA E, et al, 2005. Seismic wave amplification: basin geometry vs soil layering[J]. Soil dynamics & earthquake engineering, 25(7-10): 529-538.

TRIFUNAC M D, 1971. Surface motion of a semi-cylindrical alluvial valley for incident plane SH waves[J]. Bulletin of the seismological society of America, 61(6): 1755-1770.

YUAN X M, LIAO Z P, 1996. Scattering of plane SH waves by a cylindrical alluvial valley of circular-arc cross-section[J]. South China journal of seismology, 13(10): 407-412.

附录　计 算 程 序

1　弹性半空间峡谷地形对平面 SH 波散射

```
a=1;%峡谷半径
it=0.5;%无量纲频率
k=pi*it/a/sqrt(1+0.002*i); %波数
r1=a;
r2=0.6*a;%0.3 时奇异
for jj=1:4 %四个角度
gm=pi/6*(jj-1);
N=41;%峡谷表面离散波源点
M=25;%虚拟波源面离散点
%下列均为一维数组行向量
n=1:N;
m=1:M;
tht1=(n-1)*pi/(N-1);
x1=r1*cos(tht1);
y1=r1*sin(tht1);
tht2=(m-1)*pi/(M-1);
x2=r2*cos(tht2);
y2=r2*sin(tht2);
kyl=zeros(N,M);
cof=zeros(M,1);
ylff=zeros(N,1);
for n=1:N
      for m=1:M
         d1=sqrt((x1(n)-x2(m))^2+(y1(n)-y2(m))^2);
         d2=sqrt((x1(n)-x2(m))^2+(y1(n)+y2(m))^2);
         kyl(n,m)=-i*k/4*besselh(1,2,k*d1)*(r1-x2(m)*cos(tht1(n))-y2(m)*sin(tht1(n)))/d1...
         -i*k/4*besselh(1,2,k*d2)*(r1-x2(m)*cos(tht1(n))+y2(m)*sin(tht1(n)))/d2;
end
ylff(n)=i*k*(-cos(tht1(n)+gm)*exp(-i*k*r1*cos(tht1(n)+gm))-cos(tht1(n)-gm)*exp(-i*k*r1
*cos(tht1(n)-gm)));
end
cof=(kyl'*kyl)^(-1)*kyl'*(-ylff);
ylff;
ylsc=kyl*cof;
err=abs(sum((ylsc+ylff).^2))
NN=801;
us1=zeros(NN,1);
```

```
uf1=zeros(NN,1);
ufxs=zeros(NN,1);
u1=zeros(NN,1);

for n=1:NN
    if n<=300
        r(n)=4-(n-1)*0.01;
        thta(n)=pi;
        elseif n>=301&n<=501
        r(n)=a;
         thta(n)=pi-(n-301)*pi/200;
         else
        r(n)=1+(n-501)*0.01;
        thta(n)=0;
    end
        x(n)=r(n)*cos(thta(n));
        y(n)=r(n)*sin(thta(n));
        uf1(n)=exp(-i*k*r(n)*cos(thta(n)+gm))+exp(-i*k*r(n)*cos(thta(n)-gm));
        ufxs(n)=exp(-i*k*r(n)*cos(thta(n)+gm));

 for m=1:M
      d1=sqrt((x(n)-x2(m))^2+(y(n)-y2(m))^2);
       d2=sqrt((x(n)-x2(m))^2+(y(n)+y2(m))^2);
        us1(n)=us1(n)+cof(m)*i/4*(besselh(0,2,k*d1)+besselh(0,2,k*d2));
    end
end

u1=(us1+uf1)./ufxs;
amplitudeu(:,jj)=abs(u1);
end

figure(1)
plot(x,amplitudeu,'k')
hold on
```

2 弹性半空间沉积河谷对平面 SH 波的散射

```
a=1;%半径
it=0.5;%无量纲频率
k=pi*it/a;%波数
r1=a;
r2=0.6*a;%0.3 时奇异
r3=1.2*a;
N=40;
M=30;
```

```
M2=30;
gm=pi/2;
mu2=0.25;
k2=1/sqrt(mu2)*pi*it/a;%波数
n=1:N;
m=1:M;
m2=1:M2;
tht1=(n-1)*pi/(N-1);
x1=r1*cos(tht1);
y1=r1*sin(tht1);
tht2=(m-1)*pi/(M-1);
x2=r2*cos(tht2);
y2=r2*sin(tht2);
tht3=(m2-1)*pi/(M2-1);
x3=r3*cos(tht3);
y3=r3*sin(tht3);
%diffractded wave part
kyl=zeros(2*N,M+M2);
cof=zeros(M+M2,1);
ylff=zeros(2*N,1);

for n=1:N
      for m=1:M
         d1=sqrt((x1(n)-x2(m))^2+(y1(n)-y2(m))^2);
         d2=sqrt((x1(n)-x2(m))^2+(y1(n)+y2(m))^2);
  kyl(n,m)=-i*k/4*besselh(1,2,k*d1)*((x1(n)-x2(m))/d1*cos(tht1(n))+(y1(n)-y2(m))/d1*sin(tht1(n)))-
i*k/4*besselh(1,2,k*d2)*((x1(n)-x2(m))/d2*cos(tht1(n))+(y1(n)+y2(m))/d2*sin(tht1(n)));
        End
  for m=M+1:(M+M2)
         d1=sqrt((x1(n)-x3(m-M))^2+(y1(n)-y3(m-M))^2);
         d2=sqrt((x1(n)-x3(m-M))^2+(y1(n)+y3(m-M))^2);

kyl(n,m)=-mu2*(-i*k2/4*besselh(1,2,k2*d1)*((x1(n)-x3(m-M))/d1*cos(tht1(n))+(y1(n)-y3(m-M))/
d1*sin(tht1(n)))-i*k2/4*besselh(1,2,k2*d2)*((x1(n)-x3(m-M))/d2*cos(tht1(n))+(y1(n)+y3(m-M))
/d2*sin(tht1(n))));
          end
end

for n=1:N
      for m=1:M
         d1=sqrt((x1(n)-x2(m))^2+(y1(n)-y2(m))^2);
         d2=sqrt((x1(n)-x2(m))^2+(y1(n)+y2(m))^2);
         kyl(n+N,m)=i/4*besselh(0,2,k*d1)+i/4*besselh(0,2,k*d2);
      end
      for m=M+1:(M+M2)
```

```
      d1=sqrt((x1(n)-x3(m-M))^2+(y1(n)-y3(m-M))^2);
      d2=sqrt((x1(n)-x3(m-M))^2+(y1(n)+y3(m-M))^2);
    kyl(n,m)=-i/4*besselh(0,2,k2*d1)-i/4*besselh(0,2,k2*d2);
    end
end

for n=1:N

ylff(n)=-i*k*cos(gm)*(exp(-i*k*(x1(n)*cos(gm)-y1(n)*sin(gm)))+exp(-i*k*(x1(n)*cos(gm)+y1(n)*
sin(gm))))*cos(tht1(n))
+i*k*sin(gm)*(exp(-i*k*(x1(n)*cos(gm)-y1(n)*sin(gm)))-exp(-i*k*(x1(n)*cos(gm)+y1(n)*sin(gm))))
*sin(tht1(n));

ylff(n)=i*k*(-cos(tht1(n)+gm)*exp(-i*k*r1*cos(tht1(n)+gm))-cos(tht1(n)-gm)*exp(-i*k*r1*cos(tht
1(n)-gm)));

ylff(n+N)=exp(-i*k*(x1(n)*cos(gm)-y1(n)*sin(gm)))+exp(-i*k*(x1(n)*cos(gm)+y1(n)*sin(gm)));
end

cof=(kyl'*kyl)^(-1)*kyl'*(-ylff);
ylff;
ylsc=kyl*cof;
err=abs(sum((ylsc+ylff).^2))
NN=801;
us1=zeros(NN,1);
uf1=zeros(NN,1);
u1=zeros(NN,1);
for n=1:NN
  x(n)=-4+0.01*(n-1);
  y(n)=0;
end

for n=1:NN
      if n<301||n>501

uf1(n)=exp(-i*k*(x(n)*cos(gm)-y(n)*sin(gm)))+exp(-i*k*(x(n)*cos(gm)+y(n)*sin(gm)));
    for m=1:M
    d1=sqrt((x(n)-x2(m))^2+(y(n)-y2(m))^2);
    d2=sqrt((x(n)-x2(m))^2+(y(n)+y2(m))^2);
    us1(n)=us1(n)+cof(m)*i/4*(besselh(0,2,k*d1)+besselh(0,2,k*d2));
    end
      else
    uf1(n)=0;
    us1(n)=0;
    for m=1:M
```

```
        d1=sqrt((x(n)-x3(m))^2+(y(n)-y3(m))^2);
        d2=sqrt((x(n)-x3(m))^2+(y(n)+y3(m))^2);
        us1(n)=us1(n)+cof(m+M)*i/4*(besselh(0,2,k2*d1)+besselh(0,2,k2*d2));
        end

  end
end
u1=(uf1+us1);
amplitudeu=abs(u1);
```

3　二维半空间浅埋孔洞对平面 P 波、SV 波的散射

3.1　主程序

```
a=1;
it=0.25;ps=0.33333;
gm=sqrt((1-2*ps)/(2*(1-ps)))
k=pi*it/a/sqrt(1+0.002*i);h=k*gm;
dd=1.5*a;r1=a;r2=0.5*a;
N=40;M=20;
n=1:N;m=1:M;
rlm=2*ps/(1-2*ps);
tht=(n-1)*2*pi/N-pi/2;
  x1=r1*cos((n-1)*2*pi/N-pi/2);
  y1=r1*sin((n-1)*2*pi/N-pi/2)+dd;
  x2=r2*cos((m-1)*2*pi/M-pi/2);
  y2=r2*sin((m-1)*2*pi/M-pi/2)+dd;
  kyl=zeros(2*N,2*M);cof=zeros(2*M,1);ylff=zeros(2*N,1);
  for n=1:N
        for m=1:M
              [kyl(2*n-1,2*m-1) kyl(2*n,2*m-1)]=k1yl(h,gm,tht(n),x1(n),y1(n),x2(m),y2(m));
              [kyl(2*n-1,2*m)   kyl(2*n,2*m)]=k2yl(h,gm,tht(n),x1(n),y1(n),x2(m),y2(m));
        end
  end
NN=801;ux=zeros(NN,1);uy=zeros(NN,1);
  wx=zeros(NN,1);wz=zeros(NN,1);

  for nn=1:NN
        wx(nn)=-4+(nn-1)*0.01; wz(nn)=0;
  end

for n=1:NN
    for m=1:(M/2+1)
        kwy(2*n-1,2*m-1)=wysx1(h,gm,wx(n),wz(n),x2(m),y2(m));
```

```
        kwy(2*n-1,2*m)=wysx2(h,gm,wx(n),wz(n),x2(m),y2(m));
        kwy(2*n,2*m-1)=wysy1(h,gm,wx(n),wz(n),x2(m),y2(m));
        kwy(2*n,2*m)=wysy2(h,gm,wx(n),wz(n),x2(m),y2(m));
    end
end



  for n=1:NN
      for m=M/2+2:M

        kwy(2*n-1,2*m-1)=-kwy(2*(802-n)-1,2*(M+2-m)-1);
        kwy(2*n-1,2*m)=kwy(2*(802-n)-1,2*(M+2-m));
        kwy(2*n,2*m-1)=kwy(2*(802-n),2*(M+2-m)-1);
        kwy(2*n,2*m)=-kwy(2*(802-n),2*(M+2-m));
          end
  end

n=1:361;
tht3=(n-1)/180*pi-pi/2;
x3=r1*cos(tht3);
y3=r1*sin(tht3)+dd;
ktht=zeros(361,2*M);

for nn=1:1:361
        for m=1:M
            ktht(nn,2*m-1)=k1yltht(h,gm,tht3(nn),x3(nn),y3(nn),x2(m),y2(m));
            ktht(nn,2*m)=k2yltht(h,gm,tht3(nn),x3(nn),y3(nn),x2(m),y2(m));
        end
end
disx=zeros(801,4);disy=zeros(801,4);
  for jj=1:4
   air=(jj-1)*pi/6;
   if jj==4
        air=85/180*pi;
   end
air3=asin(h/k*sin(air));
a1=(-h.^2.*cos(2.*air3)+h.^2.*cos(2.*air+2.*air3)+k.^2.*cos(2.*air3))./
     (h.^2.*cos(2.*air3)-h.^2.*cos(-2.*air+2.*air3)-k.^2.*cos(2.*air3))
b1=(2.*h^4.*sin(2.*air)-h^4.*sin(4.*air)-2.*h.^2.*k.^2.*sin(2.*air))./
     (k.^2.*h.^2.*cos(2.*air3)-k.^2.*h.^2.*cos(-2.*air+2.*air3)-k^4.*cos(2.*air3))
faii=exp(-i*h*(x1*sin(air)-y1*cos(air)));
fair=a1*exp(-i*h*(x1*sin(air)+y1*cos(air)));
fair3=b1*exp(-i*k*(x1*sin(air3)+y1*cos(air3)));
ylyy=-k^2*(faii+fair)+2*h^2*sin(air)^2*(faii+fair)+k^2*sin(2*air3)*fair3;
```

```
ylxy=h^2*sin(2*air)*(faii-fair)-k^2*cos(2*air3)*fair3;
ylxx=-h^2*rlm*(faii+fair)-2*h^2*sin(air)^2*(faii+fair)-k^2*sin(2*air3)*fair3;
ylnt=(-ylxx+ylyy).*sin(2*tht)/2+ylxy.*cos(2*tht);

for n=1:N
ylff(2*n-1)=ylnn(n);
ylff(2*n)=ylnt(n);
end
cof=(kyl'*kyl)^(-1)*kyl'*(-ylff);ylsc=kyl*cof;        %求解得到虚拟波源密度
err(jj)=sqrt(abs(sum((ylsc+ylff).^2)))/sqrt(abs(sum((ylff).^2)))
fux=zeros(NN,1);fuy=zeros(NN,1);spu=zeros(NN,1);
uxt=zeros(NN,1);uyt=zeros(NN,1);
ux=zeros(NN,1);uy=zeros(NN,1);

for nn=1:NN
    fux(nn)=-((1+a1).*h*i.*sin(air)+b1.*i.*cos(air3).*k)*exp(-i*h*wx(nn)*sin(air));
    fuy(nn)=-((-1+a1).*h*i.*cos(air)-b1.*i.*sin(air3).*k)*exp(-i*h*wx(nn)*sin(air));
    spu(nn)=h*exp(-i*sin(air)*h*wx(nn));

    for m=1:M
 ux(nn)=ux(nn)+cof(2*m-1)*kwy(2*nn-1,2*m-1)+cof(2*m)*kwy(2*nn-1,2*m);
 uy(nn)=uy(nn)+cof(2*m-1)*kwy(2*nn,2*m-1)+cof(2*m)*kwy(2*nn,2*m);
   end
end
uxt=(fux+ux)./(spu); %位移由入射波位移幅值标准化
uyt=(fuy+uy)./(spu);

for n=1:801
disx(n,jj)=abs(uxt(n));
disy(n,jj)=abs(uyt(n));
end
end
 %sv
 cof2=zeros(2*M,1);ylff2=zeros(2*N,1);
 disxsv=zeros(801,4);disysv=zeros(801,4);
  for jj=1:4
   air=(jj-1)*pi/6;
   if jj==4
        air=85/180*pi;
   end

air1=asin(k/h*sin(air));
aa=sin(air1);
bb=abs(sqrt(aa^2-1));
```

```
a1=4.*k.^2.*sin(air).*cos(air).*(2.*cos(air).^2-1)./(4.*h.^2.*sin(air1).^2.*cos(air).^2-2.*h.^2.*sin
(air1).^2-2.*k.^2.*cos(air).^2+k.^2-4.*h.^2.*sin(air1).*cos(air1).*sin(air).*cos(air));
b1=-(4.*h.^2.*sin(air1).^2.*cos(air).^2-2.*h.^2.*sin(air1).^2-2.*k.^2.*cos(air).^2+k.^2+4.*h.^2.*
sin(air1).*cos(air1).*sin(air).*cos(air))./(4.*h.^2.*sin(air1).^2.*cos(air).^2-2.*h.^2.*sin(air1).^2-
2.*k.^2.*cos(air).^2+k.^2-4.*h.^2.*sin(air1).*cos(air1).*sin(air).*cos(air));
if real(aa)>1
a1=-2*i*k^2*cos(2*air)*sin(2*air)/(-2*i*cos(2*air)*h^2*sin(air1)^2+i*k^2*cos(2*air)+2*h^2*sin
(air1)*bb*sin(2*air))
b1=(2*i*cos(2*air)*h^2*sin(air1)^2-i*k^2*cos(2*air)+2*h^2*sin(air1)*bb*sin(2*air))/(-2*i*cos(2*
air)*h^2*sin(air1)^2+i*k^2*cos(2*air)+2*h^2*sin(air1)*bb*sin(2*air))
end
ksi=exp(-i*k*(x1*sin(air)-y1*cos(air)));
ksr=b1*exp(-i*k*(x1*sin(air)+y1*cos(air)));
fair=a1*exp(-i*h*(x1*sin(air1)+y1*cos(air1)));
ylyy=-k^2*fair+2*h^2*sin(air1)^2*fair+k^2*sin(2*air)*(ksr-ksi);
ylxy=h^2*sin(2*air1)*(-fair)-k^2*cos(2*air)*(ksi+ksr);
ylxx=-h^2*rlm*fair-2*h^2*sin(air1)^2*fair+k^2*sin(2*air)*(ksi-ksr);
if real(aa)>1
fair=a1*exp(-(i*h*x1*sin(air1)+h*y1*bb));
ylyy=-k^2*fair+2*h^2*sin(air1)^2*fair+k^2*sin(2*air)*(ksr-ksi);
ylxy=2*h^2*sin(air1)*i*bb*fair-k^2*cos(2*air)*(ksi+ksr);
ylxx=-h^2*rlm*fair-2*h^2*sin(air1)^2*fair+k^2*sin(2*air)*(ksi-ksr);
end
ylnn=ylxx.*cos(tht).^2+ylyy.*sin(tht).^2+ylxy.*sin(2*tht);
ylnt=(-ylxx+ylyy).*sin(2*tht)/2+ylxy.*cos(2*tht);
for n=1:N
ylff2(2*n-1)=ylnn(n);
ylff2(2*n)=ylnt(n);
end
cof2=(kyl'*kyl)^(-1)*kyl'*(-ylff2);ylsc2=kyl*cof2;
err2(jj)=sqrt(abs(sum((ylsc2+ylff2).^2)))/sqrt(abs(sum((ylff2).^2)))
uxf2=zeros(NN,1);uyf2=zeros(NN,1);svu=zeros(NN,1);
uxt2=zeros(NN,1);uyt2=zeros(NN,1);
uxs2=zeros(NN,1);uys2=zeros(NN,1);
for nn=1:NN
ksi=exp(-i*k*(wx(nn)*sin(air)-wz(nn)*cos(air)));
ksr=b1*exp(-i*k*(wx(nn)*sin(air)+wz(nn)*cos(air)));
fair=a1*exp(-i*h*(wx(nn)*sin(air1)+wz(nn)*cos(air1)));
uxf2(nn)=-(fair*h*i.*sin(air1)+(ksr-ksi).*i.*cos(air).*k);
uyf2(nn)=-(fair.*h*i.*cos(air1)-(ksr+ksi).*i.*sin(air).*k);
 if real(aa)>1
  fair=a1*exp(-(i*h*wx(nn)*sin(air1)+h*wz(nn)*bb));
  uyf2(nn)=-(fair.*h*bb-(ksr+ksi).*i.*sin(air).*k);
end
svu(nn)=k*exp(-i*sin(air)*k*wx(nn));
```

```
 for m=1:M
 uxs2(nn)=uxs2(nn)+cof2(2*m-1)*kwy(2*nn-1,2*m-1)+cof2(2*m)*kwy(2*nn-1,2*m);
 uys2(nn)=uys2(nn)+cof2(2*m-1)*kwy(2*nn,2*m-1)+cof2(2*m)*kwy(2*nn,2*m);
end
end
uxt2=(uxs2+uxf2)./(svu);
uyt2=(uys2+uyf2)./(svu);
for n=1:801
disxsv(n,jj)=abs(uxt2(n));
disysv(n,jj)=abs(uyt2(n));
end
end
```

3.2 半空间柱面波源动力格林函数

3.2.1 半空间柱面 P 波源引起的法向和切向应力子程序

```
function [k1ylnn k1ylnt]=k1yl(h,gm,tht,xi,yi,xj,yj)
k=h/gm;
x=xi-xj;y=yi-yj;y2=yi+yj;
r=sqrt(x^2+y^2);r2=sqrt(x^2+y2^2);
jd=1e-8;jy1=1;jy2=2;jy3=20;jy4=30;
fz1=@(z)z.^2.*sqrt(z.^2-k^2).*exp(-sqrt(z.^2-h^2)*yj)./((2*z.^2-k^2).^2-4*z.^2.*sqrt(z.^2-h^2).*
sqrt(z.^2-k^2)) .*((2*(z.^2-h^2)+k^2).*exp(-sqrt(z.^2-h^2)*yi)-(2*z.^2-k^2).*exp(-sqrt(z.^2-k^2)
*yi)).*cos(x*z);
jfx=16*i/pi*(quadl(fz1,0,jy1,jd)+quadl(fz1,jy1,jy2,jd)+quadl(fz1,jy2,jy3,jd)+quadl(fz1,jy3,jy4,jd))
;
fz2=@(z)z.^2.*(2*z.^2-k^2).*sqrt(z.^2-k^2)./((2*z.^2-k^2).^2-4*z.^2.*sqrt(z.^2-h^2).*sqrt(z.^2-
k^2))
  .*exp(-sqrt(z.^2-h^2)*yj).*(exp(-sqrt(z.^2-h^2)*yi)-exp(-sqrt(z.^2-k^2)*yi)).*cos(x.*z);
jfy=-16*i/pi*(quadl(fz2,0,jy1,jd)+quadl(fz2,jy1,jy2,jd)+quadl(fz2,jy2,jy3,jd)+quadl(fz2,jy3,jy4,jd)
);
fz3=@(z)z.*(2*z.^2-k^2).^2./((2*z.^2-k^2).^2-4*z.^2.*sqrt(z.^2-h^2).*sqrt(z.^2-k^2))
.*exp(-sqrt(z.^2-h^2)*yj).*(exp(-sqrt(z.^2-h^2)*yi)-exp(-sqrt(z.^2-k^2)*yi)).*sin(x*z);
jfxy=-8*i/pi*(quadl(fz3,0,jy1,jd)+quadl(fz3,jy1,jy2,jd)+quadl(fz3,jy2,jy3,jd)+quadl(fz3,jy3,jy4,jd)
);
ylxx=2*h*(1/r-2*y^2/r^3)*besselh(1,2,h*r)+(2*h^2*y^2/r^2-k^2)*besselh(0,2,h*r)
      -2*h*(1/r2-2*y2^2/r2^3)*besselh(1,2,h*r2)-(2*h^2*y2^2/r2^2-k^2)*besselh(0,2,h*r2)+jfx;
ylyy=2*h*(1/r-2*x^2/r^3)*besselh(1,2,h*r)+(2*h^2*x^2/r^2-k^2)*besselh(0,2,h*r)
      -2*h*(1/r2-2*x^2/r2^3)*besselh(1,2,h*r2)-(2*h^2*x^2/r2^2-k^2)*besselh(0,2,h*r2)+jfy;
ylxy=2*x*y*(2*h/r^3*besselh(1,2,h*r)-h^2/r^2*besselh(0,2,h*r))
      +2*x*y2*(2*h/r2^3*besselh(1,2,h*r2)-h^2/r2^2*besselh(0,2,h*r2))+jfxy;
k1ylnn=ylxx*cos(tht)^2+ylyy*sin(tht)^2+ylxy*sin(2*tht);
k1ylnt=(-ylxx+ylyy)*sin(2*tht)/2+ylxy*cos(2*tht);
```

3.2.2 半空间柱面 SV 波源引起的法向和切向应力子程序

```
function [k2ylnn,k2ylnt]=k2yl(h,gm,tht,xi,yi,xj,yj)
k=h/gm;x=xi-xj;y=yi-yj;y2=yi+yj;
r=sqrt(x^2+y^2);r2=sqrt(x^2+y2^2);
jd=1e-8;jy1=1;jy2=2;jy3=20;jy4=30;

fz1=@(z)z.*(2*z.^2-k^2).*exp(-sqrt(z.^2-k^2)*yj)./((2*z.^2-k^2).^2-4*z.^2.*sqrt(z.^2-h^2).*sqrt
(z.^2-k^2))*((2*(z.^2-h^2)+k^2).*exp(-sqrt(z.^2-h^2)*yi)-(2*z.^2-k^2).*exp(-sqrt(z.^2-k^2)*yi)).*
sin(x*z);
jfx=8*i/pi*(quadl(fz1,0,jy1,jd)+quadl(fz1,jy1,jy2,jd)+quadl(fz1,jy2,jy3,jd)+quadl(fz1,jy3,jy4,jd));
fz2=@(z)z.*(2*z.^2-k^2).^2./((2*z.^2-k^2).^2-4*z.^2.*sqrt(z.^2-h^2).*sqrt(z.^2-k^2))...
  .*exp(-sqrt(z.^2-k^2)*yj).*(exp(-sqrt(z.^2-k^2)*yi)-exp(-sqrt(z.^2-h^2)*yi)).*sin(x.*z);
jfy=8*i/pi*(quadl(fz2,0,jy1,jd)+quadl(fz2,jy1,jy2,jd)+quadl(fz2,jy2,jy3,jd)+quadl(fz2,jy3,jy4,jd));
fz3=@(z)z.^2.*(2*z.^2-k^2).*sqrt(z.^2-h^2)./((2*z.^2-k^2).^2-4*z.^2.*sqrt(z.^2-h^2).*sqrt(z.^2-
k^2))...
  .*exp(-sqrt(z.^2-k^2)*yj).*(exp(-sqrt(z.^2-h^2)*yi)-exp(-sqrt(z.^2-k^2)*yi)).*cos(x.*z);
jfxy=16*i/pi*(quadl(fz3,0,jy1,jd)+quadl(fz3,jy1,jy2,jd)+quadl(fz3,jy2,jy3,jd)+quadl(fz3,jy3,jy4,
jd));
ylxx=2*x*y*(2*k/r^3*besselh(1,2,k*r)-k^2/r^2*besselh(0,2,k*r))...
+2*x*y2*(2*k/r2^3*besselh(1,2,k*r2)-k^2/r2^2*besselh(0,2,k*r2));
ylyy=-ylxx+jfy;ylxx=ylxx+jfx;
ylxy=-(x*x-y*y)*(2*k/r^3*besselh(1,2,k*r)-k*k/r^2*besselh(0,2,k*r))...
+(x*x-y2*y2)*(2*k/r2^3*besselh(1,2,k*r2)-k*k/r2^2*besselh(0,2,k*r2))+jfxy;
k2ylnn=ylxx*cos(tht)^2+ylyy*sin(tht)^2+ylxy*sin(2*tht);
k2ylnt=(-ylxx+ylyy)*sin(2*tht)/2+ylxy*cos(2*tht);
```

3.2.3 半空间柱面 P 波源引起的 x,y 方向位移子程序

```
function wysx1=wysx1(h,gm,xi,yi,xj,yj)
k=h/gm;x=xi-xj;y=yi-yj;y2=yi+yj;
r=sqrt(x^2+y^2);r2=sqrt(x^2+y2^2);
jy1=1;jy2=2;jy3=100;jd=1e-8;
fz1=@(z)z.*sqrt(z.^2-k^2).*exp(-sqrt(z.^2-h^2)*yj)./((2*z.^2-k^2).^2-4*z.^2.*sqrt(z.^2-h^2).
*sqrt(z.^2-k^2))
  .*(z.^2.*exp(-sqrt(z.^2-h^2)*yi)-0.5*(2*z.^2-k^2).*exp(-sqrt(z.^2-k^2)*yi)).*sin(x*z);
jfx=16*i/pi*(quadl(fz1,0,1,jd)+quadl(fz1,1,2,jd)+quadl(fz1,2,3,jd)+quadl(fz1,3,4,jd)+quadl(fz1,
4,5,jd)+quadl(fz1,5,10,jd)+quadl(fz1,10,20,jd));
wysx1=-h*x*(besselh(1,2,h*r)/r-besselh(1,2,h*r2)/r2)+jfx;

function wysy1=wysy1(h,gm,xi,yi,xj,yj)
k=h/gm;x=xi-xj;y=yi-yj;y2=yi+yj;
r=sqrt(x^2+y^2);r2=sqrt(x^2+y2^2);
jd=1e-8;jy1=3;jy2=4;jy3=200;jfy=0;
```

```
fz1=@(z)exp(-sqrt(z.^2-h^2)*yj)./((2*z.^2-k^2).^2-4*z.^2.*sqrt(z.^2-h^2).*sqrt(z.^2-k^2)).*((2*z
.^2-k^2).^2.*exp(-sqrt(z.^2-h^2)*yi)-2*z.^2.*(2*z.^2-k^2).*exp(-sqrt(z.^2-k^2)*yi)).*cos(x*z);
jfy=4*i/pi*(quadl(fz1,0,1,jd)+quadl(fz1,1,2,jd)+quadl(fz1,2,3,jd)+
quadl(fz1,3,4,jd)+quadl(fz1,4,5,jd)+quadl(fz1,5,10,jd)+quadl(fz1,10,20,jd));
wysy1=-h*(y*besselh(1,2,h*r)/r+y2*besselh(1,2,h*r2)/r2)+jfy;
```

3.2.4 半空间柱面 SV 波源引起的 x,y 方向位移子程序

```
function wysx2=wysx2(h,gm,xi,yi,xj,yj)
k=h/gm;x=xi-xj;y=yi-yj;y2=yi+yj;
r=sqrt(x^2+y^2);r2=sqrt(x^2+y2^2);
jy1=1;jy2=2;jy3=100;jfx=0;jd=1e-8;
fz1=@(z)exp(-sqrt(z.^2-k^2)*yj)./((2*z.^2-k^2).^2-4*z.^2.*sqrt(z.^2-h^2).*sqrt(z.^2-k^2))
 .*((2*z.^2-k^2).^2.*exp(-sqrt(z.^2-k^2)*yi)-2*z.^2.*(2*z.^2-k^2).*exp(-sqrt(z.^2-h^2)*yi)).*cos
(x*z);
jfx2=4*i/pi*(quadl(fz1,0,jy1,jd)+quadl(fz1,jy1,jy2,jd)+quadl(fz1,jy2,10,jd)+quadl(fz1,10,20,jd));
wysx2=-k*(y*besselh(1,2,k*r)/r+y2*besselh(1,2,k*r2)/r2)+jfx2;

function wysy2=wysy2(h,gm,xi,yi,xj,yj)
k=h/gm;x=xi-xj;y=yi-yj;y2=yi+yj;
r=sqrt(x^2+y^2);r2=sqrt(x^2+y2^2);
jy1=3;jy2=4;jfy=0;jfy2=0;jd=1e-8;
fz1=@(z)z.*sqrt(z.^2-h^2).*exp(-sqrt(z.^2-k^2)*yj)./((2*z.^2-k^2).^2-4*z.^2.*sqrt(z.^2-h^2).
*sqrt(z.^2-k^2)) .*(z.^2.*exp(-sqrt(z.^2-k^2)*yi)-0.5*(2*z.^2-k^2).*exp(-sqrt(z.^2-h^2)*yi)).*sin
(x*z);
jfy2=-16*i/pi*(quadl(fz1,0,jy1,jd)+quadl(fz1,jy1,jy2,jd)+quadl(fz1,jy2,20,jd));
wysy2=k*x*(besselh(1,2,k*r)/r-besselh(1,2,k*r2)/r2)+jfy2;
```

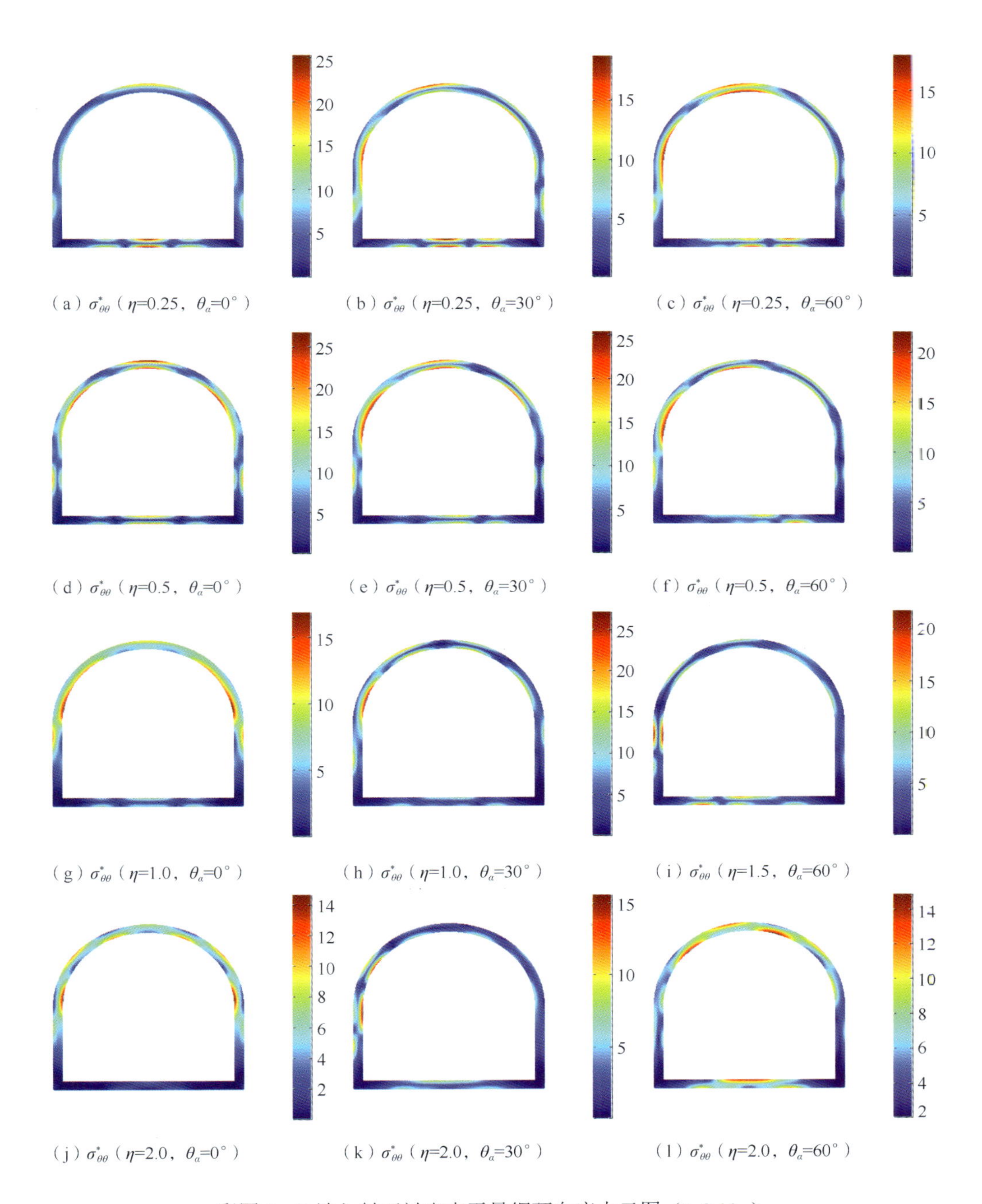

(a) $\sigma_{\theta\theta}^{*}$ (η=0.25, θ_{α}=0°)　(b) $\sigma_{\theta\theta}^{*}$ (η=0.25, θ_{α}=30°)　(c) $\sigma_{\theta\theta}^{*}$ (η=0.25, θ_{α}=60°)

(d) $\sigma_{\theta\theta}^{*}$ (η=0.5, θ_{α}=0°)　(e) $\sigma_{\theta\theta}^{*}$ (η=0.5, θ_{α}=30°)　(f) $\sigma_{\theta\theta}^{*}$ (η=0.5, θ_{α}=60°)

(g) $\sigma_{\theta\theta}^{*}$ (η=1.0, θ_{α}=0°)　(h) $\sigma_{\theta\theta}^{*}$ (η=1.0, θ_{α}=30°)　(i) $\sigma_{\theta\theta}^{*}$ (η=1.5, θ_{α}=60°)

(j) $\sigma_{\theta\theta}^{*}$ (η=2.0, θ_{α}=0°)　(k) $\sigma_{\theta\theta}^{*}$ (η=2.0, θ_{α}=30°)　(l) $\sigma_{\theta\theta}^{*}$ (η=2.0, θ_{α}=60°)

彩图 1　P 波入射下衬砌中无量纲环向应力云图（t=0.11a）

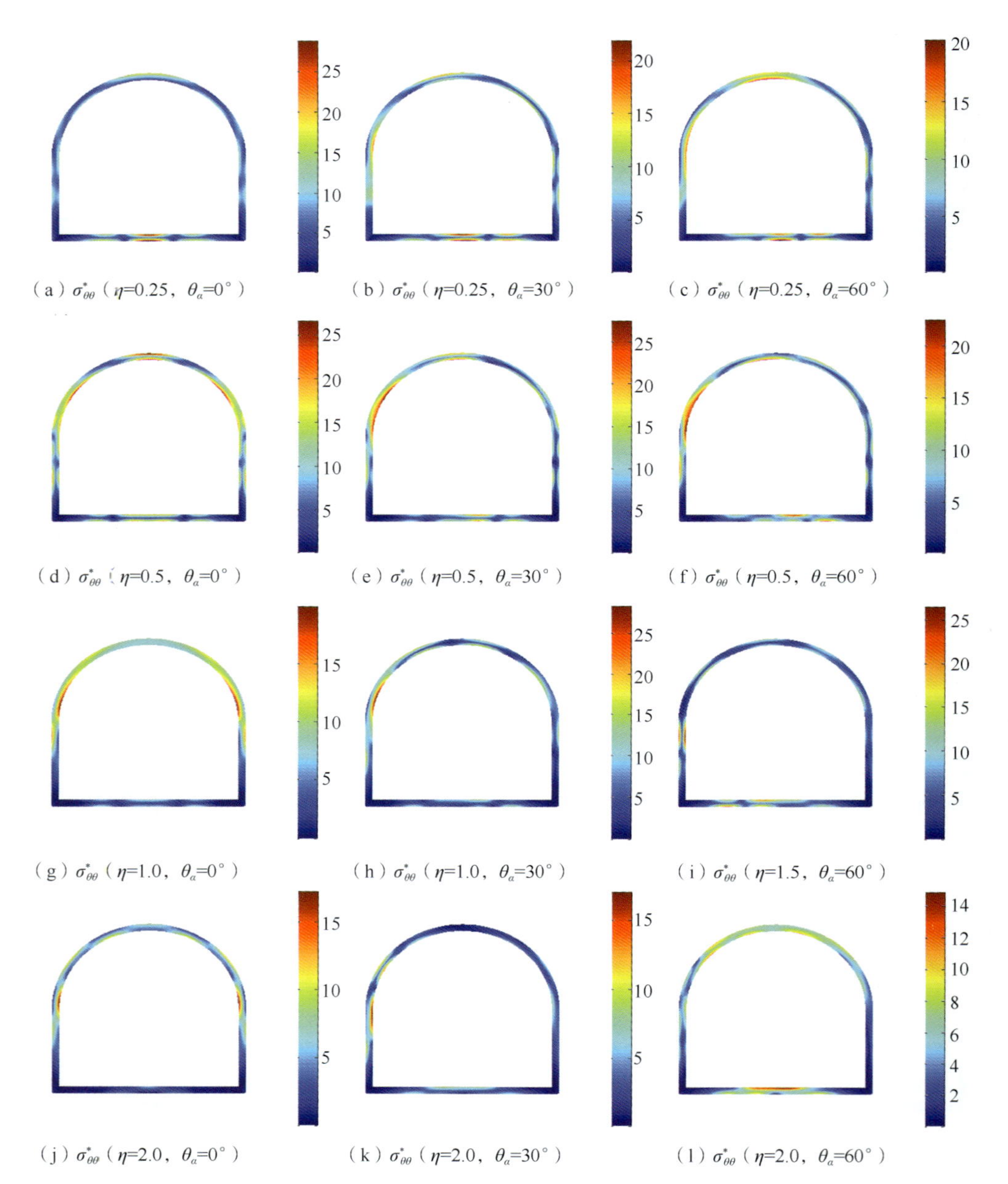

彩图 2　P 波入射下衬砌中无量纲环向应力云图（t=0.08a）

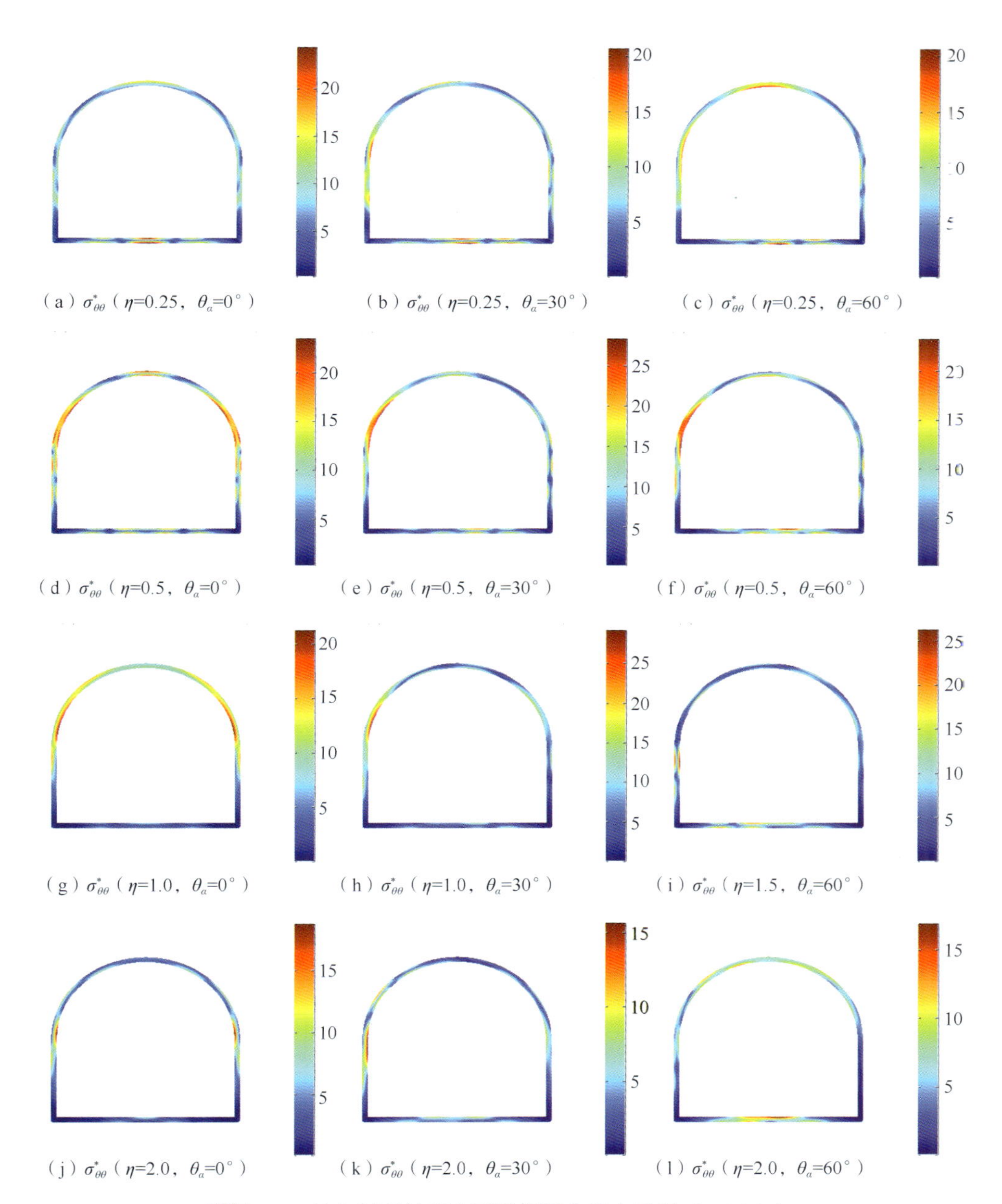

（a）$\sigma_{\theta\theta}^{*}$（$\eta$=0.25，$\theta_{\alpha}$=0°）（b）$\sigma_{\theta\theta}^{*}$（$\eta$=0.25，$\theta_{\alpha}$=30°）（c）$\sigma_{\theta\theta}^{*}$（$\eta$=0.25，$\theta_{\alpha}$=60°）

（d）$\sigma_{\theta\theta}^{*}$（$\eta$=0.5，$\theta_{\alpha}$=0°）（e）$\sigma_{\theta\theta}^{*}$（$\eta$=0.5，$\theta_{\alpha}$=30°）（f）$\sigma_{\theta\theta}^{*}$（$\eta$=0.5，$\theta_{\alpha}$=60°）

（g）$\sigma_{\theta\theta}^{*}$（$\eta$=1.0，$\theta_{\alpha}$=0°）（h）$\sigma_{\theta\theta}^{*}$（$\eta$=1.0，$\theta_{\alpha}$=30°）（i）$\sigma_{\theta\theta}^{*}$（$\eta$=1.5，$\theta_{\alpha}$=60°）

（j）$\sigma_{\theta\theta}^{*}$（$\eta$=2.0，$\theta_{\alpha}$=0°）（k）$\sigma_{\theta\theta}^{*}$（$\eta$=2.0，$\theta_{\alpha}$=30°）（l）$\sigma_{\theta\theta}^{*}$（$\eta$=2.0，$\theta_{\alpha}$=60°）

彩图 3　P 波入射下衬砌中无量纲环向应力云图（t=0.06a）

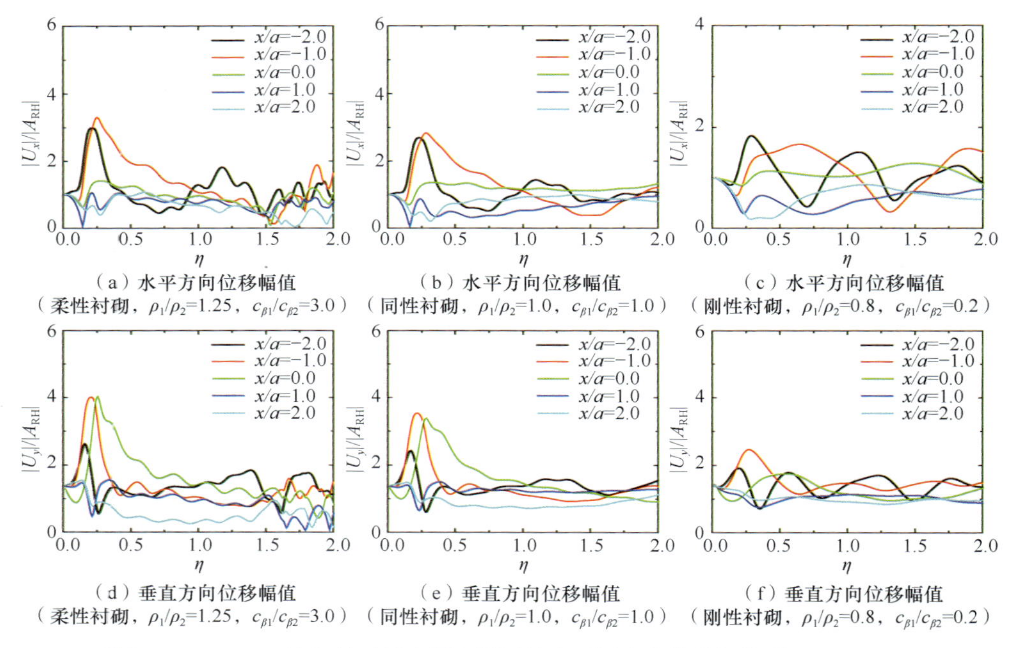

（a）水平方向位移幅值（柔性衬砌，ρ_1/ρ_2=1.25，$c_{\beta 1}/c_{\beta 2}$=3.0）

（b）水平方向位移幅值（同性衬砌，ρ_1/ρ_2=1.0，$c_{\beta 1}/c_{\beta 2}$=1.0）

（c）水平方向位移幅值（刚性衬砌，ρ_1/ρ_2=0.8，$c_{\beta 1}/c_{\beta 2}$=0.2）

（d）垂直方向位移幅值（柔性衬砌，ρ_1/ρ_2=1.25，$c_{\beta 1}/c_{\beta 2}$=3.0）

（e）垂直方向位移幅值（同性衬砌，ρ_1/ρ_2=1.0，$c_{\beta 1}/c_{\beta 2}$=1.0）

（f）垂直方向位移幅值（刚性衬砌，ρ_1/ρ_2=0.8，$c_{\beta 1}/c_{\beta 2}$=0.2）

彩图 4　Rayleigh 波入射下衬砌洞室附近地表不同点位位移幅值谱（d/a=1.5）

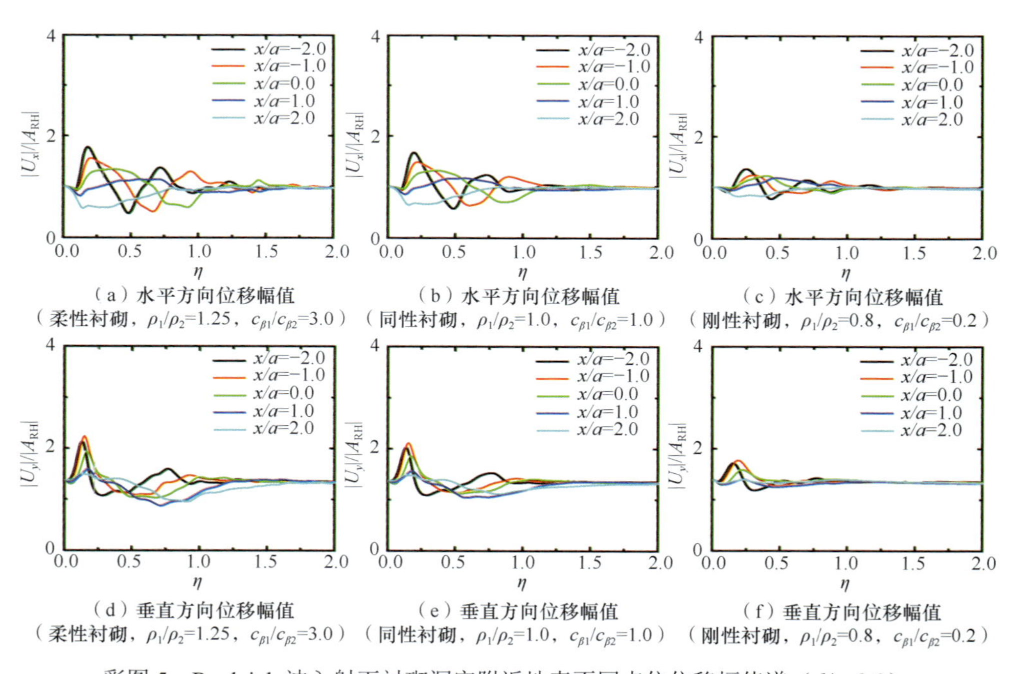

（a）水平方向位移幅值（柔性衬砌，ρ_1/ρ_2=1.25，$c_{\beta 1}/c_{\beta 2}$=3.0）

（b）水平方向位移幅值（同性衬砌，ρ_1/ρ_2=1.0，$c_{\beta 1}/c_{\beta 2}$=1.0）

（c）水平方向位移幅值（刚性衬砌，ρ_1/ρ_2=0.8，$c_{\beta 1}/c_{\beta 2}$=0.2）

（d）垂直方向位移幅值（柔性衬砌，ρ_1/ρ_2=1.25，$c_{\beta 1}/c_{\beta 2}$=3.0）

（e）垂直方向位移幅值（同性衬砌，ρ_1/ρ_2=1.0，$c_{\beta 1}/c_{\beta 2}$=1.0）

（f）垂直方向位移幅值（刚性衬砌，ρ_1/ρ_2=0.8，$c_{\beta 1}/c_{\beta 2}$=0.2）

彩图 5　Rayleigh 波入射下衬砌洞室附近地表不同点位位移幅值谱（d/a=3.0）

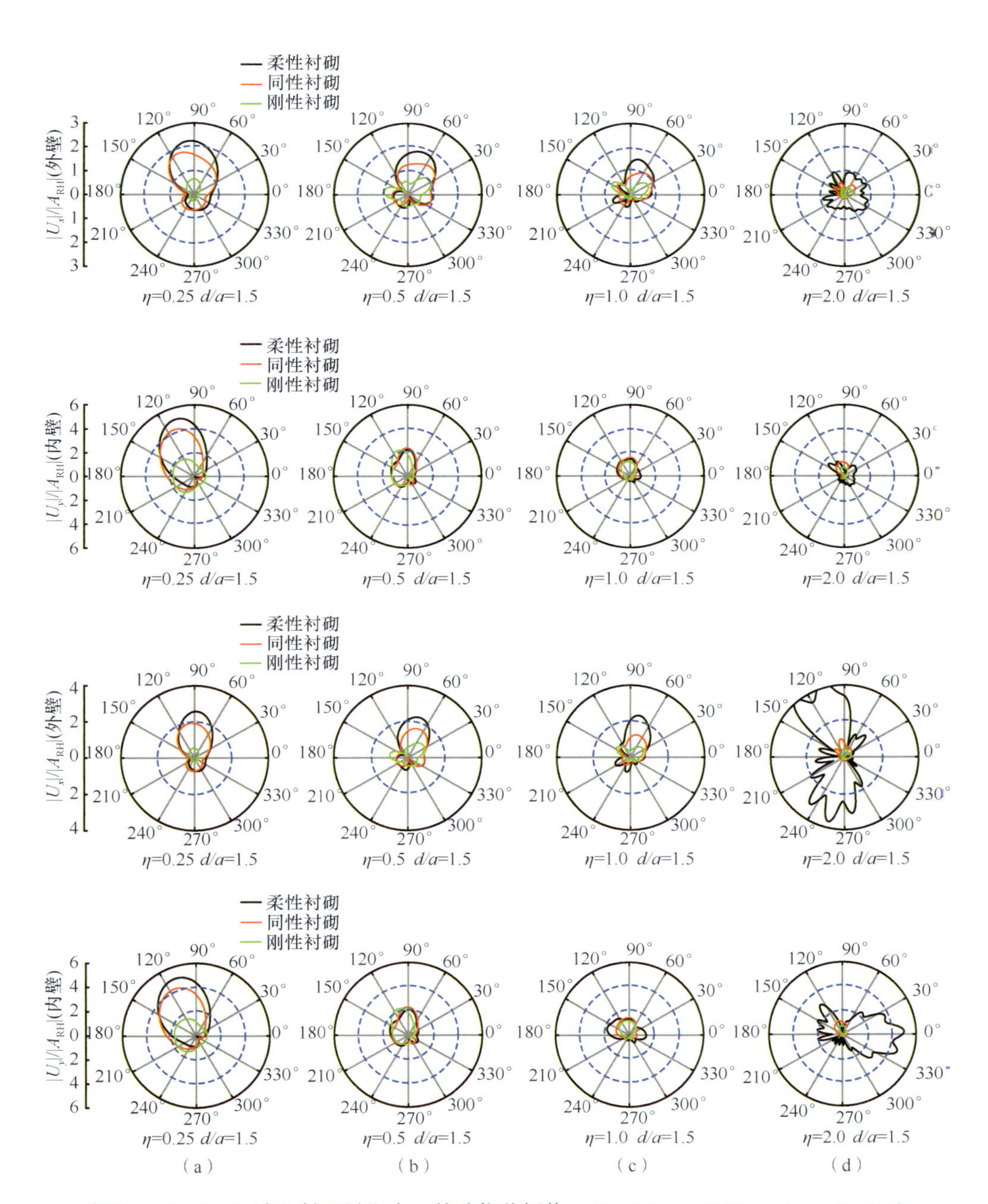

彩图 6　Rayleigh 波入射下衬砌内、外壁位移幅值（d/a=1.5，η=0.25、0.5、1.0、2.0）

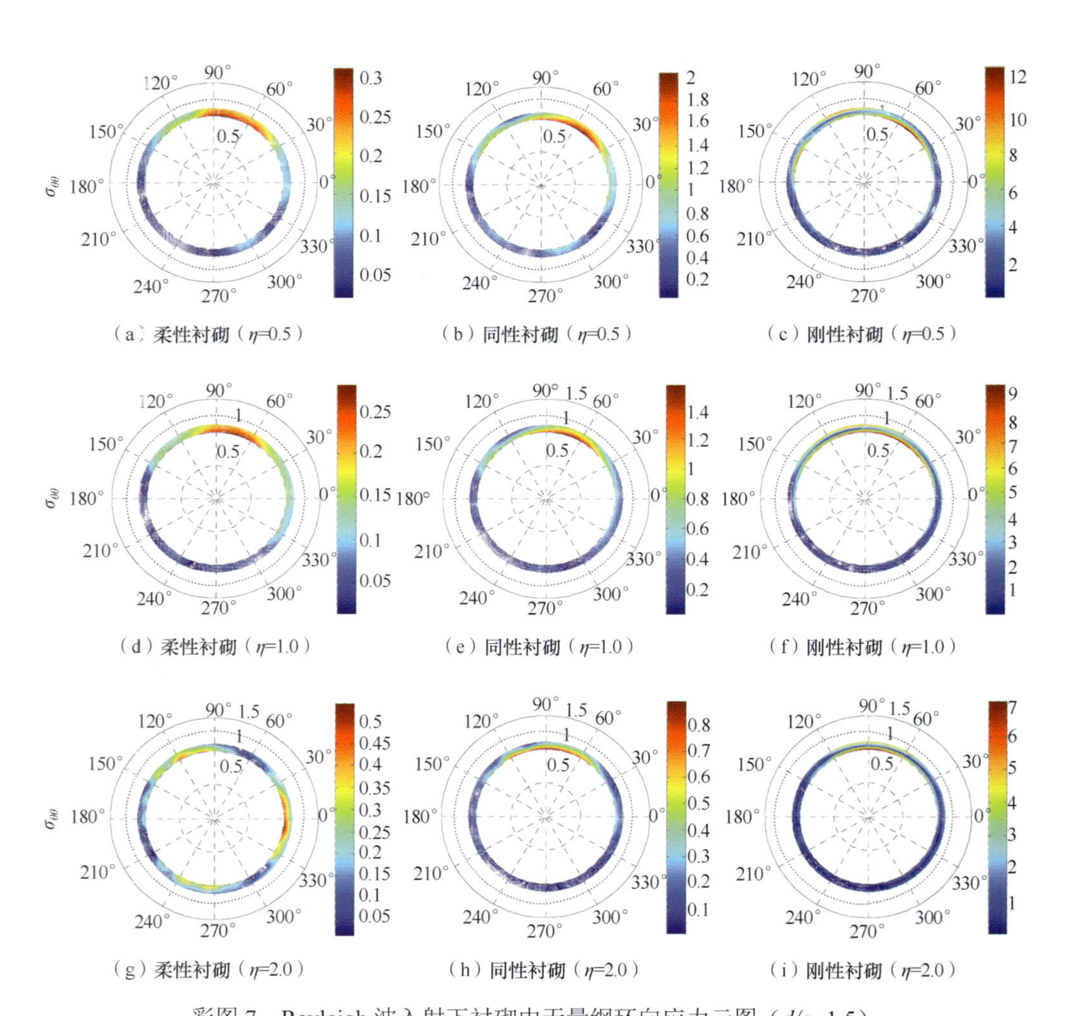

（a）柔性衬砌（η=0.5）　（b）同性衬砌（η=0.5）　（c）刚性衬砌（η=0.5）

（d）柔性衬砌（η=1.0）　（e）同性衬砌（η=1.0）　（f）刚性衬砌（η=1.0）

（g）柔性衬砌（η=2.0）　（h）同性衬砌（η=2.0）　（i）刚性衬砌（η=2.0）

彩图 7　Rayleigh 波入射下衬砌中无量纲环向应力云图（d/a=1.5）

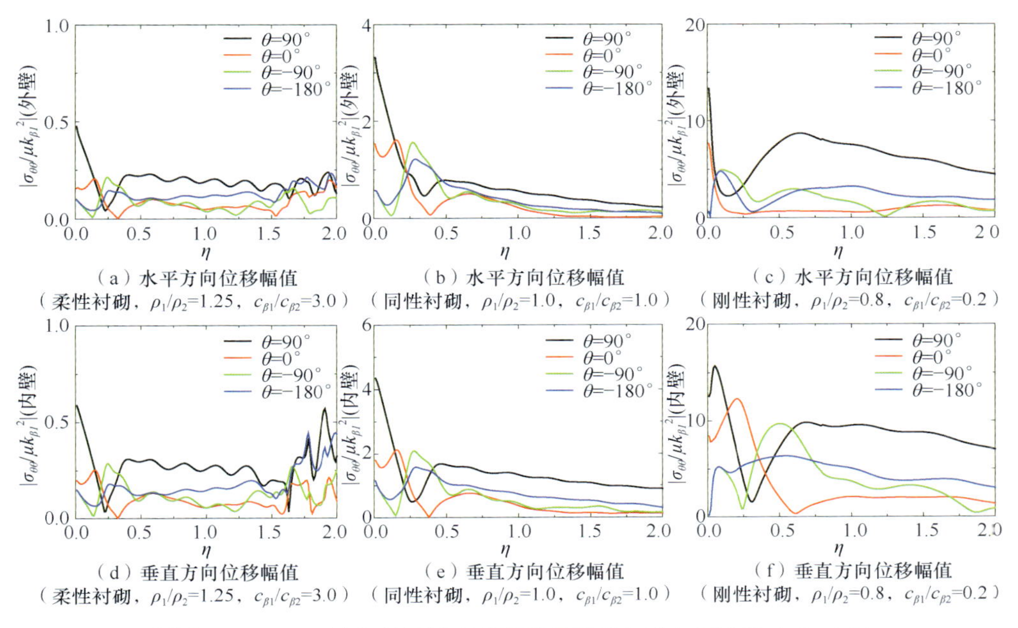

彩图 8　Rayleigh 波入射下衬砌表面无量纲环向应力幅值谱（d/a=1.5）

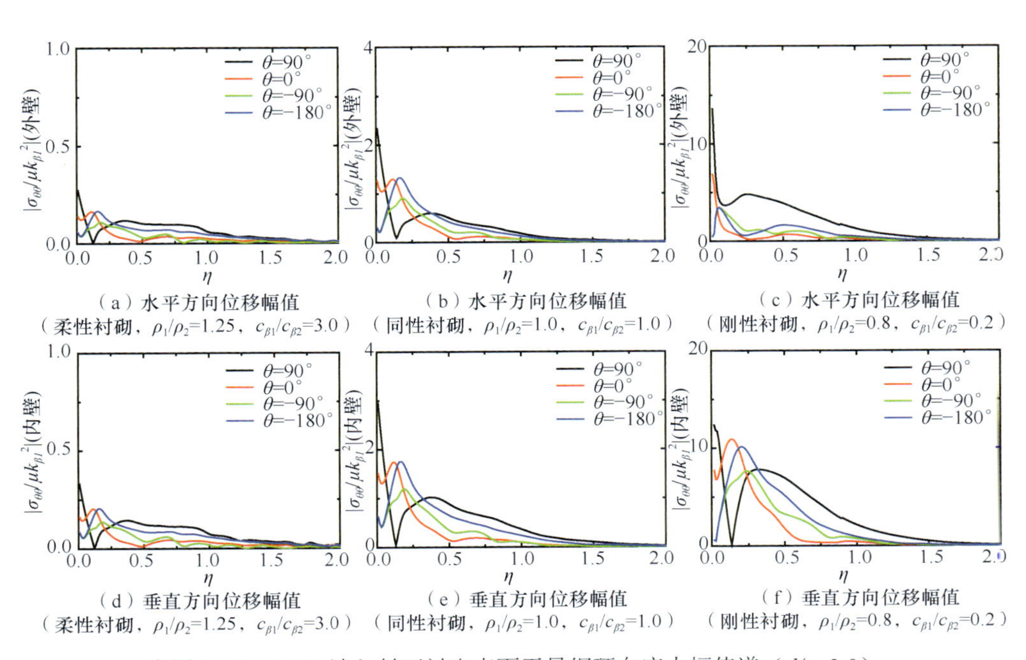

彩图 9　Rayleigh 波入射下衬砌表面无量纲环向应力幅值谱（d/a=3.0）

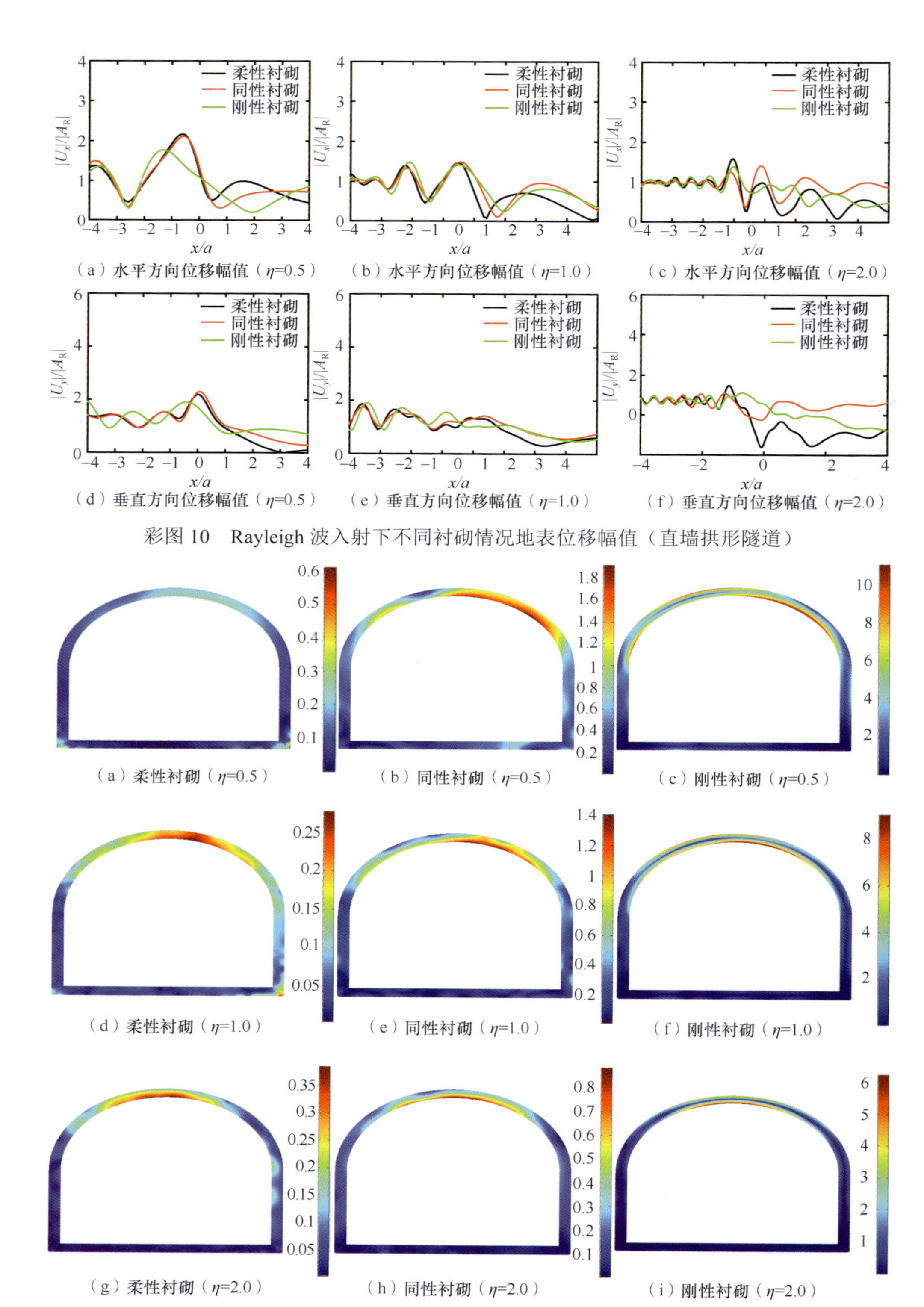

(a) 水平方向位移幅值（η=0.5） (b) 水平方向位移幅值（η=1.0） (c) 水平方向位移幅值（η=2.0）

(d) 垂直方向位移幅值（η=0.5） (e) 垂直方向位移幅值（η=1.0） (f) 垂直方向位移幅值（η=2.0）

彩图 10　Rayleigh 波入射下不同衬砌情况地表位移幅值（直墙拱形隧道）

(a) 柔性衬砌（η=0.5） (b) 同性衬砌（η=0.5） (c) 刚性衬砌（η=0.5）

(d) 柔性衬砌（η=1.0） (e) 同性衬砌（η=1.0） (f) 刚性衬砌（η=1.0）

(g) 柔性衬砌（η=2.0） (h) 同性衬砌（η=2.0） (i) 刚性衬砌（η=2.0）

彩图 11　Rayleigh 波入射下衬砌中无量纲环向应力云图（直墙拱形隧道）

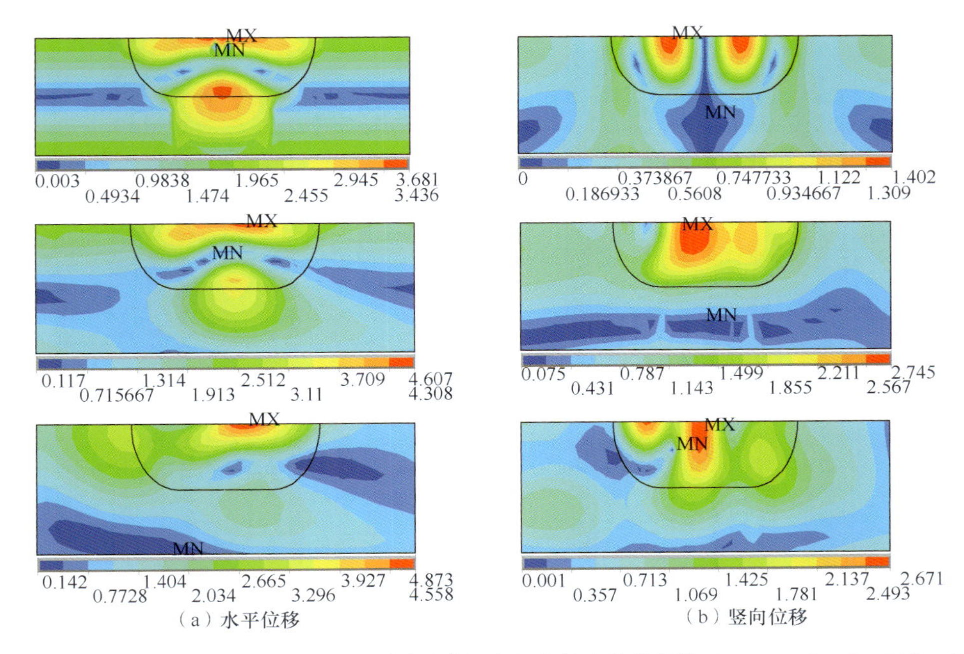

彩图 12　SV 波入射下饱和透水单一覆盖层中沉积河谷地表位移幅值（η=0.5，θ_β=0°、30°、60°）

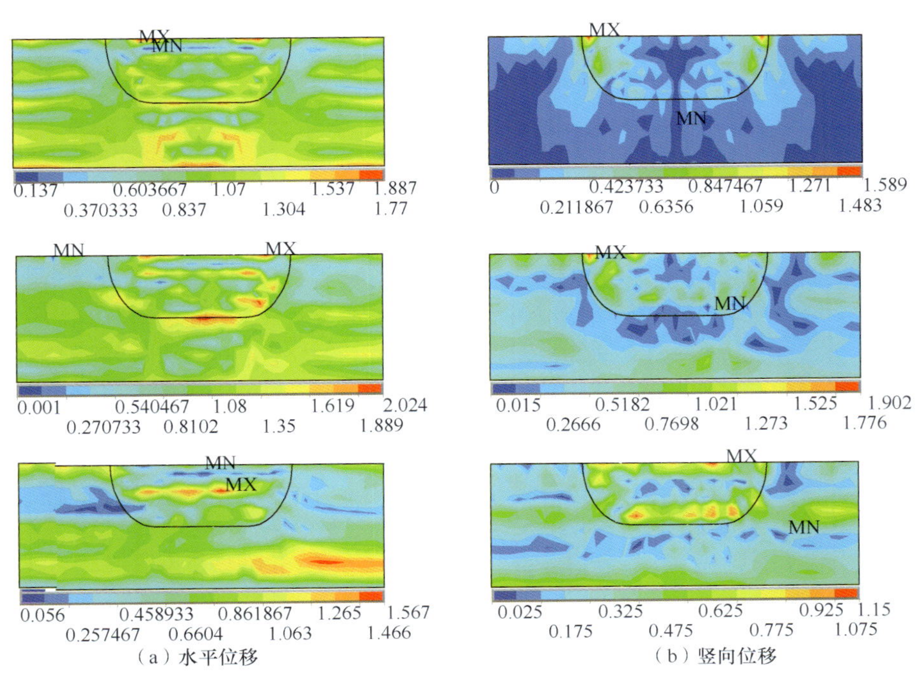

彩图 13　SV 波入射下饱和透水单一覆盖层中沉积河谷地表位移幅值（η=2.0，θ_β=0°、30°、60°）

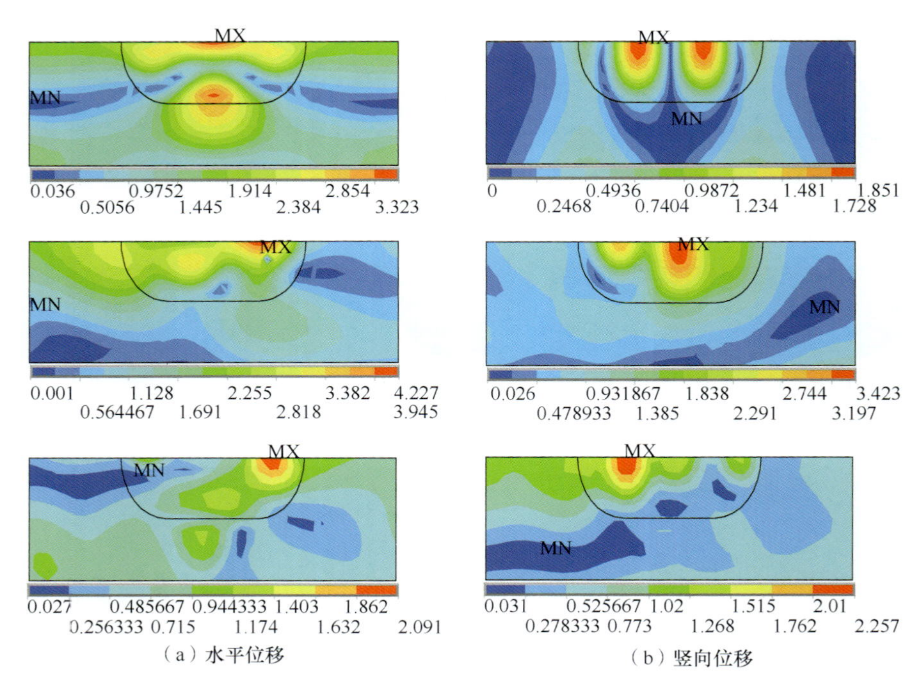

（a）水平位移　　（b）竖向位移

彩图 14　SV 波入射下饱和透水半空间中沉积河谷地表位移幅值（η=0.5，θ_β=0°、30°、60°）

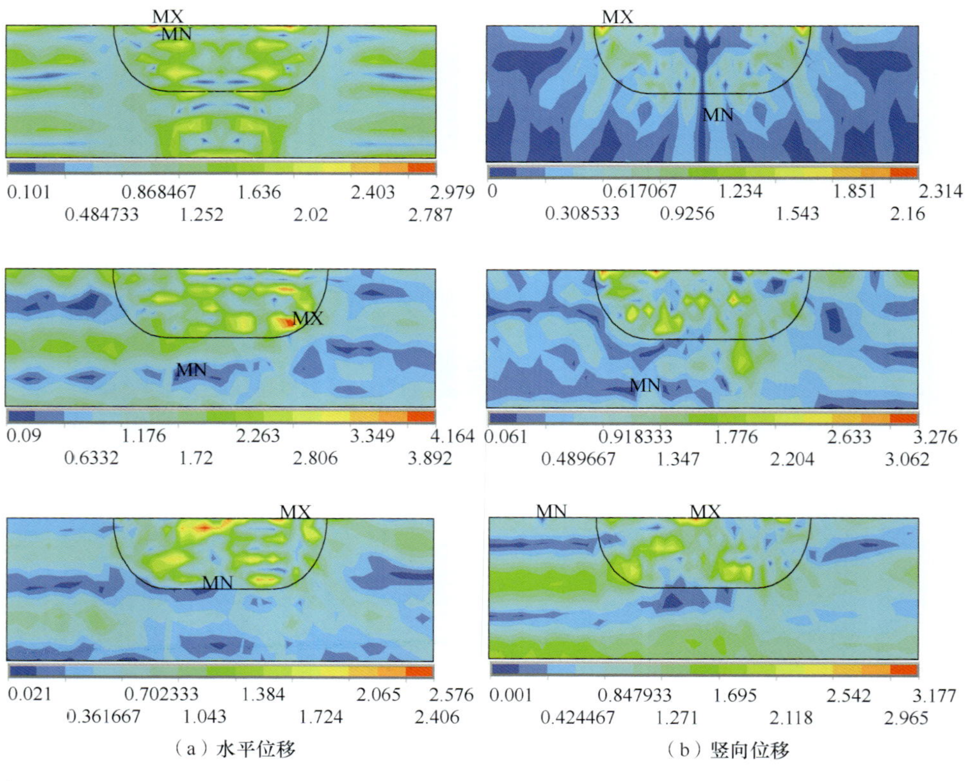

（a）水平位移　　（b）竖向位移

彩图 15　SV 波入射下饱和透水半空间中沉积河谷地表位移幅值（η=2.0，θ_β=0°、30°、60°）

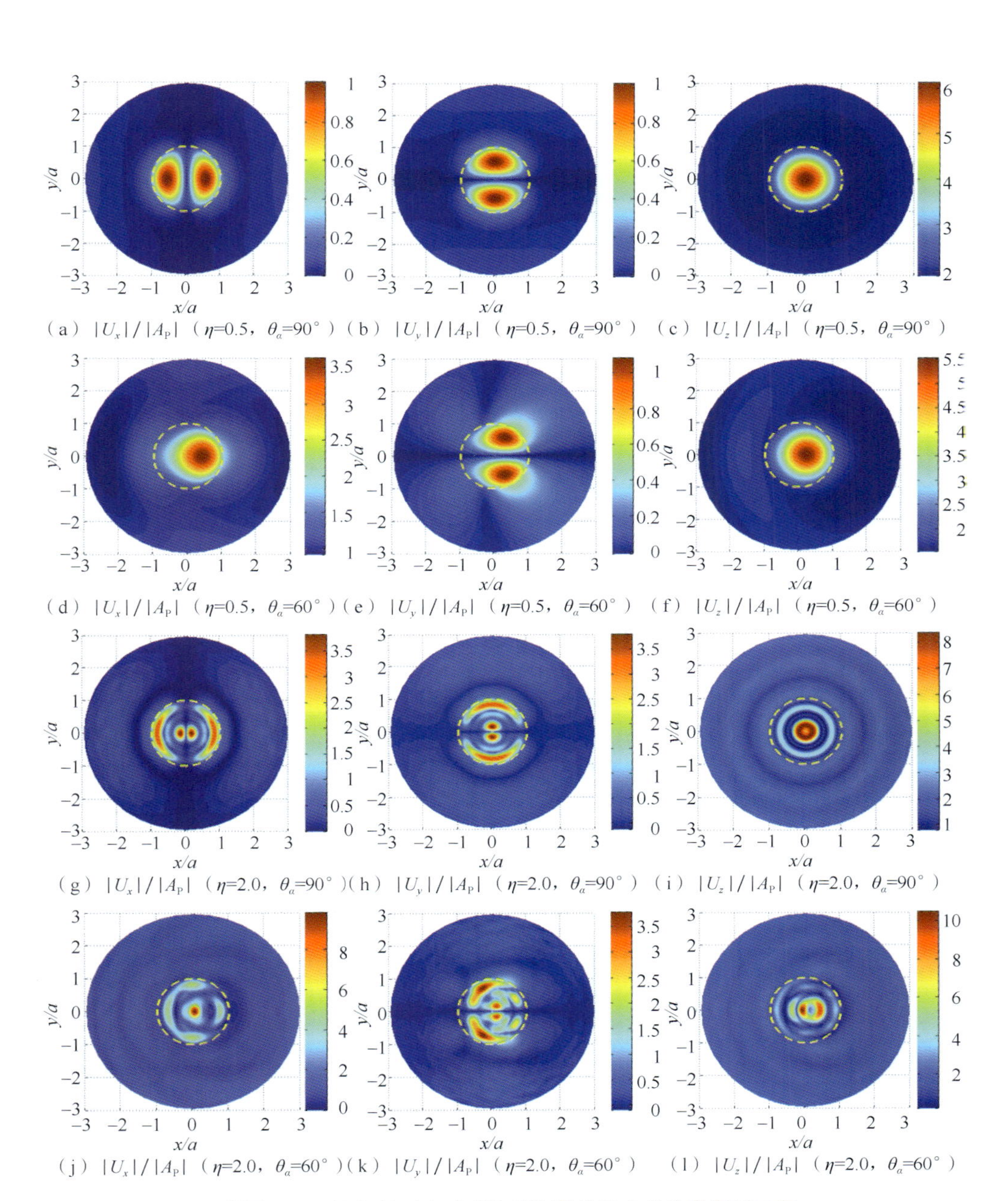

（a）$|U_x|/|A_P|$（η=0.5，θ_α=90°）（b）$|U_y|/|A_P|$（η=0.5，θ_α=90°）（c）$|U_z|/|A_P|$（η=0.5，θ_α=90°）

（d）$|U_x|/|A_P|$（η=0.5，θ_α=60°）（e）$|U_y|/|A_P|$（η=0.5，θ_α=60°）（f）$|U_z|/|A_P|$（η=0.5，θ_α=60°）

（g）$|U_x|/|A_P|$（η=2.0，θ_α=90°）（h）$|U_y|/|A_P|$（η=2.0，θ_α=90°）（i）$|U_z|/|A_P|$（η=2.0，θ_α=90°）

（j）$|U_x|/|A_P|$（η=2.0，θ_α=60°）（k）$|U_y|/|A_P|$（η=2.0，θ_α=60°）（l）$|U_z|/|A_P|$（η=2.0，θ_α=60°）

彩图 16　P 波入射下半球形均质沉积盆地内外位移幅值云图

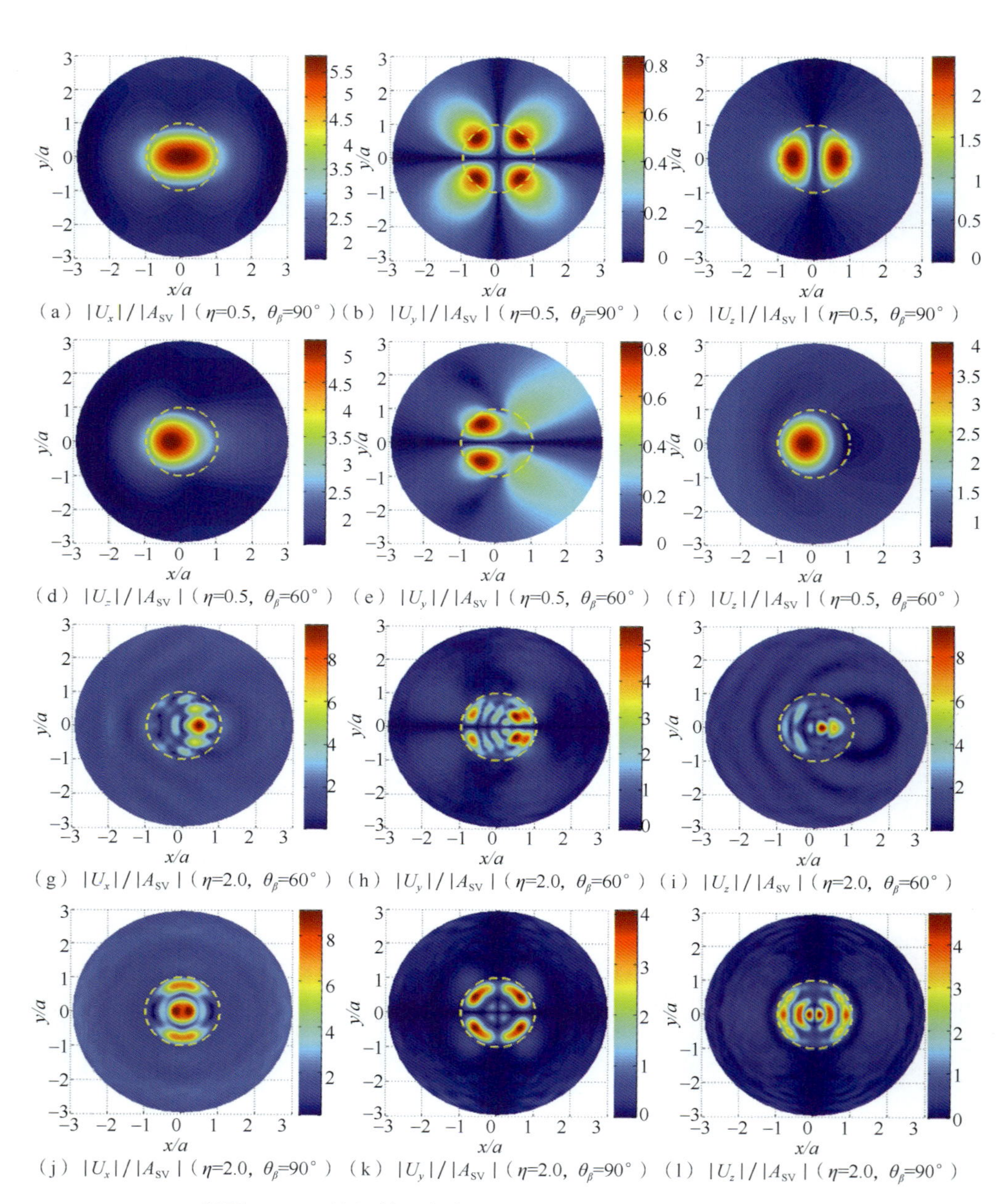

(a) $|U_x|/|A_{SV}|$ (η=0.5, θ_β=90°) (b) $|U_y|/|A_{SV}|$ (η=0.5, θ_β=90°) (c) $|U_z|/|A_{SV}|$ (η=0.5, θ_β=90°)

(d) $|U_z|/|A_{SV}|$ (η=0.5, θ_β=60°) (e) $|U_y|/|A_{SV}|$ (η=0.5, θ_β=60°) (f) $|U_z|/|A_{SV}|$ (η=0.5, θ_β=60°)

(g) $|U_x|/|A_{SV}|$ (η=2.0, θ_β=60°) (h) $|U_y|/|A_{SV}|$ (η=2.0, θ_β=60°) (i) $|U_z|/|A_{SV}|$ (η=2.0, θ_β=60°)

(j) $|U_x|/|A_{SV}|$ (η=2.0, θ_β=90°) (k) $|U_y|/|A_{SV}|$ (η=2.0, θ_β=90°) (l) $|U_z|/|A_{SV}|$ (η=2.0, θ_β=90°)

彩图 17 SV 波入射下半球形均质沉积盆地内外位移幅值云图

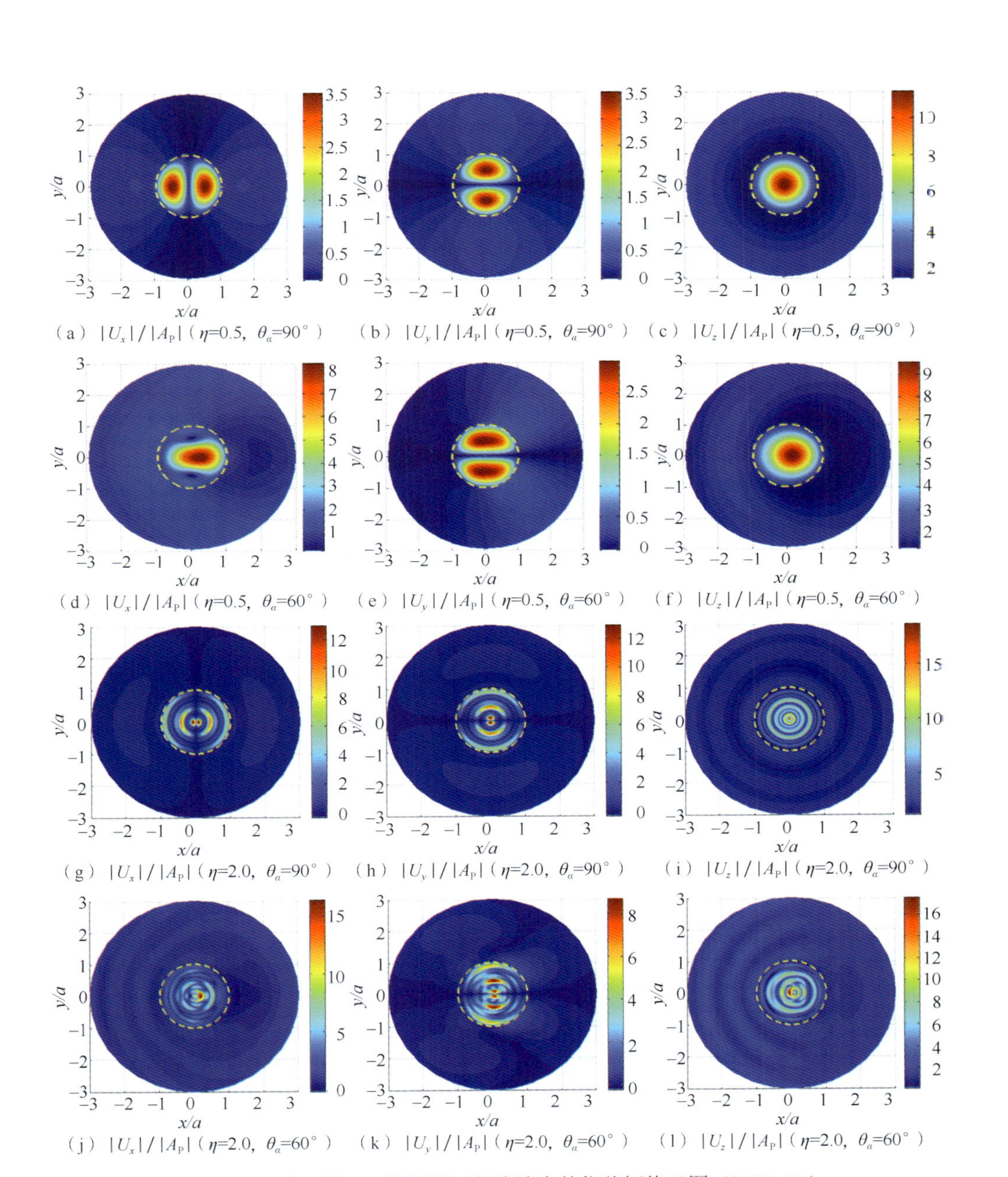

（a）$|U_x|/|A_P|$（η=0.5，θ_α=90°）（b）$|U_y|/|A_P|$（η=0.5，θ_α=90°）（c）$|U_z|/|A_P|$（η=0.5，θ_α=90°）

（d）$|U_x|/|A_P|$（η=0.5，θ_α=60°）（e）$|U_y|/|A_P|$（η=0.5，θ_α=60°）（f）$|U_z|/|A_P|$（η=0.5，θ_α=60°）

（g）$|U_x|/|A_P|$（η=2.0，θ_α=90°）（h）$|U_y|/|A_P|$（η=2.0，θ_α=90°）（i）$|U_z|/|A_P|$（η=2.0，θ_α=90°）

（j）$|U_x|/|A_P|$（η=2.0，θ_α=60°）（k）$|U_y|/|A_P|$（η=2.0，θ_α=60°）（l）$|U_z|/|A_P|$（η=2.0，θ_α=60°）

彩图 18　P 波入射下三维层状沉积盆地内外位移幅值云图（h_1/H=1/4）

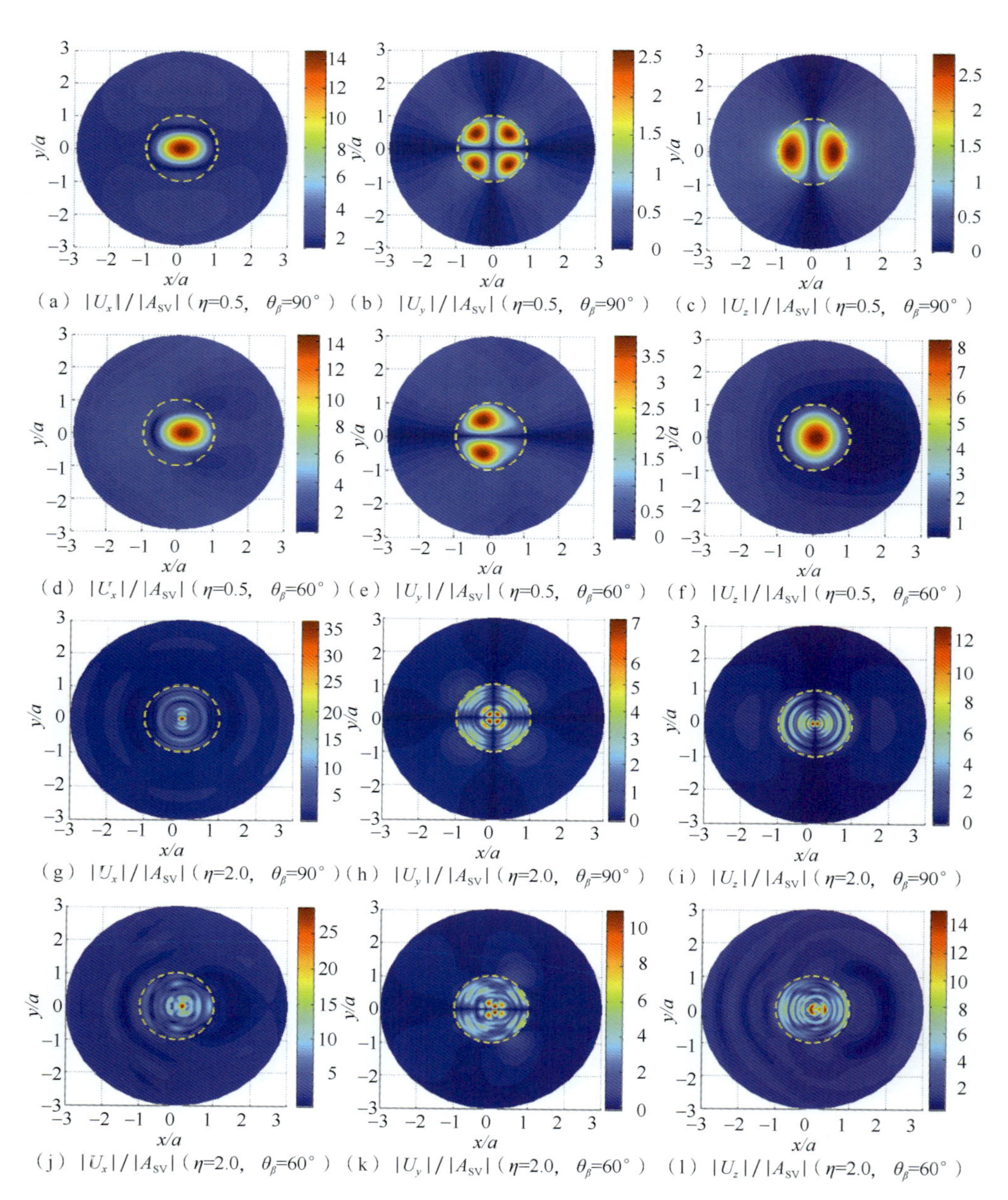

(a) $|U_x|/|A_{SV}|$ (η=0.5, θ_β=90°) (b) $|U_y|/|A_{SV}|$ (η=0.5, θ_β=90°) (c) $|U_z|/|A_{SV}|$ (η=0.5, θ_β=90°)

(d) $|U_x|/|A_{SV}|$ (η=0.5, θ_β=60°) (e) $|U_y|/|A_{SV}|$ (η=0.5, θ_β=60°) (f) $|U_z|/|A_{SV}|$ (η=0.5, θ_β=60°)

(g) $|U_x|/|A_{SV}|$ (η=2.0, θ_β=90°) (h) $|U_y|/|A_{SV}|$ (η=2.0, θ_β=90°) (i) $|U_z|/|A_{SV}|$ (η=2.0, θ_β=90°)

(j) $|U_x|/|A_{SV}|$ (η=2.0, θ_β=60°) (k) $|U_y|/|A_{SV}|$ (η=2.0, θ_β=60°) (l) $|U_z|/|A_{SV}|$ (η=2.0, θ_β=60°)

彩图 19　SV 波入射下三维层状沉积盆地内外位移幅值云图（h_1/H=1/4）

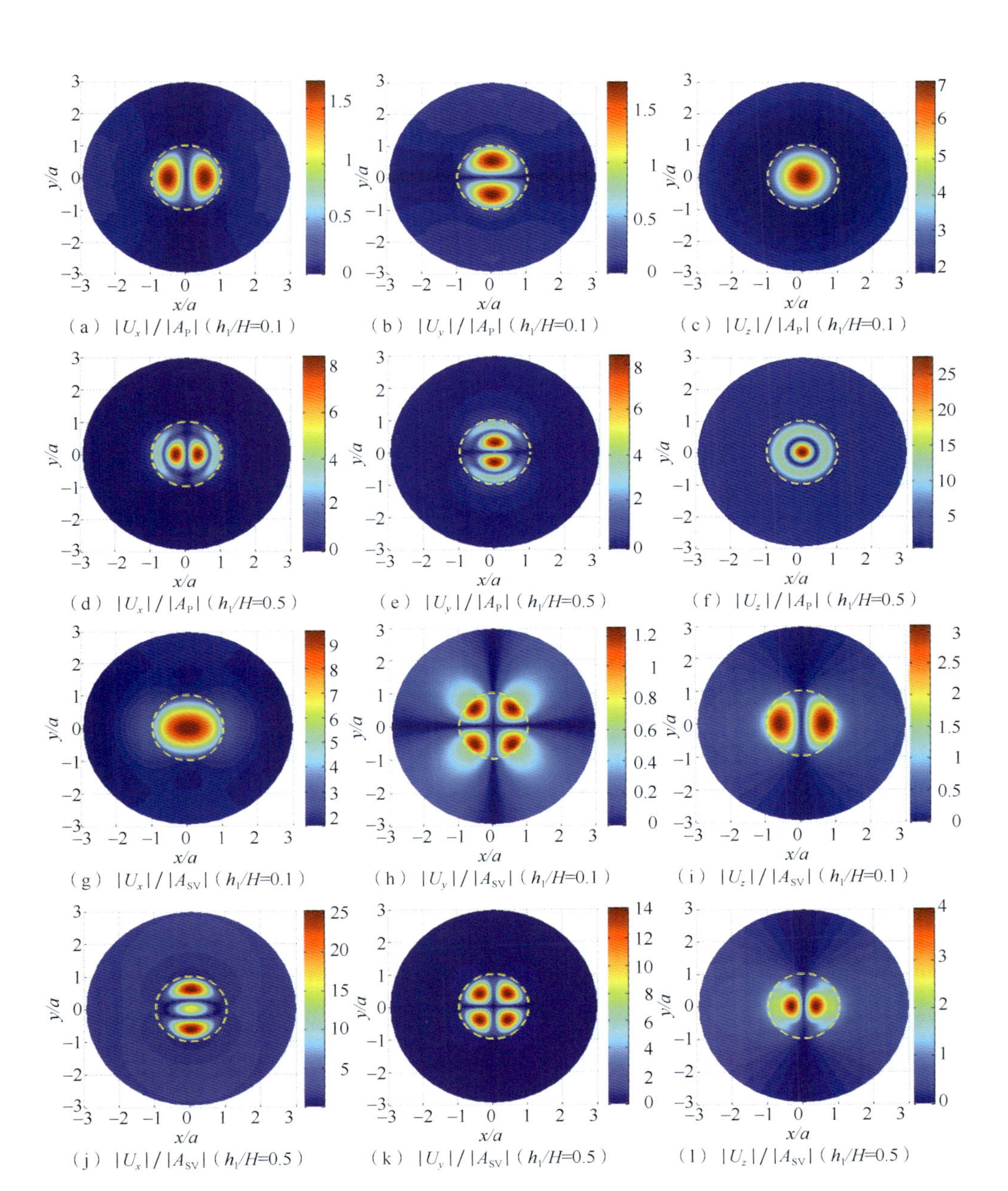

(a) $|U_x|/|A_P|$ (h_1/H=0.1)　(b) $|U_y|/|A_P|$ (h_1/H=0.1)　(c) $|U_z|/|A_P|$ (h_1/H=0.1)

(d) $|U_x|/|A_P|$ (h_1/H=0.5)　(e) $|U_y|/|A_P|$ (h_1/H=0.5)　(f) $|U_z|/|A_P|$ (h_1/H=0.5)

(g) $|U_x|/|A_{SV}|$ (h_1/H=0.1)　(h) $|U_y|/|A_{SV}|$ (h_1/H=0.1)　(i) $|U_z|/|A_{SV}|$ (h_1/H=0.1)

(j) $|U_x|/|A_{SV}|$ (h_1/H=0.5)　(k) $|U_y|/|A_{SV}|$ (h_1/H=0.5)　(l) $|U_z|/|A_{SV}|$ (h_1/H=0.5)

彩图 20　P 波、SV 波入射下层状沉积盆地内外位移幅值云图（η=0.5，θ_β=90°）

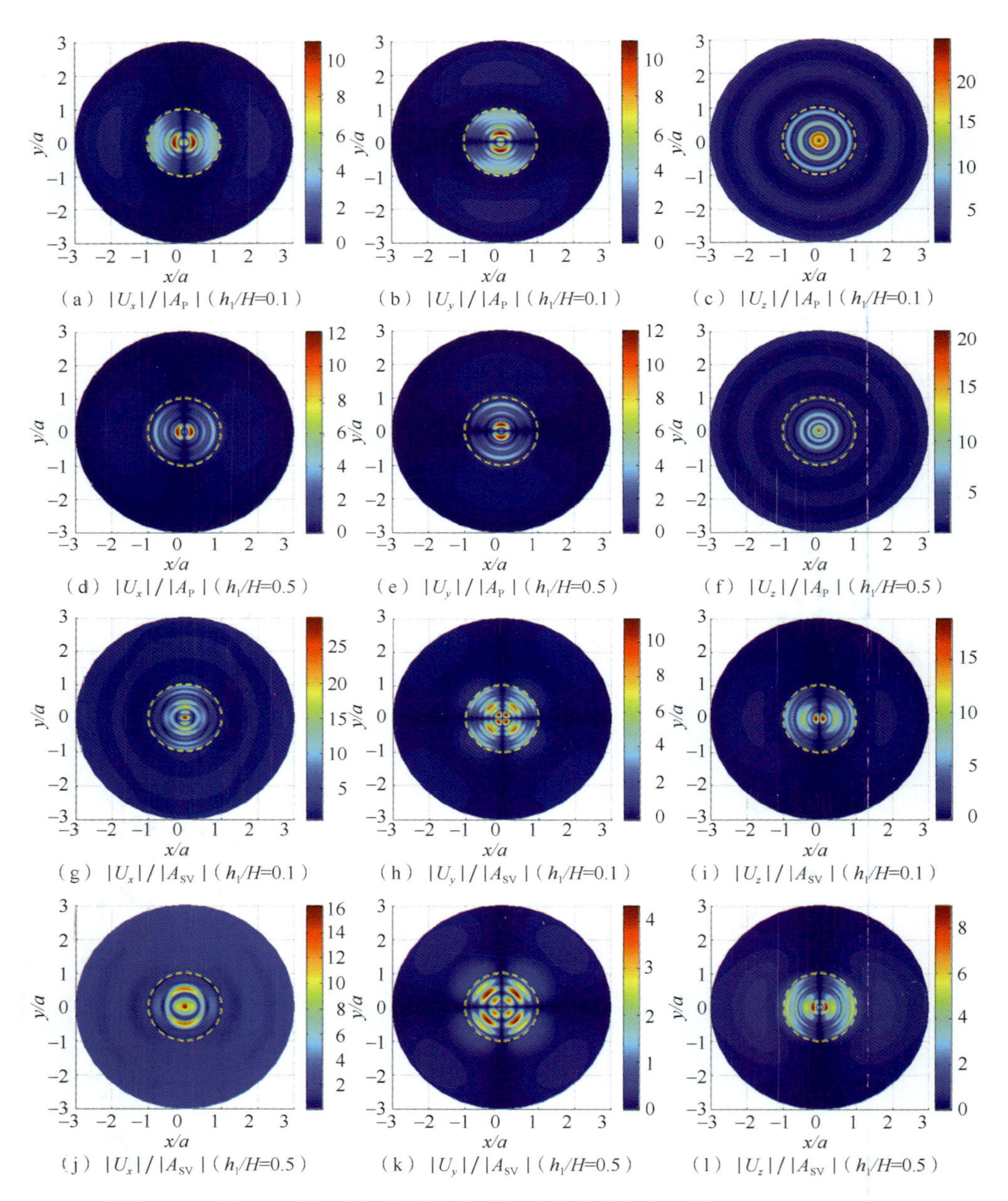

（a）$|U_x|/|A_P|$（h_1/H=0.1） （b）$|U_y|/|A_P|$（h_1/H=0.1） （c）$|U_z|/|A_P|$（h_1/H=0.1）

（d）$|U_x|/|A_P|$（h_1/H=0.5） （e）$|U_y|/|A_P|$（h_1/H=0.5） （f）$|U_z|/|A_P|$（h_1/H=0.5）

（g）$|U_x|/|A_{SV}|$（h_1/H=0.1） （h）$|U_y|/|A_{SV}|$（h_1/H=0.1） （i）$|U_z|/|A_{SV}|$（h_1/H=0.1）

（j）$|U_x|/|A_{SV}|$（h_1/H=0.5） （k）$|U_y|/|A_{SV}|$（h_1/H=0.5） （l）$|U_z|/|A_{SV}|$（h_1/H=0.5）

彩图 21　P 波、SV 波入射下层状沉积盆地内外位移幅值云图（η=2.0，θ_α=90°）